VR与AR开发
高级教程
基于Unity

VR
AR

吴亚峰　于复兴◎编著 （第2版）

人民邮电出版社

北 京

图书在版编目（CIP）数据

VR与AR开发高级教程：基于Unity / 吴亚峰，于复兴编著. -- 2版. -- 北京：人民邮电出版社，2020.10（2023.8重印）
ISBN 978-7-115-54287-8

Ⅰ. ①V… Ⅱ. ①吴… ②于… Ⅲ. ①游戏程序－程序设计－教材 Ⅳ. ①TP317.6

中国版本图书馆CIP数据核字(2020)第154004号

内 容 提 要

本书主要介绍 AR 与 VR 应用的开发流程。本书共 11 章。第 1 章主要介绍了 AR 应用开发的基础知识，第 2～4 章介绍了 AR 开发中所广泛使用的 Vuforia 与 ARCore 引擎，第 5 章介绍基于小米 VR 的应用开发，第 6～8 章分别介绍了基于 HTC VIVE 与 Leap Motion 设备的应用开发步骤，第 9 章介绍了当前 VR 与 AR 的创新风口，最后两章分别给出了一个完整的 VR 游戏案例与一个结合 AR、VR 的科普类应用案例。

本书适合 VR、AR 应用开发方面的专业人士阅读。

◆ 编　著　吴亚峰　于复兴
责任编辑　谢晓芳
责任印制　王　郁　焦志炜

◆ 人民邮电出版社出版发行　　北京市丰台区成寿寺路 11 号
邮编　100164　电子邮件　315@ptpress.com.cn
网址　https://www.ptpress.com.cn
廊坊市印艺阁数字科技有限公司印刷

◆ 开本：800×1000　1/16
印张：25.75　　　　　　　2020 年 10 月第 2 版
字数：591 千字　　　　　2023 年 8 月河北第 10 次印刷

定价：99.80 元

读者服务热线：(010)81055410　印装质量热线：(010)81055316
反盗版热线：(010)81055315
广告经营许可证：京东市监广登字 20170147 号

前　言

为什么要写这样的一本书

增强现实（Augmented Reality，AR）技术是指把现实世界中某一区域原本并不存在的信息，基于某种媒介并经过仿真后再叠加到现实世界，被人类感官所感知的技术。AR 技术能够使真实的环境和虚拟的物体实时地显示到同一个画面中或存在于同一个空间中，从而达到超越现实的感官体验。

虚拟现实（Virtual Reality，VR）技术是指借助计算机系统与传感器技术构建一个三维环境，创造出一种崭新的人机交互状态，通过调动用户所有的感官（视觉、听觉、触觉、嗅觉等），带来身临其境的体验。

随着 AR 与 VR 技术的兴起，越来越多的开发者和公司开始将目标转向了 AR/VR，各大开发厂商争先恐后地投入硬件设备的研发中。没有设备的 AR/VR 只会停留在概念阶段，没有内容的 AR/VR 同样是不完整的，只有将技术与设备以及内容挂钩才能产生实用价值。

AR/VR 的应用领域相当广泛，这给开发人员留出了巨大的发挥空间，可以说"海阔凭鱼跃，天高任鸟飞"。现如今，硬件设备已经逐渐完善，但针对 AR/VR 的应用软件基本上是一片空白，国内系统地介绍 AR 与 VR 应用开发商的图书较少，使得很多初学者无从下手。针对这种情况，作者基于多年从事游戏、应用开发的经验编写了本书，以飨读者。

本书特点

本书具有以下特点。

❑　内容丰富，由浅入深。本书在内容的组织上本着"起点低，终点高"的原则，覆盖了 AR/VR 开发的相关知识、各种软件开发工具包（Software Development Kit，SDK），以及案例。为了让读者掌握基础知识，并学习一些实际项目的开发经验，本书最后给出了两个完整的案例。

❑　结合经典案例展开讨论并展示大量编程技巧。为了讲解知识点，书中给出了丰富的案例。书中所有的案例均是根据作者多年的开发心得进行设计的。同时，书中还给出了作者多年来积累的很多编程技巧与心得，具有一定的参考价值。

❑ 既可作为教材，也可作为自学读物。本书既适合作为高等院校相关专业的教材，也适合作为自学参考书。前 9 章末尾有配套的习题，便于教师安排学生课下的复习与实践。最后两章的实际项目案例可以作为课程设计的内容。

内容导读

本书共 11 章，内容按照由浅入深的原则进行安排。具体内容如下。

第 1 章介绍了 AR 插件的相关知识，详细讲解了 Unity 开发环境的搭建以及 Vuforia 开发环境的搭建。

第 2 章介绍了 Vuforia 的几项核心功能，包括图片扫描、圆柱体识别、多目标识别、物体识别、云识别、水平面识别等。

第 3 章介绍了关于 Vuforia 核心功能的官方案例。

第 4 章对谷歌发布的增强现实引擎 ARCore 进行了详细介绍。

第 5 章详细讲解了小米 VR SDK 的基本知识，并且展示了如何利用该 SDK 创建一个综合案例。

第 6 章详细讲解了 HTC VIVE 的基本知识与官方案例。

第 7 章对 Unity 开源插件 VRTK 进行了详细介绍，读者可以利用其中的内置脚本轻松开发出更炫酷的 VR 应用。

第 8 章对 Leap Motion 硬件以及 Leap Motion SDK 进行了详细介绍，尤其着重介绍了如何在 Unity 中使用 Leap Motion 提供的 SDK 开发 VR 应用。

第 9 章介绍了 VR、AR 的创新方向，读者可在此基础上进行拓展，结合当前不同的领域与新颖技术，开发出优秀的应用。

第 10 章通过一个具体的游戏全面地介绍了 VR 游戏项目的开发流程以及运用各种技术解决具体问题的思路。

第 11 章通过一个具体的应用全面地介绍了 AR/VR 项目的开发流程以及运用各种技术解决具体问题的思路。案例中综合运用了前面各章的知识，适合在学习完本书前面所有章节后学习。

读者对象

本书内容丰富，从 AR/VR 的基础知识到各种 SDK 以及相关案例的开发，从简单的应用程序到完整的游戏、案例，适合以下人员阅读。

❑ 具有一定 Unity 基础的编程人员。

本书中的 AR 与 VR 应用都是基于 Unity 进行开发的，通过对本书的学习，并结合自己的 Unity 开发经验，此类读者能够很快地学习 AR、VR 应用开发。

❑ 有一定 OpenGL ES 基础并且希望学习 AR/VR 技术的开发人员。

OpenGL ES 开发人员在 3D 游戏开发中已有了相当丰富的经验，部分人员希望在 AR/VR 领域一展拳脚，却为不能掌握该技术而苦恼。通过对本书的学习，并结合自己的开发经验，此类人员能够更快地提高 AR/VR 应用开发水平。

❑ 具有少量 3D 开发经验与图形学知识的开发人员。

此类开发人员具有一定的编程基础，但缺乏开发经验，在实际的项目开发中往往感到吃力。本书讲述了使用 Unity 进行开发的过程，并对每一步骤都进行了详细的介绍，这类读者通过对本书可快速掌握相关开发技巧，了解详细的开发流程。

❑ 致力于学习 AR 与 VR 应用开发的计算机相关专业的学生。

此类读者具有一定的理论基础，但是实际操作与开发能力较弱。本书既有基础知识介绍又有完整案例。在学习基础知识的同时，结合案例进行分析，学习效率更高。

本书在编写过程中得到了华北理工大学以升大学生创新实验中心移动及互联网软件工作室的大力支持，王颙顼、金正轩、蔡子健、李宇爽、蒋迪、韩金铖、刘建雄、罗星晨、王旭、张腾飞、王淳鹤、李程光、李林浩以及作者的家人为本书的编写提供了很多帮助，在此一并表示感谢。

由于作者的水平和学识有限，且本书涉及的专业知识较多，书中难免有疏漏之处，敬请广大读者批评指正，多提宝贵意见。

说明：本书只将相关案例中难以理解但比较重要的部分进行了介绍，还有一些部分并未详细叙述，不熟悉的读者可以进一步参考其他的相关资料或图书。

作　者

作 者 简 介

　　吴亚峰，本科毕业于北京邮电大学，硕士毕业于澳大利亚卧龙岗大学，1998 年开始从事 Java 应用的开发，有 10 多年的 Java 开发与培训经验，主要的研究方向为 Vulkan、OpenGL ES、手机游戏以及 VR/AR。他同时为 3D 游戏开发人员、VR/AR 软件工程师，并兼任百纳科技软件培训中心首席培训师，近十年来为数十家著名企业培养了上千名高级软件开发人员，曾编写过《OpenGL ES 3x 游戏开发》（上下卷）、《Unity 案例开发大全》（第 1 版～第 2 版）、《VR 与 AR 开发高级教程：基于 Unity》《H5 和 WebGL 3D 开发实战详解》《Android 应用案例开发大全》（第 1 版～第 4 版）、《Android 游戏开发大全》（第 1 版～第 4 版）等多本畅销技术图书，2008 年开始关注 Android 平台下的 3D 应用开发，并开发了一系列优秀的 Android 应用程序与 3D 游戏。

　　于复兴，任职于华北理工大学信息工程学院，唐山市优秀教师，从事计算机方面的工作 16 年，在软件开发和计算机教学方面有着丰富的经验。他主持过省市级项目 5 项，获得过 11 项国家专利，曾为多家单位设计并开发了管理信息系统，并在各种科技刊物上发表多篇相关论文。2014 年开始关注 VR/AR 应用的开发，参与开发了多款手机娱乐、游戏应用。

服务与支持

本书由异步社区出品，社区（https://www.epubit.com/）为您提供后续服务。

提交勘误

作者和编辑尽最大努力来确保书中内容的准确性，但难免会存在疏漏。欢迎您将发现的问题反馈给我们，帮助我们提升图书的质量。

当您发现错误时，请登录异步社区，按书名搜索，进入本书页面，单击"提交勘误"，输入勘误信息，单击"提交"按钮即可（见下图）。本书的作者和编辑会对您提交的勘误进行审核，确认并接受后，您将获赠异步社区的 100 积分。积分可用于在异步社区兑换优惠券、样书或奖品。

扫码关注本书

扫描下方二维码，您将会在异步社区微信服务号中看到本书信息及相关的服务提示。

与我们联系

我们的联系邮箱是 contact@epubit.com.cn。

如果您对本书有任何疑问或建议，请您发邮件给我们，并请在邮件标题中注明本书书名，以便我们更高效地做出反馈。

如果您有兴趣出版图书、录制教学视频，或者参与图书翻译、技术审校等工作，可以发邮件给我们；有意出版图书的作者也可以到异步社区在线投稿（直接访问 www.epubit.com/contribute 即可）。

如果您所在学校、培训机构或企业想批量购买本书或异步社区出版的其他图书，也可以发邮件给我们。

如果您在网上发现有针对异步社区出品图书的各种形式的盗版行为，包括对图书全部或部分内容的非授权传播，请您将怀疑有侵权行为的链接通过邮件发送给我们。您的这一举动是对作者权益的保护，也是我们持续为您提供有价值的内容的动力之源。

关于异步社区和异步图书

"异步社区" 是人民邮电出版社旗下 IT 专业图书社区，致力于出版精品 IT 图书和相关学习产品，为作译者提供优质出版服务。异步社区创办于 2015 年 8 月，提供大量精品 IT 图书和电子书，以及高品质技术文章和视频课程。更多详情请访问异步社区官网 https://www.epubit.com。

"异步图书" 是由异步社区编辑团队策划出版的精品 IT 专业图书的品牌，依托于人民邮电出版社近 30 年的计算机图书出版积累和专业编辑团队，相关图书在封面上印有异步图书的 LOGO。异步图书的出版领域包括软件开发、大数据、人工智能、测试、前端、网络技术等。

异步社区

微信服务号

目　　录

第 1 章　AR 应用开发的基础知识

许多科幻电影中常常会有一些现实与虚拟世界融合的场景。随着科技的发展，让人仿佛置身于虚拟环境的效果已经可以依靠增强现实（Augmented Reality，AR）技术实现。所谓的增强现实技术，就是将现实世界和虚拟世界集成到一起显示的技术。本章将介绍移动端的 AR 应用开发工具——Vuforia。

1.1　引言

增强现实技术是指把现实世界中某一区域原本并不存在的信息，基于某种媒介并经过仿真后再叠加到现实世界，被人类感官所感知的技术。它能够使真实的环境和虚拟的物体实时地显示到同一个画面或在同一个空间中同时存在，从而实现超越现实的感官体验。

增强现实技术的应用领域相当广泛，在诸如尖端武器、数据模型可视化、虚拟训练、娱乐与艺术等领域都有用武之地。另外，由于其具有能够对真实环境进行增强显示输出的特性，因此在医疗研究与解剖训练、精密仪器制造和维修等领域，相较其他技术具有更加明显的优势。图 1-1 和图 1-2 展示了 AR 在导航和家具预览方面的应用。

图 1-1　AR 导航

AR 技术具有相当好的发展前景，引起了包括谷歌、微软、苹果等世界级企业的关注，并且 Unity 已经可以很好地支持增强现实技术的实现，开发者可以通过一些 AR 工具插件直接在

Unity 上开发和运行 AR 应用程序。

图 1-2　AR 家具预览

1.2　AR 插件

增强现实的应用范畴相当广泛，本节将介绍在 Unity 开发中的常用 AR 插件，这些插件可以使开发者在 Unity 中很方便地进行增强现实应用程序的开发。常见的 AR 插件如表 1-1 所示。

表 1-1　常见的 AR 插件

名　　称	说　　明
Vuforia	市面上应用最广泛的插件之一，用于移动平台下的 AR 应用开发
Metaio	已被苹果公司收购，目前无法购买和使用
ARCore	谷歌推出的搭建增强现实应用程序的软件平台
ARToolKit	更适合底层开发，难度较大，使用人数较少

上述 4 种插件各有优缺点。其中，Vuforia 插件在移动平台有非常好的兼容性，支持 Android 和 iOS 应用的开发。需要注意的是，它并不支持 PC 和 macOS 下应用的开发。ARCore 可以在多种流行的开发平台中使用。它本身封装了一套本地 API，通过它可以实现一些最基础的 AR 效果，比如手势监听、世界的定义、灯光识别等。

1.3　Unity 开发环境的搭建

本书将要介绍通过 Unity 与 Vuforia 插件实现的增强现实应用，所以首先需要将 Unity 安装到计算机中。下面介绍 Unity 集成开发环境的搭建。开发环境的搭建分为两个步骤——Unity 集成开发环境的安装以及目标平台的 SDK 与 Unity 的集成。

1.3.1　Windows 平台下 Unity 的下载与安装

本节主要讲述如何在 Windows 平台下搭建 Unity 的集成开发环境，包括如何从 Unity 官网下载 Windows 平台下使用的 Unity 游戏开发引擎，以及如何安装下载的 Unity 安装程序。具体的操作步骤如下。

（1）登录 Unity 官方网站，在首页底部，如图 1-3 所示，在"下载"栏中单击"Unity"超链接，网页跳转到新版 Unity 的版本比较页面，该页面展示了专业版和个人版的功能区别，再将网页拖至底部，在"资源"栏中单击"最新版本"超链接，如图 1-4 所示。

图 1-3　Unity 官方网站首页底部　　　　　图 1-4　单击"最新版本"

提示：由于 Unity 官网的默认语言为英语，因此打开页面后内容全部为英文，语言选项在网页最底部的右下角，读者可根据个人需要选择合适的语言。

（2）单击"最新版本"超链接后，网页跳转到 Unity 的下载页面，从该页面可以下载最新版本的 Unity。如图 1-5 所示，单击左侧的"下载安装程序"按钮，跳转至图 1-6 所示的界面，开始下载最新版的 Unity 安装程序。

图 1-5　下载最新版 Unity　　　　　　　图 1-6　跳转到的页面

（3）双击下载好的 Unity 安装程序 UnityDownloadAssistant.exe，会打开 Unity 2018.2.7f1 Download Assistant 界面，如图 1-7 所示。单击 Next 按钮进入 License Agreement 窗口，如图 1-8 所示。

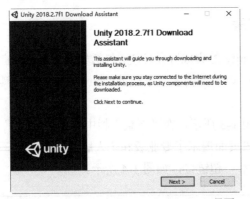

图 1-7　Unity 2018.2.7f1 Download Assistant 界面

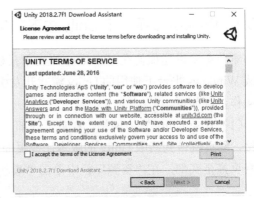

图 1-8　License Agreement 窗口

（4）在 License Agreement 窗口勾选 I accept the terms of the License Agreement 复选框，单击 Next 按钮进入 Choose Components 窗口，如图 1-9 所示。Choose Components 窗口中默认勾选了上面 3 个组件，将 Vuforia Augmented Reality Support 组件也勾选上，然后单击 Next 按钮进入 Choose Download and Install Locations 窗口，如图 1-10 所示。

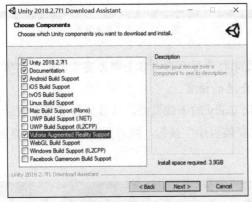

图 1-9　Choose Components 窗口

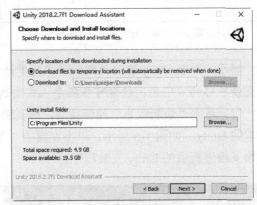

图 1-10　Choose Download and Install Locations 窗口

说明：为了方便开发，Unity 在 2017.3.0 及其后面的版本中都可以内嵌开发 Vuforia 所需的 SDK，开发者只需要在安装 Unity 时勾选 Vuforia Augmented Reality Support 组件即可达到此目的。若在安装 Unity 时忘记勾选此组件，则等待 Unity 安装完成后再重新执行步骤（3），在 Choose Components 窗口勾选 Vuforia Augmented Reality Support 组件即可。

（5）在 Choose Download and Install Locations 窗口中，选择下载和安装路径（本书以默认路径为例），单击 Next 按钮，自动下载和安装，进入 Downloading and Installing 窗口，如图 1-11 所示。Unity 的自动安装过程会需要一定的时间，请耐心等待。

（6）安装结束后，会跳转到 Completing the Unity Setup 窗口，单击 Finish 按钮，桌面上会出现一个 Unity.exe 的图标，如图 1-12 和图 1-13 所示。双击桌面上的 Unity.exe 快捷方式，将会打开登录窗口，图 1-14 所示。在官方网站注册一个账号，通过账号激活 Unity。

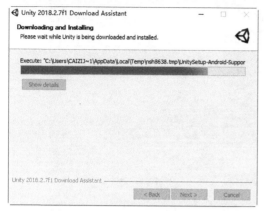

图 1-11　Downloading and Installing 窗口

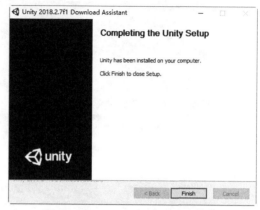

图 1-12　Completing the Unity Setup 窗口

图 1-13　Unity.exe 快捷方式

图 1-14　登录窗口

（7）登录 Unity 账号之后，需要填写 Unity 的调查。完成后，进入 Unity 开始界面，单击右上角的 New 按钮（见图 1-15），创建一个新的项目，然后设置项目名以及路径。单击 Create project 按钮，完成新项目的创建，如图 1-16 所示。完成创建后将自动启动 Unity 编辑器，如图 1-17 所示。

图 1-15　创建新项目

图 1-16　设置项目名称以及路径

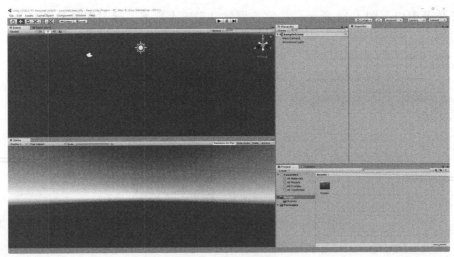

图 1-17　Unity 编辑器

提示：要安装 Unity，操作系统仅限 Windows 7 SP1 +（8 位、10 位、64 位版本）以及 macOS 10.9 版本及以上，要求 CPU 支持 SSE2 指令集，要求 GPU 具有 DX9（着色器模型 2.0）功能的显卡。

1.3.2　macOS 平台下 Unity 的下载与安装

上一节介绍了如何在 Windows 平台下搭建 Unity 的集成开发环境，本节将具体介绍如何在 macOS 平台中下载 Mac 版的 Unity 游戏开发引擎，以及如何安装下载好的 Mac 版 Unity 安装程序。具体的操作步骤如下。

（1）下载过程与 Windows 平台下大致相同。完成下载后，开始安装 Unity。单击下载好的 Unity 安装文件，会弹出 Download And Install Unity 窗口，如图 1-18 所示，单击 Continue 按钮，会弹出 Software License Agreement 界面，如图 1-19 所示。

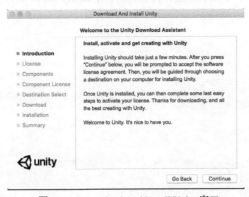
图 1-18　Download And Install Unity 窗口

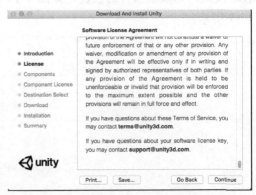
图 1-19　Software License Agreement 界面

（2）阅读完 Unity 的安装许可协议后，单击 Continue 按钮，会询问用户是否同意组件许可协议，如图 1-20 所示，单击 Agree 按钮，同意软件许可协议，继续安装。在 Unity component selection 界面中，选择要安装的组件，如图 1-21 所示。单击 Continue 按钮，继续安装。

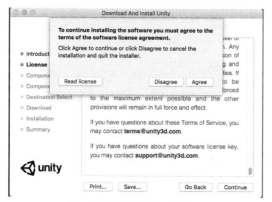

图 1-20　同意软件许可协议

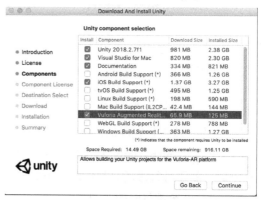

图 1-21　选择安装组件

说明：为了方便开发，Unity 在 2017.3.0 及其后面的版本中都可以内嵌开发 Vuforia 所需的 SDK，开发者只需要在安装 Unity 时勾选 Vuforia Augmented Reality Support 组件即可达到此目的。若在安装 Unity 时忘记勾选此组件，则等待 Unity 安装完成后，再重新执行步骤（3），在 Choose Components 窗口中勾选 Vuforia Augmented Reality Support 组件即可。

（3）进入 End User License Agreement 界面，如图 1-22 所示。浏览完成后，单击 Continue 按钮，将会询问用户是否同意组件许可协议，如图 1-23 所示，单击 Agree 按钮，同意组件许可协议。单击 Continue 按钮，继续安装。

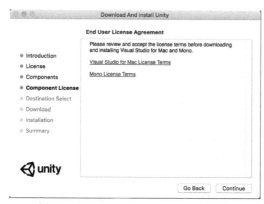

图 1-22　End User License Agreement 界面

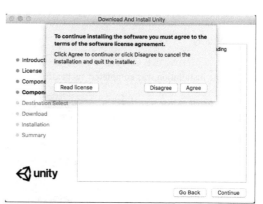

图 1-23　同意组件许可协议

（4）进入安装位置选择界面，如图 1-24 所示，选好安装位置之后，单击 Continue 按钮，安装程序会自动开始下载和安装工作，如图 1-25 所示，在此期间用户无须进行其他操作，耐心等待即可。

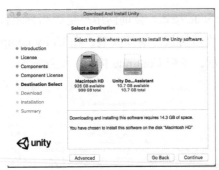

图 1-24 选择安装位置

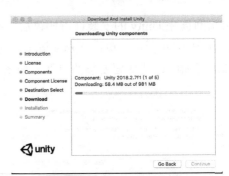

图 1-25 自动开始下载与安装

（5）当安装工作完成后，会弹出 The installation was completed successfully 界面，如图 1-26 所示。选中 Launch Unity 复选框，单击 Close 按钮，完成安装。程序将自动打开。首次打开 Unity 时，需要进行激活，具体激活方式与 Windows 平台下相同，由于篇幅的限制，这里不再赘述，读者可参考前面的介绍。

（6）激活后，进入项目选择窗口，如图 1-27 所示，单击 New project 按钮，创建一个新的项目。创建过程与 Windows 平台下的过程类似。创建完成后，进入 Unity 开发环境，如图 1-28 所示。

图 1-26 The installation was completed successfully 界面

图 1-27 项目选择窗口

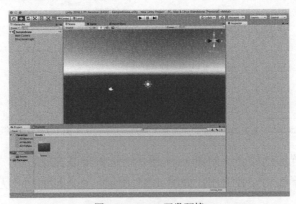

图 1-28 Unity 开发环境

1.3.3　把目标平台的 SDK 集成到 Unity 中

前面已经对 Unity 这个游戏引擎进行了简单的介绍，通过 Unity，可发布游戏至 Window、macOS、Wii、iPhone 和 Android 平台。在不同的平台下，需要下载、安装与集成目标平台的 SDK。本节将详细介绍如何把目标平台的 SDK 集成到 Unity 中。

1. Android 平台的 SDK 下载安装与集成

要安装与集成 Android 平台下的 SDK，具体步骤如下。

说明：由于 Android 是基于 Java 的，因此要先安装 JDK。

（1）登录 Oracle 官方网站，下载最新的 JDK。双击下载的 JDK 安装程序 jdk-8u73-windows-i586.exe，根据提示将 JDK 安装到默认目录下。

（2）右击"我的计算机"，选择"属性"，在弹出的界面中，选择"高级系统设置"，打开"系统属性"对话框，在"高级"选项卡中，单击"环境变量"按钮，在弹出的"环境变量"对话框中，在"系统变量"区域中新建一个名为 JAVA_HOME 的环境变量，设置该变量的值为"C:\Program Files (x86)\Java\jdk1.8.0_73"，如图 1-29 所示。编辑 Path 环境变量，在最后加上"C:\Program Files (x86)\Java\jdk1.8.0_73\bin;"，单击"确定"按钮。

（3）从 Android Developers 网站下载 Android 的 SDK，本书使用的版本是 7.1，其他版本的安装与配置方法基本相同。将下载好的 SDK 压缩包解压到任意盘的目录下，这里将 SDK 放在了 D:\Android\sdk 目录下，如图 1-30 所示。

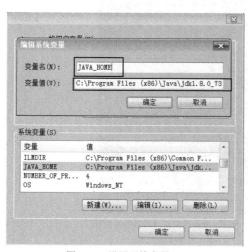

图 1-29　设置环境变量

图 1-30　SDK 的安装目录

（4）按照步骤（2），打开"环境变量"对话框，在"系统变量"区域中找到 Path，在变量值中加上"D:\Android\sdk\sdk\tools",单击"确定"按钮完成配置,如图 1-31 所示。

（5）进入 Unity 集成开发环境,从菜单栏选择 Edit→Preferences,如图 1-32 所示,会弹出 Unity Preferences 对话框,然后选择 External Tool 选项,在这里选择正确的 Android SDK 和 JDK 路径,如图 1-33 所示。

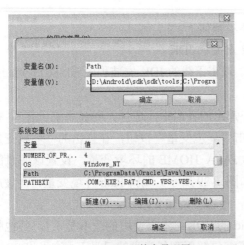

图 1-31　SDK 环境变量配置

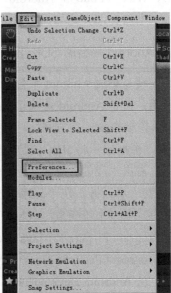

图 1-32　Edit 菜单

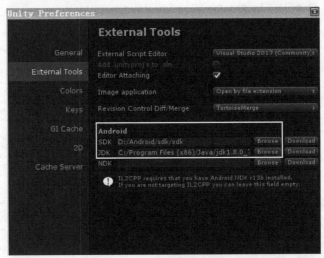

图 1-33　在 Unity Preferences 对话框中选择 Android SDK 和 JDK 的路径

2. iPhone SDK 的下载安装与集成

因为 Unity 是跨平台的,所以对于 Unity 而言,在 iPhone 平台下同样正常运行。iPhone

的 SDK 下载安装和集成与 Android 的 SDK 下载安装和集成大体相同。

（1）登录 Apple Developer 官网，如图 1-34 所示。

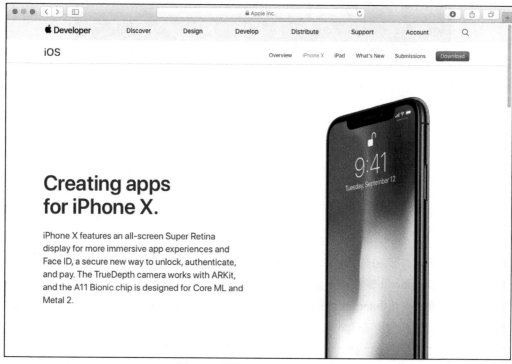

图 1-34　登录 Apple Developer 官网

（2）单击 Download 按钮，进入苹果开发者登录界面。如果已经有 Apple ID 了，则只需填写账号和密码，单击 Sign In 按钮登录，如图 1-35 所示。

图 1-35　苹果开发者登录界面

（3）若还没有 Apple ID，则先创建一个，创建账号是免费的。在注册界面中，所有必须填写的信息都要填写正确，最好用英文，如图 1-36 所示。

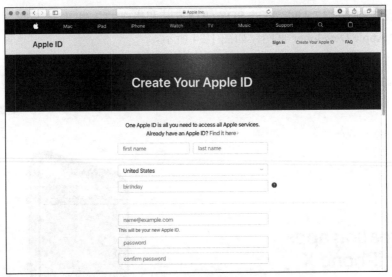

图 1-36　填写注册信息

（4）注册结束，并成功登录，进入 Xcode 下载界面，如图 1-37 所示。这里选择下面的非测试版本，单击 Download 按钮，下载 Xcode 9.4.1，其中包含 iPhone SDK。整个发布包大约为 2GB，因此最好通过高速 Internet 连接来下载，这样可以提高下载速度。SDK 是以磁盘镜像文件的形式提供的，默认保存在 Downloads 文件夹下。

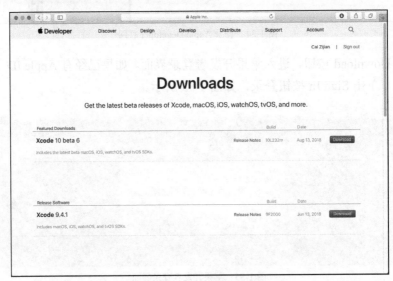

图 1-37　下载 iPhone SDK

（5）双击此磁盘镜像文件即可进行加载。加载后就会看到一个名为 iPhone SDK 的卷。打开这个卷会出现一个显示该卷内容的窗口。在此窗口中，能看到一个名为 iPhone SDK 的包，双击此包即可开始安装。同意了若干许可条款后，就安装结束。

　　说明：确保选择了 iPhone SDK 这一项，然后单击 Continue 按钮。安装程序会将 Xcode 和 iPhone SDK 安装到桌面计算机的/Developer 目录下。

1.4　Vuforia 开发环境的搭建

　　在学习 Vuforia 插件之前，同样需要做一些相关的准备，包括下载并安装 SDK 以及注册 Vuforia 官方网站的账号。

　　SDK 是为软件包、软件框架、硬件平台等创建应用软件时使用的开发工具的集合。Vuforia 开发环境所需的 SDK 可以在 Vuforia 官方网站免费下载，但首先需要注册账号。下面是具体的操作步骤。

　　（1）进入 Vuforia 官网并注册一个账号。此处需要注意，密码要求必须同时包含大小写字母，并且验证码区分大小写，读者可根据网站相关提示进行操作。

　　（2）注册完毕后，用该账号登录，选择 Downloads，进入下载界面。此页面有 Android、iOS 以及 Unity 开发所需的 SDK，如图 1-38 所示。由于在 1.3.1 节中已成功安装 Vuforia SDK，因此无须再次下载 Unity 所需的 SDK。但读者可自行下载 SDK 进行深入学习。

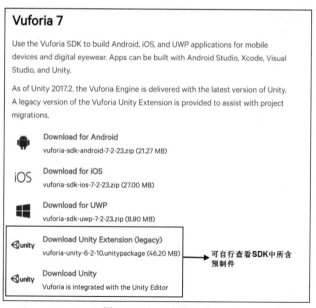

图 1-38　SDK 下载界面

　　（3）在 Vuforia 官网中选择 Develop，单击 Get Development Key 按钮，申请一个许可密钥，如图 1-39 所示。然后填写相关的参数，如图 1-40 所示。此处需要填写的 App Name 可以为任意的内容，系统并无要求。

图 1-39　申请 License Key

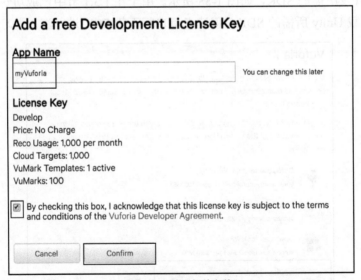

图 1-40　填写相关参数

（4）填写完成后，勾选最下面的复选框并单击 Confirm 按钮完成申请，如图 1-40 所示。申请许可后，在 License Manager 选项卡中就会出现刚刚申请的项目名，如图 1-41 所示。单击项目名就可以看到 License Key 值，如图 1-42 所示。

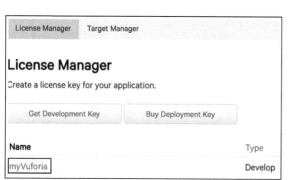

图 1-41　申请完毕后出现项目名称

图 1-42　项目的 License Key 值

说明：开发者在上传某对象作为 Target 以后，系统会生成与 Target 对应的唯一 License Key 值。开发者在 Unity 客户端将 License Key 值填写进去，程序就会自动匹配与 License Key 值相对应的 Target 对象，保证 Target 对象的准确性和唯一性。

（5）AR 案例需要扫描一个目标文件来支持增强现实的实现，Vuforia 支持 Single Image、Cuboid、Cylinder 和 3D Object 这 4 种类型的目标文件。具体的使用会在后面的章节进行详细介绍，此处以 Image Target 为例进行说明。单击 Develop 下方的 Target Manager，然后单击下方的 Add Database 按钮，添加数据库，如图 1-43 所示。在弹出的界面中命名数据库，然后选择相应的类型，如图 1-44 所示。

图 1-43　添加数据库

图 1-44　命名数据库

（6）创建完毕后，会在列表中出现刚刚创建好的数据库，选择该数据库并单击 Add Target 按钮，如图 1-45 所示。选择 Single Image 类型，单击 Browse 按钮导入找好的图片，设置 Width 和 Name，然后单击 Add 按钮完成添加，如图 1-46 所示。

图 1-45　添加 Target

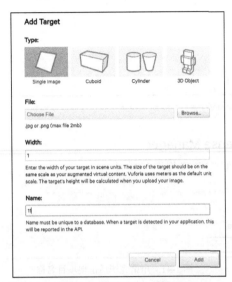

图 1-46　填写 Target 的参数

（7）添加成功后，选中刚刚创建的 Target，单击 Download Dataset 按钮，如图 1-47 所示。在新界面中选择 Unity Editor 单选按钮，然后单击 Download 按钮开始下载数据库，如图 1-48 所示。系统会将所需的资源打包，开发者导入项目中即可。

图 1-47　选择所需的 Target 数据包

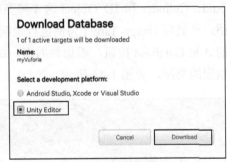

图 1-48　下载数据库

1.5　本章小结

本章初步介绍了增强现实以及 AR 工具的相关知识，学完本章后，读者能够对增强现实有一个初步的了解。除此之外，本章还详细讲解了 Unity 开发环境的搭建以及 Vuforia 开发环境的搭建。

1.6 习题

1. 什么是增强现实？
2. 试述当前市面上的 AR 开发工具。
3. 下载 Unity 并在 Windows 平台与 macOS 平台上进行安装。
4. 安装 JDK 与 Android SDK，并对其环境进行配置。
5. 请自行搭建 Vuforia 的开发环境。

第 2 章　Vuforia 的核心功能

前面介绍了增强现实开发的基本知识，尤其着重介绍了 Vuforia 工具、Unity 开发环境的搭建、Vuforia SDK 的下载以及其官网账号的注册。本章将详细讲解 Vuforia 的核心功能，使读者在开发过程中可以熟练应用这部分知识。

2.1　图片扫描

Vuforia SDK 可以对图片进行扫描和追踪，当通过摄像机扫描图片时，在图片上方出现一些设定的 3D 物体，这可用于媒体印刷的海报以及部分产品的可视化包装等。虚拟按钮、用户自定义图片以及扫描多目标等技术都以图片扫描技术为基础。

处理目标图片有两个阶段。先设计目标图像，然后上传到 Vuforia 目标管理器进行处理和评估。评估结果有 5 个星级，不同的星数代表相应的星级，如图 2-1 和图 2-2 所示，星级越高，图片的识别率越高。

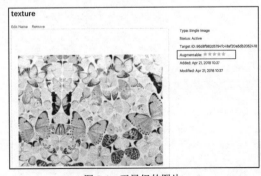
图 2-1　五星级的图片

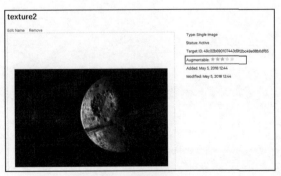
图 2-2　三星级的图片

为了获得较高的星级，在选择被扫描的图片时应该注意以下几点。

- 建议选择使用 8 位或者 24 位的 JPG 和只有 RGB 通道的 PNG 图像以及灰度图，且每张图片的大小不可以超过 2MB。
- 图片目标最好是无光泽、较硬材质的卡片，因为较硬的材质不会有弯曲和褶皱的地方，可以使得摄像机在扫描图片时更好地聚焦。
- 图片要包含丰富的细节、较高的对比度以及无重复的对象，重复度较高图片的星级往往会比较低，甚至没有星级。
- 上传到 Vuforia 官网的整幅图片的 8%的宽度称为功能排斥缓冲区，表示 8%的区域不会被识别。
- 轮廓分明、有棱有角的图片的星级会较高，其追踪效果和识别效果也较好。

在扫描图片时，环境也是十分重要的因素。图像目标应该放在漫反射灯光照射的适度明亮的环境中，图片表面应被光均匀照射，这样不仅可以更有效地收集图像的信息，还有利于 Vuforia SDK 的检测和追踪。

不规则图片可以放在白色背景下，在图像编辑器（例如 Photoshop）中将白色背景图和不规则图像渲染成一张图片，然后将其上传到 Vuforia 官网，这样就可以将不规则图片作为目标图像。

本节简单地介绍了选择图片的注意事项以及在扫描图片时的环境设置。扫描图片技术的应用十分广泛，多目标技术、图片拓展追踪以及虚拟按钮技术都是通过图片实现的，大部分技术直接或间接地应用了扫描图片技术。读者应重点掌握如何选择一张合适的图片。

2.2　圆柱体识别

圆柱体识别功能能够使应用程序识别并追踪卷成圆柱或者圆锥形状的图像。该功能也可用于识别和追踪位于圆柱体或圆锥体顶部和底部的图像。开发人员需要在 Vuforia 官网上创建 Cylinder 类型的目标文件，创建时需要用到圆柱体的高、底面半径以及想要识别的图片。

2.2.1　图片规格

圆柱体识别功能支持的图片格式和图片扫描、多目标识别功能支持的图片格式相同。图片为 RGB 或灰度模式的 PNG 和 JPG 格式图片，大小不超过 3MB。上传到 Vuforia 官网上之后，系统会自动将提取出来的图像识别信息存储在一个数据集中，供开发人员下载与使用。

2.2.2　如何获取实际物体的具体参数

现实中常常能够看到类圆柱体的物件，但是很少有标准的圆柱体，比如生活中的水瓶、水杯、易拉罐，它们的形态都不是十分标准，但是形态都非常接近圆柱体，所以开发人员可以使用它们来进行增强现实应用的开发。

通常情况下，在近似圆柱形的商品上有商标。商标是指在商品上展现的图案。有些商品（如红酒、矿泉水）上的商标可能只覆盖了圆柱体的一部分，有的商品（如易拉罐可乐）上的商标则能够将整个圆柱体覆盖住，比如易拉罐。通常个人手中并没有这些商品的具体数据和商标的标准数字图片。这时需要手动测量圆柱体具体的参数，具体方法如下。

（1）使用纸带来制作罐头盒、瓶子的模型。通常瓶子（罐头盒）的商标是 360°覆盖在物体上的，所以首先用直尺来测量出瓶子（罐头盒）的准确高度并将纸张裁剪到与其相应的高度，然后用纸张尽可能地包裹住瓶子（罐头盒），并在重叠的部分做上记号（最后将重叠的部分减掉）。为了能够测量出瓶子（罐头盒）的底面周长，纸带的宽度必须为瓶子（罐头盒）上商标的宽度，而纸张的长度可以设置得长一些，以便后面的测量。

（2）开始获取圆柱体需要的数据。上一步使用纸带准确地获取了瓶子（罐头盒）的具体尺寸，包括高和底面周长，接下来展开纸带，计算出需要的纸带的长和宽。可以通过使用圆的周长公式求出圆柱体的底面半径，如图 2-3 所示。

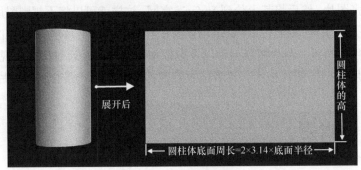

图 2-3　展开模型计算数据

2.2.3　制作商标图片的注意事项

为了方便制作，增强识别效果，开发过程中常会使用一些自制的商标图片。在制作商标图片时也有许多方面需要注意，才能让追踪和识别的精度更高。下面将详细介绍制作商标图片的注意事项。

1. 商标图片的规格

数据测量完成后，开发人员要使用绘图工具来制作一张自己的商标图片（商标图片属于数字图片），并且商标图片的宽高比要与纸带的宽高比相同，使商标图片的形态看上去与纸带十分相似。一般图片较短的一条边至少有 240 像素。

2. 调整矩形商标图片

有一些瓶子上的商标高度小于瓶子的高度，没有完全覆盖住整个瓶身。在这种情况下，需要在商标图片的上方和下方加上白边，使商标图片的宽高比能够匹配纸带的宽高比，如图 2-4 所示。

图 2-4　在商标图片的上方和下方添加白边

如果使用的源图像的宽高比小于商标图片的宽高比，开发人员应将源图片的上方和下方裁切掉一部分，如图 2-5 所示，使其能够匹配需要的宽高比。但这是有副作用的，这么做就会使图像变得不完整，损失掉一些细节。在没有特别重要的细节时，这并不会对图片造成严重的影响。

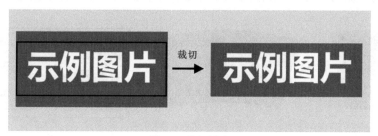

图 2-5　裁切图片

有一些瓶子上的商标不是 360°包裹住瓶身的，这会导致上面商标图片的宽高比要小于从纸带获取的宽高比，因此需要在商标图片的左右两端添加白色区域来扩大源图像的宽高比，如图 2-6 所示，但这么做的副作用是会使追踪的角度小于 360°。

图 2-6　在商标图片的左右两端添加白边

无论源图像的宽高比是大是小，如图 2-7 所示，通过拉伸图像来匹配需要的宽高比的方法适用于上述的任何一种情况。但是如果这样做，由于源图像的宽高比会产生变化，因此会使商标图片变形。

图 2-7　拉伸图像

3. 获取圆台需要的数据

首先，开发人员需要展开在测量时使用的纸带。圆台展开后的纸带应为扇形，如图 2-8 所示。然后，测量纸带的宽与高。此时纸带的宽和高应为能够紧紧包裹住扇形纸带的矩形的宽和高。另外，还需要测出圆台的上底面半径和下底面半径，用于制作目标管理器。

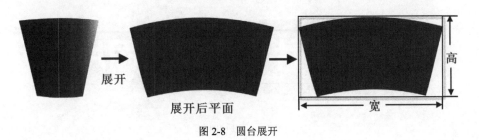

图 2-8　圆台展开

4. 制作需要使用的商标图片

数据测量完成后，需要使用绘图工具来制作一张自己的商标图片。根据商标图片的规格来制作商标图片。尤其要注意，商标图片的尺寸比例需要与纸带的尺寸比例一致，否则可能会导致制作出来的图片与自己需要的图片尺寸不匹配的情况。

5. 调整扇形商标图片

在制作自己的商标图片时，对于扇形图片，同样会碰到源图像与需要的宽高比不匹配的情况，其调整方式可以参照矩形商标图片的调整方式，包括在图片上下方添加白边、在图片左右端添加白边等，如图 2-9 和图 2-10 所示。

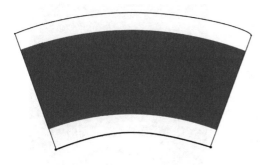

图 2-9　在图片上下方添加白边

图 2-10　在图片左右端添加白边

2.2.4　如何达到最好的效果

现今物体的识别和追踪精度并不是特别高，所以开发人员在制作增强现实类的应用程序时还需要注意一些细节，通过一些方法来使用户能够有更舒适的体验。具体方法如下。

（1）最好不要使用玻璃瓶等会产生强烈的镜面反射的物体，这样会影响追踪和识别的精度。

（2）选用的物体上的图像最好能够覆盖住整个物体并提供丰富的细节信息。

（3）当想要从物体的顶部或底部来识别物体时，合理地设置物体顶部和底部的图像便尤为重要。

（4）所选用物体的表面图像不能包含大量类似或相同的对象，如果选用这样的物体，在识别时会对物体当前的朝向产生歧义，从而影响到实际体验。

2.3　多目标识别

除了图片识别和圆柱体识别之外，还可以使用立方体作为识别的目标。立方体是由多个面组成的，用扫描图片的功能就无法识别，需要使用多目标识别技术，即将所要识别的立方体的6 个面以及长、宽、高等数据上传。本节详细介绍多目标识别技术的相关知识。

2.3.1　多目标识别的原理

多目标对象为立方体，共有 6 个面。6 个面可以同时识别，这是因为它们所组成的结构形态已经定义好。当立方体的任意一个面被识别时，整个立方体目标也会被识别出来。虽然将立方体的 6 个面作为不同的数据上传，但是这 6 个面是不可分割的，系统识别的目标为整个立方体。多目标识别的效果如图 2-11 所示。

这里，要识别的立方体目标其实是由数张 ImageTarget 组成的。这些 ImageTarget 之间的联系由 Vuforia 目标管理器或者 XML 数据配置文件负责，并且存储在 XML 文件中。开发者可以修改这个 XML 文件，也可以配置立方体目标。

多目标识别是增强现实技术中最基础的识别方法之一。与图片识别相比，用户可以通过多目标识别来扫描身边的具体物体，因此多目标识别更加富有乐趣，但它的缺点是不如图片识别快捷，因此通常多用于产品包装的营销活动、游戏和可视化产品展示等。

图 2-11　多目标识别的效果

2.3.2　对多目标识别对象的选择

多目标识别的对象由 Vuforia 目标管理器创建，支持 JPG 和 PNG 格式的 RGB 图片以及灰度图，并且上传的目标图片大小必须不超过 2MB。系统将这些图片中的特征提取并存储在一个数据库中，用户可以下载这些特征以及将这些特征与应用程序打包在一起。

目标识别体的选择十分重要。影响目标识别体易识别性的因素有两个，即立方体的长度和几何一致性。如图 2-12 所示，建议立方体的长度至少为其宽度的一半，因为多目标识别过程中在检测和追踪目标的时候，如果物体旋转，系统必须找到一定数量的目标对象，即各个面的图片。

几何一致性是指保证各个部分的目标之间的空间关系不发生改变。比如，如果移开盒子的顶面，立方体的几何形象就会发生改变。在这种情况下，系统会假定被移开的部分仍然存在。具体做法是，系统会保留已经被移开的部分，或者将已移开的部分作为一个单独的图像目标。

图 2-12　立方体的长度确定

通过这种处理方法，即使在立方体被撕裂的情况下，应用程序也可以单独追踪已经被移开的部分，而不影响立方体目标的识别性能。多目标识别的用途广泛，具体案例将在下一章详细介绍与演示。

　　除了基于图片特征的检测和追踪之外，Vuforia 还提供了一种特殊的基准类型——下一代条形码，将图像编码融入特征图，使其成为标记框架的唯一 ID。相比其他传统的基准标记，这种技术可以解决一张图片只能对应一条识别信息的问题。

　　当需要用同一张图片来识别出多个不同的 3D 模型时，就可以运用 VuMark。通过 Adobe Illustrator CC2015 或其以上版本制作 VuMark（具体制作请查阅相关资料），创建的 svg 文件如图 2-13 所示。图中标记的圆圈可以当作图像编码，用于存储图片信息。图 2-14 为存储字符串"0"的条形码图片。

图 2-13　原始的 svg 图片

图 2-14　条形码图片

　　说明： 在 Vuforia 官方网站提供的制作工具中包括两个 svg 文件的例子，用户可以下载 Vuforia VuMark Designer 工具，将其解压到任意目录下，找到其中的 Examples 文件夹。解压后的文件夹和 Examples 文件夹中均包含一个 svg 文件，任意选择一个将其导入 Vuforia 的数据库再导入 Unity 中即可。具体可参考第 3 章的详细介绍。

　　官方自带的 VuMark 案例向开发人员展示了如何配置 VuMark 与解析其中的信息。在开发过程中，一个理想的 VuMark 包括以下几个属性。

- ❑　格式大小：VuMark 只支持 svg 格式的文件，且文件不能超过 2MB。
- ❑　尺寸参数：官方建议 VuMark 图片的大小和实物的比例为 1∶1，宽度以米为单位。
- ❑　框架内部图片：建议添加图形丰富的背景。
- ❑　扫描环境：图像目标应放置在漫反射灯光照射的、适度明亮的环境中，整张 VuMark 图片表面应被均匀照射，这样才会更有效地收集图像的信息，更加有利于 Vuforia SDK 的检测和追踪。

用户自定义目标

用户自定义目标（user defined target）实质上就是图片目标（image target）。只不过这里用到的识别图片是用户在程序运行时使用设备摄像头拍摄下来的图像。用户自定义目标能够实现的功能和图片目标大致相同，但是唯独不支持虚拟按钮（virtual button）。

在任何时间任何地点用户都可以随时选取需要识别的图像，而不需要在游戏开发过程中预先选定需要识别的图像，这样能够更好地为用户提供丰富的 AR 体验。

2.5.1　适合追踪的场景和物体

为了保证应用程序追踪和识别的精度，用户需要知道怎样的情况下效果最好。下面列出几点选取目标时需要注意的事项。

- □　包含丰富的细节，比如街道、人群、体育场等复杂混乱的场景都十分合适。
- □　在光线和色彩上有较强的反差，比如颜色丰富并带有明暗效果的场景。
- □　没有大量重复的图案，比如棋盘、窗户布局相同的写字楼、居民楼和草地等。
- □　易用性高，最好包含名片、杂志等在生活中常见且具有丰富细节信息的物体。

2.5.2　用户自定义目标预制件

因为 Unity 在 2017.3.0 及其后面的版本中都内嵌开发 Vuforia 所需的 SDK，所以开发人员可以直接创建 Vuforia SDK 中包含的对象，其中便包括 UserDefinedTargetBuilder 对象。该对象上挂载了 User Defined Target Building Behaviour (Script)，如图 2-15 所示。

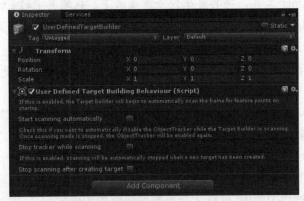

图 2-15　Inspector 面板中的 User Defined Target Building Behaviour (Script)

User Defined Target Building Behaviour (Script)主要负责处理开启或停止对目标的扫描以

及对新目标的创建。在 Inspector 面板底部有 3 个复选框供开发人员选择。如果后两个复选框没有勾选，那么扫描模式就不会关闭，并且当目标创建之后立即就会对它们进行追踪。这种情况下，特别适合开发多目标识别功能，即能够同时识别多个存在于场景中的目标。具体设置信息如下。

- ❑ Start scanning automatically（开启自动扫描）——如果启用该功能，那么目标生成器就会自动开始对相机画面内的特征信息进行扫描。
- ❑ Stop tracker while scanning（扫描时停止追踪）——开启该功能后，当目标生成器扫描时，图像追踪器就会自动关闭，扫描完成后就会自动开启。
- ❑ Stop scanning after creating a target（创建目标后停止扫描）——开启该功能后，当目标创建后，就会自动停止扫描。

2.6　虚拟按钮

虚拟按钮是通过 Vuforia SDK 插件与现实世界交互的一种媒介。用户可以通过现实世界中的一些手势操作来影响应用程序中场景的展现。本节将介绍 AR 中虚拟按钮的具体实现细节。

2.6.1　按钮的设计以及布局

虚拟按钮提供了一项很有用的机制——基于图像的目标互动。当要为应用程序添加虚拟按钮来增强用户体验时，虚拟按钮的尺寸和摆放位置都需要慎重考虑。以下几个因素会影响虚拟按钮的响应性和可用性。

- ❑ 虚拟按钮的长度和宽度。
- ❑ 虚拟按钮所覆盖的目标的面积。
- ❑ 虚拟按钮相对于图像边框以及其他按钮的位置。

2.6.2　虚拟按钮的相关特性

用户自定义的虚拟按钮占用的矩形区域面积应该大于或等于目标区域总体面积的 10%。摄像机拍摄的画面中，当虚拟按钮下方的图像特征信息因被遮挡而减少时，就会触发相应的按钮事件。指定虚拟按钮的大小用于更好地响应触发事件，例如，一个需要由用户手指触发的按钮的大小就应该小于用户的手。

另外，可以为虚拟按钮设置不同的触发灵敏度，比如射击游戏中的开火键的灵敏度显然会较高。而在 AR 中，虚拟按钮的灵敏度是通过虚拟按钮需要被遮挡的面积以及遮挡的时间来体现的。在开发过程中最好对每一个按钮都进行灵敏度测试，以达到最好的效果。

2.6.3　虚拟按钮的摆放

除了虚拟按钮的尺寸之外，虚拟按钮与图像和其他虚拟按钮的相对位置关系也是影响虚拟按钮响应效果的重要因素。下面将对虚拟按钮在开发过程中的位置摆放进行详细讲解，使读者能够明白其中的细节。

❑　将图片放置在特征信息丰富的图像上方。

虚拟按钮的触发是由于虚拟按钮下方的现实世界中的图像目标的特征信息被遮挡或变得模糊而确定的，因此需要将虚拟按钮放置在拥有丰富特征信息的图像上，以使其能够正确地触发 OnButtonPressed 事件。读者可以在 Vuforia 官网的 Target Manager 选项卡中查看图片特征信息的分布情况，如图 2-16 所示。

❑　使虚拟按钮远离图像边框。

图 2-16　图片特征信息的分布情况

虚拟按钮不应该放置在目标的边界上，因为基于图片的目标有一个大约占整个图片宽度 8%的区域，在该区域中的内容是无法识别和追踪的。如果把虚拟按钮放置在图像的边框区域（见图 2-17），即使其下方的图片细节信息被遮挡，按钮也不会触发。

图 2-17　图像的边框区域

❑　避免按钮间的重叠。

在用户面对目标时，不要将虚拟按钮堆叠在一起，因为在用户操作的时候程序无法识别用户需要触发哪个按钮，从而很容易引起误操作。如果需要将多个按钮堆叠在一起，那么就需要编写逻辑代码来决定哪些按钮可以触发，哪些按钮不能够触发。

2.7 物体识别

前面章节介绍了标记框架、扫描图片、多目标等技术,细心的读者会发现这些技术都是基于图片实现的。但是现实生活中有很多 3D 物体,比如玩具车、电子产品以及生活用品等,Vuforia 也提供了一套技术来实现与 3D 物体的交互。本节将详细讲解该技术。

2.7.1 可识别物体

Vuforia 官方提供了一款扫描应用——Vuforia 对象扫描仪,利用该软件可以将 3D 物体的物理特性扫描成数字信息。该应用所识别的 3D 物体是不透明、不变形的,并且其表面应该有明显的特征信息,这样有利于应用收集目标(例如,玩具车和电子元器件,如图 2-18 和图 2-19 所示)表面的特性信息。图片目标与 3D 物体的对比如表 2-1 所示。

图 2-18 玩具车

图 2-19 电子元器件

表 2-1 图片目标与 3D 物体目标的对比

对 比 项	片 目 标	3D 物体目标
目标源	平面图	扫描仪扫描出来的目标特性
使用建议	出版物、产品包装	玩具、产品、复杂的几何图形

2.7.2 下载 Vuforia 对象扫描仪

Vuforia 对象扫描仪可以扫描并收集 3D 物体表面的物理信息,将扫描的数据上传至 Vuforia 官网并打包下载到 Unity 编译器,从而完成 3D 物体的扫描。进入 Vuforia Developer Portal 官网,在 Downloads 下的 Tools 页面中,单击 Download APK,如图 2-20 所示,下载 APK。

将下载的压缩包解压到任意文件夹中。在 media 文件夹中有两个 pdf 文件,将其复制到 APK 压缩包所在的目录下,如图 2-21 所示。官网上提示该 APK 只支持 Samsung Galaxy S6 及以上版本,但是在测试之后发现其他部分手机也可以安装并扫描成功。

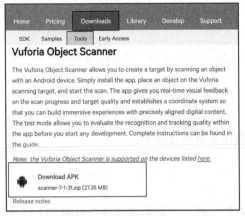

图 2-20　下载 APK

图 2-21　复制两个 pdf 文件

2.7.3　扫描 3D 物体的步骤

下载并安装 Vuforia 对象扫描仪后，就可以利用它对 3D 物体进行扫描。扫描完成后会产生一个*.od 文件，该文件包含了 3D 物体表面的物理信息，将其上传至 Vuforia 官网、打包并下载数据源。下面详细讲解扫描 3D 物体的步骤。

（1）搭建扫描环境。Vuforia 官网建议将整个环境设置成灰色，所以作者搭建了一个箱子专门用来扫描 3D 物体的内部环境和整体环境，如图 2-22、图 2-23 所示。将箱子放置于明亮的环境中，以确保 3D 物体表面被均匀地照射。

图 2-22　扫描内部环境

图 2-23　扫描整体环境

（2）在开始扫描目标物体之前，需要将 APK 压缩包中附带的 A4-ObjectScanningTarget.pdf 文件打印出来，如图 2-24 所示，将 3D 物体放置在该图片右上角的空白区域，并与图中的坐标轴对齐。该图纸用来确定物体的精准位置和姿势。

（3）准备工作完成后，就可以开始 3D 物体的扫描了。这里采用的 3D 物体是一个无线鼠标。双击 Vuforia 对象扫描仪的图标，打开应用程序，如图 2-25 所示。单击"+"图标创建新的扫描会话，当物体位置摆放正确时，会出现一个矩形区域并将物体包裹。

图 2-24 将 3D 物体放置在图片右上角的空白区域

图 2-25 打开 Vuforia 对象扫描仪后的界面

（4）这里需要提醒读者的是，如果只将鼠标的一部分放在空白区域，Vuforia 对象扫描仪就只会扫描、收集位于空白区域的鼠标部分的表面数据信息，如图 2-26 所示。单击右侧图形按钮开始对物体进行扫描。在扫描过程中不要移动 3D 物体，而是通过移动摄像机来对整个物体进行扫描。

（5）当物体表面区域被成功捕捉后（见图 2-27），该区域会由白色变成绿色。可以适当改变摄像机和 3D 物体间的距离来对部分区域进行捕捉。当捕捉到大部分的表面信息（即大部分变为绿色）时，再次单击右侧圆形的按钮停止扫描。

图 2-26 半个物体矩形包裹

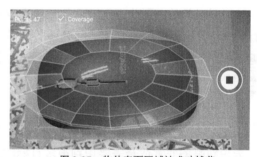

图 2-27 物体表面区域被成功捕获

（6）把扫描结果命名为 shubiao，保存后会出现一个信息摘要，如图 2-28 所示。在界面底部会出现 Test 和 Cont Scan 两个按钮。可以通过单击 Test 按钮对扫描结果进行测试，测试结果如图 2-29 所示。若对扫描结果不满意，可以单击 Cont Scan 按钮继续对物体进行扫描。

图 2-28 扫描信息摘要

图 2-29 扫描测试结果

（7）单击"+"旁边的设置按钮可以进行数据分享。分享到 PC 端会后发现这些数据是一个 shubiao.od 文件，如图 2-30 所示。将数据上传至官网的具体步骤将在后面章节中详细介绍。官网会对 shubiao.od 文件的信息进行处理，下载的数据库会缩小很多，开发人员无须担心 shubiao.od 文件影响 APK 包的大小。

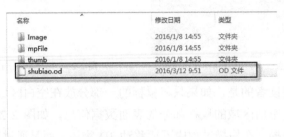

图 2-30　shubiao.od 文件

2.8　云识别

云识别服务是在图片识别方面的一项企业级解决方案，它使开发人员能够在线对图片目标进行管理。应用程序在识别和追踪物体的时候会与云数据库中的内容进行比较，如果匹配，就会返回相应的信息。所以，为了使用该服务，需要良好的网络环境，且除了 Classic 类型的许可密钥外，可以提供云服务功能。

2.8.1　云识别的优势以及注意事项

云识别服务非常适合需要识别很多目标的应用程序，并且这些目标还需要频繁地改动。有了云识别服务，相关的目标识别信息都会存储在云服务器上，这样就不需要在应用程序中添加过多的内容，且容易进行更新、管理。

开发人员可以在 Target Manager 中添加使用 RGB 或灰度通道的 JPG 和 PNG 格式的图片目标，上传的图片大小需要在 2MB 以下。添加后，官方会将图片的特征信息存储在数据库中，供开发人员下载、使用。关于图片目标的详细信息在前面章节已经详细讲解。

2.8.2　云识别数据库与目标的创建

云识别功能支持开发人员通过 Target Manager 来创建云数据库的以及对云数据库中的目标进行管理和上传。为了创建云数据库，一定要导入一个独一无二的 License Key 值。下面就对如何创建云识别数据库与目标进行详细介绍。

1. 创建云数据库

云数据库用来支持云识别服务，在其中开发人员可以添加超过 100 万张图片目标来支持应用程序的识别追踪功能。下面介绍在 Target Manager 中创建一个新的云数据库的具体步骤。

（1）进入 Vuforia 官方网站，选择导航栏中的 Develop 选项，如图 2-31 所示。登录账户并选择 Target Manager，如图 2-32 所示。

图 2-31　选择 Develop

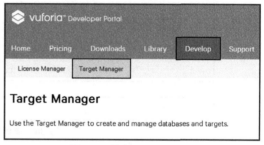

图 2-32　选择 Target Manager

（2）单击 Add Database 按钮，在弹出的窗口中，在 Name 栏中添加自定义的数据库名称，在 Type 下面选择 Cloud 单选按钮。需要注意的是，此数据库名称不可与其他数据库重复，最后在窗口的最下方选择开发人员申请的许可密钥，单击 Create 按钮即可创建云数据库，如图 2-33 所示。

图 2-33　创建云数据库

2. 添加图片目标到云数据库中

云数据库创建完毕后，开发人员就可以向其中添加所需要的图片目标。添加图片目标的方式有两种，一种是通过 Target Manager 进行添加，另一种是使用 Web Services 提供的 API 进行添加，这里仅对前者进行详细介绍。通过 Target Manager 添加图片目标的具体步骤如下。

（1）在 Vuforia 官网，选择 Develop 选项，并选择 Target Manager，在页面中读者会看到自己账户下所创建的所有数据库，如图 2-34 所示，选择创建的 MyCloud 数据库，进入目标上传界面。

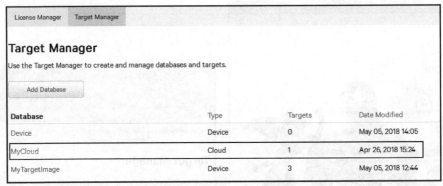

图 2-34　选择 MyCloud 数据库

（2）单击目标上传界面中的 Add Target 按钮，在弹出的界面中开发人员可以选择需要上传的图片文件、设置目标宽度（目标的高度会自动计算出来）、添加元数据包（可选）以及为目标进行命名，完成后，单击 Add 按钮即可上传目标，如图 2-35 所示。

图 2-35　单击 Add 按钮

说明：元数据其实是一个 JSON 文件。JSON 文件可以保存所有数据，包括图片链接、音乐链接等资源。云识别允许一个目标带有一个元数据文件，这样在应用程序识别该目标之后就能够获取对应的元数据，解析出其中所包含的数据并使用。关于 JSON 文件的编写，读者需要参考其他专业资料。

2.9　模型识别

在模型识别中，使用物体的数字 3D 模型来识别和跟踪物体。Vuforia SDK 使用专门的数据库识别对象。下面将对该功能进行详细介绍。

2.9.1　模型识别的注意事项

在模型识别中，关于模型的选择，有以下两点要求。

- ❑　对象具有几何刚性（即物体不能变形或具有延展性）。
- ❑　对象要有目前稳定的表面特征（例如，不支持有光泽的表面）。

2.9.2　模型目标的制作

本节介绍如何制作模型目标。Vuforia 提供了模型制作工具，用户可以在官网上进行下载。模型制作工具只允许免费制作 10 次。下面将详细介绍制作模型目标的步骤。

（1）在 Vuforia 官网中，选择 Downloads，如图 2-36 所示。选择 Tools，如图 2-37 所示，找到 Vuforia Model Target Generator 的介绍，单击下面的 Download Model Target Generator 链接，将其下载到任意位置。

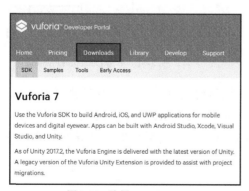

图 2-36　选择 Downloads

图 2-37　找到 Vuforia Model Target Generator
的介绍，并下载 Model Target Generator

（2）将下载的压缩包解压到任意位置，找到指定位置的_Vuforia_Model_Target_Generator.exe 工具，如图 2-38 所示。双击这个 exe 文件，弹出的登录界面如图 2-39 所示，输入在 Vuforia 官网创建的开发者账号与密码，单击 Login 按钮登录。

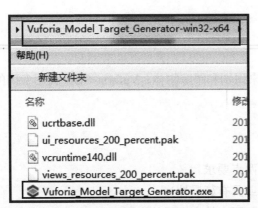

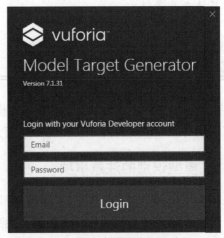

图 2-38　_Vuforia_Model_Target_Generator.exe 工具的位置　　　　图 2-39　登录界面

（3）在弹出的界面中，单击 New Project，进入 New Project 界面。如图 2-40 所示，设置合适的项目名称、项目位置与模型文件之后，单击 Create Project 按钮，正式进入主界面，在上边的工具栏中单击 Detection Position，用来选择模型的检测位置，如图 2-41 所示。

图 2-40　设置项目名称、项目位置和模型文件　　　　图 2-41　单击 Detection Position

（4）在弹出的 Detection Position 界面中，调整检测位置，并单击右侧的 Set Detection Position 按钮，会自动生成一个模型轮廓的线框图，如图 2-42 所示。确认无误之后，单击上边工具栏中的 Generate Target 进行导出，如图 2-43 所示。将导出的文件导入 Unity，完成模型文件的制作。

图 2-42　生成模型轮廓的线框图

图 2-43　单击 Generate Target 进行导出

2.9.3　创建模型目标的注意事项

在运用官方工具制作模型目标的过程中，需要注意尺寸、扫描度等多个方面的问题。下面将对这些问题进行介绍。

- ❑ 在插件里面，CAD Model View 界面的右上角会显示模型的 size，在这里 size 不能过大，如果最大值在 100 左右，会导致模型无法识别。
- ❑ 模型目标和 Vuforia 之前的其他目标是类似的，之前的目标的位置不能改变，不然会出现目标抖动的情况。模型目标实际上是静止放置在世界坐标（0，0，0）处的。同样，离原点的偏移量越大，抖动越厉害。
- ❑ 扫描的时候，最好选在背景和周围都比较干净的地方，不要有杂物，不然会影响识别效果。
- ❑ 扫描角度必须是工具里设置的角度，也就是实物要和它生成的线框图对准，处于其他角度是无法扫描成功的。
- ❑ 模型目标无法在多个场景中同时生效。

2.10　水平面识别

更新的 Vuforia 7.0 提供了水平面识别技术。水平面识别技术可以识别屏幕里的平面，进行 3D 模型的放置。在官方案例中展示了地面的识别与半空的识别。运用该技术，轻松地在日常环境中将数字内容放置到水平表面上。

　　虽然 Vuforia 的水平面检测技术相对于 ARKit/ARCore 还稍有逊色,但是相对于后面两种,Vuforia 兼容的设备目前是最多的。水平面识别是创建能与现实世界进行交互的游戏和可视化应用程序产品的理想解决方案。

2.11　本章小结

　　本章初步介绍了 Vuforia 的几项核心功能。学完本章后,读者应能够对 Vuforia 的相关功能有了初步的了解,包括图片扫描、圆柱体识别、多目标识别、云识别、物体识别等。本章概述了 Vuforia 的核心功能,具体的案例将在下一章中详细介绍。

2.12　习题

1. 简述选择被扫描图片时的注意事项。
2. 在圆柱体识别过程中,如何获取实际物体的具体参数?
3. 简述多目标识别的原理。
4. 云识别的两种管理方式是什么?
5. 请自行尝试模型目标的制作。
6. 请自行尝试 3D 物体的扫描。

第3章　关于 Vuforia 核心功能的官方案例

前面介绍了 Vuforia 的核心功能，使读者对开发工程中所要注意的事项有了基本的了解。本章将详细介绍关于 Vuforia 核心功能的官方案例，通过实践使读者对 AR 应用程序的开发有更深层次的了解。

3.1　官方案例下载与 AR Camera 参数详解

本节着重讲解关于 Vuforia 核心功能的官方案例下载和 AR Camera 的参数。因为在每个案例中都会涉及 AR Camera 的使用，所以将在这里统一讲解。需要注意的是，在讲解每个案例的开发步骤之前，都会预先展示案例的运行结果，使开发思路更加清晰。

下载官方案例的步骤如下。

（1）在 Vuforia 官网，登录用户账号（下载官方案例时需要登录，否则会提示用户登录）。选择导航栏中的 Downloads，并选择 Samples，会显示官方案例的列表，如图 3-1 所示。

（2）单击 Download from Unity Asset Store 链接，查看需要下载的官方案例。Vuforia 官方给出的案例包含许多重复内容，所有我们不需要下载全部案例，只需要下载一部分即可（需要下载的案例包括 Vuforia Core Samples、Vuforia Ground Plane、Vuforia Model Targets），如图 3-2 所示。

（3）打开 Unity 游戏引擎，选择 Window→Asset Store，打开 Asset Store 视图，在 Asset Store 视图的搜索栏中输入 Vuforia Core Samples，按 Enter 键，搜索该案例，如图 3-3 所示。搜索完成后，单击该案例，在案例界面中单击 Download 按钮，等待资源包的下载，如图 3-4 所示。

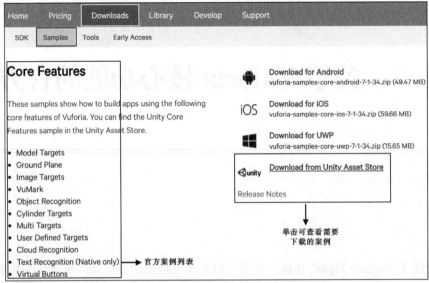

图 3-1　官方案例列表

图 3-2　需要下载的案例

图 3-3　搜索案例

图 3-4　下载案例的资源包

（4）下载完成后，单击 Import 按钮，将资源包导入 Unity 引擎，如图 3-5 所示（其他资源包的下载步骤与上述过程一样，读者自行下载即可）。将资源包导入后，再按照从 Unity 导出 APK 的步骤将官方案例导出到移动设备上即可运行。相关步骤可以参考 Unity 的图书。

下面将详细讲解如何修改 AR Camera 游戏对象的参数。

（1）如图 3-6 所示，在 Unity 中，选择 GameObject→Vuforia→AR Camera，创建 AR Camera，并将原场景中的摄像机删除。单击 AR Camera，勾选 Inspector 面板中的 Vuforia Behaviour (Script)，如图 3-7 所示。

（2）由于 Unity 在 2017.3.0 及其后面的版本中都内嵌了开发 Vuforia 所需的 SDK，因此无法直接查看 AR Camera 上所挂脚本的具体内容，但可以修改脚本中的某些参数。单击 Vuforia Behaviour (Script)下的 Open Vuforia configuration 按钮，会跳转到脚本编辑界面，如图 3-8 所示。

图 3-5　导入资源包

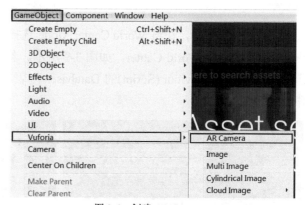

图 3-6　创建 AR Camera

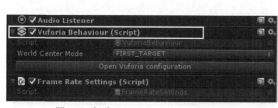

图 3-7　勾选 Vuforia Behaviour (Script)

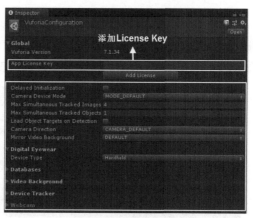

图 3-8　脚本编辑界面

（3）在脚本信息编辑界面，可以为该应用添加许可密钥，如图 3-8 所示。该许可密钥是该应用的标志（建议每一个许可密钥只用于一个应用，否则在设备上运行时可能会报错），在其下面可以修改摄像机的模式、可识别图像的最大数量等参数。具体参数如表 3-1 所示。

表 3-1　AR Camera 的参数

参　　数	含　　义
App License Key	应用许可密钥
Camera Device Mode	相机设备的模式
Camera Direction	调用设备的摄像机
Mirror Video Background	镜像摄像影片背景
Device Type	设备类型
Max Simultaneous Tracked Images	在摄像机中可以同时检测追踪到的图片的最大数量
Max Simultaneous Tracked Objects	在摄像机中可以同时检测追踪到的目标的最大数量
Load Object Targets on Detection	是否允许相机在检测时加载对象目标
Databases	数据库类型

（4）需要注意的是，在将 World Center Mode 选择为 SPECIFIC_TARGET 时，开发人员需要手动为其添加一个 World Center，如图 3-9 所示。若导入项目的数据库可用，则数据库会自动显示在 Vuforia Behaviour (Script)的 Databases 列表项下（见图 3-10），读者可对数据库中的数据做相应处理。

图 3-9　手动添加世界中心目标

图 3-10　添加的数据库

（5）与添加数据库相对应的是在 Image Target Behaviour (Script)下面设置 Database 以及 Image Target。以图像识别为例，在 Image Target Behaviour (Script)下面修改这两个参数即可，如图 3-11、图 3-12 所示。开发人员可在此参数中添加多个识别目标。

图 3-11　选择 Database

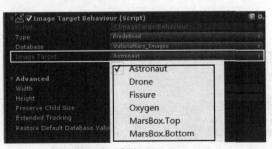

图 3-12　选择 Image Target

（6）在每个官方案例中，如图 3-13（a）所示，双击扫描界面，会弹出一个选项栏。其中的 4 个选项可以决定是否使用扩展追踪、是否打开自动对焦、是否使用闪光灯以及是否改变默认摄像头，如图 3-13（b）所示。这些功能是用 Unity 实现的，有兴趣的读者可以参考 Unity 的相关书籍。

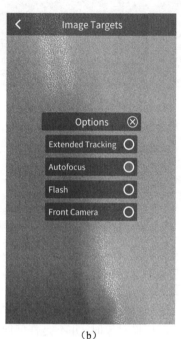

（a）　　　　　　　　　　　　　　　　　（b）

图 3-13　双击扫描界面并查看功能

3.2 图片识别案例详解

3.2.1　预制件的通用脚本

在 Vuforia SDK 中，将很多需要用到的东西做成了预制件，如 ARCamera、ImageTarget 等，如图 3-14 所示，读者可以在官网下载 SDK 自行查看。通常，在预制件上挂载了脚本来实现其相关功能，如图 3-15 所示。本节将详细讲解这些脚本。

Turn Off Behaviour (Script)的作用是在应用程序运行时禁止场景中物体的渲染，分别获取游戏对象的 MeshRender 和 MeshFilter 组件并将其销毁。需要注意的是，官方案例中的大部分脚本引用了 Vuforia 命名空间，开发人员在编写脚本时需注意。

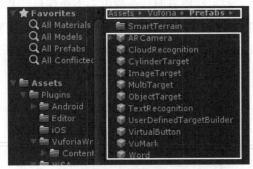

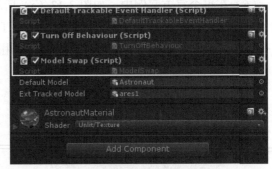

图 3-14　预制件　　　　　　　　　　　　　　图 3-15　部分脚本

代码位置：官方 SDK vuforia-unity-6-2-10.unitypackage/Assets/Vuforia/Scripts/TurnOffBehaviour.cs

```
1    using UnityEngine;
2    namespace Vuforia{                                    //引用 Vuforia 命名空间
3        public class TurnOffBehaviour : TurnOffAbstractBehaviour{
4            void Awake(){                                 //重写 Awake 方法
5                if (VuforiaRuntimeUtilities.IsVuforiaEnabled()){   //判断是否获取了摄像头
6                    MeshRenderer targetMeshRenderer = this.GetComponent<MeshRenderer>();
7                    Destroy(targetMeshRenderer);         //获取游戏对象的 MeshRender 组件并将其销毁
8                    MeshFilter targetMesh = this.GetComponent<MeshFilter>();
9                    Destroy(targetMesh);                 //获取游戏对象的 MeshFilter 组件并将其销毁
10   }}}}
```

说明：分别获取游戏对象上的 MeshRender 组件和 MeshFilter 组件并将其销毁。

在摄像机扫描对象时，并不是任何时刻都可以扫描到对象（图片、圆柱体以及 3D 物体等），因此需要一个脚本来处理对象符合追踪状态和不符合追踪状态两种情况。在预制件上挂载的 Default Trackable Event Handler (Script)就是用来处理这种情况的，具体代码如下。

代码位置：官方案例 Vuforia Core Samples/Assets/Vuforia/Scripts/DefaultTrackableEventHandler.cs

```
1    using UnityEngine;
2    using Vuforia;
3    public class DefaultTrackableEventHandler : MonoBehaviour, ITrackableEventHandler{
4        protected TrackableBehaviour mTrackableBehaviour;               //声明类的实例
5        protected virtual void Start(){
6            mTrackableBehaviour = GetComponent<TrackableBehaviour>();   //初始化实例
7            if (mTrackableBehaviour)
8                mTrackableBehaviour.RegisterTrackableEventHandler(this);
9        }
10       protected virtual void OnDestroy(){
11           if (mTrackableBehaviour)
12               mTrackableBehaviour.UnregisterTrackableEventHandler(this);
13       }
14       public void OnTrackableStateChanged(
15           TrackableBehaviour.Status previousStatus,
```

```
16          TrackableBehaviour.Status newStatus){
17          if (newStatus == TrackableBehaviour.Status.DETECTED ||
18              newStatus == TrackableBehaviour.Status.TRACKED ||
19              newStatus == TrackableBehaviour.Status.EXTENDED_TRACKED){
20              OnTrackingFound();
21          }else if (previousStatus == TrackableBehaviour.Status.TRACKED &&
22                  newStatus == TrackableBehaviour.Status.NOT_FOUND){
23              OnTrackingLost();
24          }else{OnTrackingLost();}}
25      }
26      protected virtual void OnTrackingFound(){
27          var rendererComponents = GetComponentsInChildren<Renderer>(true);
28          var colliderComponents = GetComponentsInChildren<Collider>(true);
29          var canvasComponents = GetComponentsInChildren<Canvas>(true);
30          foreach (var component in rendererComponents)    //遍历渲染组件
31              component.enabled = true;                    //设置为可用组件
32          foreach (var component in colliderComponents)    //遍历碰撞器组件
33              component.enabled = true;                    //设置为可用组件
34          foreach (var component in canvasComponents)      //遍历 Canvas 组件
35              component.enabled = true;                    //设置为可用组件
36      }
37      protected virtual void OnTrackingLost(){
38          var rendererComponents = GetComponentsInChildren<Renderer>(true);
39          var colliderComponents = GetComponentsInChildren<Collider>(true);
40          var canvasComponents = GetComponentsInChildren<Canvas>(true);
41          foreach (var component in rendererComponents)    //遍历渲染组件
42              component.enabled = false;                   //设置为不可用组件
43          foreach (var component in colliderComponents)    //遍历碰撞组件
44              component.enabled = false;                   //设置为不可用组件
45          foreach (var component in canvasComponents)      //遍历 Canvas 组件
46              component.enabled = false;                   //设置为不可用组件
47      }}
```

- ❑ 第 1～4 行引用 Vuforia 命名空间并声明 TrackableBehaviour 类的实例。
- ❑ 第 5～9 行重写 Start 方法，对 mTrackableBehaviour 变量进行实例化并注册追踪事件处理程序。
- ❑ 第 10～13 行重写 OnDestroy 方法，当程序退出后注销追踪事件处理程序。
- ❑ 第 14～25 行实现该类继承接口中的 OnTrackableStateChanged 方法。当符合摄像机追踪状态时，执行 OnTrackingFound 方法；否则，执行 OnTrackingLost 方法。
- ❑ 第 26～36 行重写 OnTrackingFound 方法，遍历子物体中的渲染、碰撞与 Canvas 组件，将其全部设置为可用组件。
- ❑ 第 37～47 行重写 OnTrackingLost 方法，遍历子物体中渲染、碰撞与 Canvas 组件，将其设置为不可用组件。

在官方案例中，双击扫描界面会出现选项栏，里面有 4 个选项，分别代表是否使用扩展追踪、是否打开自动对焦、是否打开闪光灯与是否改变默认摄像头，这些功能由官方案例中 CommonUI 对象下的 OptionsMenu 对象上挂载的 6 个脚本来实现。下面介绍脚本 SamplesTapHandler.cs。

代码位置：官方案例 Vuforia Core Samples/Assets/SamplesResources/VuforiaSamplesUI/Scripts/SamplesTapHandler.cs

```
1   using UnityEngine;
2   public class SamplesTapHandler : MonoBehaviour{
3       const float DOUBLE_TAP_MAX_DELAY = 0.5f;              //触摸屏幕延迟时间
4       float mTimeSinceLastTap;                              //上次触摸时间
5       MenuAnimator mMenuAnim;                               //声明 MenuAnumator 实例
6       OptionsConfig optionsConfig;                          //声明 OptionsConfig 实例
7       protected int mTapCount;                              //触摸次数
8       void Start(){                                         //重写 Start 方法
9           mTapCount = 0;                                    //初始化触摸次数
10          mTimeSinceLastTap = 0;                            //初始化上次触摸时间
11          mMenuAnim = FindObjectOfType<MenuAnimator>();     //初始化 MenuAnimator 实例
12          optionsConfig = FindObjectOfType<OptionsConfig>();//初始化 OptionsConfig 实例
13      }
14      void Update(){                                        //重写 Update 方法
15          if (mMenuAnim && mMenuAnim.IsVisible()){          //MenuAnimator 实例是否可见
16              mTapCount = 0;                                //初始化触摸次数
17              mTimeSinceLastTap = 0;                        //初始化上次触摸时间
18          }else{HandleTap();}                               //执行 HandleTap 方法
19      }
20      void HandleTap(){
21          if (mTapCount == 1){                              //如果触摸次数为 1
22              mTimeSinceLastTap += Time.deltaTime;          //计算上次触摸时间
23              if (mTimeSinceLastTap > DOUBLE_TAP_MAX_DELAY){//判断是否超出延迟时间
24                  OnSingleTapConfirmed();                   //执行 OnSingleTapConfirmed 方法
25                  mTapCount = 0;                            //初始化触摸次数
26                  mTimeSinceLastTap = 0;                    //初始化上次触摸时间
27              }}else if (mTapCount == 2){                   //如果触摸次数为 2
28                  OnDoubleTap();                            //执行 OnDoubleTap 方法
29                  mTimeSinceLastTap = 0;                    //初始化上次触摸时间
30                  mTapCount = 0;                            //初始化触摸次数
31          }
32          if (Input.GetMouseButtonUp(0)){                   //如果鼠标左键按下
33              mTapCount++;                                  //触摸次数加 1
34              if (mTapCount == 1){                          //如果次数为 1
35                  OnSingleTap();                            //执行 OnSingleTap 方法
36          }}}
37      protected virtual void OnSingleTap(){}                //重写父类的方法
38      protected virtual void OnSingleTapConfirmed(){
39          CameraSettings camSettings = GetComponentInChildren<CameraSettings>();
```

```
40        if (camSettings){                                    //判断是否获取实例
41            camSettings.TriggerAutofocusEvent();            //开启照相机自动对焦
42        }}
43    protected virtual void OnDoubleTap(){
44        if (mMenuAnim && !mMenuAnim.IsVisible() && optionsConfig.AnyOptionsEnabled()){
45            mMenuAnim.Show();                                 //展示菜单栏
46        }}}
```

❑ 第1～7行声明脚本中用到的变量以及实例。

❑ 第8～13行重写Start方法，用于初始化变量与实例。

❑ 第14～19行重写Update方法，用于判断菜单栏是否可见，并执行不同的方法。

❑ 第20～36行重写HandleTap方法，通过计算用户触摸次数来判断是自动对焦还是展示菜单栏以及通过接收触摸信号改变触摸次数。

❑ 第37～42行重写父类的OnSingleTap方法，通过单击脚本实例实现自动对焦。

❑ 第43～46行重写父类的OnDoubleTap方法，通过双击脚本实例来展示菜单栏。

下面介绍挂载在UI上的脚本CameraSettings.cs。CameraSetting.cs脚本用来改变摄像机的对焦方式、打开闪光灯，以及选择摄像头。下面详细介绍该脚本中的具体方法。

代码位置： 官方案例Vuforia Core Samples/Assets/Common/CameraSettings.cs

```
1   using UnityEngine;
2   using System.Collections;
3   using Vuforia;
4   public class CameraSettings : MonoBehaviour{
5       private bool mVuforiaStarted = false;
6       private bool mAutofocusEnabled = true;
7       private bool mFlashTorchEnabled = false;
8       private CameraDevice.CameraDirection mActiveDirection =
9           CameraDevice.CameraDirection.CAMERA_DEFAULT;
10      void Start(){                                         //重写Start方法
11          var vuforia = VuforiaARController.Instance;       //创建实例
12          vuforia.RegisterVuforiaStartedCallback(OnVuforiaStarted);//注册Vuforia开始事件
13          vuforia.RegisterOnPauseCallback(OnPaused);        //注册Vuforia暂停事件
14      }
15      public bool IsFlashTorchEnabled(){
16          return mFlashTorchEnabled;
17      }
18      public void SwitchFlashTorch(bool ON){
19          if (CameraDevice.Instance.SetFlashTorchMode(ON)){ //开启闪光灯
20              mFlashTorchEnabled = ON;                       //改变变量
21          }else{ mFlashTorchEnabled = false;}
22      }
23      public bool IsAutofocusEnabled(){
24          return mAutofocusEnabled;
25      }
```

```
26    public void SwitchAutofocus(bool ON){
27    .../*此处省略了部分代码*/
28    }
29    public void TriggerAutofocusEvent(){
30        CameraDevice.Instance.SetFocusMode(CameraDevice.FocusMode.FOCUS_MODE_TRIGGERAUTO);
31        StartCoroutine(RestoreOriginalFocusMode());
32    }
33    public void SelectCamera(CameraDevice.CameraDirection camDir){
34        if (RestartCamera(camDir)){
35            mActiveDirection = camDir;
36            mFlashTorchEnabled = false;
37        }}
38    public bool IsFrontCameraActive(){
39        return (mActiveDirection == CameraDevice.CameraDirection.CAMERA_FRONT);
40    }
41    public bool RestartCamera(CameraDevice.CameraDirection direction){
42    .../*此处省略了部分代码，后面将详细介绍*/
43    }
44    private void OnVuforiaStarted(){
45        mVuforiaStarted = true;
46        SwitchAutofocus(true);
47    }
48    private void OnPaused(bool paused){
49    .../*此处省略了部分代码，后面将详细介绍*/
50    }
51    private IEnumerator RestoreOriginalFocusMode(){
52    .../*此处省略了部分代码，后面将详细介绍*/
53    }
```

- ❑ 第 1～9 行声明初始化方法中用到的变量。
- ❑ 第 10～14 行重写 Start 方法，用来注册 Vuforia 开始与暂停事件。
- ❑ 第 15～22 行实现 IsFlashTorchEnabled 和 SwitchFlashTorch 方法。
- ❑ 第 23～28 行实现 IsAutofocusEnabled 和 SwitchAutofocus 方法，SwitchAutofocus 方法与 SwitchFlashTorch 方法类似，此处不再赘述。
- ❑ 第 29～32 行为单击屏幕实现对焦的方法。
- ❑ 第 33～40 行为设置照相机方向与判断是否为前置摄像头的方法。
- ❑ 第 41～43 行为 RestartCamera 方法，会在后面详细介绍。
- ❑ 第 44～50 行为 Vuforia 开启与暂停时所执行的方法，OnPaused 方法会在后面进行介绍。
- ❑ 第 51～53 行为回到原来对焦方式的方法，会在后面详细介绍。

前面已经详细介绍了 CameraSettings.cs 脚本中的大多数方法，下面介绍在修改摄像机方向

时重新打开摄像机的方法，应用暂停时执行的方法，以及通过单击屏幕自动对焦后再回到原来
对焦方式的方法。

在修改摄像机方向时重新打开摄像机的代码如下。

```
public bool RestartCamera(CameraDevice.CameraDirection direction){
    //获取追踪器
    ObjectTracker tracker = TrackerManager.Instance.GetTracker<ObjectTracker>();
    if (tracker != null){tracker.Stop();}                   //关闭追踪器
    CameraDevice.Instance.Stop();                           //停止识别
    CameraDevice.Instance.Deinit();                         //取消实例化相机
    if (!CameraDevice.Instance.Init(direction)){            //实例化相机
        return false;
    }
    if (!CameraDevice.Instance.Start()){                    //判断是否开始识别
        return false;
    }
    if (tracker != null){                                   //判断是否获取到追踪器
        if (!tracker.Start()){                              //判断追踪器是否打开
            return false;
    }}
    return true;
}
```

应用暂停时执行的方法如下。

```
private void OnPaused(bool paused){
    bool appResumed = !paused;                              //初始化恢复标志位
    if (appResumed && mVuforiaStarted){                     //如果恢复并且开始
        if (mAutofocusEnabled)                              //是否开启自动对焦
            CameraDevice.Instance.SetFocusMode(CameraDevice.FocusMode.
                FOCUS_MODE_CONTINUOUSAUTO);                 //设置自动对焦
        else
            CameraDevice.Instance.SetFocusMode(CameraDevice.FocusMode.FOCUS_MODE_NORMAL);
    }else{
        mFlashTorchEnabled = false;                         //更新闪光灯标志位
}}
```

通过单击屏幕自动对焦后，回到原来对焦方式的方法如下。

```
private IEnumerator RestoreOriginalFocusMode(){
    yield return new WaitForSeconds(1.5f);                  //等待 1.5s
    if (mAutofocusEnabled)                                  //是否开启自动对焦
        CameraDevice.Instance.SetFocusMode(CameraDevice.FocusMode.
            FOCUS_MODE_CONTINUOUSAUTO);                     //设置自动对焦
    else
        CameraDevice.Instance.SetFocusMode(CameraDevice.FocusMode.FOCUS_MODE_NORMAL);
}
```

3.2.2　运行结果

在官方扫描图片的案例中，用户可以通过扫描 4 幅不同的图片来输出 4 个不同的内容，其中前 3 个为不同的 3D 模型，第 4 个为一个官方视频，同时可以通过打开官方案例中的扩展追踪功能来更换显示的模型。案例的具体运行结果如图 3-16、图 3-17 所示。

图 3-16　运行结果 1

图 3-17　运行结果 2

3.2.3　开发流程

通过观察案例运行结果可以发现，在使用扩展追踪功能之后，原来的 3 个 3D 模型会变换成高楼模型。使用扩展追踪功能，即使图片不在摄像机的拍摄范围内，扫描出来的 3D 模型依旧可以在原来的基础上继续呈现。该案例的开发过程如下。

（1）打开 Unity 游戏开发引擎，新建游戏场景，删除场景中原有的摄像机，在菜单栏中选择 GameObject→Vuforia→AR Camera，登录 Vuforia 官网，获取 Licence Key，将其复制到 AR Camera 游戏对象 Vuforia Behaviour 组件下的 App License Key 中。

（2）打开 Vuforia 官网，选择 Develop 和 Target Manager（目标管理器），如图 3-18 所示，单击该页面的 Add Database 按钮为其添加数据库，在弹出的 Create Database 界面中输入数据库的名称，并且选择 Device 类型，如图 3-19 所示。创建完成后，跳转回 Target Manager 页面。

（3）选择创建的数据库，如图 3-20 所示，单击 Add Target 按钮，跳转到 Add Target 界面（见图 3-21），选择 Single Image 类型，单击 Browse 按钮根据路径选择所需的图片，并在下面输入该图片的宽度，设置图片名称，单击 Add 按钮，上传图片。

（4）单击 Target Manager 页面中数据库的名称，会出现目标图片的详细信息，如图 3-22 所示。按照步骤（3）为该数据库再次添加一张图片，添加完成后返回到 Target Manager 页面，在该页面可以看到两张图片的简要信息，如图 3-23 所示。

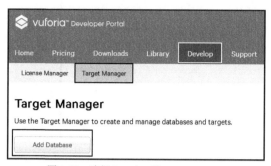

图 3-18 选择 Develop 和 Target Manager

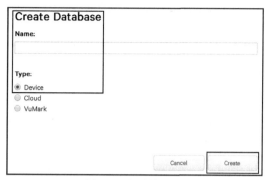

图 3-19 创建数据库

图 3-20 单击 Add Target 按钮

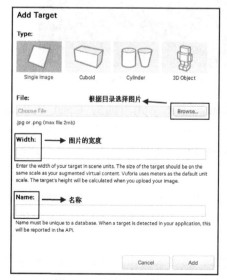

图 3-21 Add Target 界面

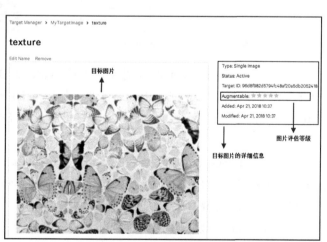

图 3-22 图片的详细信息

图 3-23　图片的简要信息

（5）选择两张图片目标，单击右上角的 Download Database 按钮，在弹出的界面中，选择 Unity Editor 单选按钮，将该数据库下载到本地，如图 3-24 所示。将下载的 MyTargetImage. unitypackage 数据包导入 Unity 引擎，读者可以观察图片资源所在的文件夹，如图 3-25 所示，方便在后面的开发中使用。

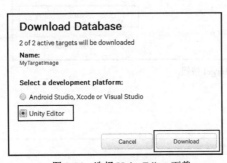

图 3-24　选择 Unity Editor 下载

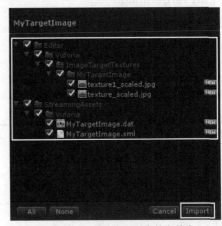

图 3-25　图片资源所在的文件夹

（6）选中 AR Camera 游戏对象，单击 Vuforia Behaviour (Script) 下面的 Open Vuforia configuration 按钮，查看 Databases 属性，如图 3-26 所示。在菜单栏中选择 GameObject→Vuforia→Image 创建 ImageTarget 对象，将机器人与高楼模型拖曳为其子对象，并将 3D 模型设置为不可见。

（7）选中 ImageTarget 对象，在其 Image Target Behaviour (Script) 组件下设置 Database 和 Image Target 选项，如图 3-27 所示。细心的读者会发现，当同一个数据库中有不同的图片目标时，可以选择不同的图片来对应各自的目标。

（8）在 Unity 开发引擎中创建名为 ModelSwap 的脚本，该脚本的作用就是当启用界面中的扩展追踪功能时，修改 3D 物体的 Active 属性，具体代码如下。将其挂载到 ImageTarget 对象上，重复上述的部分步骤，在场景中再次创建 ImageTarget 游戏对象，并选择不同的数据库与图片目标。

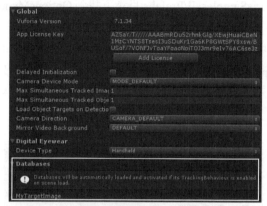

图 3-26 查看 Databases 属性

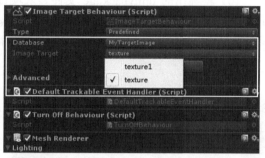

图 3-27 设置 Database 和 Image Target

```
1    using UnityEngine;
2    public class ModelSwap : MonoBehaviour{
3        [SerializeField] GameObject m_DefaultModel;//声明并设置默认对象在 Inspector 面板中可见
4        [SerializeField] GameObject m_ExtTrackedModel;//声明并设置可扩展对象在 Inspector 面板中可见
5        GameObject m_ActiveModel;                    //声明当前可见的模型对象
6        TrackableSettings m_TrackableSettings;       //声明 TrackableSettings 实例变量
7        void Start(){                                //重写 Start 方法
8            m_ActiveModel = m_DefaultModel;          //初始化当前可见的模型对象
9            m_TrackableSettings = FindObjectOfType<TrackableSettings>();   //实例化
10           TrackableSettings
11       }
12       void Update(){                               //重写 Update 方法
13           if (m_TrackableSettings.IsExtendedTrackingEnabled() && (m_ActiveModel ==
14           m_ DefaultModel)){
15               m_DefaultModel.SetActive(false);     //设置默认对象不可见
16               m_ExtTrackedModel.SetActive(true);   //设置扩展对象可见
17               m_ActiveModel = m_ExtTrackedModel;   //将当前可见对象设置为扩展对象
18           }else if (!m_TrackableSettings.IsExtendedTrackingEnabled() && //是否可扩展
19           (m_ActiveModel == m_ExtTrackedModel)){   //当前可见对象是否为扩展对象
20               m_ExtTrackedModel.SetActive(false);  //设置扩展对象不可见
21               m_DefaultModel.SetActive(true);      //设置默认对象可见
22               m_ActiveModel = m_DefaultModel;      //将当前可见对象设置为默认对象
23           }}}
```

❑ 第 1～6 行用来声明默认对象、可扩展对象等，通过添加 SerializeField 将私有对象设置为在 Inspector 面板中可见。

❑ 第 7～11 行重写 Start 方法，用于初始化当前可见的模型对象与实例化 TrackableSettings。

❑ 第 12～23 行重写 Update 方法，通过判断是否可扩展与当前可见对象是否为扩展对象来设置需要显示的模型。

（9）创建一个空对象，在空对象下创建一个 EventSystem 对象，用于实现屏幕的单击监听，之后在官方案例中的 Assets/SampleResources/VuforiaSamplesUI/Prefabs 目录下找到 OptionsMenu.prefab 预制件，右击并选择 Export Package 将其导出到指定文件夹，如图 3-28 所示。

（10）将导出的 unitypackage 文件导入项目中，将其拖曳到刚刚创建的空对象下，创建名为 OptionsMenu 的新对象，选中该对象，在 Inspector 面板中找到 Options Config（Script），勾选 Option 下的全部 Enabled 属性，如图 3-29 所示，设置菜单栏的属性可见。至此，图片识别案例开发完毕。

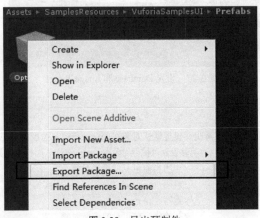

图 3-28　导出预制件

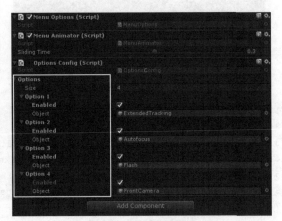

图 3-29　设置菜单栏的属性可见

3.3　圆柱识别案例详解

这一节将开始对 Vuforia 官方提供的圆柱体识别案例进行详细介绍，其中包括官方案例运行结果的展示，以及读者如何自行实现该案例中所呈现的效果。

3.3.1　运行结果

首先，打开官方提供的 Cylinder Targets 项目文件，并在 Vuforia 官网上获取许可密钥，将其添加在案例中 AR Camera 对象下的 App License Key 中。然后，导出 APK，安装到手机上并运行。该案例能够通过 AR 摄像机识别现实世界中与数据集匹配的圆柱体，并让一个无人机围绕着圆柱体进行旋转。该案例的运行结果如图 3-30、图 3-31 所示。

图 3-30　运行结果 1

图 3-31　运行结果 2

3.3.2　开发流程

前面展示了官方圆柱体识别案例的运行结果，下面将一步步介绍如何使用 Vuforia 插件来实现圆柱体识别。由于找不到和官方案例中包装效果相同的圆柱体，因此在案例演示中 AR 摄像机识别的是 Unity 官方提供的圆柱体模型。具体的步骤如下。

（1）在 Unity 中，新建一个场景并将其保存，然后选择 GameObject→Vuforia→AR Camera，创建 AR Camera，并将原场景中的摄像机删除。AR Camera 创建完毕后，选择 GameObject→Vuforia→Cylindrical Image，创建 CylinderTarget，如图 3-32 所示。

（2）选择 CylinderTarget，并单击 Inspector 面板中的 Add Target 按钮，添加目标，如图 3-33 所示。这是需要读者在 Vuforia 的 Target Manager 中添加圆柱体目标。之后会打开 Vuforia 官方网站，读者需要登录申请的账号，关于账号的创建这里不做阐述。

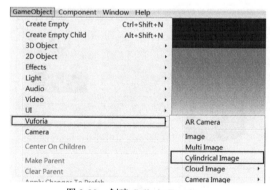

图 3-32　创建 CylinderTarget

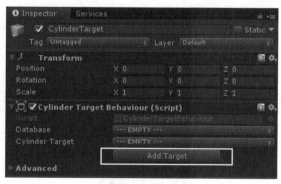

图 3-33　添加目标

（3）登录 Vuforia 官网后，选择导航栏中的 Develop，然后选择 Target Manager，打开 Target Manager 页面，单击 Add Database 按钮，在打开的窗口中为自己的数据库命名，选择 Device 选项并单击 Create 按钮完成数据库的创建，如图 3-34 所示。

（4）创建完成后，单击创建的数据库，进入数据库管理页面。在其中可以添加各种目标，以满足不同的需求。单击 Add Target 按钮，在弹出的 Add Target 界面（见图 3-35）中选择

Cylinder 类型，设置需要添加的圆柱体的上底面直径、下底面直径、高以及目标名称。

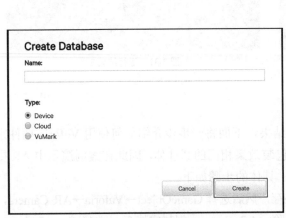

图 3-34　创建数据库

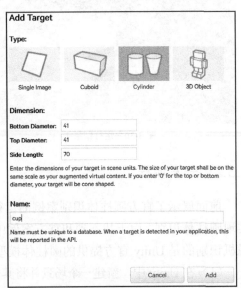

图 3-35　Add Target 界面

（5）单击 Add 按钮，就可以在创建的数据库下看到该目标。单击创建的目标，会打开纹理上传界面，如图 3-36 所示。单击界面右侧的 Upload Side 按钮，在打开的界面中选中需要上传的图片，并单击 Upload Top 和 Upload Bottom 按钮，上传图片，完成后的效果如图 3-37 所示。

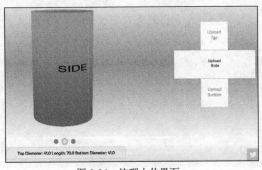

图 3-36　纹理上传界面

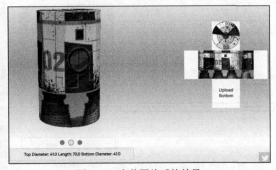

图 3-37　上传图片后的效果

（6）返回数据库管理页面，就可以下载该数据库了。如图 3-38 所示，单击 Download Dataset 按钮，在弹出的窗口中选择 Unity Editor 选项，并单击 Download 按钮即可开始下载，下载的是以数据库名称命名的 unitypackage 文件。

（7）将下载的文件导入 Unity 项目中，导入完成后，单击 Hierarchy 面板中的 CylinderTarget，此时 Inspector 面板中的设置如图 3-39 所示。在 Database 下拉列表中，选择相应的数据库名称，完成后，就会给场景中的圆柱体自动添加纹理贴图，效果如图 3-40 所示。

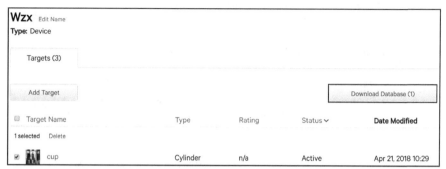

图 3-38　下载 Target

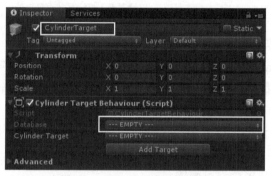

图 3-39　Inspector 面板中的设置

图 3-40　添加纹理贴图后的效果

（8）在场景中创建一个 plane 并贴上纹理，使其成为 CylinderTarget 对象的子物体，如图 3-41 所示。调整无人机的大小以及位置，使其位于圆柱体的一侧，如图 3-42 所示。此时如果导出 APK 并安装到手机上，程序就能够识别该圆柱体并在其一侧显示一架无人机。

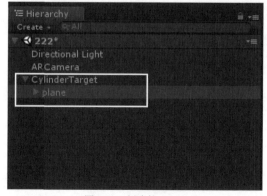

图 3-41　创建的 plane

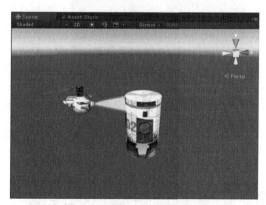

图 3-42　调整无人机的大小以及位置

（9）为了使无人机能够围绕着圆柱体目标旋转，就需要使用简单的代码来控制无人机的运动。具体代码如下。

```
1    using UnityEngine;
2    public class RotateAroundCylinder : MonoBehaviour{
3        Animator m_DroneAnimator;                              //动画状态机
4        void Start(){
5            m_DroneAnimator = GetComponent<Animator>();        //获取无人机的动画状态机
6            if (m_DroneAnimator){
7                m_DroneAnimator.SetBool("IsFacingObject", true);
8                m_DroneAnimator.SetBool("IsShowingLaser", true);
9                m_DroneAnimator.SetBool("IsScanning", true);
10           }}
11       void Update(){
12           Transform parentTransform = transform.parent;    //获取无人机的父类 Tranform 对象
13           transform.RotateAround(parentTransform.position,parentTransform.up,
14                           -60 * Time.deltaTime);           //设置无人机绕其父对象旋转
15       }}
```

❑ 第 7~9 行设置无人机绕圆柱体旋转时所播放的动画。

❑ 第 13~14 行使用 Unity 内置的 RotateAround 函数来实现小球的旋转。该函数的第一个参数是旋转的中心点；第二个参数是旋转轴，这里绕 y 轴来旋转，Unity 中 y 轴指向上；第三个变量用来设置旋转的速度。

（10）在 Vuforia 官网上获取用户自己申请的许可密钥，并添加到 ARCamera 对象的 App License Key 中，如图 3-43 所示，如果没有密钥 APK 将无法正常启动。许可密钥在网站的 License Manager 页面，如图 3-44 所示，读者可以创建多个许可密钥。

图 3-43　添加许可密钥

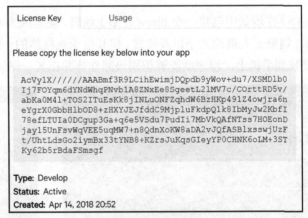

图 3-44　获取密钥

3.4　多目标识别案例详解

2.3 节简单介绍了多目标识别，相信读者已经有了一定的了解，本节将对多目标识别案例进行详细介绍。多目标识别案例与之前的圆柱体识别案例类似，可以用在包装盒中，同样具有虚实遮挡的功能。

3.4.1　运行结果

多目标识别案例是 Vuforia 官方提供的关于核心功能的一个案例。运行该案例后，会扫描一个立方体，生成一个正在拿着地钻清理岩石的机器人，如图 3-45 和图 3-46 所示。多目标识别具有虚实遮挡的效果，即虚拟的物体会和现实中的目标相互遮挡。

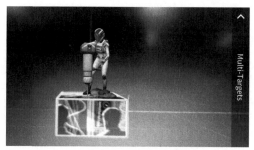

图 3-45　多目标识别案例的运行结果 1

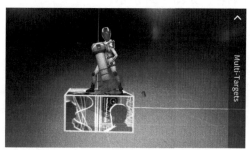

图 3-46　多目标识别案例的运行结果 2

3.4.2　开发流程

下面介绍这个案例的开发过程。多目标识别案例的开发过程和圆柱体识别案例的开发过程大致类似，包括创建数据库、下载数据库、导入 Unity 项目、调整。读者可以根据步骤来自行操作。

（1）在 Vuforia 官网上，选择 Develop 和 Target Manager，然后单击 Add Database 按钮，如图 3-47 所示，添加数据库。Target Manager 页面中列出了之前已创建的数据库及其信息，如图 3-48 所示。

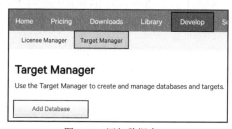

图 3-47　添加数据库

图 3-48　Target Manager 页面

（2）单击 Add Database 按钮后，显示出创建数据库的界面，如图 3-49 所示。在 Name 栏中输入数据库的名称，仅支持英文大小写、数字 0~9、下划线"_"和连字符"-"。因为此案例中没有涉及云服务，所以选择 Device 类型，并单击 Create 按钮。

说明：添加目标时需要填写立方体的相关信息，包括立方体的长、宽、高和名称，开发者只需按照想要制作的立方体识别目标的大小来填写即可，但是需要注意长宽比最好不要改变，否则会引起贴图的变形，影响识别效果。

（3）创建完成后，单击创建的数据库，进入数据库管理页面。为了向数据库中添加目标，单击 Add Target 按钮，弹出目标的设置界面。目标在创建的时候可以根据需要来选择不同的类型，本案例为多目标识别案例，也就是立方体识别案例，因此应选择 Cuboid 类型，并设置维度和名称，如图 3-50 所示。

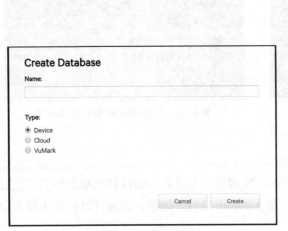

图 3-49　创建数据库

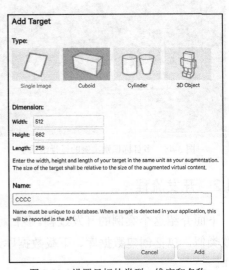

图 3-50　设置目标的类型、维度和名称

（4）创建完毕以后，选择刚刚创建的目标，单击 Upload Front 按钮，开始为立方体上传贴图，如图 3-51 所示。在界面左侧有立方体的整体形象展示，右侧为立方体展开图。在 Upload Image 界面中，单击 Browse 按钮选择贴图，单击 Upload 按钮开始上传立方体的贴图，如图 3-52 所示。在上传的时候注意将各个面匹配好，防止将贴图贴错位置。

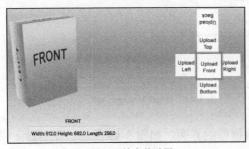

图 3-51　开始上传贴图

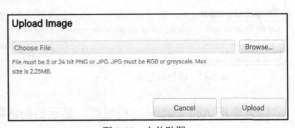

图 3-52　上传贴图

说明：上传贴图时，需要注意贴图必须是 8 位或者 24 位的 PNG 或者 JPG 格式的 RGB 图或者灰度图，每张贴图最大为 2.25MB。如果开发者没有上传 6 个面的贴图，是没有办法下载数据库的。最重要的一点是，立方体上显示 FRONT 字样的那个面的大小由立方体的宽和高决定。

（5）上传完前面的贴图以后，立方体的整体形象和展开图会相应地改变，如图 3-53 所示。然后依次上传每个面的贴图。在此界面中还可以单击 Edit Name 按钮重新编辑目标的名字或单击 Remove 按钮移除目标，如图 3-54 所示。

图 3-53　上传图片

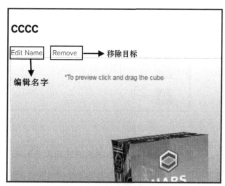

图 3-54　编辑或移除目标

（6）贴图上传完成后，还可以对贴图进行更换和删除，在左侧的立方体整体形象中单击需要修改的贴图，就会显示该贴图的详细信息，包括贴图的评级、上传日期、修改日期等，如图 3-55 所示。单击图片下方的 Change 按钮可以重新选择贴图，单击 Remove 按钮可以移除贴图。

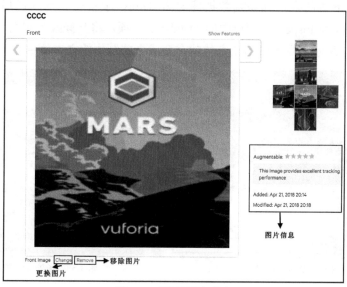

图 3-55　贴图的详细信息

（7）立方体目标制作完成以后，返回 Target 页面，如图 3-56 所示，选中刚刚制作好的立方体目标，然后单击右侧的 Download Dataset 按钮开始下载目标的数据库，选择数据库类型，在 Unity 中需要使用下载的 Unity Editor 类型。

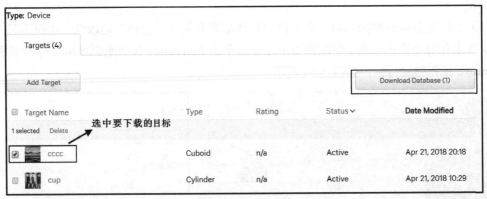

图 3-56　Target 页面

（8）数据库是 unitypackage 格式，导入 Unity 引擎中就可使用。到这里数据库的创建工作就完成了，然后需要做的是申请一个 License Key，之前已经介绍过如何申请，在这里就不进行讲解了。申请完 License Key 之后，准备工作完成。

（9）打开 Unity 客户端，新建一个场景并将其保存，然后选择 GameObject→Vuforia→AR Camera，创建 AR Camera，并将原场景中的摄像机删除。AR Camera 创建完毕后，选择 GameObject→Vuforia→Cylindrical Image，创建 MultiTarget 对象。

（10）将刚刚下载的多目标识别数据库导入 Unity 项目中。导入以后，单击项目中的 MultiTarget。然后找到 Inspector 面板中的 Database 一项，将其修改为刚刚导入的多目标识别数据库，如图 3-57 所示，场景中的立方体就会变成之前制作的立方体目标，如图 3-58 所示。

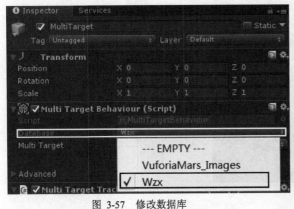

图 3-57　修改数据库

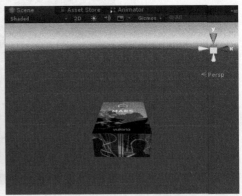

图 3-58　场景中的立方体的变化

（11）既然立方体目标已经搭建完成，就可以实现相关的效果，官方案例中是在立方体目标上放置一个正在用地钻清理岩石的机器人。为了实现这个效果，导入机器人和岩石的模型（见图 3-59），作为 MultiTarget 的子对象，并挂载相应的粒子系统和控制机器人的代码。最终效果如图 3-60 所示。

图 3-59　导入机器人和岩石的模型

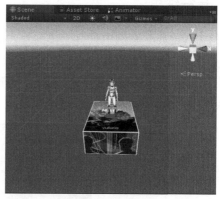

图 3-60　最终效果

❑ 此处机器人用地钻清理岩石的功能实现起来较简单，就不再进行介绍。在实际开发中，通过多目标识别要达到的效果往往各不相同，相关特效的开发就需要开发者自行编写代码。

❑ 不管要实现什么样的效果，都需要将模型作为 MultiTarget 的子对象，否则在其他的对象关系下，不会实现扫描立方体就生成该模型的效果。

通过上面的介绍，相信读者都能发现，多目标识别是通过立方体来实现的，而每一个立方体由 6 个面组成。也就是说，多目标识别的本质还是图片识别。相对于圆柱体识别来说，多目标识别中，从不同的面看到的场景是不同的。

关于多目标识别，已经介绍完毕。总体来说，多目标识别是一种较简单的识别方式。因为多目标识别基于立方体的 6 个面，这种识别方式可以用在包装盒上。而对于现在的包装盒，基本的图片识别就已经足够了，所以市面上的应用较少。

其实多目标识别可以应用在游戏中，由于它的原理是通过扫描现实中的物体，然后生成虚拟的物体，因此在手机或平板这些终端上呈现的是虚拟物体和现实物体相遮挡的最终效果。利用它虚实遮挡的功能，再加上物理引擎，就可以通过模拟游戏场景来使最终的呈现效果更加真实。

3.5　VuMark 案例详解

Vuforia 官方中的许多案例基于图片特征的检测和追踪。除此之外，还提供了一种将图像编码融入特征图的技术，这样就可以在识别 AR 图片时读取用户设置的图片编码，而不用一幅图片只对应一条识别信息。下面讲解 VuMark 的相关内容。

3.5.1　运行结果

在官方 VuMark 案例中只有一幅图片，在图片上添加了一个蓝色的边框，当用户扫描该图片时，蓝色边框便会显示出来，同时会显示 VuMark Instance Id 与 VuMark Type 的具体信息，VuMark 相对于边框的优势在于特征图可以随意设置，不局限于黑白点，大大增加了 ID 数量。VuMark 案例的运行结果如图 3-61 所示。

图 3-61　VuMark 案例的运行结果

3.5.2　开发流程

VuMark 技术利用特定的图像编码使图片存储不同的数据，由于 VuMark 模板制作不是该书的重点，有兴趣的读者可以查阅相关资料以及官方文档进行学习。本书将利用 Vuforia 官网提供的 VuMark 模板对案例的开发进行详细介绍，使读者更加熟练地掌握该技术。

（1）登录 Vuforia 官网，选择 Downloads 和 Tools，找到 Vuforia VuMark Designer 工具，单

击 Download VuMark Designer 链接，下载该工具，如图 3-62 所示。然后选择 Develop 和 Target Manager，单击 Add Database 按钮，创建一个 VuMark 数据库，如图 3-63 所示，将 Type 选为 VuMark，设置 License Key。

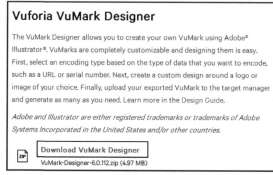

图 3-62　下载 VuMark Designer　　　　　图 3-63　创建 VuMark 数据库

（2）单击刚刚创建的数据库，单击 Add Target 按钮，跳转到 Add VuMark Target 界面，在该界面中可以添加 VuMark，如图 3-64 所示。打开上一步下载的工具，找到 Examples 文件夹里 svg 格式的文件，如图 3-65 所示。单击页面中的 Browse 按钮将 Chateau.svg 导入，设置合适的宽度与名字。

图 3-64　添加 VuMark

图 3-65　找到 svg 格式的文件

（3）导入成功后，回到 MyVuMark 界面，如图 3-66 所示，按照步骤（2）将工具中的另一个例子导入数据库中，单击 Generate VuMark 按钮，进入生成 VuMark 的界面。如图 3-67 所示，根据 ID 的长度在合理范围内设置 VuMark 的 ID，然后选择合适的格式，单击 Download 下载到计算机上。

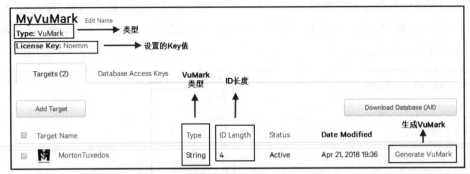

图 3-66　MyVuMark 界面

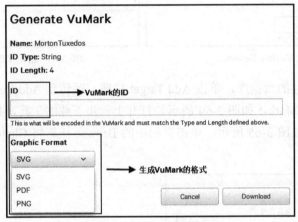

图 3-67　生成 VuMark 界面

（4）按照步骤（3）再设置一个不同的 ID 并导出，以便之后查看两个 VuMark 扫描后的不同结果。同理，按照扫描的图片，下载数据库（注意，VuMark 只能选择逐个下载），选择 Unity Editor 格式，将其导入 Unity 中。

（5）打开 Unity，选择 GameDbject→Vuforia→AR Camera，创建 AR Camera，删除原有的 Camera，设置 Key，设置 DataBase，选择 GameObject→Vuforia→VuMark，创建一个 VuMark 对象，如图 3-68 所示。设置 VuMarkBehaviour 中的 Database 属性为刚刚导入的 VuMark 数据库，创建一个空对象，添加一个 Sprite Renderer 组件，将边框图片精灵化，并拉进渲染器的 Sprite 属性，具体见官方案例的配置（也可以将官方案例中的该部分设置为预制件，并将其拉进该项目）。

（6）将官方案例中的 VuMarkUI 对象设置为预制件，如图 3-69 所示。将其导入该项目，用于扫描不同的 VuMark 图片，来查看两个 VuMark 扫描后的不同结果。另外，将图片扫描案例中已经介绍过的用于自动对焦的 Canvas 组件导入该项目，以实现扫描过程的自动对焦。

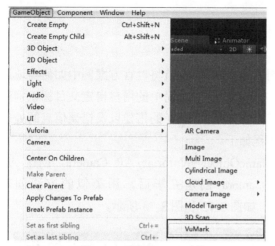

图 3-68 创建 VuMark 对象

图 3-69 设置预制件

3.6 自定义目标识别案例详解

顾名思义,自定义目标识别就是允许用户自己选择画面作为识别目标。这一节将对 Vuforia 官方提供的用户自定义目标识别案例进行详细介绍,其中包括官方案例运行效果的展示以及对其中关键脚本的讲解。

3.6.1 运行结果

首先,打开官方提供的项目文件,在 Vuforia 官网上获取 License Key,将其添加在案例中 ARCamera 对象下的 App License Key 中,并导出 APK,安装到手机上。该案例中读者可以将手机摄像头拍摄到的画面作为识别画面,从而显示氧气瓶模型。该案例的运行结果如图 3-70 和图 3-71 所示。

图 3-70 运行结果 1

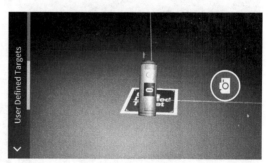

图 3-71 运行结果 2

3.6.2　开发流程

前一节展示了官方用户自定义目标识别案例的运行结果，本节将对官方案例中如何实现这个运行结果进行讲解，并且会展示出如何仿照官方案例制作一个简单的用户自定义目标识别程序。这个程序仅仅实现了对目标识别的功能，其中官方案例中 UI 的搭建以及错误信息的处理可以查看官方案例，这里将不赘述。案例开发流程如下。

（1）新建一个场景并将其保存，然后选择 GameObject→Vuforia→AR Camera，创建 AR Camera，并将原场景中的摄像机删除。AR Camera 创建完毕后，用类似的方法创建 UserDefinedTargetBuilder 和 User Defined Targets，如图 3-72 和图 3-73 所示。

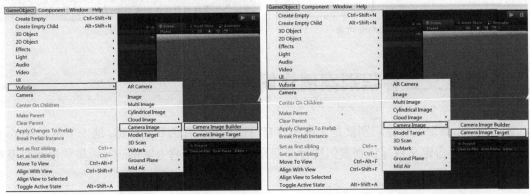

图 3-72　创建 UserDefinedTargetBuilder　　　　　图 3-73　创建 User Defined Targets

（2）单击 UserDefinedTargetBuilder，为其添加 UDT Event Handler 脚本，并将 User Defined Targets 赋值给 UDT Event Handler 脚本中定义的变量，如图 3-74 所示，再使用 UGUI 在屏幕中创建一个 Button 控件当作拍摄按钮，完成后的 Hierarchy 面板如图 3-75 所示。

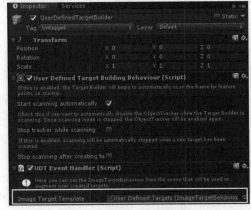
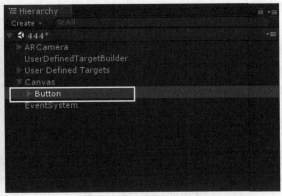

图 3-74　添加脚本并给变量赋值　　　　　　　图 3-75　添加 UI 控件后的 Hierarchy 面板

（3）向项目中添加一个需要显示的模型（本案例中为氧气瓶模型），并使其成为 User Defined Targets 的子对象，添加完成后，单击 User Defined Targets，在 Image Target Behaviour (Script) 组件下的 Target Name 中为目标命名，如图 3-76 所示。

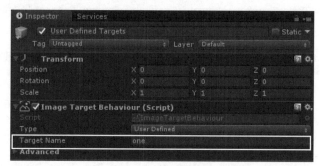

图 3-76　为目标命名

（4）编写 UDTEventHandler.cs 脚本。该脚本主要实现对数据集的创建以及对可识别目标的添加等功能，是本案例中最重要的脚本。代码的具体框架如下。

代码位置：官方案例 Vuforia Core Samples/Assets/SamplesResources/SceneAssets/UserDefinedTargets/Scripts/ UDTEventHandler.cs

```
1    ...//此处省略了一些导入相关类的代码，读者可自行查阅官方案例中的源代码
2    public class UDTEventHandler : MonoBehaviour, IUserDefinedTargetEventHandler{
3        public ImageTargetBehaviour ImageTargetTemplate;              //ImageTarget 脚本
4        public int LastTargetIndex{                                   //最新的目标索引
5            get { return (mTargetCounter - 1) % MAX_TARGETS; }        //返回索引
6        }
7        const int MAX_TARGETS = 5;                                    //数据集所能存储的最大目标数量
8        UserDefinedTargetBuildingBehaviour m_TargetBuildingBehaviour;
9        QualityDialog m_QualityDialog;                                //照片质量提示窗口
10       ObjectTracker m_ObjectTracker;                                //物体追踪器
11       DataSet m_UDT_DataSet;                     //定义数据集，需要识别的目标将会存储在其中
12       ImageTargetBuilder.FrameQuality m_FrameQuality =
13       ImageTargetBuilder.FrameQuality.FRAME_QUALITY_NONE;  //判断画面是否适合制作成目标
14       int m_TargetCounter;                       //图像目标的数量
15       TrackableSettings m_TrackableSettings;    // TrackableSettings 脚本
16       public void Start() {
17           ...
18       }
19       public void OnInitialized (){
20           ...
21       }
22       public void OnFrameQualityChanged(ImageTargetBuilder.FrameQuality frameQuality){
23           m_FrameQuality = frameQuality;                            //获取帧画面质量
24           if (m_FrameQuality == ImageTargetBuilder.FrameQuality.FRAME_QUALITY_LOW){
```

```
25              Debug.Log("Low camera image quality");         //如果质量过低，显示提示信息
26         }
27         m_FrameQualityMeter.SetQuality(frameQuality);      //保存帧画面质量
28     }
29     public void OnNewTrackableSource(TrackableSource trackableSource){
30     ...//该方法主要负责添加新的追踪源以及删除老的追踪源，后面会详细介绍
31     }
32     public void BuildNewTarget(){                          //构建新目标
33     ...//该方法主要负责用户单击拍摄按钮后对新目标的构建，后面会详细介绍
34     }
35     IEnumerator FadeOutQualityDialog(){                    //负责关闭信息提示窗口
36         yield return new WaitForSeconds(1f);               //等待时长
37         CanvasGroup canvasGroup = m_QualityDialog.GetComponent<CanvasGroup>();
38         for (float f = 1f; f >= 0; f -= 0.1f){             //设置提示窗口存活时间
39             f = (float)Math.Round(f, 1);                   //获取提示窗口的透明度
40             Debug.Log("FadeOut: " + f);                    //显示透明度
41             canvasGroup.alpha = (float)Math.Round(f, 1);   //设置提示窗口的透明度
42             yield return null;
43     }}
44     void StopExtendedTracking(){                           //是否停止拓展追踪
45     ...
46 }}
```

- ❑ 第 3～15 行主要完成各种变量的定义，其中包括多个脚本的引用，例如 QualityDialog 和 TrackableSettings。另外，还设置数据集中可存储的目标数量、物体追踪器以及图像质量等。
- ❑ 第 16～18 行重写 Start 方法，当加载脚本时会调用该方法，用于对事件回调进行注册以及隐藏帧画面质量提示窗口，当画面可识别率较低时才会显示。
- ❑ 第 19～21 行中，OnInitialized 方法会获取物体追踪器，并创建数据集，动态创建的可追踪目标都会存储在数据集中。
- ❑ 第 22～28 行中，OnFrameQualityChanged 方法会在程序运行时定期调用，用来检测当前画面帧的质量是否过低，如果质量过低，就会显示相关提示信息。
- ❑ 第 29～34 行中的两个函数相关联，当执行到其中的 BuildNewTarget 函数时，OnNewTrackableSource 函数也会被调用，其具体功能会在后面详细介绍。
- ❑ 第 35～46 行为控制提示窗口关闭的协程，在官方案例中单击"拍摄"按钮，若获取的帧画面质量过低，就会出现提示窗口，该协程的作用就是控制该提示窗口的关闭。StopExtendedTracking 函数用来控制拓展追踪的开启与关闭，有兴趣的读者可以参考官方案例脚本进行学习。

（5）UDTEventHandler.cs 脚本中的 Start 函数在脚本加载后调用，负责事件处理程序的注册以及提示界面的关闭。具体代码如下。

代码位置： 官方案例 Vuforia Core Samples/Assets/SamplesResources/SceneAssets/UserDefinedTargets/Scripts/UDTEventHandler.cs

```
public void Start(){
m_TargetBuildingBehaviour = GetComponent
<UserDefinedTargetBuildingBehaviour>();//获取 UserDefinedTargetBuildingBehaviour 组件
if (m_TargetBuildingBehaviour){
    m_TargetBuildingBehaviour.RegisterEventHandler(this);  //如果存在，就对其进行事件注册
    Debug.Log("Registering User Defined Target event handler.");   //显示注册信息
}
//获取 TrackableSettings 脚本
m_TrackableSettings = FindObjectOfType<TrackableSettings>();
m_QualityDialog = FindObjectOfType<QualityDialog>();    //获取带有 QualityDialog 的对象
//隐藏提示界面
if (m_QualityDialog){ m_QualityDialog.GetComponent<CanvasGroup>().alpha = 0;
}}
```

说明： 首先获取 UserDefinedTargetBuildingBehaviour 组件，然后调用 RegisterEventHandler 函数来对事件处理进行注册，其参数中的脚本需要继承自 IUserDefinedTargetEventHandler。当 UserDefinedTargetBuildingBehaviour 初始化成功后，就会调用该脚本中的 OnInitialized 函数。TrackableSettings 脚本与案例的 UI 无关，这里不进行讲解。最后获取带有 QualityDialog 脚本的对象，并隐藏提示界面。

（6）UDTEventHandler.cs 脚本中的 OnInitialized 函数主要负责获取对象追踪器以及创建数据集。具体代码如下。

代码位置： 官方案例 Vuforia Core Samples/Assets/SamplesResources/SceneAssets/UserDefinedTargets/Scripts/UDTEventHandler.cs

```
public void OnInitialized (){
  //获取对象追踪器
  m_ObjectTracker = TrackerManager.Instance.GetTracker<ObjectTracker>();
  if (m_ObjectTracker != null){
    m_UDT_DataSet = m_ObjectTracker.CreateDataSet();          //创建新的数据集
    m_ObjectTracker.ActivateDataSet(m_UDT_DataSet);           //激活数据集
  }}
```

说明： 当 UserDefinedTargetBuildingBehaviour 初始化成功后，就会调用 OnInitialized 函数。首先从追踪器管理类中获取对象追踪器，这样程序才能识别现实世界中的图像，然后创建一个数据集并激活，在后面动态添加的可追踪目标都会存储在数据集中。

（7）UDTEventHandler.cs 脚本中的 OnNewTrackableSource 函数负责将新的目标添加到数据集中，当开发人员使用 UserDefinedTargetBuildingBehaviour 脚本的 BuildNewTarget 函数构建新的目标时，就会自动调用该函数。具体代码如下。

代码位置：官方案例 Vuforia Core Samples/Assets/SamplesResources/SceneAssets/UserDefinedTargets/Scripts/ UDTEventHandler.cs

```
public void OnNewTrackableSource(TrackableSource trackableSource){
  m_TargetCounter++;                                        //当前目标数量增加
  m_ObjectTracker.DeactivateDataSet(m_UDT_DataSet);          //停用数据集
  if (m_UDT_DataSet.HasReachedTrackableLimit() || m_UDT_DataSet.GetTrackables().Count()
  >= MAX_TARGETS){     //如果数据集中已存在 5 个自定义目标或者数据集满了，就删除最先存储的目标
    //获取所有可追踪目标
    IEnumerable<Trackable> trackables = m_UDT_DataSet.GetTrackables();
    Trackable oldest = null;
    foreach (Trackable trackable in trackables){             //遍历其中所有可追踪的目标
      //判断当前目标是否是最老的
      if (oldest == null || trackable.ID < oldest.ID)   oldest = trackable;
    }
    if (oldest != null){                                    //如果存在最老的可追踪目标
      //显示删除信息
      Debug.Log("Destroying oldest trackable in UDT dataset: " + oldest.Name);
      m_UDT_DataSet.Destroy(oldest, true);                  //将可追踪目标从数据集中删除
  }}
  ImageTargetBehaviour imageTargetCopy = (ImageTargetBehaviour)
      Instantiate(ImageTargetTemplate);
  imageTargetCopy.gameObject.name = "UserDefinedTarget-" + mTargetCounter;
  m_UDT_DataSet.CreateTrackable(trackableSource, imageTargetCopy.gameObject);
  m_ObjectTracker.ActivateDataSet(m_UDT_DataSet);           //激活数据集
  StopExtendedTracking();                                    //停止扩展追踪
  m_ObjectTracker.Stop();                                    //停止追踪器
  m_ObjectTracker.ResetExtendedTracking();                   //重置扩展追踪
  m_ObjectTracker.Start();                                   //开启追踪器
  m_TargetBuildingBehaviour.StartScanning();                 //开始获取帧画面
}
```

　　首先，每调用一次 OnNewTrackableSource 方法，计数器就自加 1，并停用数据集，准备添加数据。每当 BuildNewTarget 方法被调用时，就会调用 OnNewTrackableSource 方法，这就意味着每调用一次就需要向数据集中添加一个可追踪的目标。

　　然后，判断当前数据集是否已经存满或者当前数据集中可追踪的目标数量是否大于预定值。如果符合条件，就获取所有的可追踪目标，并根据 ID 来判断当前目标是否是最早添加进来的。如果找到最老的可追踪目标，就通过 Destroy 方法来销毁目标。使用 Destroy 方法时数据集必须停用。

　　接下来，以场景中的 ImageTargetTemplate 为模板来实例化一个新的图像目标，并为这个目标命名，通过 CreateTrackable 方法创建一个可追踪目标并激活数据集。

　　最后，设置扩展追踪，由于目前版本仅支持对一个目标实现扩展追踪，因此当用户添加新的目标时就需要将扩展追踪和追踪器关闭，并扩拓展追踪进行重置。

（8）UDTEventHandler.cs 脚本中的 BuildNewTarget 方法主要负责构建新的目标。单击"拍摄"按钮，若获取的帧画面质量较高，则会构建新的目标；若获取的帧画面质量较低，则会出现提示窗口，提醒读者获取较高质量的帧画面。具体代码如下。

代码位置：官方案例 Vuforia Core Samples/Assets/SamplesResources/SceneAssets/UserDefinedTargets/Scripts/UDTEventHandler.cs

```
public void BuildNewTarget() {
    if (m_FrameQuality == ImageTargetBuilder.FrameQuality.FRAME_QUALITY_MEDIUM ||
        m_FrameQuality == ImageTargetBuilder.FrameQuality.
        FRAME_QUALITY_HIGH){                        //判断帧画面质量
        string targetName = string.Format("{0}-{1}", ImageTargetTemplate.
        TrackableName, m_TargetCounter);            //获取目标名称
        m_TargetBuildingBehaviour.BuildNewTarget(targetName,
        ImageTargetTemplate.GetSize().x);           //构建目标
    }else{                                          //帧画面质量不合格
        Debug.Log("Cannot build new target, due to poor camera image quality");
        //显示提示信息
        if (m_QualityDialog) {                      //是否已经初始化提示窗口
            StopAllCoroutines();                    //停止脚本内所有协程
            m_QualityDialog.GetComponent<CanvasGroup>().alpha = 1;  //设置提示窗口
            //透明度
            StartCoroutine(FadeOutQualityDialog());    //开启控制提示窗口关闭的协程
}}}
```

说明：由于本节的案例并没有官方案例那么完善，UI 以及扩展追踪都没有添加，因此需要对官方的 UDTEventHandler.cs 脚本中的部分内容进行删减后方可使用。

（9）单击 Button 控件并在 Inspector 面板的 Button 组件中添加监听方法，如图 3-77 所示，本案例中，在用户单击按钮之后，会调用 UDTEventHandler.cs 脚本中的 BuildNewTarget 方法。

（10）在 ARCamera 对象上添加许可密钥，并在手机端运行该应用程序。如果读者想要学习官方提供的更加完善的程序，可到 Vuforia 官网中下载当前最新版本的官方案例。

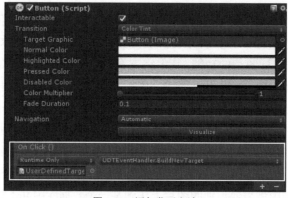

图 3-77　添加监听方法

3.7 虚拟按钮案例详解

虚拟按钮是增强现实应用程序的辅助功能,其最大的特点是用户可以通过对现实中识别目标的特定区域中的特征点进行遮挡,影响应用程序的运行结果。本节将对 Vuforia 官方提供的虚拟按钮案例进行详细介绍。

3.7.1 运行结果

首先,打开官方提供的项目文件,并在 Vuforia 官网上获取许可密钥。然后,将密钥添加在案例中 ARCamera 对象下的 App License Key 中,导出 APK 并安装到手机上。该案例中,当将手指放置在手机屏幕中不同位置的虚拟按钮上时,场景中与虚拟按钮相关联的模型会出现相应的变化。案例的运行结果如图 3-78 和图 3-79 所示。

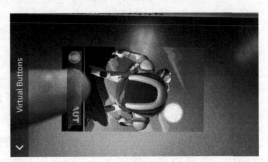

图 3-78　运行结果 1　　　　　　　　　图 3-79　运行结果 2

3.7.2 开发流程

前面展示了官方虚拟按钮案例的运行结果,下面将对官方案例中如何实现这个结果进行讲解,并且会展示如何使用 Vuforia 插件来仿照官方案例制作一个简单的虚拟按钮案例。这个案例仅仅实现了识别单张目标图片的功能,其中官方案例中识别多张图片的功能在前面已经介绍过,读者可查看前面的内容,这里不再赘述。虚拟按钮案例的开发流程如下。

(1)新建一个场景并将其保存,然后选择 GameObject→Vuforia→AR Camera,创建 AR Camera,并将原场景中的摄像机删除。AR Camera 创建完毕后,用同样的方法创建两个 ImageTarget 对象,并将无人机模型添加到场景中,全部完成后,Hierarchy 面板如图 3-80 所示。

(2)在 Vuforia 官网中将需要识别的图片上传到某一个数据库中并下载下来,将其导入 Unity

项目中。设置 ImageTarget 对象的类型、数据库以及可识别的图像目标，具体设置如图 3-81 所示。另外，如图 3-82 所示，放置无人机和虚拟按钮，将虚拟按钮调整到合适的大小，遮挡图片中对应的颜色特征区。

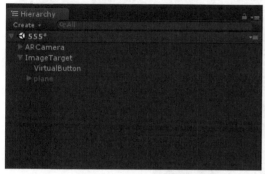

图 3-80　Hierarchy 面板

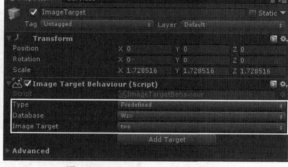

图 3-81　ImageTarget 对象的设置

（3）单击 Hierarchy 面板中的 VirtualButton 对象，将其上面所挂的所有脚本删除，如图 3-83 所示。删除完成后，单击 Add Component 按钮，搜索 Virtual Button Behaviour 组件，将其添加到 VirtualButton 对象上，如图 3-84 所示。

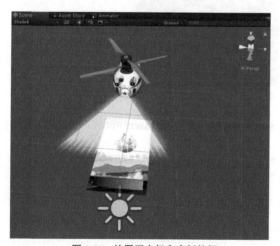

图 3-82　放置无人机和虚拟按钮

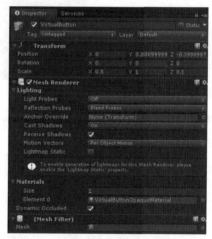

图 3-83　删除脚本

（4）添加 VirtualButton 对象后，Inspector 面板如图 3-85 所示。再次单击 VirtualButton 对象，在 Inspector 面板中的 Virtual Button Behaviour (Script)组件下修改 Name 参数，如图 3-86 所示。

（5）编写事件处理脚本，使得当用户将手指放置在手机屏幕中虚拟按钮的位置上时，无人机可以发射激光。官方案例中所包含的脚本——VirtualButtonEventHandler.cs 的具体内容如下。

图 3-84 搜索组件

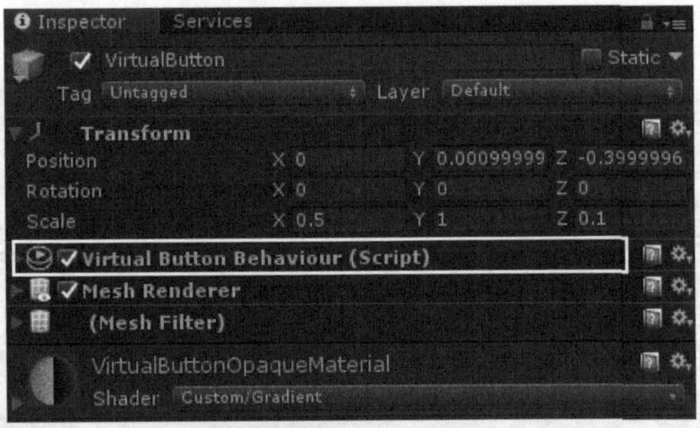

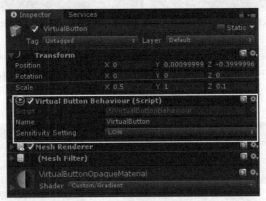

图 3-85 Inspector 面板

图 3-86 修改 Name 参数

代码位置: 官方案例 Vuforia Core Samples/Assets/SamplesResources/SceneAssets/VirtualButtons/Scripts/Virtual ButtonEventHandler.cs

```
1    ...//此处省略了一些导入相关类的代码,读者可自行查阅官方案例中的源代码
2    public class VirtualButtonEventHandler : MonoBehaviour,IVirtualButtonEventHandler{
3        public Material m_VirtualButtonDefault;              //虚拟按钮默认材质
4        public Material m_VirtualButtonPressed;              //虚拟按钮被按下时的材质
5        public float m_ButtonReleaseTimeDelay;               //虚拟按钮释放时的延迟时间
6        VirtualButtonBehaviour[] virtualButtonBehaviours;//存储 VirtualButtonBehaviour 组件
7        void Start(){
8            virtualButtonBehaviours = GetComponentsInChildren
9                <VirtualButtonBehaviour>();                  //获取 VirtualButtonBehaviour 组件
10           for (int i = 0; i < virtualButtonBehaviours.Length; ++i){
11               virtualButtonBehaviours[i].RegisterEventHandler(this);//对该脚本组件进行注册
12       }}
13       public void OnButtonPressed(VirtualButtonBehaviour vb){ //虚拟按钮按下时调用的方法
14           SetVirtualButtonMaterial(m_VirtualButtonPressed); //设置虚拟按钮材质按下时的材质
15           StopAllCoroutines();                              //停止该脚本中所有协程
```

```
16            BroadcastMessage("HandleVirtualButtonPressed",
17                SendMessageOptions.DontRequireReceiver);//调用 HandleVirtualButtonPressed 方法
18        }
19        public void OnButtonReleased(VirtualButtonBehaviour vb){   //虚拟按钮释放时调用的方法
20            SetVirtualButtonMaterial(m_VirtualButtonDefault);    //设置虚拟按钮的材质为默认材质
21            StartCoroutine(DelayOnButtonReleasedEvent(m_ButtonReleaseTimeDelay,
22                vb.VirtualButtonName));                     //启动协程
23        }
24        void SetVirtualButtonMaterial(Material material){        //设置虚拟按钮材质的方法
25          for (int i = 0; i < virtualButtonBehaviours.Length; ++i){ //遍历
26                if (material != null){                      //材质不为空
27                    virtualButtonBehaviours[i].GetComponent
28                    <MeshRenderer>().sharedMaterial = material;    //设置虚拟按钮材质
29        }}}
30        IEnumerator DelayOnButtonReleasedEvent(float waitTime, string buttonName){//声明协程
31            yield return new WaitForSeconds(waitTime);          //设置延迟时间
32            BroadcastMessage("HandleVirtualButtonReleased",
33                SendMessageOptions.DontRequireReceiver);
34 }}
```

❑ 第 2～6 行中，继承了 IVirtualButtonEventHandler 接口，该接口中定义了两个方法，分别为 OnButtonPressed 和 OnButtonReleased 方法，当虚拟按钮被按下或释放时自动调用相应的方法，并声明了两个变量用来存储虚拟按钮处于不同状态时所设置的材质。

❑ 第 7～12 行重写了 Start 方法，脚本加载之后会调用该方法，首先会获取所有虚拟按钮上的 VirtualButtonBehaviour 组件，并对脚本组件进行注册，当虚拟按钮状态发生改变时会调用该脚本中的 OnButtonPressed 或 OnButtonReleased 方法。

❑ 第 13～18 行为虚拟按钮被按下时所调用的方法。首先将虚拟按钮的材质设置为按下时的材质，并停止脚本中所有正在运行的协程，然后通过 BroadcastMessage 方法调用 HandleVirtualButtonPressed 方法，使无人机发射激光。

❑ 第 19～23 行中，当按钮被释放后会调用 OnButtonReleased，首先将虚拟按钮的材质设置为默认材质，并开启新的协程，该协程主要用来推迟释放虚拟按钮时所要执行的方法。

❑ 第 24～29 行为设置虚拟按钮材质的方法，若传递给该方法的材质不为空，则将虚拟按钮材质设置为该种材质。

❑ 第 30～34 行为推迟释放虚拟按钮时所要执行的方法。它本质上是一个协程，首先设置了延迟时间，一段时间后，会自动调用 HandleVirtualButtonReleased 方法。

此处省略对 HandleVirtualButtonPressed 和 HandleVirtualButtonReleased 方法的讲解，其具体实现可查看官方案例。

（6）实现 HandleVirtualButtonPressed 和 HandleVirtualButtonReleased 方法，前一个方法的主要作用是控制无人机发射激光，后一个方法的主要作用是控制无人机停止发射激光。官方案例中所包含的脚本 Drone.cs 的具体内容如下。

代码位置： 官方案例 Vuforia Core Samples/Assets/SamplesResources/AugmentationAssets/Scripts/Augmentations/Drone.cs

```
1    .../此处省略了一些导入相关类的代码，读者可自行查阅官方案例中的源代码
2    public class Drone : Augmentation{
3        .../此处省略了重写父类虚函数的代码，读者可自行查阅官方案例中的源代码
4        public void AnimEvt_StopScanning(){          //无人机停止发射激光的方法
5            IsScanning = false;                       //停止播放扫描的动画
6            IsShowingLaser = false;                   //停止播放发射激光的动画
7        }
8        public void AnimEvt_StartScanning(){         //无人机发射激光的方法
9            IsShowingLaser = true;                    //开始播放发射激光的动画
10           IsScanning = true;                        //播放扫描的动画
11           IsFacingObject = true;                    //播放摇摆的动画
12       }
13       public void HandleVirtualButtonPressed(){AnimEvt_StartScanning();}
14       public void HandleVirtualButtonReleased(){AnimEvt_StopScanning();}
15       private bool IsFacingObject{                  //设置是否播放摇摆的动画
16           get { return animator.GetBool("IsFacingObject"); }   //获取正在播放的摇摆动画
17           set { animator.SetBool("IsFacingObject", value); }   //更改该动画的标志位
18       }
19       private bool IsScanning{                      //设置是否播放扫描的动画
20           get { return animator.GetBool("IsScanning"); }   //获取正在播放的扫描动画
21           set { animator.SetBool("IsScanning", value); }   //更改该动画的标志位
22       }
23       private bool IsShowingLaser{                  //设置是否播放发射激光的动画
24           get { return animator.GetBool("IsShowingLaser"); } //获取正在播放发射激光的动画
25           set { animator.SetBool("IsShowingLaser", value); } //更改该动画的标志位
26   }}
```

❑ 第 4～14 行控制是否发射激光。当虚拟按钮被按下时，VirtualButtonEventHandler.cs 脚本会通过 BroadcastMessage 方法调用这两个方法。

❑ 第 15～26 行设置无人机播放动画。当虚拟按钮被按下时，会播放发射激光、扫描、机身摇摆的动画；当虚拟按钮被释放时，无人机会停止播放这些动画，开始播放静止状态的动画。

说明：由于篇幅有限，在此只介绍了如何将虚拟按钮与无人机模型联系起来，并未介绍如何将虚拟按钮与官方案例中的其他模型联系起来，但它们的原理都是一样的，读者可自行查看官方案例源代码。

（7）编写并保存两个脚本，将 Drone.cs 脚本挂载在 plane 对象上，将 VirtualButtonEvent

Handler.cs 脚本挂载到 ImageTarget 对象上。添加完毕后，需要为 VirtualButtonEventHandler.cs 脚本中的变量赋值，如图 3-87 所示。

（8）在 Vuforia 官网上获取用户自己申请的许可密钥，并添加到 AR Camera 对象中的 App License Key 文本框处，如图 3-88 所示。导出 APK 安装包，安装到手机上。读者如果使用的是 32 位版本的 Unity，也可以直接在编辑环境下运行，使用计算机的摄像头。

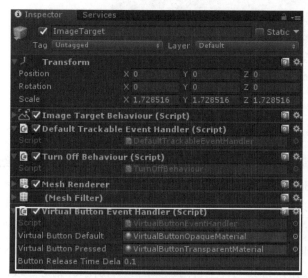

图 3-87 变量赋值

图 3-88 添加许可密钥

AcVy1X//////AAABmf3R9LCih EwimjDQpdb9yWov+du7/XSM Dlb0Ij7FOYqm6dYNdWhqPNvb 1A8ZNxEe8SgeetL2lMV7c/COr ttRD5v/abKa0M4l+TOS2ITuEs Kk8jINLuONFZqhdW6BzHKp49 1Z4owjra6neYgrX0GbbHlbOD 8+zHXYJEJfddC9MjpluFkdpQ1 k8IbMyJw2Kbf178efLTUIa0DC gup3Ga+q6e5VSdu7PudIi7Mb VkQAfNTss7HOEonDjay15UnF svWqVEE5uqMW7+n8QdnXoK W8aDA2vJQfASBIxsswjUzFt/U htLdsGo2iymBx33tYNB8+KZrs JuKqsGIeyYP0CHNK6oLM+3S TKy62b5rBdaFSmsgf

3D 物体识别案例详解

前面大多数案例是基于图片实现的，但在现实生活中存在许多 3D 物体，有时开发人员需要通过扫描这些 3D 物体来实现部分功能。通过官方提供的应用再加上适宜的扫描环境就可以实现该功能。

3.8.1 运行结果

首先，打开官方提供的项目文件，并在 Vuforia 官网上获取许可密钥。然后将其添加在案例中 AR Camera 对象下的 App License Key 中，导出 APK 并安装到手机上。该案例能够通过 AR 摄像机识别现实世界中的房子模型，并产生一个类似的虚拟房子模型。案例运行结果如图 3-89 所示。

图 3-89　运行结果

3.8.2　开发流程

前面展示了官方 3D 物体识别案例的运行结果，下面将对官方案例中如何实现这个运行结果进行讲解，并会展示如何使用 Vuforia 插件来实现一个简单的 3D 物体识别案例。因为找不到与官方案例中相类似的房子模型，所以用鼠标代替。案例开发流程如下。

（1）扫描鼠标后，将该数据分享到计算机上，如图 3-90 所示。打开 Vuforia 官网，进入 Target Manager 页面，添加数据库。在 Add Target 界面中，选择 3D Object 类型，单击 Browse 按钮，选择导入的扫描文件，单击 Add 按钮，将其上传至官网，如图 3-91 所示。稍等一段时间后，扫描的数据上传完成。

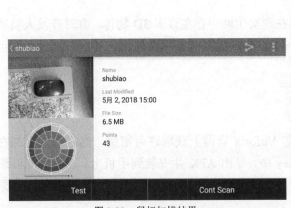

图 3-90　鼠标扫描结果

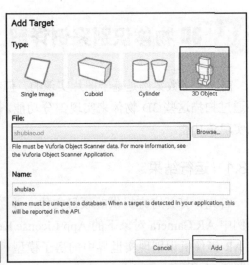

图 3-91　上传扫描的数据

（2）刷新浏览器界面，使上传的数据库的状态变为 Active，如图 3-92 所示。在该界面中选中 shubiao 数据库，单击 Download Database 按钮。选择 Unity Editor 单选按钮并单击

Download 按钮，下载目标数据库，如图 3-93 所示。下载完成后，将 unitypackage 文件导入 Unity 游戏开发引擎。

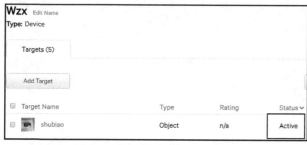

图 3-92　数据库的状态变为 Active

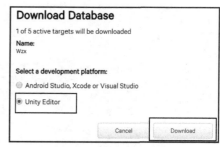

图 3-93　下载目标数据库

（3）打开 Unity 引擎，新建一个场景并将其保存，然后选择 GameObject→Vuforia→AR Camera，创建 AR Camera，并将原场景中的摄像机删除。登录 Vuforia 官网，获取许可密钥，将其复制到 AR Camera 游戏对象 Vuforia Behaviour 组件下的 App License Key 处。

（4）选择 GameObject→Vuforia→3D Scan，创建 ObjectTarget，如图 3-94 所示。单击刚刚创建好的 ObjectTarget，找到 Inspector 面板中的 Database 选项，选择刚刚导入的目标数据库，如图 3-95 所示。

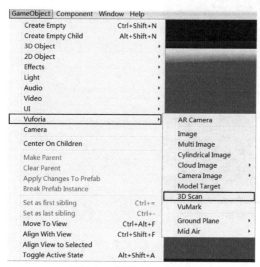

图 3-94　创建 ObjectTarget

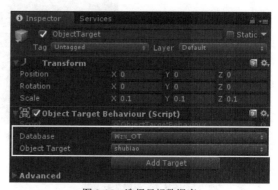

图 3-95　选择目标数据库

（5）选中 ObjectTarget 游戏对象，在场景中会出现一个立方体框架，如图 3-96 所示。开发人员只要将模型放置在该框架的上方，并且使其变为 ObjectTarget 的子对象即可。本案例中添加了一个普通的篮球模型，如图 3-97 所示。

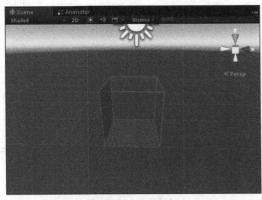 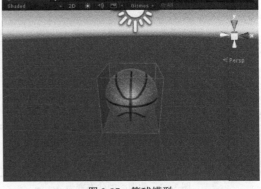

图 3-96　立方体框架　　　　　　　　　　　　图 3-97　篮球模型

（6）在 Vuforia 官网上获取用户自己申请的许可密钥，并添加到 AR Camera 对象中的 App License Key 处，如图 3-98 所示，激活数据库。然后在手机端运行该应用程序即可。如果读者想要学习官方提供的更加完善的程序，可到 Vuforia 官网中下载当前最新版本的官方案例。

图 3-98　激活数据库

3.9　云识别案例详解

云识别功能是 Vuforia 官方提供的在线服务，开发人员只需要将程序中需要识别的图片上传到开发人员在 Vuforia 申请的云数据库中即可，不需要下载数据集。本节将对 Vuforia 官方提供的云识别案例进行详细介绍。

3.9.1 运行结果

官方提供的云识别案例中，只需要在 VR Camera 中添加许可密钥即可导出并使用。在手机或计算机上运行该案例时，需要连接网络。该案例中识别的图片与图片识别案例中的图片一样，运行之后就会对屏幕中图像的特征点进行读取并显示在屏幕上，匹配成功会出现对应的模型，如图 3-99 所示。

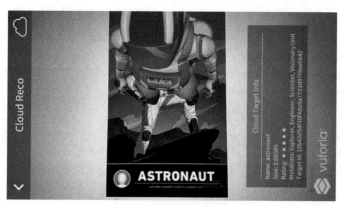

图 3-99 云识别案例的运行结果

3.9.2 开发流程

前面展示了官方提供的云识别案例的运行结果，下面对官方案例中如何实现这个结果进行详细介绍，并会展示如何仿照官方案例实现一个简单的云识别案例。案例的具体开发流程如下。

（1）新建一个项目，将官方提供的 3 个预制件添加到场景中，它们分别为 AR Camera 以及 Cloud Image 目录下的 Cloud Provider 与 Cloud Image Target，删除原有的照相机，创建一个空对象，找到 CloudRecoContentManager.cs 脚本，将其挂载在空对象上。

（2）单击 ImageTarget 对象，在 Inspector 面板中将 Image Target Behavior 组件下的 Type 设置为 Cloud Reco，将其上的 DefaultTrackableEventHandler.cs 脚本移除，将 CloudRecoTrackable-EventHandler.cs 挂载上，用于在扫描时绘制扫描线，具体可查看源代码。

（3）为了实现官方案例的功能，还需要编写两个脚本，这两个脚本在官方案例中的名字分别为 CloudRecoEventHandler 和 CloudRecoContentManager，分别挂载在 CloudRecognition 与 CloudContentManager 对象上。CloudReconEventHandler 脚本主要负责该案例中的事件处理。首先将脚本注册到 CloudRecoBehaviour，这样当有新的搜索结果或者错误消息出现时该脚本便可以得知，用来对扫描结果进行处理。由于此段代码过长，这里首先介绍代码框架。

代码位置： 官方案例 Vuforia Core Samples/Assets/SamplesResources/SceneAssets/CloudReco/Scripts/CloudReco
EventHandler.cs

```
1    .../*此处省略了一些导入相关类的代码，读者可自行查看官方案例的源代码*/
2    public class CloudRecoEventHandler : MonoBehaviour, ICloudRecoEventHandler{
3        bool m_MustRestartApp;                                    //是否需要重启标志位
4        string errorTitle;                                        //错误消息的标题
5        string errorMsg;                                          //错误消息
6        CloudRecoBehaviour m_CloudRecoBehaviour;                  //CloudRecoBehaviour 脚本
7        ObjectTracker m_ObjectTracker;                            //目标追踪器
8        TrackableSettings m_TrackableSettings;                    //TrackableSettings 脚本
9        CloudRecoContentManager m_CloudRecoContentManager;        //CloudRecoContentManager 脚本
10       public ImageTargetBehaviour m_ImageTargetTemplate;        //ImageTargetBehaviour 脚本
11       public ScanLine m_ScanLine;                               //ScanLine 脚本
12       public Canvas m_CloudErrorCanvas;                         //错误消息的 Canvas
13       public UnityEngine.UI.Text m_CloudErrorTitle;             //错误标题的 Text 控件
14       public UnityEngine.UI.Text m_CloudErrorText;              //错误消息的 Text 控件
15       public UnityEngine.UI.Image m_CloudActivityIcon;          //右上角的云加载图标
16       void Start(){
17       .../*此处省略了一些初始化实例与将脚本注册到 CloudRecoBehaviour 的代码*/
18           }
19       void Update(){
20       .../*此处省略了在有网络时更新云图标的代码，读者可自行查看官方案例的源代码*/
21           }
22       public void OnInitialized(){
23       .../*此处省略了获取追踪器的代码，读者可自行查看官方案例的源代码*/
24       }
25       public void OnInitError(TargetFinder.InitState initError){
26       .../*此处省略了初始化失败后判断错误类型并打开提示窗口的代码*/
27       }
28       public void OnUpdateError(TargetFinder.UpdateState updateError){
29       .../*此处省略了更新失败后负责判断错误消息的类型并打开提示窗口的代码*/
30       }
31       public void OnStateChanged(bool scanning){
32       .../*此处省略了开始扫描时，删除已存在可识别目标的代码，后面将进行详细介绍*/
33       }
34       public void OnNewSearchResult(TargetFinder.TargetSearchResult targetSearchResult){
35       .../*此处省略了有新的扫描结果返回时对图片的操作，后面将进行详细介绍*/
36           }
37       public void CloseErrorDialog(){
38       .../*此处省略了关闭 UGUI 并显示错误提示窗口的代码，读者可自行查看官方案例的源代码*/
39       }
40       void SetCloudActivityIconVisible(bool visible){
41       .../*此处省略了显示界面右上角云加载图标的代码，读者可自行查看官方案例的源代码*/
42       }
43       void ShowError(string title, string msg){
44       .../*此处省略了通过 UGUI 实现的窗口显示错误消息的代码，读者可自行查看官方案例的源代码*/
```

```
45          }
46      void RestartApplication(){
47      .../*此处省略了当设备没有网络连接时重启程序的代码，读者可自行查看官方案例的源代码*/
48      }}
```

- 第2～15行声明脚本需要使用到的变量，其中包括需要用到的脚本、标志位以及显示信息的UI控件。

- 第16～18行重写Start方法，用于初始化一些脚本实例以及将脚本注册到CloudRecoBehaviour。

- 第19～21行重写Update方法，用于在有数据传输时绘制云图标。

- 第22～24行为获取目标追踪器的方法。

- 第25～30行为初始化失败与更新失败后调用的方法，负责判断错误消息并将提示信息显示在屏幕上，这些会在后面进行详细介绍。

- 第31～33行为开始扫描时调用的方法，负责删除已存在的可识别目标，后面会详细介绍。

- 第34～36行为在有新的扫描结果时调用的方法，负责对图片进行处理。

- 第37～48负责UI中错误消息的显示与关闭以及云图标的绘制，读者可自行查看源代码。

（4）CloudRecoEventHandler.cs脚本中的Start和OnInitialized两个函数负责脚本中声明的实例与追踪器的初始化工作，以及将该脚本注册到CloudRecoBehaviour中。具体代码如下。

代码位置：官方案例Vuforia Core Samples/Assets/SamplesResources/SceneAssets/CloudReco/Scripts/CloudReco EventHandler.cs

```
void Start(){
    if (VuforiaConfiguration.Instance.Vuforia.LicenseKey == string.Empty){
    //判断是否设置了密钥
        errorTitle = "Cloud Reco Init Error";              //设置错误消息的标题
        errorMsg = "Vuforia License Key not found. Cloud Reco requires a valid
        license.";
        ShowError(errorTitle, errorMsg);                   //显示错误框
    }
    m_TrackableSettings = FindObjectOfType<TrackableSettings>();
    //初始化 TrackableSettings
    m_ScanLine = FindObjectOfType<ScanLine>();                 //初始化 m_ScanLine 实例
    m_CloudRecoContentManager = FindObjectOfType<CloudRecoContentManager>();
    m_CloudRecoBehaviour = GetComponent<CloudRecoBehaviour>();
    if (m_CloudRecoBehaviour){                    //判断 m_CloudRecoBehaviour 是否初始化
        m_CloudRecoBehaviour.RegisterEventHandler(this); //注册脚本
    }}
public void OnInitialized(){
    m_ObjectTracker = TrackerManager.Instance.GetTracker<ObjectTracker>();
    //初始化追踪器
}
```

说明：首先，判断密钥值，有密钥值才可以从云上识别图片。然后，获取带有 TrackableSettings 的对象，TrackableSettings 脚本主要负责 UI 的设置，获取 ScanLine，用于识别界面中扫描线的绘制，CloudRecoContentManager 用于扫描成功后绘制模型等。之后将组件注册到 CloudRecoBehavour，在 OnInitialized 中获取追踪器。

（5）OnInitError 和 OnUpdateError 两个函数都负责对错误消息的处理，包括没有网络连接、授权失败、请求超时、服务器不可用、时钟同步错误等情况下的消息，只不过负责的错误消息来源不同。具体代码如下。

代码位置： 官方案例 Vuforia Core Samples/Assets/SamplesResources/SceneAssets/CloudReco/Scripts/CloudReco EventHandler.cs

```
public void OnInitError(TargetFinder.InitState initError){//初始化失败后调用
    switch (initError){                                    //判断错误类型
        case TargetFinder.InitState.INIT_ERROR_NO_NETWORK_CONNECTION: //没有网络连接
            m_MustRestartApp = true;
            errorTitle = "Network Unavailable";
            errorMsg = "Please check your Internet connection and try again.";
            break;
        case TargetFinder.InitState.INIT_ERROR_SERVICE_NOT_AVAILABLE: //服务器不可用
            errorTitle = "Service Unavailable";
            errorMsg = "Failed to initialize app because the service is not
            available.";
            break;
    }
    errorMsg = "<color=red>" + initError.ToString().Replace("_", " ") + "</color>\
n\n" + errorMsg;
    var errorTextConsole = errorMsg.Replace("<color=red>", "").Replace
("</color>", "");
    ShowError(errorTitle, errorMsg);                       //显示错误框
}
public void OnUpdateError(TargetFinder.UpdateState updateError){ //更新错误后调用
    switch (updateError){                                  //判断错误类型
        case TargetFinder.UpdateState.UPDATE_ERROR_AUTHORIZATION_FAILED:
            errorTitle = "Authorization Error";            //授权失败
            errorMsg = "The cloud recognition service access keys are incorrect
            or have expired.";
            break;
        case TargetFinder.UpdateState.UPDATE_ERROR_NO_NETWORK_CONNECTION:
            errorTitle = "Network Unavailable";            //网络不可用
            errorMsg = "Please check your Internet connection and try again.";
            break;
        case TargetFinder.UpdateState.UPDATE_ERROR_PROJECT_SUSPENDED:
            errorTitle = "Authorization Error";            //授权失败，云更新服务暂停
            errorMsg = "The cloud recognition service has been suspended.";
            break;
```

```
            case TargetFinder.UpdateState.UPDATE_ERROR_REQUEST_TIMEOUT:
                errorTitle = "Request Timeout";                    //请求超时
errorMsg = "The network request has timed out, please check your Internet
connection and try again.";
                break;
            case TargetFinder.UpdateState.UPDATE_ERROR_SERVICE_NOT_AVAILABLE:
                errorTitle = "Service Unavailable";           //服务不可用
                errorMsg = "The service is unavailable, please try again later.";
                break;
            case TargetFinder.UpdateState.UPDATE_ERROR_TIMESTAMP_OUT_OF_RANGE:
                errorTitle = "Clock Sync Error";                 //时钟同步错误
                errorMsg = "Please update the date and time and try again.";
                break;
            case TargetFinder.UpdateState.UPDATE_ERROR_UPDATE_SDK:
                errorTitle = "Unsupported Version";
                errorMsg = "The application is using an unsupported version of
                Vuforia.";
                break;                              //使用的 Vuforia 版本不支持云更新
            case TargetFinder.UpdateState.UPDATE_ERROR_BAD_FRAME_QUALITY:
                errorTitle = "Bad Frame Quality";        //帧质量过低
                errorMsg = "Low-frame quality has been continuously observed.\n\n
                    Error Event Received on Frame: " + Time.frameCount;
                break;
        }
        errorMsg = "<color=red>" + updateError.ToString().Replace("_", " ") +
        "</color>\n\n" + errorMsg;
        var errorTextConsole = errorMsg.Replace("<color=red>", "").Replace
        ("</color>", "");
        ShowError(errorTitle, errorMsg);                   //显示错误界面
    }
```

❑ OnInitError 函数在初始化错误之后调用，其中包含了两种错误，分别为设备没有网络连接和服务器不可用，当错误发生后调用 ShowError 函数在设备屏幕上显示相应的错误提示信息。

❑ OnUpdateError 函数在更新错误时会调用，错误包含授权失败、缺少访问密钥和当前设备没有网络连接，当错误发生后调用 ShowError 函数，将错误码设置成红色，在设备屏幕上显示相应的信息。

❑ 更新时发生的 6 种错误有云更新服务暂停、请求超时、服务不可用等，错误发生后，将错误码设置为红色，然后调用 ShowError 函数，在设备屏幕上显示相应的信息。

（6）OnStateChanged 与 OnNewSearchResult 两个函数分别在程序开始扫描时和有新的扫描结果返回时调用。具体代码如下。

代码位置：官方案例 Vuforia Core Samples/Assets/SamplesResources/SceneAssets/CloudReco/Scripts/CloudReco EventHandler.cs

```
    public void OnStateChanged(bool scanning){               //当程序开始扫描时调用
        if (scanning){
            m_ObjectTracker.TargetFinder.ClearTrackables(false); //清除已创建的可追踪目标
        }
        m_ScanLine.ShowScanLine(scanning);                  //隐藏物体
    }
    public void OnNewSearchResult(TargetFinder.TargetSearchResult targetSearchResult){
        m_CloudRecoContentManager.HandleTargetFinderResult(targetSearchResult);
        //绘制模型
        if (targetSearchResult.MetaData == null){           //判断元数据是否为空
            Debug.Log("Target metadata not available.");    //提示元数据不可用
        }else{
        .../*此处省略了显示元数据的代码，读者可自行查看官方案例的源代码*/
        }
        m_ObjectTracker.TargetFinder.ClearTrackables(false);    //清空所有可追踪目标
        ImageTargetBehaviour imageTargetBehaviour =         //获取 ImageTargetBehaviour
            m_ObjectTracker.TargetFinder.EnableTracking(targetSearchResult,
                m_ImageTargetTemplate.gameObject) as ImageTargetBehaviour;
        if (m_TrackableSettings && m_TrackableSettings.IsExtendedTrackingEnabled()){
            imageTargetBehaviour.ImageTarget.StartExtendedTracking();   //开启扩展追踪
        }}
```

- ❑ **OnStateChanged** 在程序开始扫描时将可识别目标删除并将现在显示在屏幕上的物体隐藏。

- ❑ 当有新的搜索结果返回时，将调用 **OnNewResearchResult** 方法。首先，调用 CloudReco ContentManager.cs 脚本上的方法进行信息 UI 的绘制与模型的绘制。然后，判断是否有元数据。如果没有，就停止执行。之后清除现在的目标，并根据返回的结果创建一个 ImageTargetBehaviour。最后判断是否开启了扩展追踪。

（7）挂载在 CloudContentManager 对象上的 CloudRecoContentManager.cs 脚本用来创建图片名称与模型绑定的词典，由于该脚本代码过长，在此首先展示脚本的整体框架。

代码位置：官方案例 Vuforia Core Samples/Assets/SamplesResources/SceneAssets/CloudReco/Scripts/CloudReco ContentManager.cs

```
1  .../*此处省略了导入相关类的代码，读者可自行查看官方案例的源代码*/
2  public class CloudRecoContentManager : MonoBehaviour{
3      [SerializeField] Transform CloudTarget;//声明 CloudRecoTarget，在 Inspector 面板中可见
4      [SerializeField] UnityEngine.UI.Text cloudTargetInfo; //声明 Text，在 Inspector 面板中可见
5      [System.Serializable]
6      public class AugmentationObject{                        //声明类，在 Inspector 面板中可见
7          public string targetName;
8          public GameObject augmentation;
9      }
```

```
10    public AugmentationObject[] AugmentationObjects;  //声明 AugmentationObject 数组
11    readonly string[] starRatings = { "☆☆☆☆☆", "★☆☆☆☆", "★★☆☆☆",
12        "★★★☆☆", "★★★★☆", "★★★★★" };      //声明星级，设置为只读
13    Dictionary<string, GameObject> Augmentations;     //声明名称与对象绑定的词典
14    Transform contentManagerParent;                   //声明对内容管理器中扩充的父对象的引用
15    Transform currentAugmentation;                    //声明对当前模型的引用
16    void Start(){
17    .../*此处省略了初始化 Dictionary 的代码，后面将进行详细介绍*/
18    }
19    public void ShowTargetInfo(bool showInfo){
20    .../*此处省略了显示图片信息的代码，后面将进行详细介绍*/
21    }
22    public void HandleTargetFinderResult(Vuforia.TargetFinder.TargetSearchResult
23    targetSearchResult){
24    .../*此处省略了设置文本与显示模型的代码，后面将进行详细介绍*/
25    }
26    GameObject GetValuefromDictionary(Dictionary<string, GameObject> dictionary,
27    string key){
28    .../*此处省略了从词典中获取模型的代码，读者可自行查看官方案例源代码*/
29    }}
```

❏ 第 3～15 行声明变量，用于输入图片名称等，以便在程序运行时绑定名称与对象。

❏ 第 16～18 行重写 Start 方法，用于将用户输入的图片名称信息与要显示的模型绑定。

❏ 第 19～21 行为显示图片信息的代码，用于获取显示图片信息的 Canvas 并设置其可见属性。

❏ 第 22～25 行为有新的扫描结果时设置文本以及显示模型的代码，后面详细介绍。

❏ 第 26～29 行为根据密钥与字典来返回 GameObject 对象的方法，读者可自行查看源代码。

（8）CloudRecoContentManager 脚本中的 Start 方法用于初始化 Dictionary，ShowTargetInfo 用于显示图片信息，HandleTargetFinderResult 用于改变父类来绘制模型。具体实现代码如下。

代码位置： 官方案例 Vuforia Core Samples/Assets/SamplesResources/SceneAssets/CloudReco/Scripts/CloudReco ContentManager.cs

```
void Start(){
    Augmentations = new Dictionary<string, GameObject>();        //初始化 Dictionary
    for (int a = 0; a < AugmentationObjects.Length; ++a){
    AugmentationObjects                                          //遍历
        Augmentations.Add(AugmentationObjects[a].targetName,     //添加数据
                      AugmentationObjects[a].augmentation);
    }}
public void ShowTargetInfo(bool showInfo){                       //展示图片信息
```

```
            Canvas canvas = cloudTargetInfo.GetComponentInParent<Canvas>();  //获得 Canvas
            canvas.enabled = showInfo;                               //设置可见属性
}
public void HandleTargetFinderResult(Vuforia.TargetFinder.TargetSearchResult
targetSearchResult){
            cloudTargetInfo.text =                                  //设置文本
                "Name: " + targetSearchResult.TargetName +
                "\nSize: " + targetSearchResult.TargetSize +
                "\nRating: " + starRatings[targetSearchResult.TrackingRating] +
                "\nMetaData: " + ((targetSearchResult.MetaData.Length > 0) ?
            targetSearchResult. MetaData : "No") + "\nTarget Id: " +
            targetSearchResult.UniqueTargetId;
            GameObject augmentation = GetValuefromDictionary(Augmentations,
                targetSearchResult.TargetName);                      //获取模型对象
            if (augmentation != null){                               //判断是否获得对象
                if (augmentation.transform.parent != CloudTarget.transform){
                    Renderer[] augmentationRenderers;                //声明渲染器数组
                    if (currentAugmentation != null && currentAugmentation.parent ==
                        CloudTarget){
                        currentAugmentation.SetParent(contentManagerParent);    //设置父类
                        currentAugmentation.transform.localPosition = Vector3.zero;
                        //设置本地位置
                        currentAugmentation.transform.localScale = Vector3.one;
                        //设置本地缩放比
                augmentationRenderers = currentAugmentation.GetComponentsInChildren
                <Renderer>();
                        foreach (var objrenderer in augmentationRenderers){    //遍历渲染器
                            objrenderer.gameObject.layer = LayerMask.NameToLayer("UI");
                            //设置层级
                            objrenderer.enabled = true;                  //设置可见属性
                        }}
                    contentManagerParent = augmentation.transform.parent;
                    //存储内容管理器的父对象引用
                    currentAugmentation = augmentation.transform;         //存储当前模型的引用
                    augmentation.transform.SetParent(CloudTarget);        //设置当前模型的父类
                    augmentation.transform.localPosition = Vector3.zero;
                    //设置当前模型本地位置
                    augmentation.transform.localScale = Vector3.one;      //设置当前模型缩放比
                    augmentationRenderers = augmentation.GetComponentsInChildren<Renderer>();
                    foreach (var objrenderer in augmentationRenderers){//遍历渲染器
                        objrenderer.gameObject.layer = LayerMask.NameToLayer("Default");
                        objrenderer.enabled = true;                      //设置可见
                    }}}}
```

- □ 重写 Start 方法，用于初始化 Dictionary，通过遍历用户输入的 AugmentationObjects 数组中的数据，将其存入 Dictionary 中。
- □ 在 ShowTargetInfo 方法中，获取 UI 的 Canvas 控件，设置其可见属性。
- □ 在 HandleTargetFinderResubt 方法中，设置模型的父类，将模型设置为 CloudRecoTarget 的子类，存储 CloudContentManager 与当前模型的引用，设置其本地位置与缩放比，遍历其子类全部的渲染器并设置其层级以进行呈现。

（9）单击 CloudContentManager 对象，设置 CloudRecoContentManager.cs 脚本中 Augmentation Objects 的属性，按照官方数据库中的图片名称设置，具体设置如图 3-100 所示。

（10）CloudRecoContentManager.cs 脚本上挂载的 Augmentation 一定要是 CloudContent-Manager 的子对象，设置要展示的模型为 CloudContentManager 的子对象，如图 3-101 所示。设置层级为 UI，将官方案例中的 CloudUI 导出并导入该项目中。

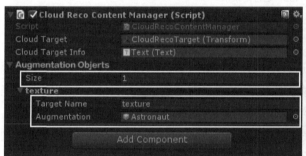

图 3-100　Augmentation Objects 的设置

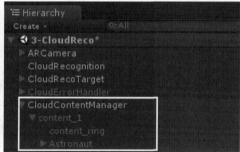

图 3-101　设置要展示的模型

<h2>3.10　模型目标识别案例详解</h2>

模型识别支持通过其形状来识别和跟踪物体。Vuforia SDK 使用专门准备的数据库识别对象，该数据库通过模型目标生成器应用程序处理对象的数字 3D 表示而生成。CAD 模型可用于此目的，因为它们以高精度捕捉物体的几何形状。

3.10.1　运行结果

官方提供的模型目标识别案例需要从 Asset Store 单独下载，其名称为 Vuforia Model Targets，将其导入 Unity，然后导入手机，用其扫描模型查看运行结果。官方案例中是一个火星着陆器，扫描成功后会在卫星处出现光圈。该案例的运行结果如图 3-102 所示。

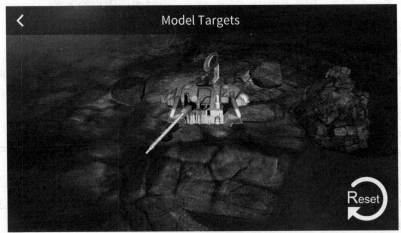

图 3-102　运行结果

3.10.2　开发流程

前面展示了官方模型目标识别案例的运行结果，下面将对如何识别这个结果进行详解，尤其注意选择的模型必须具有几何刚性（即物体不能变形或具有延展性）与目前稳定的表面特征（例如，不支持有光泽的表面）。案例开发流程如下。

（1）为了创建一个 ModelTarget，需要在官网上下载 Model Target Generator 插件，具体制作过程不是本章的讲解重点，读者可自行查看相关资料。将创建的 ModelTarget 导入 Unity 的新项目中，创建 AR Camera，设置 Key。

（2）在 Hierarchy 面板中，创建一个 ModelTarget 对象，将其挂载的 Model Target Behaviour (Script)的 Database 与 ModelTarget 属性设置为刚刚导入的 ModelTarget，如图 3-103 所示。将扫描成功后需要展示的对象设置为 ModelTarget 的子对象，如图 3-104 所示。设置 UI 以实现自动对焦等功能。

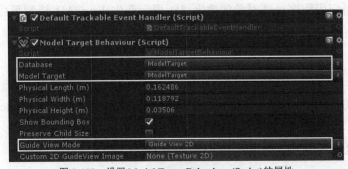

图 3-103　设置 Model Target Behaviour (Script)的属性

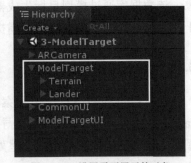

图 3-104　设置需要展示的对象

水平面识别案例详解

水平面识别即在日常环境中将数字内容附加到水平表面（例如，地板和桌面）上，这是创建能与现实世界进行交互的游戏和可视化应用程序产品的理想解决方案。有了它，我们在网络中购物时便可以模拟将物体拖拉进现实世界并放在指定位置，进行旋转、缩放等操作，以查看具体效果。

3.11.1　主要脚本

官方的水平面识别案例主要运用 PlaneManager.cs 脚本来实现追踪器在水平面、半空中的识别与放置，对识别结果的处理、按键监听、设置模型是否可见等功能。在此我们将对该脚本进行详细介绍。

Hierarchy 面板中的对象结构如图 3-105 所示。其中，PlaneManager 对象用来挂载 PlaneManager.cs 脚本以及放置地面寻找器与半空定位器，下面 3 个 Anchor 对象为识别平面成功之后需要呈现的模型，GroundPlaneUI 为该官方案例特有的 UI 对象，CommonUI 与前面案例中相同。

在 PlaneManager 对象上挂载了案例中最重要的 PlaneManager.cs 脚本，具体属性如图 3-106 所示。在脚本上挂载了用于地面识别的地面寻找器、用于半空识别的半空定位器以及扫描成功后需要呈现的 3 个模型。

图 3-105　Hierarchy 面板中的对象结构

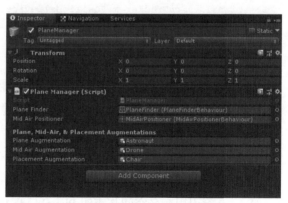

图 3-106　PlaneManager 对象的属性

PlaneManager.cs 脚本中含有平面与半空寻找器中所需要用到的回调方法，由于其中代码量过多，在此将把代码分开进行讲解。首先对代码的主体框架进行详细介绍。

代码位置： 官方案例 Vuforia Ground Plane/Assets/SamplesResources/Scripts/PlaneManager.cs

```
1    .../*此处省略了引用命名空间的代码，读者可自行查看官方案例的源代码*/
2    public class PlaneManager : MonoBehaviour{
3        public enum PlaneMode{
4            GROUND,                                         //地面
5            MIDAIR,                                         //半空
6            PLACEMENT                                       //放置模型
7        }
8        public PlaneFinderBehaviour m_PlaneFinder;          //声明地面寻找器
9        public MidAirPositionerBehaviour m_MidAirPositioner; //声明半空定位器
10       [Header("Plane, Mid-Air, & Placement Augmentations")] //在 Inspector 面板中创建文字
11       public GameObject m_PlaneAugmentation;              //声明地面放置物
12       public GameObject m_MidAirAugmentation;             //声明半空放置物
13       public GameObject m_PlacementAugmentation;          //声明地面的椅子
14       public static bool GroundPlaneHitReceived;          //声明检测结果标志位
15       public static PlaneMode planeMode = PlaneMode.PLACEMENT;  //初始化平面模式
16       public static bool AnchorExists{                    //锚点存在的标志位
17           get { return anchorExists; }                   //返回布尔值
18           private set { anchorExists = value; }           //设置布尔值
19       }
20       const string unsupportedDeviceTitle = "Unsupported Device";   //声明不支持的设备标题
21       //声明不支持的设备内容const string unsupportedDeviceBody = "This device has failed
22           to start the Positional Device Tracker. " + "Please check the list of
23           supported Ground Plane devices on our site: " +"\n\nhttps://library.vuforia.com/
24           articles/Solution/ground-plane-supported-devices.html";
25       StateManager m_StateManager;                        //声明状态管理器
26       SmartTerrain m_SmartTerrain;                        //声明虚拟地形
27       PositionalDeviceTracker m_PositionalDeviceTracker;  //声明位置追踪器
28       ContentPositioningBehaviour m_ContentPositioningBehaviour;    //声明控件
29       TouchHandler m_TouchHandler;                        //声明 TouchHandler 脚本
30       ProductPlacement m_ProductPlacement;                //声明 ProductPlacement 脚本
31       GroundPlaneUI m_GroundPlaneUI;                      //声明 GroundPlaneUI
32       AnchorBehaviour m_PlaneAnchor, m_MidAirAnchor, m_PlacementAnchor;//声明锚点
33       TrackableBehaviour.StatusInfo m_StatusInfo;         //追踪器状态参数
34       int AutomaticHitTestFrameCount;                     //声明自动命中测试帧数
35       int m_AnchorCounter;                                //锚计数器
36       bool uiHasBeenInitialized;                          //是否加载 UI 标志位
37       static bool anchorExists;                           //锚点标志位
38   }
```

- ❑ 第 1～7 行引用命名空间与声明 PlaneMode 枚举。
- ❑ 第 8～19 行声明脚本需要用到的公共变量，大部分为界面中的对象，可以单击 Hierarchy 面板中的 PlaneManager 对象，查看脚本中挂载的对象。
- ❑ 第 20～24 行声明界面中需要展示的标题与提示内容中需要用到的字符串。

❑ 第 25～38 行声明脚本中需要用到的 Vuforia 控件与相应的脚本控件等。

重写 Start、Update 与 Destroy 方法。Start 方法用于注册回调方法、初始化成员变量并关掉 3 个模型的渲染器与碰撞器等属性；Update 方法用于根据是否命中设置地面寻找器；Destroy 方法用于注销回调方法。具体代码如下。

代码位置：官方案例 Vuforia Ground Plane/Assets/SamplesResources/Scripts/PlaneManager.cs

```
void Start(){
    VuforiaARController.Instance.RegisterVuforiaStartedCallback(OnVuforiaStarted);
    VuforiaARController.Instance.RegisterOnPauseCallback(OnVuforiaPaused);
    DeviceTrackerARController.Instance.RegisterTrackerStartedCallback(OnTrackerStarted);
    DeviceTrackerARController.Instance.RegisterDevicePoseStatusChangedCallback
        (OnDevicePoseStatusChanged);
    m_PlaneFinder.HitTestMode = HitTestMode.AUTOMATIC;        //初始化命中模式
    m_ProductPlacement = FindObjectOfType<ProductPlacement>();//初始化脚本
    m_TouchHandler = FindObjectOfType<TouchHandler>();        //初始化脚本
    m_GroundPlaneUI = FindObjectOfType<GroundPlaneUI>();      //初始化脚本
    m_PlaneAnchor = m_PlaneAugmentation.GetComponentInParent<AnchorBehaviour>();
    m_MidAirAnchor = m_MidAirAugmentation.GetComponentInParent<AnchorBehaviour>();
    m_PlacementAnchor = m_PlacementAugmentation.GetComponentInParent<AnchorBehaviour>();
    UtilityHelper.EnableRendererColliderCanvas(m_PlaneAugmentation, false);
    UtilityHelper.EnableRendererColliderCanvas(m_MidAirAugmentation, false);
    UtilityHelper.EnableRendererColliderCanvas(m_PlacementAugmentation, false);
}
void Update(){
    if (!VuforiaRuntimeUtilities.IsPlayMode() && !AnchorExists){//判断播放模式与是否有锚点
        AnchorExists = DoAnchorsExist();                     //为锚点标志位赋值
    }
    GroundPlaneHitReceived = (AutomaticHitTestFrameCount == Time.frameCount);//判断是否命中
    SetSurfaceIndicatorVisible(                              //设置地面寻找器
        GroundPlaneHitReceived &&                            //判断是否命中
        (planeMode == PlaneMode.GROUND || (planeMode == PlaneMode.PLACEMENT &&
        Input.touchCount == 0)));
}
void OnDestroy(){
    VuforiaARController.Instance.UnregisterVuforiaStartedCallback(OnVuforiaStarted);
    VuforiaARController.Instance.UnregisterOnPauseCallback(OnVuforiaPaused);
    DeviceTrackerARController.Instance.UnregisterTrackerStartedCallback(OnTrackerStarted);
    DeviceTrackerARController.Instance.UnregisterDevicePoseStatusChangedCallback
        (OnDevicePoseStatusChanged);                        //注销回调方法
}
```

❑ 重写 Start 方法，用于注册 4 个回调方法，初始化声明的脚本与锚点，将模型设置为碰撞器与渲染器等不可用。

❑ 重写 Update 方法，首先判断是否有锚点，然后判断是否命中，根据命中结果设置地面寻找器的状态。

❑　重写 Destroy 方法，在应用退出时，注销应用开启时注册的一些回调方法。

在 PlaneManager 脚本中包含了众多的回调方法，其中，地面寻找器中需要用到的回调方法分别为自动命中检测时调用的 HandleAutomaticHitTest 方法以及自动与交互命中检测时都要调用的 HandleInteractiveHitTest 方法。具体代码如下。

代码位置：官方案例 Vuforia Ground Plane/Assets/SamplesResources/Scripts/PlaneManager.cs

```
public void HandleAutomaticHitTest(HitTestResult result){
    AutomaticHitTestFrameCount = Time.frameCount;              //初始化自动命中的帧数
    if (!uiHasBeenInitialized){                                //判断 UI 是否加载成功
        uiHasBeenInitialized = m_GroundPlaneUI.InitializeUI(); //加载 UI
    }
    if (planeMode == PlaneMode.PLACEMENT && !m_ProductPlacement.IsPlaced){
        SetSurfaceIndicatorVisible(false);                     //设置地面寻找器不可见
        m_ProductPlacement.SetProductAnchor(null);             //设置对象锚点
        m_PlacementAugmentation.PositionAt(result.Position);   //设置位置
    }}
public void HandleInteractiveHitTest(HitTestResult result){
    if (result == null){return;}                               //若没有碰撞结果，返回
    if (m_StatusInfo == TrackableBehaviour.StatusInfo.NORMAL ||  //判断追踪器状态
        (m_StatusInfo == TrackableBehaviour.StatusInfo.UNKNOWN &&
         !VuforiaRuntimeUtilities.IsPlayMode())){
        if (!m_GroundPlaneUI.IsCanvasButtonPressed()){         //判断单击的是否为 Button
            m_ContentPositioningBehaviour = m_PlaneFinder.GetComponent
                <ContentPositioningBehaviour>();    //获取 ContentPositioningBehaviour
            m_ContentPositioningBehaviour.DuplicateStage = false;
            switch (planeMode){                                //判断平面模式
                case PlaneMode.GROUND:
                    m_ContentPositioningBehaviour.AnchorStage = m_PlaneAnchor;
                    m_ContentPositioningBehaviour.PositionContentAtPlaneAnchor(result);
                    UtilityHelper.EnableRendererColliderCanvas(m_PlaneAugmentation, true);
                    m_PlaneAugmentation.transform.localPosition = Vector3.zero;
                    //设置本地位置
                    UtilityHelper.RotateTowardCamera(m_PlaneAugmentation);
                    //旋转朝向照相机
                    break;
                case PlaneMode.PLACEMENT:
                    if (!m_ProductPlacement.IsPlaced || TouchHandler.DoubleTap){
                        m_ContentPositioningBehaviour.AnchorStage = m_PlacementAnchor;
                        m_ContentPositioningBehaviour.PositionContentAtPlaneAnchor
                        (result);
                        UtilityHelper.EnableRendererColliderCanvas
                        (m_PlacementAugmentation, true);
                    }
                    if (!m_ProductPlacement.IsPlaced){
```

```
m_ProductPlacement.SetProductAnchor(m_PlacementAnchor.transform);
m_TouchHandler.enableRotation = true;    //旋转标志位设置为true
}break;}}}}
```

❑ HandleAutomaticHitFest 方法挂载在地面寻找器上,当有命中结果后,判断右侧 Toggle Group 的状态,调用方法设置 Toggle 属性,设置地面寻找器的属性并设置可放置物体的锚点与位置。

❑ HandleInteractiveHitTest 方法同样挂载在地面寻找器上,当有命中结果时,判断结果是否为空。若不为空,判断追踪器状态。正常之后,判断单击的是否为 Button。之后,判断当前平面模式。若为地面模式,则放置宇航员模型,将其父对象的锚点设置为中心,设置其本地位置为 0,即在屏幕的中心位置,旋转模型朝向照相机。同理,设置放置状态。

上面介绍了地面寻找器中需要用到的回调方法,在脚本中还有半空定位器需要用到的回调方法,具体代码与上面介绍的方法类似。脚本中还有按键监听方法、一些私有方法以及 Vuforia 启动时用到的回调方法等,因较简单或者前面介绍过,在此不再过多介绍,具体可以查看官方案例的源代码。

3.11.2　运行结果

水平面识别案例也需要从 Asset Store 单独下载,其名称为 Vuforia Ground Plane,下载完成后将其导入 Unity 中,更改 Unity 应用名称等相关配置,导入手机。该案例中,在地面可以放置椅子与宇航员模型,在半空可以放置飞行器,具体运行结果如图 3-107 和图 3-108 所示。

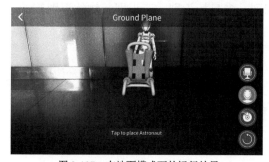

图 3-107　在地面模式下的运行结果　　　　　图 3-108　在半空模式下的运行结果

3.11.3　开发流程

前面展示了水平面识别案例中的运行结果,通过地面识别设置宇航员模型的位置,通过半空识别设置的飞行器位置。下面将对如何制作一个简单的案例来识别水平面并显示模型进行详细介绍。案例的开发流程如下。

(1)在 Unity 中,创建 AR Camera,删去原有的 Main Camera,设置密钥值,选择菜单栏中的 GameObject→Vuforia→Ground Plane，创建一个 Ground Plane Stage，并创建一个 3D 胶囊对象，作为 Ground Plane Stage 的子对象，具体如图 3-109 所示，设置 x、y、z 坐标均为 0，Scale 为 0.5。

（2）再次选择菜单栏中的 GameObject→Vuforia→Ground Plane，创建一个 Plane Finder 对象，将 Ground Plane Stage 拖进 Plane Finder Behaviour (Script) 的 Content Positioning Behaviour (Script) 的 Anchor Stage 参数中，如图 3-110 所示，即创建了一个简单的地面识别程序。半空识别程序与此类似，在此不过多介绍。

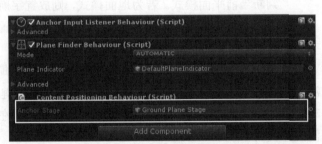

图 3-109　设置 Ground Plane Stage 的子对象　　　图 3-110　设置 Content Positioning Behaviour (Script) 的属性

3.12　本章小结

本章详细讲解了 Vuforia 的几项核心功能，学习完本章后读者应能够对 Vuforia 的相关功能有一个更深次的了解，包括扫描图片、圆柱体识别、多目标识别、云识别、物体识别等。

3.13　习题

1．试列举 AR Camera 的详细参数并进行解释。

2．根据被扫描图片的规格选取图片，模仿 3.2 节的案例实现图片的扫描。

3．试完成 3.4 节的案例。

4．试完成 3.5 节的案例。

5．试完成 3.6 节的案例。

6．试自行制作虚拟按钮。

7．试自行开发 3D 物体识别项目。

第4章 ARCore

前面介绍了美国高通公司提供的 AR 解决方案——Vuforia，从中读者应该已经体会到了 AR 的魅力。通过 AR 可以将现实世界与虚拟世界无缝地融为一体，提升用户的体验。本章将介绍 Google 公司提供的一款免费 AR 开发工具包——ARCore。

4.1 ARCore 基础知识

作为新型的人机接口和仿真工具，AR 受到的关注日益增多，并且已经显示出了巨大的潜力。

ARCore 的开发者可以使用其提供的不同 API，让自己的手机感知周围环境，并与周围环境进行信息交互。为了使增强现实的效果更加明显，ARCore 使用了以下 3 种关键技术。

- ❑ 运动追踪功能：可让手机了解并追踪其相对于世界的位置。
- ❑ 环境感知：让手机能够检测所有类型（水平、垂直和倾斜的）表面的大小和位置，例如地面、咖啡桌或墙壁。
- ❑ 光线估计：允许手机估计当前环境的照明条件，并根据光照的改变做出相应的反应。

本书讲解的是基于 Unity 开发的相关内容，首先读者需要搭建 Unity 开发环境。ARCore 允许离线编辑图像，也可以从设备实时添加单个图像，这意味着无须登录第三方网站来创建、管理图集。同时借助云锚点，一台设备可将锚点和附近的特征点发送到云端并托管，而且这些锚点可以与同一环境中的其他 Android 或 iOS 设备共享，大大提高了程序的可操作性。

ARCore SDK 下载与官方案例导入

学习 ARCore 插件之前，开发人员需要做相关准备工作，包括其 SDK 的下载及相关案例的导入。SDK 是为软件包、软件框架、硬件平台等建立应用软件时使用的开发工具的集合。相关步骤如下。

（1）进入 ARCore 官网，选择顶部的 Develop，并选择左侧的 Downloads，进入 SDK 下载界面（见图 4-1），并勾选 I have read and agree with the above terms 复选框。勾选完毕后，复选框下方会出现各种开发环境对应的 SDK，如图 4-2 所示，这里选择下载 Unity 版本的 SDK。

图 4-1 SDK 下载界面

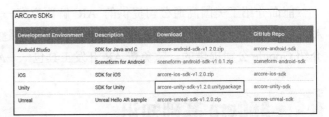

图 4-2 各种开发环境对应的 SDK

（2）打开 Unity，找到刚刚下载完成的 SDK，选择所有的文件，单击 Import 按钮，即可将 SDK 成功导入，如图 4-3 所示。导入完成后，选择左侧面板中的 Assets→GoogleARCore→Examples 即可查看相关案例，如图 4-4 所示。

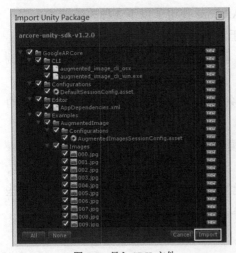

图 4-3 导入 SDK 文件

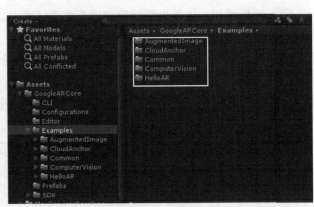

图 4-4 相关案例

（3）从菜单栏中选择 Edit→Project Settings→ARCore（见图 4-5），可以设置应用的类型，如图 4-6 所示。ARCore 应用有 AR Required 和 AR Optional 两种类型，开发人员可以根据自身需要设置应用类型。

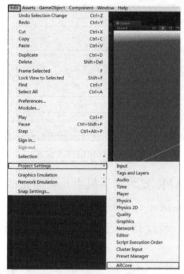

图 4-5 选择 Edit→Project Settings→ARCore   图 4-6 设置应用的类型

❑ 勾选 ARCore Required 复选框，即可表明应用为 AR Required 类型。此类应用只能运行在支持 ARCore 的设备上，应用在运行时将自动检查，以确保所运行的设备支持 ARCore 并且安装了它。如果未安装 ARCore 或 ARCore 版本太旧，则应用将提示用户安装或更新。

❑ 勾选 Instant Preview enabled 复选框，即可表明应用为 AR Optional 类型。该应用可以在不支持 ARCore 的设备上运行，但不会自动检测 ARCore 是否安装或者版本太旧，这就需要开发人员自行开发 ARCore 检测功能。

说明：此处的 ARCore 为一款应用名称，任何设备想要运行并使 ARCore 类应用获得想要的效果，都需要安装 ARCore 应用，应用获取方式将在后面详细介绍。

（4）在图 4-4 所示界面中，选择 Assets→GoogleARCore→Examples→HelloAR→Scenes，打开 HelloAR 场景并保存。选择 File→Build Settings 进入 Build Settings 界面（见图 4-7），将刚刚打开的 HelloAR 场景添加到 Scenes In Build 中，添加完成后，将运行平台更改为 Android 并单击 Switch Platform 按钮。

（5）运行平台更改完毕后，单击 Player Settings 按钮，在弹出的 Other Settings 界面中，取消勾选 Multithreaded Rendering，将 Minimum API Level 设置为 Android 7.0 'Nougat'（API Level 24），将 Target API Level 设置为 Android 7.0 'Nougat'（API Level 24），如图 4-8 所示。设置完成后，勾选 XR Settings 下面的 ARCore Supported 复选框，如图 4-9 所示。

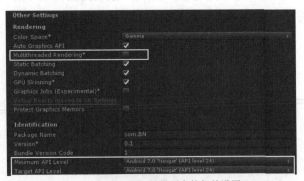

图 4-7　Build Settings 界面　　　　　　　　　图 4-8　Other Setting 界面中的相关设置

（6）全部设置完毕后，单击 Build And Run 按钮，将 APK 安装到手机上。安装完成后，打开 APK，会提示安装最新的 ARCore 才可使用，如图 4-10 所示。若你的手机中安装了 Google Play，单击"继续"按钮并在 GooglePlay 中查找安装即可；若没有，则可以从谷歌的 Play Store 下载并安装。安装完成后，即可成功运行 APK。

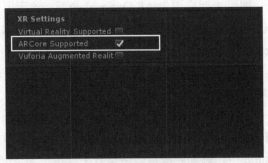

图 4-9　勾选 ARCore Supported 复选框　　　　图 4-10　安装最新的 ARCore 才可使用 APK

4.2　ARCore 图片识别功能

ARCore 可以对图片进行扫描和识别，通过摄像机扫描目标图片，在图片上方出现一些特定的 3D 物体或者播放流媒体和透明视频。这一功能实现起来也较简单，下面介绍 ARCore 图片识别功能。

4.2.1　运行结果

官方案例 AugmentedImage 提供了 ARCore 最基础的图片识别功能，即扫描目标图片后会在图片上方显示出相关的模型。在 ARCore 中被识别图片并不需上传到官网，只需要在本地制作相应的数据集即可，具体的案例将在后面进行介绍。案例运行结果如图 4-11 和图 4-12 所示。

图 4-11　运行结果 1

图 4-12　运行结果 2

4.2.2　注意事项

通过 ARCore 的图片识别技术，AR 应用程序可以对图片（如海报或产品包装等）进行扫描和识别。为了提高应用程序的追踪和识别精度，在选取参考图片以及制作图像数据集时需要格外注意。下面是使用图片识别技术时的注意事项。

在判断图片识别技术是否适合自己的应用时注意以下几方面。

- ❑　制作图像数据集时，每个图像数据集最多可以存储 1000 张参考图像的特征点信息。
- ❑　ARCore 应用可以在同一环境中同时跟踪 20 张图像，但无法跟踪同一图像的多个实例。
- ❑　在现实世界中，物理图像的大小必须至少是 15cm×15cm，并且必须是平坦的（如没有折皱或不缠绕在瓶子周围）。
- ❑　ARCore 应用无法跟踪移动的图像，但它可以在停止移动后继续跟踪该图像。
- ❑　所有跟踪都发生在运行应用的设备上，因此不需要连接互联网。

在选取参考图片时注意以下几方面。

- ❑　增强图像支持 PNG 和 JPEG 文件。对于 JPEG 文件，请避免重压缩以获得最佳效果。
- ❑　检测仅基于高对比度的点，因此无论使用彩色参考图像还是黑白参考图像，都会检测到彩色和黑白混合的图像。
- ❑　图像的分辨率应至少为 300×300 像素。

- □　使用高分辨率图像不会提高性能。
- □　避免使用稀疏特征的图像。
- □　避免使用重复特征的图像。

在创建图像数据集时注意以下几方面。

- □　关于数据集存储，可参考图像压缩后的表示形式。每张图片占用 0～6KB。
- □　在运行时将图像添加到数据集中需要大约 30ms 的时间，因此可以在工作线程上添加图像以避免阻塞 UI 线程。
- □　如果可能，请指定图像的预期物理尺寸（即现实世界中图像的长和宽）。此元数据可提高跟踪性能，尤其适用于追踪现实世界中的大型物理图像（长与宽均超过 75cm）。
- □　不要将未使用的图像保存在数据集中，因为这会对系统性能产生轻微影响。

4.2.3　案例详解

前面展示了官方案例 AugmentedImage 的运行结果，下面将对如何实现这个结果进行讲解，着重讲解其中的 AugmentedImageExampleController.cs 脚本和 AugmentedImageVisualizer.cs 脚本，它们分别负责 ARCore 的初始化和控制模型的显示与隐藏。案例开发流程如下。

（1）新建一个 Unity 项目，将 arcore-unity-sdk-v1.2.0.unitypackage（前面下载的 ARCore SDK）导入新的项目中，在 Assets/GoogleARCore/Examples/AugmentedImage/Scenes 目录下打开 AugmentedImage 场景。可以看到场景中包含 ARCore Device、ExampleController 对象（见图 4-13）和环境光（见图 4-14）。

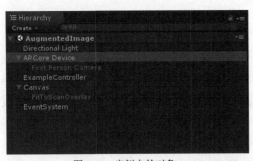

图 4-13　案例中的对象

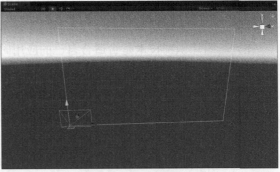

图 4-14　案例中的环境光

（2）为了将识别的图像创建成数据集，在 Project 面板中选中所需要识别的图像（可以选择多张），右击，选择 Create→GoogleARCore→ AugmentedImageDatabase，创建数据集，如图 4-15 所示。

（3）单击刚刚创建的数据集可以查看其详细信息，如图 4-16 所示。其中 Name 为所要识别的图像的名称，开发人员可根据自己意愿随意更改；Width 为所要识别的图片在现实世界中的宽度，单位为米；Quality 为所要识别的图像的质量系数，图片质量系数至少要达到 75/100 才更易识别。

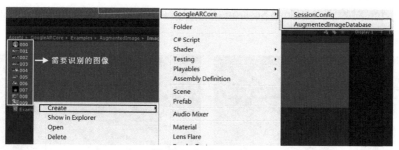

图 4-15 创建数据集

（4）将图片拖曳到数据集最右侧的图像框中可以更换需要识别的图像，开发人员可根据意愿随意更换。创建一个 Session，这个 Session 是从 ARCore 应用到 ARCore（这里代表应用）的连接点，每个 ARCore 应用都必须包含一个 Session。在 Project 面板中右击，选择 Create→GoogleARCore→SessionConfig 即可成功创建 Session，如图 4-17 所示。单击刚刚创建的 Session，可以查看其详细参数，如表 4-1 所示。

图 4-16 数据集信息

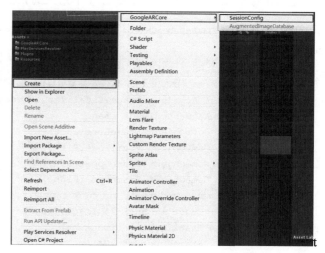

图 4-17 创建 Session

表 4-1 Session 的参数

参 数 名	含 义	参 数 名	含 义
Match Camera Framerate	是否匹配相机帧率	Plane Finding Mode	平面检测模式
Disabled	关闭平面检测	Horizontal	只支持水平平面检测
Vertical	只支持垂直平面检测	Horizontal And Vertical	支持水平和垂直平面检测
Enable Light Estimation	是否启用光线估计	Enable Cloud Anchor	是否启用云锚点
Augmented Image Database	增强的图像数据库		

105

（5）将刚刚创建的图像数据库赋给 Augmented Image Database 属性，即可添加数据库，如图 4-18 所示，若此属性未赋值，则不能识别任何图片。赋值完成后，将此 Session 拖曳到 ARCore Device 对象下 ARCore Session (Script)的 Session Config 框中，添加 Session，如图 4-19 所示。

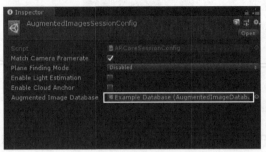

图 4-18　添加数据库

图 4-19　添加 Session

（6）AugmentedImageVisualizer.cs 脚本挂载在 AugmentedImageVisualizer 预制件上，读者可以从 Assets/GoogleARCore/Examples/AugmentedImage/Prefabs 目录中找到它，该脚本的主要功能是当图像被成功识别后，设置图像 4 个角上的相框可见。具体代码如下。

代码位置： 官方 SDK arcore-unity-sdk-v1.2.0/Assets/GoogleARCore/Examples/AugmentedImage/Scripts/Augmented-ImageVisualizer.cs

```
1   namespace GoogleARCore.Examples.AugmentedImage{
2       ...//此处省略了一些导入相关类的代码，读者可自行查阅官方案例中的源代码
3       public class AugmentedImageVisualizer : MonoBehaviour{
4           public AugmentedImage Image;                        //待识别图像的引用
5           public GameObject FrameLowerLeft;                   //相框左下角对象
6           public GameObject FrameLowerRight;                  //相框右下角对象
7           public GameObject FrameUpperLeft;                   //相框左上角对象
8           public GameObject FrameUpperRight;                  //相框右上角对象
9           public void Update(){                               //Update 方法
10              if (Image == null || Image.TrackingState !=
11                  TrackingState.Tracking){                    //查看被检测图像是否为空
12                  FrameLowerLeft.SetActive(false);            //设置相框左下角不可见
13                  FrameLowerRight.SetActive(false);           //设置相框右下角不可见
14                  FrameUpperLeft.SetActive(false);            //设置相框左上角不可见
15                  FrameUpperRight.SetActive(false);           //设置相框右上角不可见
16                  return;
17              }
18              float halfWidth = Image.ExtentX / 2;            //获取图片宽度
19              float halfHeight = Image.ExtentZ / 2;           //获取图片高度
20              FrameLowerLeft.transform.localPosition = (halfWidth * Vector3.left)
21                  + (halfHeight * Vector3.back);              //设置相框左下角的位置
22              FrameLowerRight.transform.localPosition = (halfWidth * Vector3.right)
```

```
23                   + (halfHeight * Vector3.back);              //设置相框右下角的位置
24              FrameUpperLeft.transform.localPosition = (halfWidth * Vector3.left) +
25                   (halfHeight * Vector3.forward);             //设置相框左上角的位置
26              FrameUpperRight.transform.localPosition = (halfWidth * Vector3.right)
27                   + (halfHeight * Vector3.forward);           //设置相框右上角的位置
28              FrameLowerLeft.SetActive(true);                  //设置相框左下角可见
29              FrameLowerRight.SetActive(true);                 //设置相框右下角可见
30              FrameUpperLeft.SetActive(true);                  //设置相框左上角可见
31              FrameUpperRight.SetActive(true);                 //设置相框右上角可见
32     }}}
```

- ❑ 第 4～8 行声明了一些变量，主要用于存储所要识别的图像对象和所要显示的 3D 相框对象。

- ❑ 第 9～17 行为所要识别的图像对象为空或应用程序已经停止追踪时的相关设置，只需要将相框隐藏起来即可。

- ❑ 第 18～32 行为所要识别的图像对象不为空并且应用程序正处于追踪状态时的相关设置。首先根据所要识别的图像大小计算出图像 4 个顶点的位置，然后将相框 4 个角的位置设置为这 4 个顶点的位置，最后显示相框。

- ❑ 在图片识别技术中，所用的世界坐标系中的 x 轴从图像左侧指向右侧，y 轴垂直指向图像外，z 轴从图像下方指向上方。

（7）从 Hierarchy 面板中找到 ExampleController 对象，ExampleController 对象上面挂载了 AugmentedImage ExampleController.cs 脚本，该脚本的主要功能是获取每帧画面更新后正在识别的图像列表，并对这些图像做相应处理。具体代码如下。

代码位置：官方 SDK arcore-unity-sdk-v1.2.0/Assets/GoogleARCore/Examples/AugmentedImage/Scripts/Augmented ImageExampleController.cs

```
1   namespace GoogleARCore.Examples.AugmentedImage{
2       ...//此处省略了一些导入相关类的代码，读者可自行查阅官方案例中的源代码
3       public class AugmentedImageExampleController : MonoBehaviour{
4           public AugmentedImageVisualizer AugmentedImageVisualizerPrefab;  //总的相框对象
5           public GameObject FitToScanOverlay;                         //提示 UI
6           private Dictionary<int, AugmentedImageVisualizer> m_Visualizers
7               = new Dictionary<int, AugmentedImageVisualizer>();
8           private List<AugmentedImage> m_TempAugmentedImages =
9                new List<AugmentedImage>();
10          public void Update(){
11              if (Input.GetKey(KeyCode.Escape)){Application.Quit();}//注册手机返回键
12              if (Session.Status != SessionStatus.Tracking){return;}//查看应用是否处于追踪状态
13              Session.GetTrackables<AugmentedImage>(m_TempAugmentedImages,
14                  TrackableQueryFilter.Updated);              //获取本帧更新后被追踪的图像列表
15              foreach (var image in m_TempAugmentedImages){   //遍历被追踪的图像列表
16                  AugmentedImageVisualizer visualizer = null;//创建总相框对象
17                  m_Visualizers.TryGetValue(image.DatabaseIndex,
```

```
18                out visualizer);                        //获取本图像所对应的总相框对象
19            if (image.TrackingState == TrackingState.Tracking &&
20                visualizer == null){              //查看本图像是否正被追踪
21                Anchor anchor = image.CreateAnchor(image.CenterPose);//创建锚点
22                visualizer = (AugmentedImageVisualizer)Instantiate(AugmentedImage-
23                VisualizerPrefab, anchor.transform);   //初始化总相框对象
24                visualizer.Image = image;              //设置被识别的图像
25                m_Visualizers.Add(image.DatabaseIndex, visualizer);//存储相框和图像索引
26            }else if (image.TrackingState == TrackingState.Stopped &&
27                visualizer != null){                  //检测追踪是否停止
28                m_Visualizers.Remove(image.DatabaseIndex);//从已追踪的图像列表中移除
29                GameObject.Destroy(visualizer.gameObject);//销毁本图像对应的相框对象
30            }}
31        foreach (var visualizer in m_Visualizers.Values){//遍历图像索引和相框的关系列表
32            if (visualizer.Image.TrackingState == TrackingState.Tracking){
33                FitToScanOverlay.SetActive(false);        //设置提示 UI 不可见
34                return;
35            }}
36            FitToScanOverlay.SetActive(true);             //设置提示 UI 可见
37 }}}
```

- □ 第 4～9 行首先定义了用于存储总相框对象的变量,然后定义了字典 m_Visualizers 和列表 m_TempAugmentedImages。m_Visualizers 主要用于存储图像(在图像数据集中的)索引与总相框之间的对应关系,m_TempAugmentedImages 主要用于存储被追踪的图像。

- □ 第 10～14 行注册了手机返回键,同时获取了本帧更新后被追踪的图像列表。

- □ 第 15～30 行通过遍历被追踪的图像列表,创建或销毁每张图像所对应的总相框对象。若图像已被追踪且没有对应的总相框对象,则创建总相框对象,并将本张图像(在图像数据库中的)的索引和总相框对象存储起来;若追踪停止且图像对应的总相框不为空,则销毁总相框对象。

- □ 第 31～37 行提示 UI 是否可见。若存在正被追踪的图像,则设置提示 UI 不可见;若不存在正被追踪的图像,则设置提示 UI 可见。

4.3　ARCore 平面识别功能

　　ARCore 可以对平面进行扫描和识别,通过摄像机扫描场景,可以识别场景中存在的平面,绘制菱形网格,通过单击平面可以实现 Android 机器人的放置,该功能支持同时识别多个平面。下面介绍 ARCore 的平面识别功能。

4.3.1　运行结果

官方案例 HelloAR 提供了平面识别功能，即扫描场景会在界面中出现扫描的特征点。因为特征点数量众多，所以也称为点云。当通过特征点分析出平面后，会在场景中绘制菱形网格，代表识别出的平面，单击平面的任意位置可以放置 Android 机器人，具体运行结果如图 4-20 和图 4-21 所示。

图 4-20　运行结果 1

图 4-21　运行结果 2

4.3.2　案例详解

前面介绍了官方案例 HelloAR 的运行结果，下面对如何实现这个结果进行讲解，着重介绍其中的 HelloARController.cs、DetectedPlaneVisualizer.cs 与 PointcloudVisualizer.cs 脚本，它们分别负责 Android 机器人的放置、平面的可视化与点云的可视化。案例开发流程如下。

（1）导入从官网下载的 ARCore 的 SDK，并在 Assets/GoogleARCore/Examples/HelloAR/Scenes 目录下打开 HelloAR 场景，如图 4-22 所示。可以看到场景中包含 Example Controller、ARCore Device、Plane Generator、Point Cloud 和 Directional Light 等对象，如图 4-23 所示。

图 4-22　打开 HelloAR 场景

图 4-23　场景中的对象

（2）Example Controller 在案例中仅仅用于挂载 HelloARController.cs 脚本，用于判断用户的单击屏幕指令、检查并更新应用程序生命周期以及展示 Android 提示栏，该对象在程序运行过程中一直可用。下面将详细介绍 HelloARController.cs 脚本。

代码位置： 官方 SDK arcore-unity-sdk-v1.2.0/Assets/GoogleARCore/Examples/HelloAR/Scripts/HelloARController.cs

```
1    namespace GoogleARCore.Examples.HelloAR{                        //定义命名空间
2        ...//此处省略了一些引用命名空间的代码，读者可查阅官方案例中的源代码
3        public class HelloARController : MonoBehaviour{
4            public Camera FirstPersonCamera;                       //声明摄像机
5            public GameObject DetectedPlanePrefab;                 //声明平面检测预制件
6            public GameObject AndyAndroidPrefab;                   //声明 Android 机器人预制件
7            public GameObject SearchingForPlaneUI;                 //声明 UI
8            private const float k_ModelRotation = 180.0f;          //声明模型旋转角度
9            //声明平面列表
10           private List<DetectedPlane> m_AllPlanes = new List<DetectedPlane>();
11           private bool m_IsQuitting = false;                     //声明退出标志位
12           public void Update(){
13               _UpdateApplicationLifecycle();                     //检查更新应用程序生命周期
14               Session.GetTrackables<DetectedPlane>(m_AllPlanes); //获取平面数据
15               bool showSearchingUI = true;                       //声明 UI 显示标志位
16               for (int i = 0; i < m_AllPlanes.Count; i++){       //遍历平面
17                   if (m_AllPlanes[i].TrackingState == TrackingState.Tracking){
18                   //判断是否为追踪状态
19                       showSearchingUI = false;                   //UI 显示标志位设为 false
20                       break;
21                   }}
22               SearchingForPlaneUI.SetActive(showSearchingUI);    //设置 UI 是否可见
23               Touch touch;                                       //声明 Touch
24               if (Input.touchCount < 1 || (touch = Input.GetTouch(0)).phase !=
25               TouchPhase.Began){
26                   return;}                                       //判断触控
27               TrackableHit hit;                                  //声明追踪命中脚本
28               TrackableHitFlags raycastFilter = TrackableHitFlags.PlaneWithinPolygon |
29                   TrackableHitFlags.FeaturePointWithSurfaceNormal;
30               if (Frame.Raycast(touch.position.x, touch.position.y, raycastFilter,
31                   out hit)){//判断命中
32                   if ((hit.Trackable is DetectedPlane) &&        //判断是否命中平面
33                       Vector3.Dot(FirstPersonCamera.transform.position -
34                       hit.Pose.position,
35                           hit.Pose.rotation * Vector3.up) < 0){  //判断命中是否在平面后面
36                       Debug.Log("Hit at back of the current DetectedPlane");
37                   }else{
38                       var andyObject = Instantiate(AndyAndroidPrefab,hit.Pose.position
39                           ,hit.Pose.rotation);                   //创建模型对象
40                       andyObject.transform.Rotate(0, k_ModelRotation, 0, Space.Self);
41                       //旋转模型
42                       var anchor = hit.Trackable.CreateAnchor(hit.Pose); //创建锚点
43                       //将模型设置为锚点的子对象
```

```
44                            andyObject.transform.parent = anchor.transform;
45                    }}}
46             private void _UpdateApplicationLifecycle(){
47             ...///省略了检查并更新应用程序生命周期的方法，读者可查看官方 SDK
48             }
49             private void _DoQuit(){Application.Quit();}                //应用程序退出方法
50             private void _ShowAndroidToastMessage(string message){
51             ...///省略了弹出 Android 提示框的方法，读者可查看官方 SDK
52                    }}}
```

❑ 第 1~2 行定义、引用命名空间。

❑ 第 3~11 行声明该脚本需要用到的摄像机对象、Android 机器人预制件、UI 对象、平面列表与退出标志位等。

❑ 第 12~45 行重写 Update 方法，每帧调用一次。首先检测是否正确追踪到了平面来改变 UI 标志位，设置 UI 的可见属性。如果检测到了平面，当用户单击屏幕后，通过射线来进行追踪命中，判断用户是否单击到了平面以及是否在正面命中。若命中成功，创建模型对象，设置锚点，将对象设为锚点的子对象以确定它在世界坐标系中的位置。

❑ 第 46~52 行为检查更新应用程序生命周期、应用程序退出以及弹出 Android 提示框的方法，具体内容读者可查看官方 SDK。

（3）Plane Generator 对象同样仅用于挂载 DetectedPlaneGenerator.cs 脚本，该脚本较简单，仅用于检测到新平面时创建并调用方法初始化平面可视化对象，读者可自行查看源代码。在这里将详细介绍脚本的预制件中挂载的 DetectedPlaneVisualizer.cs 脚本，该脚本用于使平面可视化。具体代码如下。

代码位置：官方 SDK 代码 arcore-unity-sdk-v1.2.0/Assets/GoogleARCore/Examples/Common/Scripts/Detected PlaneVisualizer.cs

```
1    namespace GoogleARCore.Examples.Common{
2        ...//此处省略了一些引用命名空间的代码，读者可自行查阅官方案例中的源代码
3        public class DetectedPlaneVisualizer : MonoBehaviour{
4            private static int s_PlaneCount = 0;                        //平面计数器
5            private readonly Color[] k_PlaneColors = new Color[]{       //颜色数组
6                new Color(1.0f, 1.0f, 1.0f),
7                ...//此处省略了剩余颜色数组的值，读者可自行查看官方 SDK
8            };
9            private DetectedPlane m_DetectedPlane;                //DetectedPlane 脚本
10           private List<Vector3> m_PreviousFrameMeshVertices = new List<Vector3>();
11           private List<Vector3> m_MeshVertices = new List<Vector3>();//当前网格顶点数据列表
12           private Vector3 m_PlaneCenter = new Vector3();             //平面中心点的数据
13           private List<Color> m_MeshColors = new List<Color>();     //网格颜色数据列表
14           private List<int> m_MeshIndices = new List<int>();        //网格索引列表
15           private Mesh m_Mesh;                                       //声明网格
16           private MeshRenderer m_MeshRenderer;                       //声明网格渲染器
17           public void Awake(){
```

```
18        m_Mesh = GetComponent<MeshFilter>().mesh;              //初始化网格
19        m_MeshRenderer = GetComponent<UnityEngine.MeshRenderer>();//初始化网格渲染器
20    }
21    public void Update(){
22        if (m_DetectedPlane == null){return;}                  //判断是否有检测平面
23        else if (m_DetectedPlane.SubsumedBy!= null){           //判断是否被别的平面包含
24            Destroy(gameObject);                               //销毁对象
25            return;
26        }else if (m_DetectedPlane.TrackingState != TrackingState.Tracking){
27            m_MeshRenderer.enabled = false;                    //关闭网格渲染器
28            return;
29        }
30        m_MeshRenderer.enabled = true;                         //开启网格渲染器
31        _UpdateMeshIfNeeded();                                 //更新网格
32    }
33    public void Initialize(DetectedPlane plane){               //初始化平面
34        m_DetectedPlane = plane;                               //初始化 DetectedPlane
35        m_MeshRenderer.material.SetColor("_GridColor",
36            k_PlaneColors[s_PlaneCount++ % k_PlaneColors.Length]);   //设置平面颜色
37        m_MeshRenderer.material.SetFloat("_UvRotation", Random.Range(0.0f, 360.0f));
38        Update();
39    }
40    private void _UpdateMeshIfNeeded(){
41        ...//此处省略了更新网格的方法，后面进行详细介绍
42    }
43    private bool _AreVerticesListsEqual(List<Vector3> firstList, List<Vector3>
44    secondList){
45        if (firstList.Count != secondList.Count)              //判断数量是否相同
46        {return false;}
47        for (int i = 0; i < firstList.Count; i++){            //遍历判断数据是否相同
48            if (firstList[i] != secondList[i])
49            {return false;}
50        }return true;}}
```

❑ 第 1～2 行定义命名空间与引用命名空间。

❑ 第 3～16 行声明脚本需要用到的对象与变量。

❑ 第 17～20 行重写 Awake 方法，用于初始化声明的网格与网格渲染器。

❑ 第 21～32 行重写 Update 方法，用于判断是否有检测到的平面，以及当前平面是否被别的平面所包含，来销毁对象与设置网格渲染器，并调用更新网格的方法。

❑ 第 33～39 行为初始化平面的方法，在检测到平面后，由 DetectedPlaneGenerator.cs 脚本调用该方法来进行初始化，用于设置网格的整体颜色与旋转角度。

❑ 第 40～50 行为更新网格的方法与判断相邻两帧顶点数据是否相同的方法，更新网格的方法将在后面进行详细介绍。

（4）_UpdateMeshIfNeeded 方法为 DetectedPlaneVisualizer.cs 脚本中主要的代码，用于在离

平面边界一段距离的情况下，实现平面颜色由 100%到 0%的渐变，使平面更加美观。下面将对该方法进行详细讲解。

代码位置: 官方 SDK arcore-unity-sdk-v1.2.0/Assets/GoogleARCore/Examples/Common/Scripts/DetectedPlaneVisualizer.cs

```
private void _UpdateMeshIfNeeded(){
    m_DetectedPlane.GetBoundaryPolygon(m_MeshVertices);   //获取网格顶点数据
    if (_AreVerticesListsEqual(m_PreviousFrameMeshVertices, m_MeshVertices))
    {return;}                                             //判断相邻两帧顶点数据是否相同
    m_PreviousFrameMeshVertices.Clear();                  //清除上一帧数据
    m_PreviousFrameMeshVertices.AddRange(m_MeshVertices); //将当前数据存进上一帧数据中
    m_PlaneCenter = m_DetectedPlane.CenterPose.position;  //更新平面中心点的数据
    Vector3 planeNormal = m_DetectedPlane.CenterPose.rotation * Vector3.up;
    //计算平面法线
    m_MeshRenderer.material.SetVector("_PlaneNormal", planeNormal);
    //向着色器传递法线数据
    int planePolygonCount = m_MeshVertices.Count;         //获取顶点数量
    m_MeshColors.Clear();                                 //清除颜色数据列表
    for (int i = 0; i < planePolygonCount; ++i){          //遍历顶点
        m_MeshColors.Add(Color.clear);                    //填充数据
    }
    const float featherLength = 0.2f;                     //指定渐变长度
    const float featherScale = 0.2f;                      //指定缩放比
    for (int i = 0; i < planePolygonCount; ++i){          //遍历平面顶点
        Vector3 v = m_MeshVertices[i];                    //获取顶点数据
        Vector3 d = v - m_PlaneCenter;                    //计算从平面中心到当前点的矢量
        float scale = 1.0f - Mathf.Min(featherLength / d.magnitude, featherScale);
        //计算缩放比
        m_MeshVertices.Add((scale * d) + m_PlaneCenter);  //添加顶点
        m_MeshColors.Add(Color.white);                    //添加颜色
    }
    m_MeshIndices.Clear();                                //清空网格索引
    int firstOuterVertex = 0;                             //第一个外部顶点
    int firstInnerVertex = planePolygonCount;             //第一个内部顶点
    for (int i = 0; i < planePolygonCount - 2; ++i){
        m_MeshIndices.Add(firstInnerVertex);              //添加网格索引
        m_MeshIndices.Add(firstInnerVertex + i + 1);
        m_MeshIndices.Add(firstInnerVertex + i + 2);
    }
    for (int i = 0; i < planePolygonCount; ++i){
        int outerVertex1 = firstOuterVertex + i;
        int outerVertex2 = firstOuterVertex + ((i + 1) % planePolygonCount);
        //第二个外部顶点
        int innerVertex1 = firstInnerVertex + i;
        int innerVertex2 = firstInnerVertex + ((i + 1) % planePolygonCount);
        //第二个内部顶点
        m_MeshIndices.Add(outerVertex1);
```

```
        m_MeshIndices.Add(outerVertex2);
        m_MeshIndices.Add(innerVertex1);
        m_MeshIndices.Add(innerVertex1);
        m_MeshIndices.Add(outerVertex2);
        m_MeshIndices.Add(innerVertex2);
    }

    m_Mesh.Clear();                                      //清空网格
    m_Mesh.SetVertices(m_MeshVertices);                  //设置顶点数据
    m_Mesh.SetIndices(m_MeshIndices.ToArray(), MeshTopology.Triangles, 0);
    //绘制三角形
    m_Mesh.SetColors(m_MeshColors);                      //设置颜色
}
```

首先，Void_UpdateMeshIfNeeded 判断相邻两帧顶点数据是否相同，获取平面中心点的数据与顶点数量，并把平面法线数据传入着色器中。

然后，第 1 个 for 循环遍历顶点，在顶点颜色数组中添加完全透明的颜色，使其平面可视化对象的 4 个顶点透明。

接下来，指定渐变长度和缩放比，向顶点数据中添加另外 4 个顶点（即渐变开始的 4 个顶点），向颜色列表中添加颜色。

最后，添加网格索引与绘制网格，通过遍历使其按 3 个一组的顺序添加进索引列表，设置网格的顶点数据，制三角形绘并设置颜色。

（5）PointcloudVisualizer.cs 脚本挂载在场景的 Point Cloud 对象上，用于实现点云的可视化，点云即为场景中特征点的集合。当场景越复杂时，程序检测到的特征点便会越多，界面中出现的点也会越多。下面将详细介绍这部分代码。

代码位置：官方 SDK arcore-unity-sdk-v1.2.0/Assets/GoogleARCore/Examples/Common/Scripts/PointcloudVisualizer.cs

```
1   namespace GoogleARCore.Examples.Common{
2       ...//此处省略了一些引用命名空间的代码，读者可自行查阅官方案例中的源代码
3       public class PointcloudVisualizer : MonoBehaviour{
4           private const int k_MaxPointCount = 61440;        //点的最大数量
5           private Mesh m_Mesh;                               //声明网格控件
6           private Vector3[] m_Points = new Vector3[k_MaxPointCount];   //设置点的数据数组
7           public void Start(){
8               m_Mesh = GetComponent<MeshFilter>().mesh;     //初始化网格
9               m_Mesh.Clear();                               //清空网格
10          }
11          public void Update(){
12              if (Frame.PointCloud.IsUpdatedThisFrame){      //判断点云数据是否更新
13                  for (int i = 0; i < Frame.PointCloud.PointCount; i++){    //遍历点云数据
14                      m_Points[i] = Frame.PointCloud.GetPoint(i);        //将数据存入点数组中
15                  }
16                  int[] indices = new int[Frame.PointCloud.PointCount];//创建网格索引数组
17                  for (int i = 0; i < Frame.PointCloud.PointCount; i++)//填充索引数据
18                  {indices[i] = i;}
```

```
19              m_Mesh.Clear();                              //清空网格
20              m_Mesh.vertices = m_Points;                  //设置网格中顶点数据
21              m_Mesh.SetIndices(indices, MeshTopology.Points, 0);   //设置绘制方式
22          }}}}
```

- ❏ 第1～2行定义命名空间与引用命名空间。
- ❏ 第3～6行声明脚本需要用到的变量与控件。
- ❏ 第7～10行重写 Start 方法，用于初始化网格控件。
- ❏ 第11～22行判断点云数据是否有更新，获取点云数据，创建网格索引数组，设置网格的顶点数据与绘制方式。

4.4 ARCore 云锚点功能

ARCore 可以对平面进行识别，并将产生的相关视觉映射数据发送到 Google 服务器，Google 服务器会将这些数据转换为稀疏点云，其他处于同一环境的用户可以通过解析这些稀疏点云产生相应的场景。下面介绍 ARCore 云锚点功能。

4.4.1 运行结果

首先，从 Google 云平台获取 API 密钥，并将获取到的 API 密钥添加到 Cloud Services API Key 组件中。然后，打开官方提供的项目文件 CloudAnchor，将该场景添加到 Scenes In Build 中，最后导出 APK 并安装到手机上。CloudAnchor 案例的运行结果如图 4-24 和图 4-25 所示。

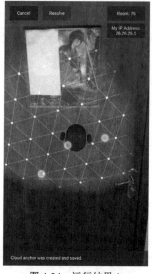

图 4-24 运行结果 1

图 4-25 运行结果 2

4.4.2　案例详解

前面展示了官方案例 CloudAnchor 的运行结果，下面对如何实现这个效果进行讲解，并着重讲解其中的 CloudAnchorController.cs 脚本和 RoomSharingServer.cs 脚本，它们主要负责实现数据识别、数据发送等功能。案例开发流程如下。

（1）在从 Google 云端平台获取 API 密钥之前，需要首先登录 Google 账号，如图 4-26 所示。若已使用过 Google 账号，则可直接输入账号并单击"下一步"按钮；若未使用过，则可以自行申请账号，如图 4-27 所示，申请完毕后登录。

图 4-26　登录 Google 账号

图 4-27　申请 Google 账号

（2）进入 Google 云端平台，如图 4-28 所示。单击"启用"按钮，进入"API 和服务"界面，如图 4-29 所示。若创建过 Cloud 项目，单击"选择"按钮，选择已创建项目；若未创建过，则需要单击"创建"按钮，创建新的项目。

图 4-28　Google 云端平台

图 4-29　"API 和服务"界面

（3）单击"创建"按钮，进入"新建项目"界面，如图 4-30 所示。输入"ARCoreOne"作为项目名称，单击"创建"按钮，即可创建项目。项目创建完成后，在图 4-28 所示界面中，单击"启用"按钮即可激活 Cloud Anchor 所用的 API。

图 4-30　"新建项目"界面

（4）在弹出的界面中，选择"凭据"，从"创建凭据"下拉列表中选择"API 密钥"，创建 API 密钥，如图 4-31 所示。此时生成的 API 密钥就是需要添加到项目中的 API 密钥，并且每个 Cloud Anchor 项目必须包含 API 密钥才可使用。

图 4-31　创建 API 密钥

说明：本案例的成功运行以及以上获取 API 密钥的操作都需要访问 Google 服务器，请读者先确认自己是否可以访问 Google 服务器，若不能访问，则不会达到预期效果。

（5）打开 Unity 引擎，选择 Edit→Project Settings→ARCore，在弹出的窗口中输入刚刚创建的 API 密钥，单击 Close 按钮，如图 4-32 所示。在 Assets/GoogleARCore/Examples/CloudAnchor/Scenes 目录下打开 CloudAnchor 场景，打开场景的 Hierarchy 面板，如图 4-33 所示。

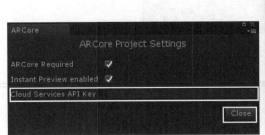

图 4-32 添加 API 密钥

图 4-33 Hierarchy 面板

（6）在 Project 面板中右击，选择 Create→GoogleARCore→ SessionConfig 即可成功创建 Session，Session 的配置如图 4-34 所示。配置完成后将其拖曳到 ARCore Device 对象下 ARCore Session 组件的 Session Config 属性框中，即可添加 Session，如图 4-35 所示。

图 4-34 Session 的配置

图 4-35 添加 Session

（7）在该案例的所有脚本中，最主要的是挂载到 CloudAnchorController 对象上的 CloudAnchorController.cs 脚本，案例中的大多数主要功能由该脚本实现，例如，按键监听与上传锚点数据等，由于该脚本代码过长，在此将首先介绍该脚本的主体框架，具体如下所示。

代码位置：官方 SDK arcore-unity-sdk-v1.2.0/Assets/GoogleARCore/Examples/CloudAnchor/Scripts/CloudAnchorController.cs

```
1    namespace GoogleARCore.Examples.CloudAnchor{
2        ...//此处省略了一些引用命名空间的代码，读者可自行查阅官方案例中的源代码
3        public class CloudAnchorController : MonoBehaviour{
4            public RoomSharingServer RoomSharingServer;
5            public CloudAnchorUIController UIController;          //UI 控制器
6            public GameObject ARCoreRoot;                        //ARCore 特定对象的根目录
7            public GameObject ARCoreAndyAndroidPrefab;           //模型对象
8            public GameObject ARKitRoot;                         //ARKit 特定对象的根目录
9            public Camera ARKitFirstPersonCamera;                //ARKit 摄像机
10           public GameObject ARKitAndyAndroidPrefab;            //模型对象
```

```
11    private const string k_LoopbackIpAddress = "127.0.0.1"; //回送 IP 地址
12    private const float k_ModelRotation = 180.0f;              //模型旋转角度
13    private ARKitHelper m_ARKit = new ARKitHelper();           //ARKit 辅助对象
14    private bool m_IsQuitting = false;                        //应用退出标志位
15    private Component m_LastPlacedAnchor = null;              //最终放置的锚点
16    private XPAnchor m_LastResolvedAnchor = null;             //最终解析的锚点
17    private ApplicationMode m_CurrentMode = ApplicationMode.Ready; //目前的应用模式
18    private int m_CurrentRoom;                                //当前房间号
19    public enum ApplicationMode{                              //应用模式枚举
20        Ready,                                                //准备
21        Hosting,                                              //主机
22        Resolving,                                            //解析
23    }
24    public void Start(){
25        ...//此处省略了重写 Start 方法的代码，读者可自行查阅官方案例中的源代码
26    }
27    public void Update(){
28        ...//此处省略了重写 Update 方法的代码，后面进行详细介绍
29    }
30    public void OnEnterHostingModeClick(){
31        ...//此处省略了主机模式按键监听的代码，后面进行详细介绍
32    }
33    public void OnEnterResolvingModeClick(){
34        ...//此处省略了解析模式按钮监听的代码，与上一个方法类似，读者可自行查看源代码
35    }
36    public void OnResolveRoomClick(){
37        ...//此处省略了输入窗口中按钮监听的代码，与上一个方法类似，读者可自行查看源代码
38    }
39    private void _HostLastPlacedAnchor(){
40        ...//此处省略了将锚点与房间 ID 绑定的代码，将在下面进行详细介绍
41    }
42    private void _ResolveAnchorFromId(string cloudAnchorId){
43        ...//此处省略了解析云锚点的代码，将在下面进行详细介绍
44    }
45    private void _ResetStatus(){
46        ...//此处省略了重置状态的代码，读者可自行查阅官方案例中的源代码
47    }
48    private GameObject _GetAndyPrefab(){
49        ...//此处省略了获取模型的代码，读者可自行查阅官方案例中的源代码
50    }
51    private void _UpdateApplicationLifecycle(){
52        ...//此处省略了更新应用生命周期的代码，读者可自行查阅官方案例中的源代码
53    }
54    private void _DoQuit(){Application.Quit();}              //应用退出时调用的方法
55    private void _ShowAndroidToastMessage(string message){
56        ...//此处省略了弹出 Android 提示框的代码，读者可自行查阅官方案例中的源代码
57    }}}
```

- ❑ 第 1～23 行定义命名空间、引用命名空间与声明该脚本需要用到的变量。
- ❑ 第 24～29 行重写 Start 与 Update 方法，Start 方法用于判断系统类型来设置 ARCore Root 或者 ARKit Root 以及初始化状态，Update 方法用于更新应用生命周期与判断触控、设置模型等，后面进行 Update 方法的详细介绍。
- ❑ 第 30～38 行为 UI 中 3 个按钮的监听方法，用于设置应用模式并获取输入窗口中输入的房间号与 IP 地址，执行相应的操作，因为 3 个方法的代码类似，所以后面主要介绍 OnEnterHostingModeChick 方法。
- ❑ 第 39～44 行为脚本的主要方法，用于创建云锚点，将云锚点与房间号绑定，以及在获取云锚点 ID 之后对云锚点数据进行解析，这将在下面进行详细介绍。
- ❑ 第 45～55 行为重置状态、获取模型、更新应用生命周期、退出应用与弹出 Android 提示框的方法，由于这些方法较简单，读者可自行查阅官方案例中的源代码。

（8）CloudAnchorController.cs 脚本中的 Update 方法用于更新应用生命周期与判断触控，从而设置云锚点，OnEnterHostingModeClick 用法，用于在单击按钮之后设置程序中的状态位以及 UI。

代码位置：官方 SDK arcore-unity-sdk-v1.2.0/Assets/GoogleARCore/Examples/CloudAnchor/Scripts/CloudAnchorController.cs

```
public void Update(){
    _UpdateApplicationLifecycle();                                //更新应用生命周期
    if (m_CurrentMode != ApplicationMode.Hosting || m_LastPlacedAnchor != null){
    //判断应用模式
        return;
    }
    Touch touch;                                                  //声明 Touch
    if (Input.touchCount < 1 || (touch = Input.GetTouch(0)).phase != TouchPhase.Began){
    //判断触控
        return;
    }
    if (Application.platform != RuntimePlatform.IPhonePlayer){//判断是否为 iPhone 设备
        TrackableHit hit;
        if (Frame.Raycast(touch.position.x, touch.position.y,
                        TrackableHitFlags.PlaneWithinPolygon, out hit)){
            m_LastPlacedAnchor = hit.Trackable.CreateAnchor(hit.Pose);//创建最终放置的锚点
        }}else{
            Pose hitPose;
            if (m_ARKit.RaycastPlane(ARKitFirstPersonCamera, touch.position.x,
                touch.position.y, out hitPose)){
                m_LastPlacedAnchor = m_ARKit.CreateAnchor(hitPose);//创建最终放置的锚点
        }}
        if (m_LastPlacedAnchor != null){                         //判断是否有最终放置的锚点
            var andyObject = Instantiate(_GetAndyPrefab(), m_LastPlacedAnchor.
```

```
                    transform.position,
                        m_LastPlacedAnchor.transform.rotation);        //在锚点位置放置模型
                    andyObject.transform.Rotate(0, k_ModelRotation, 0, Space.Self);
                    //绕 y 轴旋转
                    andyObject.transform.parent = m_LastPlacedAnchor.transform;
                    //将锚点设为模型父对象
                    _HostLastPlacedAnchor();                           //保存云锚点
    }}
    public void OnEnterHostingModeClick(){
        if (m_CurrentMode == ApplicationMode.Hosting){                 //判断应用模式
            m_CurrentMode = ApplicationMode.Ready;                     //设置应用模式
            _ResetStatus();                                            //初始化状态
            return;
        }
        m_CurrentMode = ApplicationMode.Hosting;                       //设置应用模式
        m_CurrentRoom = Random.Range(1, 9999);                         //设置房间号
        UIController.SetRoomTextValue(m_CurrentRoom);                  //将房间号设置为文本
        UIController.ShowHostingModeBegin();                           //展示主机模式开始 UI
    }
```

❑ 在 Update 方法中，判断应用模式。如果应用模式处于主机模式或者有最终放置的锚点，则直接返回；如果不处于主机模式且没有最终放置的锚点，通过用户在屏幕上的触摸点，利用射线判断与识别平面的碰撞点，来创建最终放置的锚点与设置模型。

❑ 当用户单击屏幕左上角左边的按钮时，调用 OnEnterHostingModeClick，用于设置应用模态，以及改变屏幕上 UI 的展示。

（9）CloudAnchorController.cs 里用于创建云锚点与绑定云锚点及房间的_HostLastPlaced Anchor 方法与用于通过云锚点 ID 解析云锚点数据的_ResolveAnchorFromId 方法如下。

代码位置： 官方 SDK　arcore-unity-sdk-v1.2.0/Assets/GoogleARCore/Examples/CloudAnchor/Scripts/CloudAnchor Controller.cs

```
    private void _HostLastPlacedAnchor(){
#if !UNITY_IOS
        var anchor = (Anchor)m_LastPlacedAnchor;                       //设置变量为最终放置的锚点
#else
        var anchor = (UnityEngine.XR.iOS.UnityARUserAnchorComponent)m_LastPlacedAnchor;
#endif
        UIController.ShowHostingModeAttemptingHost();                  //主机模式下 UI 可见
        XPSession.CreateCloudAnchor(anchor).ThenAction(result =>{      //创建云锚点
            if (result.Response != CloudServiceResponse.Success){      //判断云服务器状态
                UIController.ShowHostingModeBegin(                     //展示快捷提示栏
                    string.Format("Failed to host cloud anchor: {0}", result.Response));
                return;
            }
            RoomSharingServer.SaveCloudAnchorToRoom(m_CurrentRoom, result.Anchor);
            //绑定云锚点与房间号
```

```
        UIController.ShowHostingModeBegin("Cloud anchor was created and saved.");
    });}
private void _ResolveAnchorFromId(string cloudAnchorId){
    XPSession.ResolveCloudAnchor(cloudAnchorId).ThenAction((        //解析云锚点
        System.Action<CloudAnchorResult>)(result =>{
        if (result.Response != CloudServiceResponse.Success){      //判断是否获得响应
            UIController.ShowResolvingModeBegin(string.Format(
                "Resolving Error: {0}.", result.Response));        //设置快捷快捷栏文本
            return;
        }
        m_LastResolvedAnchor = result.Anchor;                      //设置最终解析的锚点
        Instantiate(_GetAndyPrefab(), result.Anchor.transform);    //创建模型对象
        UIController.ShowResolvingModeSuccess();                   //展示解析成功的 UI
    }));}
```

- ❑ _HostLastPlacedAnchor 方法首先判断系统类型来设置锚点变量，然后 UI，创建云锚点以及将锚点与当前房间号进行绑定，并将其存储在 RoomSharingServer.cs 脚本的词典中。

- ❑ _ResolveAnchorFromId 方法根据锚点 ID 来解析云锚点数据，根据传回来的锚点位置来设置最终解析的锚点与创建模型对象，设置 UI。

（10）在 CloudAnchorController 对象上还挂载着另一个脚本 RoomSharingServer.cs，该脚本用于存储主机模式下所记录的房间号与锚点的词典信息，以及当网络中有用户想要获取对应房间号的锚点信息时所调用的方法。该脚本的内容如下。

代码位置：官方 SDK arcore-unity-sdk-v1.2.0/Assets/GoogleARCore/Examples/CloudAnchor/Scripts/RoomSharingServer.cs

```
1   namespace GoogleARCore.Examples.CloudAnchor{
2       ...//此处省略了一些引用命名空间的代码，读者可自行查阅官方案例中的源代码
3       public class RoomSharingServer : MonoBehaviour{
4           private Dictionary<int, XPAnchor> m_RoomAnchorsDict = new Dictionary<int,
5           XPAnchor>();
6           public void Start(){
7               NetworkServer.Listen(8888);                                 //监听 8888 端口
8               NetworkServer.RegisterHandler(RoomSharingMsgType.AnchorIdFromRoomRequest,
9                   OnGetAnchorIdFromRoomRequest);                          //事件注册
10          }
11          public void SaveCloudAnchorToRoom(int room, XPAnchor anchor){
12              m_RoomAnchorsDict.Add(room, anchor);                        //将房间号与云锚点存入词典
13          }
14          private void OnGetAnchorIdFromRoomRequest(NetworkMessage netMsg){
15              var roomMessage = netMsg.ReadMessage<AnchorIdFromRoomRequestMessage>();
16              XPAnchor anchor;                                            //声明锚点对象
17              bool found = m_RoomAnchorsDict.TryGetValue(roomMessage.RoomId, out anchor);
18              AnchorIdFromRoomResponseMessage response = new              //声明响应对象
```

```
19                  AnchorIdFromRoomResponseMessage{Found = found,};
20              if (found){                                    //如果词典中有锚点数据
21                  response.AnchorId = anchor.CloudId;        //设置响应对象中的云 ID
22              }
23              NetworkServer.SendToClient(netMsg.conn.connectionId, //发送响应对象
24                  RoomSharingMsgType.AnchorIdFromRoomResponse, response);
25 }}}
```

❑ 第 1～5 行定义与引用命名空间，声明并初始化用于存储房间号与锚点的词典。

❑ 第 6～10 行重写 Start 方法，用于设置监听端口，将请求锚点数据的事件与回调方法
进行注册。

❑ 第 11～13 行存储房间号与云锚点数据，用于在主机模式下设置好锚点数据后并调用。

❑ 第 14～25 行用于根据请求对象传过来的房间数据从词典中寻找锚点数据，根据锚
点数据的有无来设置用于响应的数据，并发送回请求方。

到此为止，与云锚点案例相关的内容介绍完毕，读者可使用两台设备查看案例运行结果。
若读者想要学习官方提供的更加完善的程序，可到 ARCore 网站中下载当前最新版本的官方
案例。

4.5 本章小结

本章对 Google 增强现实引擎 ARCore 进行了详细的介绍。学习完本章后，读者能够对
ARCore 的相关功能有大致的了解，包括平面识别、图片识别和云锚点 3 个基础功能，在开发
过程中灵活地应用该方面的知识。

4.6 习题

1. 简要介绍 ARCore。
2. 试下载 ARCore SDK，并运行官方案例。
3. 利用 ARCore 实现图片的识别功能。
4. 利用 ARCore 实现云锚点。

第 5 章　小米 VR 应用开发

小米 VR 是小米公司开发的一个虚拟现实开源项目，它能使用户以一种简单、廉价并且无门槛的方式来体验虚拟现实。用户在手机上安装了小米 VR 应用之后，将手机放置在一个虚拟现实观察器上就可以开始体验了，而这个观察器就是我们所说的小米 VR 眼镜，如图 5-1 和图 5-2 所示。

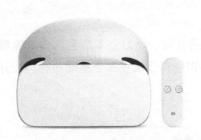

图 5-1　小米 VR 眼镜的正面　　　　　　　图 5-2　小米 VR 眼镜的侧面

小米 VR 眼镜是一副头戴式的 3D 眼镜，任何人都可以根据说明购买部件并组装。虽然看似简单，但这副眼镜加上智能手机就可以组成一个虚拟现实设备。下面将对小米 VR SDK 以及官方案例进行一个简单的介绍，并且对小米 VR 的开发进行详细的讲解。

5.1　小米 VR SDK

小米 VR SDK 包括 Unity 和 UnrealEngine 两个版本，如图 5-3 所示。下面介绍支持 Unity 平台的小米 VR SDK，包括小米 VR SDK 的下载与导入，SDK 中的预制件和脚本，以及小米

VR 所提供的官方案例。

图 5-3　不同版本的小米 VR SDK

5.1.1　下载与导入小米 VR SDK 并运行官方案例

在小米 VR SDK 中，官方已经将开发过程中所用到的主要物体制作成了预制件，开发人员可以快速地将其拖曳到场景中，完成部分功能的开发。例如，MiCamera 预制件负责代替原场景中的摄像机，用来模拟现实世界中人类的双眼等。这使得读者可以快速开发 VR 应用。

需要到小米平放平台上下载小米 VR SDK，如图 5-4 所示，开发者选择"应用分发"→"小米 VR"后，需要根据开发平台下载相应的 SDK。

下面介绍下载与导入 Unity 版 SDK 的详细步骤。

图 5-4　在小米开放平台上选择"应用分发"→"小米 VR"

（1）在小米开放平台首页，选择"文档"，在弹出的界面，选择左侧的"内容索引"下的

"应用分发"→"VR 应用市场"→"Mi VR for Unity",如图 5-5 所示,单击 Unity_SDK_1.8.2
链接下载 Unity 版的小米 SDK。该页面也包含其他旧版本的 SDK,读者可根据需要自行
下载。

图 5-5　SDK 下载页面

(2)为了导入 SDK 包,打开 Unity,选择 Assets→Import Package→Custom Package,在弹
出的 Import Unity Package 对话框中,选择 mivrcore_1_8_2.unitypackage。确保已勾选 Import
Unity Package 对话框中的所有复选框,如图 5-6 所示,单击 Import 按钮。导入后,文件结构
如图 5-7 所示。

图 5-6　勾选 Import Unity Package 对话框中的所有复选框

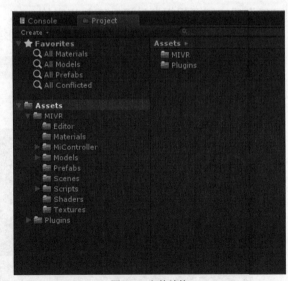

图 5-7　文件结构

SDK 中包括官方的案例,如图 5-8 所示。通过双击打开 360ViewComplex 场景,选择
File→Build Settings,进入 Build Settings 界面,将该场景添加到 Scenes In Build 中,并将运

行平台设置为 Android，如图 5-9 所示。更改完毕后，单击 Player Settings 按钮，在弹出的界面中，在 Orientation 下将 Default Orientation*设置为 Landscape Left，更改显示设置，如图 5-10 所示。

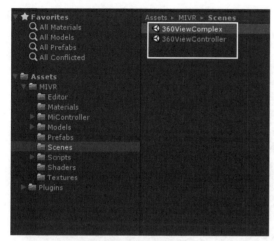

图 5-8　官方的案例

图 5-9　添加场景并更改运行平台

接下来，还需要获取开发者签名文件。获取之前，读者先要注册成小米开发者。注册成功后，将获取到的开发者签名文件添加到 Project/Assets/Plugins/Android/assets/MiVR_sig 目录下，如图 5-11 所示。

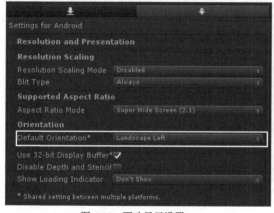

图 5-10　更改显示设置

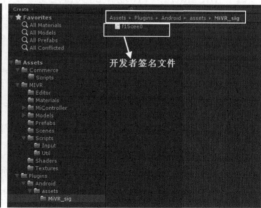

图 5-11　添加开发者签名文件

接下来，单击 Build And Run 即可成功在手机上运行。

注意，目前小米 VR SDK 支持的版本为 5.5.5，5.6.5，2017.1.3，2017.2.1（本书使用的版本），使用其他版本的 Unity 可能会在导入 SDK 时发生未知错误，具体情况读者可自行查看小米 VR 官方文档。

5.1.2　SDK 官方预制件

SDK 包括开发过程中需要的一些预制件，包括控制器、UI 和摄像机的预制件，开发者不需要自己创建，直接拖曳即可使用。新版本中的官方预制件的位置如图 5-12 所示。

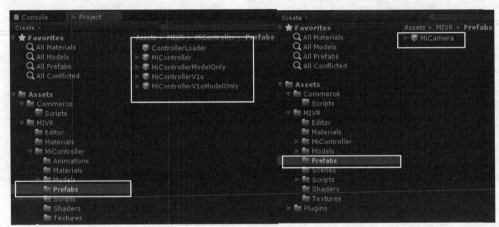

图 5-12　预制件的位置

下面将介绍主要的几个预制件及其功能。

- □ MiCamera：VR 场景的关键对象。该预制件用来代替 VR 场景中的原有摄像机，模拟现实世界中人的双眼。该预制件上挂载了 InputManager.cs 脚本，该脚本包含了所有的输入函数。该预制件的使用方法很简单，只需要将其拖到场景中，并将原场景中的摄像机删除即可。
- □ ControllerLoader：如果要使用手柄射线来与场景中的物体和 UI 控件交互，则需要将该预制件拖入场景中。该预制件上挂载了 ControllerLoader.cs 脚本，该脚本会自动根据机型加载对应的控制器模型手机 VR 或一体机。
- □ MiController：如图 5-13 所示，该预制件相当于一个虚拟的手机 VR 控制器。当开发者通过蓝牙手柄操控手机时，该预制件会被初始化并添加到场景中，用来模拟现实世界中的蓝牙手柄。当开发者移动手上的手柄时，该虚拟控制器也会随之移动，方便操作。
- □ MiControllerV1o：如图 5-14 所示，该预制件与 MiController 类似，也相当于一个虚拟的手机 VR 控制器。其功能与 MiController 类型，在此不过多介绍。

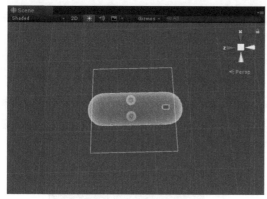

图 5-13 MiController

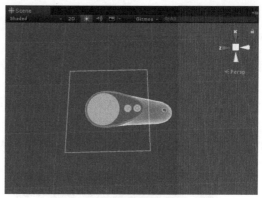

图 5-14 MiControllerV1o

5.1.3 SDK 中的脚本文件

SDK 中还包括一些脚本文件,部分脚本挂载在 SDK 中的预制件上,来分别实现相应的作用,例如配置 VR 摄像机、初始化控制器等,开发者在某些特定的环境下需要用到这些脚本,甚至对脚本进行适当的修改。下面简单介绍这些脚本的功能。

- ❑ MiCamera.cs:挂载在 MiCamera 预制件上,用于配置 VR 摄像机,以及在编辑器模式下实现立体渲染。

- ❑ VrManager.cs:挂载在 MiCamera 预制件上,表示 VR 总管理器,用于配置 VR 渲染参数。

- ❑ InputManager.cs:挂载在 MiCamera 预制件上,表示输入管理器,用于获取用户输入数据,例如头盔与手柄的按键状态等。

- ❑ PointerInputModule:提供了 Unity 的 BaseInputModule 类的一个接口,挂载在 EventSystem 上,用于监听用户的输入,负责发送输入事件到具体对象,用于使手柄射线与 UI 元素、3D 场景对象进行交互。

- ❑ PointerPhysicsRaycaster.cs:用于检测射线与 3D 物体的碰撞,自定义射线的碰撞行为。

- ❑ PointerGraphicRaycaster.cs:用于使射线与 UI 控件进行交互。

- ❑ ControllerLoader.cs:挂载在 ControllerLoader 预制件上,表示控制器加载程序,用于加载。

- ❑ LaserPointer.cs:用于实现控制器激光与指针的位置改变以及指针动作的执行方法。

- ❑ ReticleBehaviour.cs:用于实现控制器指针的可视化以及设置指针选中对象时的动作。

脚本开发在游戏开发过程中是相当重要的一个步骤,官方 SDK 中提供的预制件在一般的 VR 开发中已经足够使用,但是在某些特定的情况下仍需要开发者自己创建一些对象,这就需要开发者了解这些脚本的内容。

5.2　小米 VR SDK 官方案例

如图 5-15 所示，双击官方案例中的 360ViewController 场景，会看到一个 Click Me 按钮和一个立方体，如图 5-16 所示。运行案例后，通过使用手柄单击按钮会将按钮上的文字变为随机数，使用手柄触碰和单击立方体会使立方体变色。

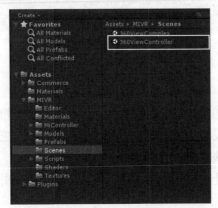

图 5-15　官方案例的位置

图 5-16　Click Me 按钮和立方体

该案例的开发流程如下。

（1）360ViewController 场景的结构如图 5-17 所示，包括小米 VR 摄像机、手柄加载器、按钮、Cube 对象、灯光等。在开发过程中，直接将小米 VR 摄像机和手柄加载器预制件拖入场景中。其中，对于按钮的 Canvas，需要将 Render Mode 设置为 World Space，如图 5-18 所示。

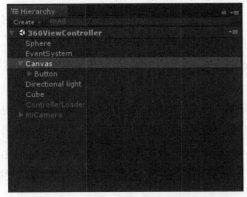

图 5-17　360ViewController 场景的结构

图 5-18　设置 Render Mode

（2）由于本案例使用手柄射线来与场景中的物体和 UI 控件交互，因此需要替换掉默认的 GazeInputModule.cs 脚本。在 Inspector 面板中，从 EventSystem 中删除 GazeInputModule.cs 脚本，添加 PointerInputModule.cs 脚本，如图 5-19 所示。

图 5-19　替换脚本 1

（3）在所有需要交互的 Canvas 中删除 GraphicRaycaster.cs 脚本，替换为 PointerGraphicRaycaster.cs 脚本，如图 5-20 所示。另外，在 Inspector 面板中，为 Button 添加 Event Trigger，用来响应手柄射线和按钮的碰撞事件，如图 5-21 所示。

图 5-20　替换脚本 2

图 5-21　为 Button 添加 Event Trigger

（4）从图 5-21 中可以看出，当与射线碰撞时，按下按钮后调用 ButtonClick 脚本中的 OnPointerDown 方法，抬起按钮后调用 OnClick 方法。具体代码如下。

代码位置： 官方案例 Assets/MIVR/Scripts/ButtonClick.cs

```
1    ...//此处省略了一些导入相关类的代码，读者可自行查阅源代码
2    public class ButtonClick : MonoBehaviour {
3        private VrManager.RefreshRateMode refreshRate =          //初始化刷新频率
4                        VrManager.RefreshRateMode.Fps60;
5        public void OnClick(){                                   //按钮按下时调用的方法
6            Debug.Log("**** OnClick.");
```

```
7          this.transform.GetComponentInChildren<Text>().text =   //设置按钮文本为随机数
8                          (Random.value * 100).ToString();
9          this.refreshRate++;                                      //增加刷新频率
10         if (this.refreshRate > VrManager.RefreshRateMode.Fps72){//若频率大于72Hz
11             this.refreshRate = VrManager.RefreshRateMode.Fps60;  // 将频率设置为 60Hz
12         }
13         VrManager.SetRefreshRateMode(this.refreshRate);          //设置刷新频率
14     }
15     public void OnPointerDown(){                                 //当射线进入立方体时调用的方法
16         Debug.Log("**** OnPointerDown.");
17     }}
```

说明：该脚本的 OnClick 方法不仅为按钮设置随机数，在按下按钮时还将改变场景的刷新频率，使用者可以通过单击按钮来体验不同刷新频率下的区别。刷新频率的区间固定在 60～72Hz，超过 72Hz 时会将其还原成 60Hz。

（5）在场景中的立方体上添加 Event Trigger，如图 5-22 所示。从图中可以看出，立方体的监听方法没用调用脚本，而是修改自身的材质。当射线进入立方体时，将材质修改为红色；当按下按钮时，修改为蓝色材质，当射线离开时，修改为默认材质。3 种材质如图 5-23 所示。

图 5-22　在立方体上添加 Event Trigger

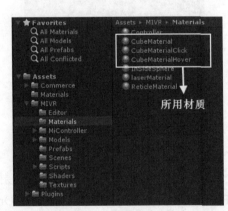

图 5-23　立方体的 3 种材质

5.3　一个综合案例

前面介绍了小米 VR SDK 的基础知识及其官方案例的基本内容，本节将讲解利用该 SDK

开发的综合案例。在该案例中，可以通过蓝牙摇杆和场景中的 3D 物体进行交互。案例运行结果如图 5-24 和图 5-25 所示。

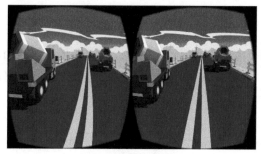

图 5-24　运行结果 1

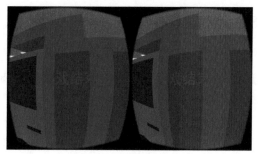

图 5-25　运行结果 2

5.3.1　案例策划与准备工作

通过该案例，不仅可以进一步掌握小米 VR 的各部分知识，还可以进一步体会 VR 应用的乐趣。在项目开发之前，首先要对项目开发所需要的资源进行简单介绍，包括相关的图片、模型资源的选择与用途等。

对本游戏中所用的图片资源存放在 Assets/SimpleRoadwork/Textures 文件夹下。具体信息如表 5-1 所示。

表 5-1　图片资源的信息

图 片 名	图片大小/KB	图片像素	用　　途
DumpTruck_Blue.png	6.56	512×512	蓝色卡车纹理
DumpTruck_Red.png	6.55	512×512	红色卡车纹理
DumpTruck_Yellow.png	6.55	512×512	红色卡车纹理
Signs_00.png	4.47	256×256	交通警示牌纹理一
Signs_01.png	23.8	256×256	交通警示牌纹理二

本游戏中所用到的 3D 模型是由 3d Max 生成的 FBX 文件导入的，FBX 全部放在 Assets/SimpleRoadwork/Models 文件夹下。具体信息如表 5-2 所示。

表 5-2　模型资源的信息

文 件 名	文件大小/KB	文件格式	用　　途
Vehicle_DumpTruck.fbx	38.5	FBX	卡车模型
Road_straight_mesh.fbx	19.8	FBX	用于铺路的平面模型
Prop_Speed20_Sign.fbx	23.6	FBX	交通警示牌模型一
Prop_Stop_Sign.fbx	24.1	FRX	交通警示牌模型二

说明：由于篇幅有限，在此只介绍了一些比较重要的图片和模型，其余图片和模型放在 Assets/SimpleRoadwork/Textures 和 Assets/SimpleRoadwork/Models 文件夹下，读者可自行查看。

5.3.2　创建项目与搭建场景

上一节介绍了项目开发前的策划和准备工作，本节介绍项目的创建以及游戏场景搭建的具体过程。由于本项目中场景的搭建过程较复杂，本节会省略一些基本操作，只讲述关键部分，读者可查看项目中的完整场景。

创建项目与搭建场景的步骤如下。

（1）在 Unity 中，选择 Assets→Import Package→Custom Package，在弹出的对话框中，选择 mivrcore_1_8_2.unitypackage，将小米 VR SDK 导入项目，用同样的方法将天空盒资源包、模型资源包等导入项目，如图 5-26 所示。导入完毕后，选择 Window→Lighting→Settings，进入 Lighting 面板，如图 5-27 所示，设置光照。

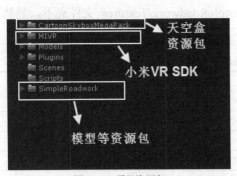

图 5-26　项目资源包　　　　　　　　　　图 5-27　Lighting 面板

（2）选择 Assets→CartoonSkyboxMegaPack→CartoonSkybox，将 CartoonSkybox.mat 材质拖曳到 Lighting 面板的 Skybox Material 处，添加天空盒，如图 5-28 所示。另外，将各种模型制作成预制件以便使用，如图 5-29 所示。制作过程在此不过多介绍。

说明：所制作的所有模型的预制件都需要有碰撞器，为后面进行碰撞检测做准备。

（3）搭建跑酷游戏所需要的道路。要开发本案例，首先创建几段供人物移动的道路，随着人物的不断移动，改变这几段道路的位置，这样看起来路程就是无限的。为了创建一段道路，在 Hierarchy 面板中右击，选择 Create Empty，创建空对象，并将其命名为 Road1，作为本段道路的总父类。

（4）从存放预制件的文件中找到 Road_straight_mesh 预制件，将其拖曳至场景中并作为

Road1 的子类，更改其位置及缩放比，作为本段道路的最小组成部分，如图 5-30 所示。用同样的方法将更多的Road_straight_mesh预制件添加到场景中，搭建成的道路雏形如图5-31 所示。

图 5-28　添加天空盒

图 5-29　模型预制件

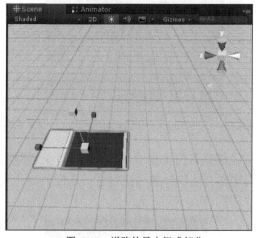

图 5-30　道路的最小组成部分

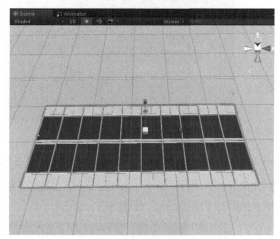

图 5-31　道路雏形

（5）对该段道路做一些处理。为了防止人物跑到道路外面，需要在道路两侧添加墙，如图 5-32 所示。添加完成后，可以在道路两旁加上一些警示牌等装饰物，使场景看上去更加美观，如图 5-33 所示。

（6）因为跑酷游戏中需要使用障碍物阻止游戏人物前进，所以需要在道路中标记障碍物的位置，方便以后处理。标记完毕后，还需要在道路中添加触发器，此触发器的功能将在后面的脚本中进行讲解。至此，道路就创建完成，如图 5-34 所示。**Hierarchy** 面板如图 5-35 所示。按照相同的方法，再创建几段道路。

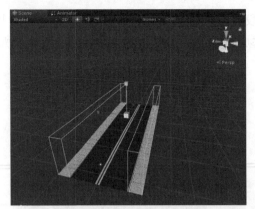

图 5-32　添加墙

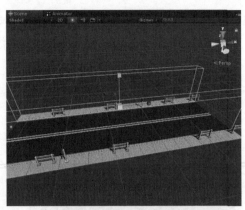

图 5-33　添加警示牌等装饰物

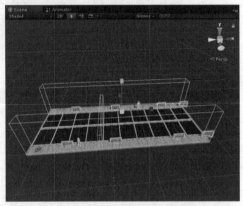

图 5-34　最终道路

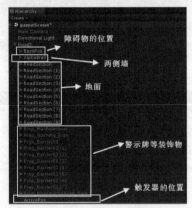

图 5-35　Hierarchy 面板

（7）道路创建完毕后，将人物模型拖曳至场景中，调整其位置和缩放比，使其处于道路的起始位置，如图 5-36 所示。为了获取游戏过程中人物和其他物体的碰撞信息，还需要为此人物添加刚体和碰撞器，如图 5-37 所示。

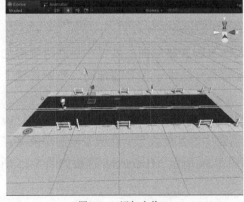

图 5-36　添加人物

图 5-37　添加刚体和碰撞器

（8）在 Project 面板中右击，选择 Create→Animator Controller，创建动画控制器，并设置 Character 的 Animator 组件下的 Controller 属性，如图 5-38 所示。另外，需要为此动画控制器添加动画单元，如图 5-39 所示。

（9）找到小米 VR SDK 中的 MiCamera 预制件，将其作为 Character 的子类。创建 Canvas 对象，将其 Render Mode 属性改为 World Space，如图 5-40 所示，并将其作为 MiCamera 预制件的子类。

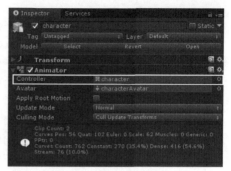

图 5-38　设置 Controller 属性

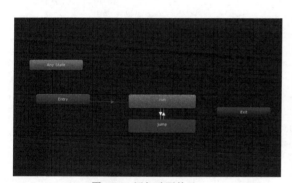

图 5-39　添加动画单元

图 5-40　更改 Render Mode 属性

（10）在 Canvas 下创建文本为 Game Over 的 Text 组件。

5.3.3　GameManager.cs 脚本的编写

因为本案例中玩家一直向前移动，需要的马路长度是无限的，但在场景中创建无限长的马路是不现实的，所以需要在游戏进行时生成道路并删除走过的道路。GameManager.cs 脚本的主要作用就是生成新的马路与删除已经走过的马路，并定义初始化障碍物和重新开始游戏的方法。具体代码如下。

代码位置：随书源代码/第 5 章/RunningDemo/Assets/Scripts/GameManager.cs

```
1    ...//此处省略了一些导入相关类的代码，读者可自行查阅源代码
2    public class GameManager : MonoBehaviour {
3        public List<Transform> bornPosList = new List<Transform>();    //障碍物点列表
4        public List<Transform> roadList = new List<Transform>();       //道路列表
```

```
5        public List<Transform> arrivePosList = new List<Transform>();       //抵达点列表
6        public List<GameObject> objPrefabList = new List<GameObject>();      //障碍物列表
7        Dictionary<string, List<GameObject>> objDict =
8                    new Dictionary<string, List<GameObject>>();              //目前的障碍物
9        public int roadDistance;                                            //道路距离
10       public bool isEnd = false;                                          //游戏结束标志位
11       void Start (){
12           foreach(Transform road in roadList){                            //遍历道路列表
13               List<GameObject> objList = new List<GameObject>();          //创建障碍物列表
14               objDict.Add(road.name, objList);                           //向字典中添加道路名与障碍物列表
15           }
16           initRoad(0);initRoad(1);                                       //初始化道路 1、2 中的障碍物
17       }
18       public void changeRoad(Transform arrivePos){
19           int index = arrivePosList.IndexOf(arrivePos);                  //获得抵达点索引
20           if(index >= 0){                                                //若索引不小于 0
21               int lastIndex = index - 1;                                 //获得最后生成道路的索引
22               if (lastIndex < 0)                                         //若最后生成的道路索引小于 0
23                   lastIndex = roadList.Count - 1;                        //设置成最大索引
24               roadList[index].position = roadList[lastIndex].position +
25                           new Vector3(roadDistance, 0, 0);               //移动道路
26               initRoad(index);                                          //初始化新生成道路中的障碍物
27           }else{return;}
28       }
29       void initRoad(int index){
30           string roadName = roadList[index].name;                       //获得道路名
31           foreach(GameObject obj in objDict[roadName]){                 //清空已有障碍物
32               Destroy(obj);
33           }
34           objDict[roadName].Clear();                                    //清空字典
35           foreach(Transform pos in bornPosList[index]){                 //添加障碍物
36               GameObject prefab = objPrefabList[Random.Range(0, objPrefabList.Count)];
37               Vector3 eulerAngle = new Vector3(0, Random.Range(0, 360), 0);
38               GameObject obj = Instantiate(                             //以随机角度实例化随机障碍物
39                 prefab, pos.position,Quaternion.Euler(eulerAngle)) as GameObject;
40               obj.tag = "Obstacle";                                     //设置障碍物标签
41               objDict[roadName].Add(obj);                               //添加障碍物到字典中
42           }}
43       public void reStart(){
44           SceneManager.LoadSceneAsync("gameScene");                     //异步加载当前场景
45   }}
```

❏　第 2～10 行定义了本类中需要使用到的对象与变量，包括障碍物点列表、道路列表、抵达点列表、障碍物列表和存储目前每个道路的障碍物列表关系的字典等。

❏　第 11～17 行为初始化道路的方法。通过遍历道路列表完成字典的创建，并初始化道路 1、2 中的障碍物。

- 第 18～28 行为生成新道路的方法，通过获得抵达点的索引来获得最后生成的道路的索引，然后将需要删除的道路移动到最后生成的道路之前，实现 3 条道路循环向前延伸。
- 第 29～42 行为初始化障碍物的方法。首先，清空当前道路中的障碍物并清空字典。然后，根据障碍物列表中的内容随机选择一个障碍物并以随机角度进行实例化。最后，将障碍物创建在各个生成点上，并设置障碍物标签用于碰撞检测。
- 第 43～45 行为重新加载场景的方法。使用场景管理器异步加载当前场景，实现游戏的重新开始。

5.3.4 moveController.cs 脚本的编写

moveController.cs 脚本主要用于控制玩家水平位置的移动，通过获得触控板上触摸的位置的横坐标进行玩家位置的移动，同时还会随着游戏时间加快玩家向前移动的速度。在移动过程中，若玩家碰撞到抵达点，则调用生成道路的方法；若玩家碰撞到障碍物，则游戏结束。具体实现如下。

代码位置：随书源代码/第 5 章/RunningDemo/Assets/Scripts/moveController.cs

```
1   .../ //此处省略了一些导入相关类的代码，读者可自行查阅随书源代码
2   public class moveController : MonoBehaviour {
3       public GameManager gameManager;                    //游戏管理器
4       float moveVSpeed;                                  //向前移动的速度
5       public float moveHSpeed = 5.0f;                    //水平移动的速度
6       public float StartVSpeed = 5.0f;                   //起始速度
7       public Text GameOverText;                          //游戏结束文本
8       void Start (){
9           GetComponent<Rigidbody>().freezeRotation = true;      //解除位置冻结
10          moveVSpeed = StartVSpeed;                       //初始化向前移动的速度
11      }
12      void Update (){
13          moveVSpeed += 0.2f * Time.deltaTime;            //增加速度
14          if (gameManager.isEnd){                         //若游戏结束
15              if (InputManager.ControllerState.ClickButtonDown){   //按下触控板
16                  gameManager.reStart();                  //重新开始
17              }
18              return;
19          }
20          float h = 0;                                    //定义横坐标
21          if (InputManager.ControllerState.IsTouching){   //若正在触摸触控板
22              h = InputManager.ControllerState.TouchPosition.x - 0.5f;
                //获得触控板上触摸的位置的横坐标
23          }
24          Vector3 vSpeed = new Vector3(transform.forward.x,      //计算向前移动的速度
```

```
25                    transform.forward.y, transform.forward.z) * moveVSpeed ;
26          Vector3 hSpeed = new Vector3(transform.right.x,            //计算水平移动的速度
27                    transform.right.y, transform.right.z) * moveHSpeed * h;
28          transform.position += (vSpeed + hSpeed) * Time.deltaTime;   //移动玩家位置
29       }
30       void OnTriggerEnter(Collider other){              //碰撞检测
31          if (other.name.Equals("ArrivePos")){           //如果是抵达点
32             gameManager.changeRoad(other.transform);    //生成新的道路
33       }}
34       void OnCollisionEnter(Collision col){             //碰撞检测
35          if (col.gameObject.tag.Equals("Obstacle")){    //如果是障碍物
36             GameOverText.gameObject.SetActive(true);    //显示游戏结束文本
37             gameManager.isEnd = true;                   //结束游戏
38 }}}
```

- ❑ 第 3～7 行定义需要使用的游戏对象与相关变量。
- ❑ 第 8～11 行解除刚体的位置冻结并初始化向前移动的速度。
- ❑ 第 12～29 行通过获得手柄状态计算玩家水平移动的速度，并移动玩家的位置。若游戏结束，则直接返回；若在游戏结束状态下按下触控板，则重新开始游戏。
- ❑ 第 30～33 行中，若玩家控制的对象与抵达点发生碰撞，则调用游戏管理器中的 changeRoad 方法，将所触碰的抵达点对象传递给该方法，生成新的道路。
- ❑ 第 34～38 行中，当玩家控制的对象与障碍物发生碰撞，则显示游戏结束文本，结束游戏。

5.4　本章小结

本章详细讲解了小米 VR SDK 的基本知识与官方案例，并且利用该 SDK 创建了一个综合案例。学习该章后，读者可以按照步骤对小的综合案例进行开发并进一步开发自己的案例。

5.5　习题

1. 简要介绍小米 VR SDK 的官方预制件。
2. 下载小米 VR SDK 并运行官方案例、查看运行结果。
3. 列举小米 VR SDK 中的脚本并阐述每个脚本的具体功能。
4. 模仿官方案例开发类似的项目。
5. 在习题 4 所开发项目的基础上加入蓝牙手柄的控制功能。

第6章　HTC VIVE 平台下的 VR 开发基础

　　HTC VIVE 是由 HTC 公司与 Valve 公司联合开发的一款虚拟现实头戴式显示器，是当下最受欢迎的虚拟现实游戏配件之一。由 Valve 公司下的 SteamVR 提供技术支持，因此可以直接在 Steam 平台上体验虚拟现实游戏。HTC VIVE 设备如图 6-1 所示。

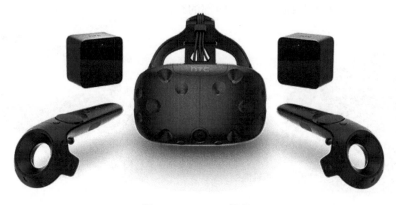

图 6-1　HTC VIVE 设备

　　HTC VIVE 设备以其手持式的特点，不仅在游戏领域给玩家带来了沉浸式的体验，并且在医学、建筑学等其他很多领域具有开发潜力，比如通过模拟人体器官，让医学院的学生进行虚拟的临床试验。本章将对 HTC VIVE 的安装、使用、SDK 以及官方脚本进行详细的介绍。

　　说明：HTC VIVE 包括非商用版和商用版（VIVEBE），后者面向商用环境，因此售价也略高，但它附带商用许可，可享受专为企业而推出的服务，所以是很有保障的。但是两版在硬件和使用上并无区别，用户可以根据自身情况选择购买。

6.1　HTC VIVE 基础知识

HTC VIVE 设备包括 3 个部分——一个头戴式显示器、两个控制手柄和一对能在空间中同时追踪显示器与控制器的无线定位器所组成的定位系统。下面分别介绍 HTC VIVE 设备的主要功能。

1. 头戴式显示器

头戴式显示器使用了一块有机发光二极管（Organic Light-Emitting Diode，OLED）显示屏，其单眼分辨率为 1080×1200 像素，双眼合并分辨率为 2160×1200 像素。屏幕分辨率高达 2000 像素（表示屏幕横向像素达到 2000 以上），画面刷新频率为 90Hz，这使得设备几乎没有数据延迟，用户能够看到非常清晰的游戏画面，且不会有晕眩感。

头戴式显示器正面有追踪感应器和相机镜头，侧面包含指示灯、头戴式设备按钮和镜头距离旋钮，如图 6-2 和图 6-3 所示。头戴式设备按钮相当于智能手机的 Home 键，用来返回主菜单，而镜头距离旋钮用来调节镜头与用户脸部的距离。

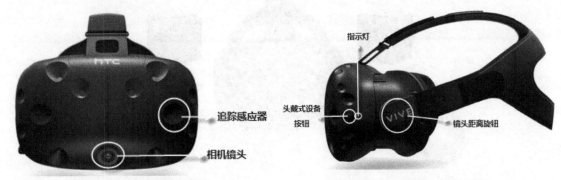

图 6-2　头戴式显示器的正面　　　　　　　　图 6-3　头戴式显示器的侧面

2. 控制手柄

控制手柄是 HTC VIVE 设备的一大特点，手势追踪功能就是通过两个控制手柄实现的。使用两个控制手柄可与虚拟世界中的对象交互，从而在游戏中实现一些特定的功能，比如用来替代枪战游戏中的刀、枪等。

控制手柄上安装有可被定位器追踪的感应器，以及多个按钮和指示灯，其正面与反面分别如图 6-4 和图 6-5 所示。按下"菜单"按钮和"系统"按钮，可以分别打开"菜单"选项和"系统"选项。按下"手柄"按钮，设备发出"哔"的声音后，就会开启（或关闭）手柄。

说明：控制手柄上的指示灯会闪烁不同的颜色，代表不同的工作状态。绿色表示控制手柄正常工作，蓝色表示手柄成功与头戴式显示器配对。闪烁的红色表示手柄电量较低，即将没电；闪烁的橙色表示手柄正在充电；当指示灯变为绿色时，表示充电完毕。

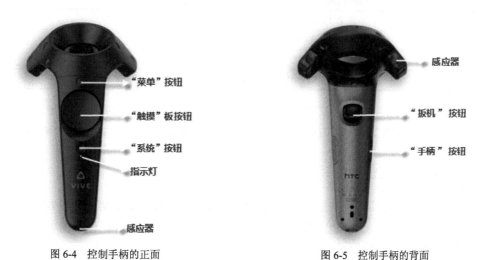

图 6-4　控制手柄的正面　　　　　　　　　　图 6-5　控制手柄的背面

3. 定位器

定位器构成了 HTC VIVE 设备中的定位系统。定位系统不需要通过摄像头，而是借助激光和光敏传感器来确定玩家的位置。将两个定位器安置在对角，形成一个长方形区域。玩家在此长方形区域内的活动都会被侦测并记录下来。定位器的正面和背面分别如图 6-6 和图 6-7所示。

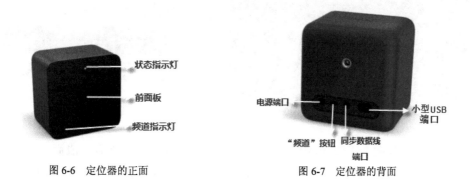

图 6-6　定位器的正面　　　　　　　　　图 6-7　定位器的背面

HTC VIVE 设备对硬件的具体要求如表 6-1 所示。

表 6-1　HTC VIVE 设备对硬件的要求

参　　数	要　　求
GPU	NVIDIA GeForce GTX 970、AMD Radeon R9 290 或更高配置
CPU	Intel Core i5-4590/AMD FX 8350 或更高配置
RAM	不低于 4 GB
视频输出	HDMI 1.4、DisplayPort 1.2 或以上
USB 端口	1 个满足 USB 2.0 或以上标准的端口
操作系统	Windows 7 SP1、Windows 8.1 或更高版本，以及 Windows 10

说明：由表 6-1 可以看出，HTC VIVE 的推荐 PC 配置属于中端层次，对显卡要求较高。HTC 官方提供了几款足以支持 VIVE 的 PC 型号，读者如果感兴趣，可以到官网详细了解。

6.1.1　HTC VIVE 设备的安装

与同类型的虚拟现实类头戴式显示设备相比，HTC VIVE 设备的集成度是相当低的，配件的线材和接口也十分复杂，因此安装过程复杂。下面介绍 HTC VIVE 设备的安装，读者需要按照下面的步骤进行操作。

（1）在 HTC VIVE 官网，选择"服务"，如图 6-8 所示，单击"下载 VIVE 软件"按钮，进入产品选择界面，在这里需要选择 VIVE，如图 6-9 所示。

图 6-8　单击"下载 VIVE 软件"按钮

图 6-9　选择 VIVE

（2）进入下载界面，下载 VIVE 安装程序，如图 6-10 所示。下载完成后，通过双击打开安装程序，安装程序会一步一步地帮助用户正确地安装和配置 HTC VIVE 设备的使用环境，如图 6-11 所示，在此期间，程序会根据用户计算机本身的情况，要求更新显卡驱动等，只需按照提示进行操作即可。

图 6-10　下载 VIVE 安装程序

图 6-11　开始安装 VIVE

（3）找到每个部件及其配件。

HTC VIVE 设备的包装盒包括几个部件与配件，如表 6-2 所示。

表 6-2　HTC VIVE 设备包装盒中的部件与配件

部　　件	配　　件
VIVE 头戴式显示器	三合一连接线、音频线、入耳式耳机、面部衬垫、清洁布
串流盒	电源适配器、HDMI 连接线、USB 数据线、固定贴片
控制手柄	电源适配器、挂绳、小型 USB 数据线
定位器	电源适配器、安装工具包（两个支架、4 颗螺丝和 4 个锚固螺栓），以及同步数据线

说明：在安装程序中有每个部件的照片，使用者首先需要找到每个部件并把包装盒中的每个部件和相应配件配对，才能完成组装。

（4）将各个数据线与 PC 连接。所有连接 PC 和转接盒的线都是灰色的。USB 数据线和HDMI 连接线连接完成后，插上随机的电源线，连接计算机的部分就完成了。

（5）连接串流盒与 HTC VIVE 头戴式显示器。连接这两个部分也需要用到 3 根线，分别是 HDMI 连接线、USB 数据线和电源线。这 3 根线的接头边缘有一个橙黄色的圆圈。接好之后，如果看到 HTC VIVE 头戴式显示器的 LED 变红，就说明连接成功。

（6）在安装定位器之前，需要选择一个游玩区。在游戏中玩家可能会在这个区域内站立、坐着或者走动，并且由于定位器通过光敏感应实现定位功能，出于游戏体验和安全的考虑，这个区域必须是平坦并且没有其他物体阻挡的。

（7）在房间的高处找到可以安装两个定位器的位置，在安装的时候可以选择固定在墙面上，也可以安装在两个支架上面。两个定位器需要安装在区域的对角位置，两者之间没有阻隔，用来覆盖整个游玩区。

说明：如图 6-12 所示，两个定位器之间的距离不得超过 5m，并且整个游玩区域的面积不可小于 2m×1.5m。定位器的高度要求在 2m 以上，并且每个定位器的可视角度为 120°，建议向下倾斜 30°～45°，这样安装以后的追踪效果最佳。

（8）给定位器连接电源，此处用户如果有疑问，可以观看 HTC VIVE 官网上安装定位器的教程，如图 6-13 所示。接好电源后，打开开关，如果定位器上亮起绿灯，说明安装正确。如果红灯亮或者绿灯不亮，请检查电源线是否连接正常，或者中间是否有其他问题。

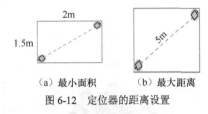

图 6-12　定位器的距离设置

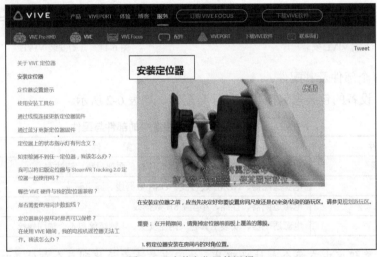

图 6-13　安装定位器的视频

说明：本过程较复杂，在此就不进行描述，用户按照视频可以很轻松地安装。除了详细演示视频外，其中还包括对其他常见问题的介绍，用户可以单击左侧列表来查看相关问题的解决办法。

（9）下载 Steam 软件，其网址为 steampowered 网站。用户需要先注册一个账号，激活之后，登录 Steam 官网。在其右上角会有 "安装 Steam" 按钮，如图 6-14 所示，单击该按钮，跳转到下载界面，单击 "立即安装" 即可。

图 6-14　单击 "安装 Steam" 按钮

（10）单击下载的 exe 文件，将其安装到任意盘符。安装完成后，会提示读者缓存一些数据文件，稍等几分钟就好。打开 Steam 客户端，登录账户，在主界面中选择"库"→"工具"，找到 SteamVR，下载并安装，如图 6-15 所示（作者已经安装完成，故显示准备就绪）。

图 6-15　下载并安装 SteamVR

（11）单击软件界面右上角的"VR"图标，即可运行 Steam VR。

（12）Steam 客户端会弹出一个显示设备连接情况的窗口，该窗口会显示已经安装并可以使用的 HTC VIVE 设备，如图 6-16 所示，已经连接的设备会呈绿色。

（13）设置房间规模，如图 6-17 所示。

图 6-16　设备连接情况

图 6-17　设置房间规模

（14）设置程序会提醒用户进行下一步的操作，如图 6-18 所示，玩家需要保证之前选择的游玩区没有任何异物，然后单击"下一步"按钮，开始建立定位，如图 6-19 所示。这需要打开控制器和头戴式显示器，并在定位器的可见区域中建立定位，若设备未全部连接，则无法继续进行。

147

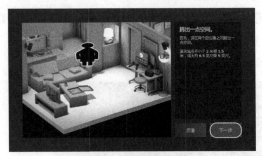 

图 6-18　选择游玩区域　　　　　　　　　　　　　　图 6-19　建立定位

（15）用户按照提示进行操作即可。

由于 HTC VIVE 设备由 Steam 平台支持，其游戏资源是十分充足的，安装完毕后，用户就可以体验 HTC VIVE 设备配套的 VR 游戏了。

6.1.2　VIVEPORT 和手机通知

VIVEPORT 是 HTC VIVE 官方提供虚拟现实内容和体验的应用程序商店。VIVEPORT 同时具备 PC 端和 VR 场景中的用户界面，还以一个"仪表盘"作为内容启动器，提供了各式各样的虚拟现实体验，使用户能在虚拟现实界面中探索、创造、联络、观看和购物。VIVEPORT 在 PC 端的用户界面如图 6-20 所示。

图 6-20　VIVEPORT 在 PC 端的用户界面

说明：在 HTC VIVE 设备中可以实现的手机端的功能包括查看错过的电话或短信，查看日历中即将到期的活动，给联系人回电以及回复短信（仅限于 Android 用户）等。

与其他的应用程序商店一样，VIVEPORT 包括免费和付费内容，用户可以在 VIVEPORT 中浏览和收藏，或者下载、购买一些虚拟现实的图像、视频、游戏等。访问 VIVEPORT 的方式有很多，用户可以按照以下的方式来访问。

❑　在系统主控面板中，切换到 VIVE 选项卡，然后选择 VIVEPORT 面板。

- 在 VIVE 首页中，按"菜单"按钮，再选择 VIVEPORT。
- 在计算机上的 VIVE 应用程序中，单击 VIVEPORT 选项卡。
- 在网页浏览器中，访问 HTC VIVE 官网的 contentstore。

HTC VIVE 还可以和用户的手机连接，在虚拟现实场景中接收并查看通知。比如，如果玩家在使用 HTC VIVE 体验游戏时，手机上收到消息，即可直接在当下查看消息，并且还可以通过预先添加自定义消息来回复简单的消息。下面就要介绍一下这一功能是如何设置的。

（1）下载 VIVE 手机应用程序。Android 用户需要打开百度或者腾讯应用程序，搜索 VIVE，然后下载并安装。iOS 用户可以直接在 Apple Store 上搜索 VIVE，下载并安装。同时，需要在计算机上安装 VIVE 应用程序，如图 6-21 所示。

图 6-21　安装 VIVE 应用程序

（2）将手机与 VIVE 系统配对。首先，打开计算机上的 VIVE 应用程序，选择"设置"选项卡，单击"设置手机"按钮，如图 6-22 所示。然后，打开手机上的 VIVE 应用程序，在手机上单击"轻松上手"按钮。VIVE 系统与手机的连接是通过蓝牙实现的，因此需要确保已打开手机端的蓝牙。

图 6-22　单击"设置手机"按钮

（3）计算机端需要安装 HTC VIVE 的蓝牙驱动，如果之前已经安装好，可直接跳过此步骤。如果没有安装，需要打开 Steam VR，在"设置"界面中找到"常规"，然后就会看到"安装蓝牙驱动"按钮，如图 6-23 所示，单击该按钮后，根据提示一直安装下去即可。

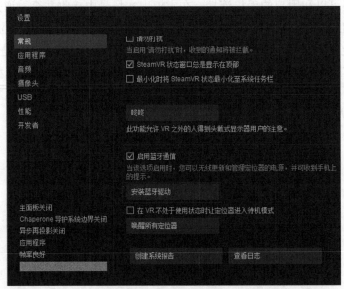

图 6-23　单击"安装蓝牙驱动"按钮

（4）用计算机搜索附近的手机，如图 6-24 所示。搜索完毕后选择手机，如图 6-25 所示。再单击"下一步"按钮。出现提示时，在手机上接受配对请求，输入配对密码。配对完成时，分别在计算机和手机上单击"确定"按钮与"完成"按钮即可。配对完成后，若手机收到消息，就可以在虚拟现实场景中打开并查看了。

图 6-24　搜索手机

图 6-25　选择手机

说明：VIVE 系统会保证用户无论处于哪一虚拟现实应用程序中，在接到来电、收到消息或日历中有即将到期的活动时都会发出通知。

6.2 SteamVR SDK 基础知识

通过前面的介绍，读者应该对 HTC VIVE 设备已经有了一个整体的了解。体验完令人震撼的 HTC VIVE VR 应用程序后，相信读者迫不及待地想要自己动手开发基于 HTC VIVE 的 VR 应用程序与游戏了，下面就带领读者逐步深入 HTC VIVE 应用程序的开发。

6.2.1 SteamVR SDK 的下载与导入

SteamVR SDK 是 Valve 公司针对 Unity 推出的软件开发工具包，其中包含的脚本提供了获取 HTC VIVE 头盔、手柄等控制器的状态信息等功能，以帮助开发人员提高开发速率。

同时，开发人员可以直接将预制件拖曳到场景中完成部分功能的开发，例如，[CameraRig] 预制件负责 VR 模式的参数设置、规范人物活动区域等，使读者能够对 VR 应用程序的开发快速上手。下面开始介绍 SteamSDK 的下载及导入。

（1）直接打开一个新的 Unity 项目，选择 Window→Asset Store（见图 6-26），打开 Asset Store。在搜索框中输入"SteamVR Plugin"，直接搜索该插件（见图 6-27）并下载。

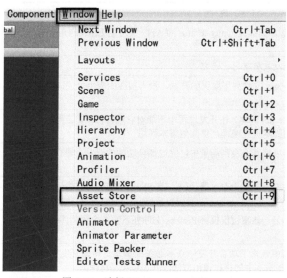

图 6-26 选择 Window→Asset Store

图 6-27 搜索 SteamVR Plugin

（2）下载完成后，如图 6-28 所示，单击 Import 按钮将该插件导入 Unity 项目。导入完成后会弹出 SteamVR_Settings 界面，如图 6-29 所示，单击 Accept All 按钮。在该 SDK 中拥有 4 个场景，以及 3 个预制件（见图 6-30）。

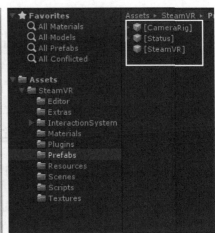

图 6-28　导入 SDK　　　　　图 6-29　SteamVR_Setting 界面　　　　　图 6-30　3 个预制件

6.2.2　SteamVR SDK 的目录结构

本节将介绍 StreamVR SDK 的目录结构（见表 6-3），使读者对其有一个整体的了解。

表 6-3　SteamVR SDK 的目录结构

文件夹	详 细 说 明
Editor	Unity 默认的特殊文件夹，此目录下的脚本可调用 Unity Editor 的 API，用于存放扩展 Unity 编辑器的脚本
Extras	提供了 3 个案例与相应的脚本，可供开发人员学习、研究
Materials	仅包含一个 SteamVR 的材质，用于 Scenes 文件夹下案例的开发，没有实际的应用价值，读者可忽略此文件夹
Plugins	包含了绑定 OpenVR SDK 接口的 openvr_api 脚本，在开发过程中不能对它进行修改。该脚本会自动打包进项目中，并比其他非特殊目录下的脚本优先编译，供其他脚本调用
Prefabs	包含了 3 个官方的预制件，开发人员可以将其拖曳到场景中，完成部分功能的开发，提高开发效率，每个预制件的功能不同
Resources	存放了项目运行时加载的资源。该文件夹下大多为着色器代码，当 SDK 中的脚本被编译、运行时会动态地调用这些资源
Scenes	仅存放一个官方案例，帮助开发人员学习，该案例仅仅将 Prefabs 文件夹下的 3 个预制件拖入场景中，有兴趣的读者可自行查看
Scripts	SteamVR SDK 中最重要的文件夹，其中包含了项目开发中众多必备的脚本，帮助开发人员与 HTC VIVE 硬件进行交互，读者需要掌握这些脚本中的接口调用方法，并加以灵活运用
Textures	存放官方案例中所需要的纹理图片

学习完本节后，读者可以在相应目录中找到自己需要的资源，恰当地使用并加以改造以实现理想的效果。下面着重介绍几个重要的文件夹。

1. Editor 文件夹

Editor 文件夹中存放的脚本能帮助读者更好地进行项目开发，编译时不会被打包到项目中，并且也只能在 Unity 编辑器中使用。该文件夹下的脚本如图 6-31 所示。

下面介绍其中两个重要的脚本。

❑ SteamVR_Editor 脚本：继承自 Editor 类，实现了对 Scripts 文件夹下 SteamVR_Camera 脚本的 Inspector 面板的自定义，可以通过单击相应按钮改变场景中的摄像机结构。SteamVR_Camera 的自定义选项如图 6-32 所示。

❑ SteamVR_Update 脚本：继承自 EditorWindows 类，对 SteamVR SDK 进行版本检测，当发现本版本不是最新版本时，弹出更新窗口，单击对应按钮进行版本更新。

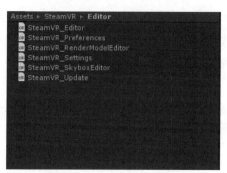

图 6-31 Editor 文件夹下的脚本

图 6-32 SteamVR_Camera 的自定义选项

提示：其他脚本与上述脚本类似，都是对 Unity 编辑器的扩展。在实际项目开发中很少会调用 Editor 文件夹中的脚本，因此只需要了解，有兴趣的读者可自行查看源代码。

2. Prefabs 文件夹

Prefabs 文件夹提供了 3 个官方的预制件，用于帮助开发人员提高开发效率，读者可以根据需要选择想用的预制件。

❑ [CameraRig]预制件：相当于示例场景中设置好的摄像机，代替了原来场景的 Camera，该预制件通过挂载的脚本与追踪、显示设备相关联，例如控制器、定位基站等。开发人员还可以利用场景中原有的 Camera 进行扩展。

❑ [SteamVR]预制件：负责 SteamVR 的全局设置，主要是追踪空间的设置。该对象会自动创建，其追踪空间默认设置为 Standing Tracking Space。若想使每只眼睛看到不同的效果，还可以为其设置特殊的遮罩。

❑ [Status]预制件：用来提示各种状态信息的组件，开发人员可以将其添加到场景中以获取系统的通知，例如，当玩家离开设备的追踪空间范围时，系统会通知玩家。其下有几个子对象，每个子对象代表一种游戏状态。

说明：上述 3 个预制件十分重要，后面的章节会通过案例详细讲解它们。

6.3　第一个 HTC VIVE 项目

学习完上一节的内容，相信读者对 SteamVR SDK 中每个文件夹的具体功能已经有了大概的了解，本节将会带领读者开发一个能在 HTC VIVE 上运行的简单案例。该案例包含了所有 HTC VIVE 项目必备的组件。

6.3.1　项目的搭建

第一个 HTC VIVE 项目的组成相对简单。HTC VIVE 旨在最大限度地提高玩家的沉浸式体验。其中，头盔模拟人的头部、眼睛，并且可以由定位器定位，当玩家在现实世界中移动时，游戏世界也随之移动，两只手模拟人的双手，这些都是 HTC VIVE 游戏的关键组成部分。本节介绍项目的搭建步骤。

（1）在刚才导入 SteamVR SDK 的 Unity 项目中新建一个场景，依次选择 File→New Scene，如图 6-33 所示，新建场景，按 Ctrl+S 快捷键保存场景，把文件命名为 MyFirstDemo，如图 6-34 所示。

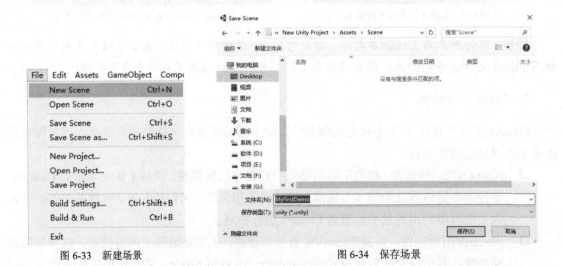

图 6-33　新建场景　　　　　　　　　　图 6-34　保存场景

（2）选中场景中默认的摄像机，右击，选择 Delete，如图 6-35 所示，删除默认摄像机。依次选择 Create→3D Object→Plane，创建平面，作为参照物，如图 6-36 所示，调整其世界坐标为（0,0,0）。

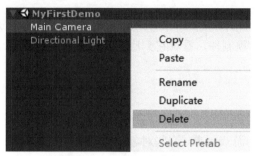

图 6-35 删除默认摄像机

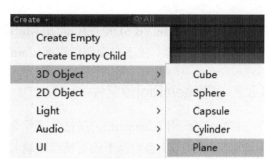

图 6-36 创建平面

（3）在 Assets/SteamVR/Prefabs 目录下找到[CameraRig]预制件，将其拖入场景中，同样调整其世界坐标为（0,0,0），如图 6-37 与图 6-38 所示。

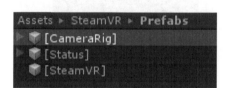

图 6-37 找到[CameraRig]预制件

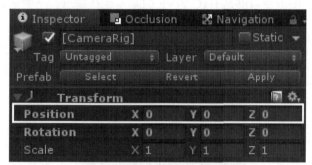

图 6-38 调整[CameraRig]的世界坐标

至此我们的项目就开发完了，连接 HTC VIVE 设备，单击"运行"按钮即可看到场景效果。带上头盔后发现我们正站在刚刚创建的平面上，转动头部能 360°地观察场景，同时，手持着的两个手柄也随着双手的移动变换位置，能真实地模拟现实中手柄的状态，如图 6-39 与图 6-40 所示。

图 6-39 手柄的位置变换

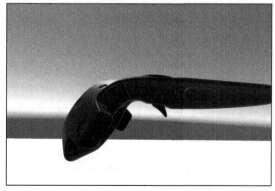

图 6-40 模拟现实中手柄的状态

读者是不是感觉开发一个 HTC VIVE 项目如此简单？只需要向场景中拖入 SDK 中的预制

件即可？其实 SteamVR SDK 在[CameraRig]预制件中做了许多工作，完成了开发人员需要做的一些必要操作步骤。接下来会详细讲解[CameraRig]预制件，看看它到底为我们做了哪些工作。

6.3.2　[CameraRig]预制件

首先来看一下[CameraRig]都包含了什么，该对象下包含了左、右两个控制器对象和一个头盔对象，同时，头盔对象下还有模拟眼睛与耳朵的游戏对象。这些对象上挂载了不同的组件，真实地模拟了 HTC VIVE 设备的连接情况。

细心的读者可能会发现：该项目中，Hierarchy 面板下的内容在运行前后并不相同，如图 6-41 与图 6-42 所示，这是因为[CameraRig]对象上挂载的脚本在项目开始运行时，对项目结构做了相应的改变以满足 HTC VIVE 的基本运行需求。下面进行详细的讲解。

图 6-41　运行前的 Hierarchy 面板

图 6-42　运行后的 Hierarchy 面板

1. SteamVR_ControllerManager.cs 脚本

SteamVR_ControllerManager.cs 脚本挂载在[CameraRig]对象上，如图 6-43 所示，它实现了对所有设备的连接管理。Left 代表左手控制器对象，Right 代表右手控制器对象。除了左右手控制器之外，还提供了对额外控制器的扩展，通过调节 Objects 数组的 Size，增加对额外控制器的引用数量。

图 6-43　挂载的 SteamVR_Controller.cs 脚本

2. SteamVR_PlayArea.cs 脚本

SteamVR_PlayArea.cs 脚本同样挂载在[CameraRig]对象上，如图 6-44 所示，它实现了对游戏区域的绘制，能调节边框线条的粗细、线框的高度、区域的大小与线条的颜色等。游戏区域

的绘制如图 6-45 所示。默认情况下,该
脚本只在 Unity 编辑器中显示,在项目
运行时并不进行绘制,读者可勾选 Draw
In Game 与 Draw Wireframe When
Selected Only 复选框进行绘制。

图 6-44 挂载的 SteamVR_PlayArea.cs 脚本

对于游戏区域的绘制,有 4 种可选择的大小,如图 6-46 所示。其中,400×300、300×255 与 200×150 均为固定的游戏区域大小,而 Calibrated 会根据所连接主机中设置的房间大小校准游戏区域的大小。若把房间大小设置为不规则多边形,则校准游戏区域中这个不规则多边形的最大内接矩形。

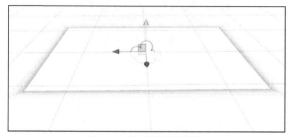

图 6-45 游戏区域的绘制

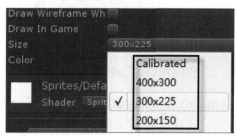

图 6-46 游戏区域的 4 种大小

提示:运行 HTC VIVE 应用程序或游戏时,读者会发现当离所设定的房间较近时,房间的边界会显示淡蓝色的网格作为提示,这是为了方便开发人员根据游戏区域的划定确定交互事件发生的区域。这一功能并不是 SteamVR_PlayArea.cs 脚本实现的。

3. SteamVR_TrackedObject.cs 脚本

在 VR 世界中,任何需要进行位置、动作监听的设备对象都要挂载 SteamVR_TrackedObject.cs 脚本,在 [CameraRig] 预制件中该脚本分别挂载到了 Controller(left)、Controller(right) 和 Camera(head) 对象上,代表左手控制器、右手控制器与头戴式显示器。

此脚本为每一个需要跟踪的对象设置了不同的跟踪序号,可以通过跟踪序号获取相应的对象引用。同时,当现实中跟踪的设备的位置发生改变时,项目中对应的对象的位置也会随之改变。

4. SteamVR_RenderModel.cs 脚本

运行项目时,会发现场景中有一对与现实世界中的手柄完全相同的游戏手柄,并根据手柄的状态在场景中进行相应的改变,但是,我们并没有为此功能的实现做任何工作,这就要归功于 SteamVR_RenderModel.cs 脚本,此脚本实现了对场景中手柄的渲染。

本脚本分别挂载在左右手控制器下的 Model 子对象上,在项目运行时,会自动在 Model

对象下创建游戏手柄的各个部件，如图 6-47 与图 6-48 所示，并根据用户手柄状态对各个部件进行显示与隐藏。若要换成自定义的游戏手柄，可用自定义的手柄模型将 Model 对象替换，下面会详细讲解。

图 6-47　手柄的部件列表 1

图 6-48　手柄的部件列表 2

5. SteamVR_Cameras.cs 脚本

SteamVR_Cameras.cs 脚本（见图 6-49）为摄像机提供了两种形态，分别为 Expand 与 Collapse。默认为 Expand 状态，并将 Camera 抽象地分成头部、眼睛与耳朵，如图 6-50 所示。而 Collapse 状态下则仅有一个 Camera 对象，将所有的组件挂载在此对象上。

图 6-49　SteamVR_Camera.cs 脚本

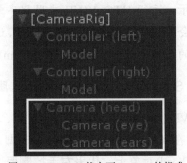

图 6-50　Expand 状态下 Camera 的组成

提示：项目开发过程中，对于摄像机的设置，只需选择默认的 Expand 状态即可。在项目运行时，会在场景中自动创建[SteamVR]预制件，其上挂载的 SteamVR_Render 脚本实现了对所有挂载 SteamVR_Camera.cs 脚本的摄像机中拍摄内容的渲染。

6.4 **控制手柄的按钮监听**

HTC VIVE 的两个控制手柄为我们提供了众多的按钮，对各个按键的监听是必不可少的。SteamVR SDK 通过 SteamVR_Controller.cs 脚本实现对控制手柄上按钮的监听、振动的触发，以及线速度的获取等，读者可调用该脚本提供的接口实现不同的交互功能。

6.4.1　SteamVR_Controller.cs 脚本

SteamVR SDK 将控制手柄上的按钮均抽象成常量，之后所有的接口方法（例如，按钮的监听方法，控制手柄的线速度与角速度的获取方法等）都直接使用些按钮常量。下面详细介绍 SteamVR_Controller.cs 脚本中的这些接口方法。

1. 按钮的抽象

每个控制手柄上都有 5 个可以进行交互的按钮，分别是"系统"按钮、"菜单"按钮、"手柄"按钮、"触摸板"按钮与"扳机"按钮，其中"系统"按钮不能被开发人员使用，所以我们只能对另外的 4 个按钮加以监听、使用。在 SteamVR_Controller.cs 脚本中对这些按钮进行了抽象，方便程序的编写。具体如下。

代码位置： 随书源代码/第 6 章/HTCVIVEEX/Assets/SteamVR/Stripts/SteamVR_Controller.cs

```
1    public class ButtonMask{
2      public const ulong System= (1ul << (int)EVRButtonId.k_EButton_System);//"系统"按钮
3      public const ulong ApplicationMenu= (1ul << (int)EVRButtonId.k_EButton_
4      ApplicationMenu);  //"菜单"按钮
5      public const ulong Grip= (1ul << (int)EVRButtonId.k_EButton_Grip);    //"手柄"按钮
6      public const ulong Axis0= (1ul << (int)EVRButtonId.k_EButton_Axis0);
7      public const ulong Axis1= (1ul << (int)EVRButtonId.k_EButton_Axis1);
8      public const ulong Axis2= (1ul << (int)EVRButtonId.k_EButton_Axis2);
9      public const ulong Axis3= (1ul << (int)EVRButtonId.k_EButton_Axis3);
10     public const ulong Axis4= (1ul << (int)EVRButtonId.k_EButton_Axis4);
11     public const ulong Touchpad= (1ul << (int)EVRButtonId.k_EButton_SteamVR_Touchpad);
12     //"触摸板"按钮
13     public const ulong Trigger= (1ul << (int)EVRButtonId.k_EButton_SteamVR_Trigger);
14     //"扳机"按钮
15   }
```

❑ 第 2～5 行分别定义了"系统"按钮、"菜单"按钮与"手柄"按钮，其中，我们能对系统按钮进行监听，但是不能对其调用方法进行覆盖，当按下"系统"按钮时，只会弹出官方默认的"菜单"界面。

❑ 第 6～10 行定义了 Axis0、Axis1、Axis2、Axis3 与 Axis4，这些常量暂时对我们的用处不大，有兴趣的读者可自行查看源代码。

❑ 第 11～15 行定义了表示控制器中"触摸板"按钮与"扳机"按钮的常量，便于按钮监听方法的调用。

2. 按钮的监听

在 SteamVR_Conroller.cs 中每种 ButtonMask 都定义了两种类型的监听方法，分别为 Press
与 Touch 类型。其中，对于"系统"按钮、"菜单"按钮与"手柄"按钮来说，Press 和 Touch
类型的方法实现的效果是完全一样的，只有对"触摸板"按钮与"扳机"按钮才有差异。具体
脚本如下。

代码位置： 随书源代码/第 6 章/HTCVIVEEX/Assets/SteamVR/Scripts/SteamVR_Controller.cs

```
public bool GetPress(EVRButtonId buttonId) { return GetPress(1ul << (int)buttonId); }
//Press 类型的方法
public bool GetPressDown(EVRButtonId buttonId) { return GetPressDown(1ul << (int)
buttonId); }
public bool GetPressUp(EVRButtonId buttonId) { return GetPressUp(1ul << (int)buttonId); }
public bool GetTouch(EVRButtonId buttonId) { return GetTouch(1ul << (int)buttonId); }
//Touch 类型的方法
public bool GetTouchDown(EVRButtonId buttonId) { return GetTouchDown(1ul <<
(int)buttonId); }
public bool GetTouchUp(EVRButtonId buttonId) { return GetTouchUp(1ul << (int)buttonId); }
public bool GetHairTrigger() { Update(); return hairTriggerState; }
public bool GetHairTriggerDown() { Update(); return hairTriggerState &&
!hairTriggerPrevState; }
public bool GetHairTriggerUp() { Update(); return !hairTriggerState &&
hairTriggerPrevState; }
public Vector2 GetAxis(EVRButtonId buttonId = EVRButtonId.k_EButton_SteamVR_Touchpad){
  Update();
  var axisId = (uint)buttonId - (uint)EVRButtonId.k_EButton_Axis0;    //获取轴向 ID
  switch (axisId){
    case 0: return new Vector2(state.rAxis0.x, state.rAxis0.y);       //触摸板
    case 1: return new Vector2(state.rAxis1.x, state.rAxis1.y);       //扳机
    case 2: return new Vector2(state.rAxis2.x, state.rAxis2.y);       //未定义
    case 3: return new Vector2(state.rAxis3.x, state.rAxis3.y);       //未定义
    case 4: return new Vector2(state.rAxis4.x, state.rAxis4.y);       //未定义
  }
  return Vector2.zero;
}
```

❏ 第 1~3 个方法为 Press 类型的方法。在按下相应按钮时，GetPressDown 返回 ture；
在释放相应按钮时，GetPressUp 返回 false；只要按钮处于按下状态，则 GetPress 一
直返回 true。对于"触摸板"按钮来说，当按下"触摸板"按钮时，触发 Press 类型
的方法；而"扳机"按钮按下 0.5s 左右后，触发 Press 类型的方法。

❏ 第 4~6 个方法为 Touch 类型的方法，Up、Down 的触发效果与 Press 类型的方法相同。
对于"触摸板"按钮来说，当手触摸到"触摸板"按钮时触发 Touch 类型的方法；而
对于"扳机"按钮，在按下 0.25s 左右后，触发 Touch 类型的方法；对于"系统"按

钮、"菜单"按钮与"手柄"按钮，Press 与 Touch 类型的方法执行效果相同。

- ❑ 第 7~9 个方法是单独针对"扳机"按钮编写的方法。当扳机目前的状态值大于之前的状态值时，GetHairTriggerDown 返回 true，简单来说就是"扳机"按钮按下得更深就返回 true，GetHairTriggerUp 相反。读者可更改 hairTriggerDelta 的数值调整灵敏度。
- ❑ GetAxis 方法获取触摸板与扳机的轴向，默认情况下获取触摸板的轴向，返回的二维向量代表触发位置在触摸板上的坐标。当将参数改为 EVRButtonId.k_EButton_SteamVR_Trigger 时则获取扳机的轴向。二维向量中的 x 值代表扳机的扳动幅度，y 值永远是 0。

提示： "扳机" 按钮的扳动范围是从 0 到 1，当不按下 "扳机" 按钮时，其值为 0；当完全按下扳机按钮时，其值为 1。触摸板上的位置实则使用直角坐标系来表示，坐标系原点位于触摸板中心，x 轴以向右的方向为正方向，y 轴垂直于 x 轴，以向上的方向为正方向，触摸板与坐标轴相交的 4 个点分别为（0,1）、（1,0）、（0,−1）、（−1,0）。

3. 系统振动方法的调用

除了对控制手柄上按钮的监听之外，SteamVR_Controller.cs 脚本还提供了对系统振动方法的调用，具体如下。

代码位置： 随书源代码/第 6 章/HTCVIVEEX/Assets/SteamVR/Scripts/SteamVR_Controller.cs

```
public void TriggerHapticPulse(ushort durationMicroSec = 500,     //振动的时间
EVRButtonId buttonId = EVRButtonId.k_EButton_SteamVR_Touchpad){    //振动位置
  var system = OpenVR.System;                                      //获取系统引用
  if (system != null){
    var axisId = (uint)buttonId - (uint)EVRButtonId.k_EButton_Axis0;
    system.TriggerHapticPulse(index, axisId, (char)durationMicroSec);
    //调用系统的振动方法
}}
```

- ❑ 前两行为方法的声明，durationMircroSec 代表了振动的时间，默认为 500μs，最长振动时间为 3999μs，buttonId 默认为 EVRButtonId.k_EButton_SteamVR_Touchpad，在使用时不需要更改此参数，因为除了此默认参数外，其他参数均无效。
- ❑ 后面几行实现了对底层系统振动方法的调用，读者了解即可。

4. 控制手柄的线速度与角速度

虚拟现实世界中，例如在打羽毛球、乒乓球时，对控制手柄线速度、角速度的获取也是必不可少的。幸运的是，SteamVR_Controller.cs 脚本将获取手柄的线速度与角速度的方法进行了封装，供我们直接调用。具体如下。

代码位置： 随书源代码/第 6 章/HTCVIVEEX/Assets/SteamVR/Scripts/SteamVR_Controller.cs

```
public Vector3 velocity {                                 //获取控制手柄的线速度
  get {
    Update();
    return new Vector3(pose.vVelocity.v0, pose.vVelocity.v1, -pose.vVelocity.v2);
    //返回一个向量
}}
public Vector3 angularVelocity {                          //获取控制手柄的角速度
  get {
    Update();
    return new Vector3(-pose.vAngularVelocity.v0, -pose.vAngularVelocity.v1,
    pose.vAngularVelocity.v2);
}}
```

- ❑ 前 6 行代码获取手柄的线速度，返回一个代表控制手柄当前速度的三维向量，方向与 Unity 中坐标轴的方向相同。
- ❑ 后面几行代码获取控制手柄的角速度，返回的同样是一个代表控制手柄当前角速度的三维向量。

6.4.2　MyControllerEvent.cs 脚本

上一节详细介绍了 SteamVR_Controller.cs 脚本提供的接口方法，下面通过一个案例进行讲解。本案例只需新建场景，将默认摄像机替换成[CameraRig]预制件即可，故在此不对场景搭建重复介绍。

新建脚本并命名为 MyControllerEvent.cs，挂载在 Controller(left)与 Controller(right)对象上。详细代码如下。

代码位置： 随书源代码/第 6 章/HTCVIVEEX/Assets/Scripts/MyControllerEvent.cs

```
1   using UnityEngine;
2   using System.Collections;
3   using Valve.VR;
4   [RequireComponent(typeof(SteamVR_TrackedObject))]//需要同时挂载 SteamVR_TrackedObject 脚本
5   public class MyControllerEvent : MonoBehaviour {
6     SteamVR_TrackedObject trackedObj;                    //追踪的设备是手柄控制器
7     void Awake() {
8       trackedObj = GetComponent<SteamVR_TrackedObject>();    //获取追踪的设备,即手柄
9     }
10    void Update () {
11      var device = SteamVR_Controller.Input((int)trackedObj.index);    //获取手柄的输入
12      Vector2 TriggerPos = device.GetAxis(EVRButtonId.k_EButton_SteamVR_Trigger);
13      Debug.Log(TriggerPos.x + " " + TriggerPos.y);
14      Vector2 TouchPadPos = device.GetAxis();
15      Debug.Log(TouchPadPos.x+" "+TouchPadPos.y);
16
```

```
17        if (device.GetTouchDown(SteamVR_Controller.ButtonMask.Trigger)) {//按下"触摸板"按钮
18          Debug.Log("Trigger Touch Down");
19        }
20        if (device.GetTouchUp(SteamVR_Controller.ButtonMask.Trigger)) {//释放"触摸板"按钮
21          Debug.Log("Trigger Touch Up");
22        }
23        if (device.GetTouch(SteamVR_Controller.ButtonMask.Trigger)) {//始终按下"触摸板"按钮
24          Debug.Log("Trigger Touch");
25        }
26        if (device.GetPressDown(SteamVR_Controller.ButtonMask.Trigger)) {
27          Debug.Log("Trigger Press Down");
28        }
29        ...//此处省略了参数为 SteamVR_Controller.ButtonMask.Trigger 的 GetPressUp 与 GetPress 方法
30        if (device.GetHairTriggerDown()) {                    //扳机的细微改变
31          Debug.Log("Trigger Hair Down");
32        }
33        ...//此处省略了 GetHairtriggerUp 与 GetHairtriggers 方法
34        if (device.GetPressDown(SteamVR_Controller.ButtonMask.ApplicationMenu)) {//"菜单"按钮
35          Debug.Log("Menu Press Down");
36        }
37        ...//此处省略了菜单按钮的 GetPressUp 与 GetPress 方法
38        if (device.GetPressDown(SteamVR_Controller.ButtonMask.Grip)) {   //"手柄"按钮
39          Debug.Log("Grip Press Down");
40        }
41        ...//此处省略了手柄按钮的 GetPressUp 与 GetPress 方法
42        //第一个参数是持续时间，也就是触发一次振动多少微秒
43        if (device.GetTouch(SteamVR_Controller.ButtonMask.Trigger)) {
44          device.TriggerHapticPulse(350);
45        }
46        Debug.Log(device.velocity);
47        Debug.Log(device.angularVelocity);
48    }}
```

❑ 第 1～4 行为包的引用与脚本的挂载限制。需要注意的是，若想使用 SteamVR 中一些特定的方法与变量，必须导入 Valve.VR 包。同时，必须限定该脚本所挂载的对象上已经挂载了 SteamVR_TrackedObject.cs 脚本，否则就无法对控制手柄的状态进行获取。

❑ 第 5～9 行声明了控制手柄上挂载的 SteamVR_TrackedObject.cs 脚本的引用，并在 Awake 方法里对 SteamVR_TrackedObject 的脚本进行了获取。

❑ 第 11～15 行通过 SteamVR_Controller 的中的静态方法 Input 获取控制手柄的引用，之后便可通过该引用调用 SteamVR_Controller 的中的接口方法。同时，调用了 GetAxis 方法获取扳机与触摸板的轴向信息。

❑ 第 17～41 行分别调用了"扳机"按钮的 GetPress、GetTouch 与 GetHairTrigger 系列

方法，每个系列的方法又分为"按下""抬起""一直按下" 3 种状态的方法，同时又调用了菜单按钮与手柄按钮的 GetPress 系列方法，当触发某一事件时，输出对应的事件信息。

❑　第 43～45 行实现了控制手柄的振动事件，其中 TriggerHapticPulse 方法中的参数为触发一次所振动的时间，单位为微秒，触发一次的最长振动时间为 4000μs，振动时间越长，振感越强，也可通俗地将其理解为控制手柄的振动强度。

❑　第 46～48 行输了控制手柄的线速度与角速度，这两个数据均为三维向量。

6.5　SteamVR SDK 案例

上一节详细讲解了对控制手柄的事件监听，并通过一个小案例带领读者深入学习，至此，读者一定对 HTC VIVE 平台上 VR 应用程序的开发有了一个初步的认识。别忘了 SteamVR SDK 中还为我们提供了 4 个案例，下面通过讲解 SteamVR_TestThrow 案例让读者更加熟悉开发流程。

6.5.1　场景功能

SDK 的 SteamVR/Extras 文件夹下有一个名为 SteamVR_TestThrow.unity 的场景文件，如图 6-51 所示。双击即可打开该场景文件，Scene 窗口中的场景如图 6-52 所示。该案例运行之后会在玩家的视野中出现两个和 HTC VIVE 手柄一样的模型并会随着控制手柄的状态而运动。

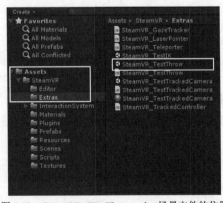

图 6-51　SteamVR_TestThrow.unity 场景文件的位置

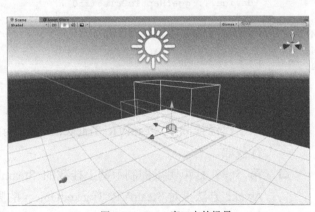

图 6-52　Scene 窗口中的场景

当玩家按下"扳机"按钮之后，场景中对应位置的手柄模型上就会出现一个物体并吸在手柄模型上；当玩家松开"扳机"按钮后，物体就会失去"引力"而掉落在地上；玩家再次按下"扳机"按钮后，就会在手柄模型上再次出现该物体，如此循环。被实例化的物体如图 6-53 所示，运行结果如图 6-54 所示。

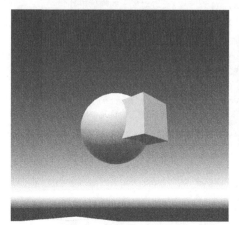

图 6-53　被实例化的物体

图 6-54　运行结果

6.5.2　代码

下面讲解这个案例中所使用到的脚本——SteamVR_TestThrow.cs。案例中预制件的实例化，"扳机"按钮的获取以及关节的创建，都是在其中完成的。该脚本同样在 SteamVR/Extras 文件夹下，具体代码如下。

代码位置： 随书源代码/第 6 章/HTCVIVEEX/Assets/SteamVR/Extras/SteamVR_TestThrow.cs

```
1   using UnityEngine;
2   using System.Collections;
3   [RequireComponent(typeof(SteamVR_TrackedObject))]//自动添加 SteamVR_TrackedObject 组件
4   public class SteamVR_TestThrow : MonoBehaviour{
5     public GameObject prefab;                        //预制件
6     public Rigidbody attachPoint;                    //刚体
7     SteamVR_TrackedObject trackedObj;                //SteamVR_TrackedObject 组件
8     FixedJoint joint;                                //固定关节组件
9     void Awake(){
10      trackedObj = GetComponent<SteamVR_TrackedObject>();//获取 SteamVR_TrackedObject 组件
11    }
12    void FixedUpdate(){
13      var device = SteamVR_Controller.Input((int)trackedObj.index);//根据索引捕获设备输入状态
14      if (joint == null && device.GetTouchDown
15      (SteamVR_Controller.ButtonMask.Trigger)){
16        var go = GameObject.Instantiate(prefab);        //实例化预制件
17        go.transform.position = attachPoint.transform.position;    //预制件出现的位置
18        joint = go.AddComponent<FixedJoint>();          //为预制件添加固定关节
19        joint.connectedBody = attachPoint;              //设置关节连接点
20      }else if (joint != null && device.GetTouchUp
21      (SteamVR_Controller.ButtonMask.Trigger)){
```

```
22        var go = joint.gameObject;                          //获取关节对象
23        var rigidbody = go.GetComponent<Rigidbody>();        //获取对象上的刚体组件
24        Object.DestroyImmediate(joint);                      //立刻销毁关节
25        joint = null;
26        Object.Destroy(go, 15.0f);                           //15s 后销毁预制件
27        var origin = trackedObj.origin ? trackedObj.origin : trackedObj.transform.parent;
28        if (origin != null){
29          rigidbody.velocity = origin.TransformVector(device.velocity);
30          //设置线速度，TransformVector 负责将 device.velocity 从局部坐标转换为世界坐标
31          rigidbody.angularVelocity = origin.TransformVector(device.angularVelocity);//角速度
32        }else{
33          rigidbody.velocity = device.velocity;
34          rigidbody.angularVelocity = device.angularVelocity;
35        }
36        rigidbody.maxAngularVelocity = rigidbody.angularVelocity.magnitude; //最大角速度
37 }}}
```

❑ 第 3～8 行用于对需要使用的变量进行声明，其中第 3 行代码用于向挂载当前脚本的游戏对象上强制添加名为 SteamVR_TrackedObject 的组件，该组件可用于获取控制手柄上各个按钮的状态。prefab 是需要实例化的物体的预制件，由于需要使用关节连接物体与手柄，因此还需要使用到刚体以及固定关节组件。

❑ 第 9～11 行的 Awake 方法在该脚本加载时就会被调用，一般用于初始化。在此脚本中，Awake 方法用来获取 SteamVR_TrackedObject 组件的引用，并赋给 trackedObj 变量。

❑ 第 13～19 行中，首先使用 SteamVR_Controller.Input 方法来获取手柄上按钮的输入。然后判断当前是否存在固定关节，并通过 GetTouchDown 方法来判断"扳机"按钮是否按下，如果被按下就实例化预制件，设置预制件出现的位置，并为其添加关节，这样物体就会出现并固定在手柄顶端。

❑ 第 20～26 行是当玩家松开"扳机"按钮后的逻辑处理代码。玩家松开"扳机"按钮后，就会找到被实例化物体身上的 Rigidbody 组件，并通过刚体组件销毁关节，这样位于手柄顶端的物体就会因为失去关节而下落，并使用 Destroy 方法在 15s 后将当前实例化的物体销毁掉。

❑ 第 27～37 行代码用于实现物体释放后的运动状态，设置物体的线速度、角速度等参数。这样当玩家移动手柄并松开"扳机"按钮的时候，物体也能够具有正确的运动轨迹，就好像是被甩出去一样真实。

6.6　SteamVR SDK 的关键脚本

前面介绍了 SDK 中两个简单的案例，读者运行程序即可看到 Demo 画面，可以自己尝试

对手柄进行操作。接下来将对其中的一些关键脚本进行详细讲解，这些关键的脚本既可以直接使用，也可以根据自己的需要进行编写。

6.6.1　凝视处理

SteamVR/Extras 下有一个名为 SteamVR_GazeTracker 的脚本，该脚本负责处理玩家玩游戏时对注视事件的处理。由于 VR 设备的特性，玩家并不能够像玩计算机游戏一样使用鼠标来进行选取，视选则是 VR 最好的选择。该脚本并没有提供相应的官方案例，读者可以自己开发一个小程序。具体代码如下。

代码位置：随书源代码/第 6 章/HTCVIVEEX/Assets/SteamVR/Extras/SteamVR_GazeTracker.cs

```
1   public struct GazeEventArgs{                                         //结构体
2     public float distance;                                            //物体与观察者的距离
3   }
4   public delegate void GazeEventHandler(object sender, GazeEventArgs e);   //创建委托
5   public class SteamVR_GazeTracker : MonoBehaviour{
6     public bool isInGaze = false;                                     //是否被注视
7     public event GazeEventHandler GazeOn;                             //开启注视功能的事件
8     public event GazeEventHandler GazeOff;                            //结束注视功能的事件
9     public float gazeInCutoff = 0.15f;                                //视距
10    public float gazeOutCutoff = 0.4f;
11    Transform hmdTrackedObject = null;                                //获取头部追踪器
12    void Start (){}
13    public virtual void OnGazeOn(GazeEventArgs e){                    //触发注视时的事件
14      if (GazeOn != null)    GazeOn(this, e);                         //触发事件
15    }
16    public virtual void OnGazeOff(GazeEventArgs e){                   //触发结束注视时的事件
17      if (GazeOff != null)    GazeOff(this, e);                       //触发事件
18    }
19    void Update (){
20      if (hmdTrackedObject == null){
21      SteamVR_TrackedObject[] trackedObjects = FindObjectsOfType
22       <SteamVR_TrackedObject>();                //获取所有的 SteamVR_TrackedObject 组件
23      foreach (SteamVR_TrackedObject tracked in trackedObjects){   //遍历组件
24        if (tracked.index ==
25         SteamVR_TrackedObject.EIndex.Hmd){    //根据索引判断当前是否是头部追踪器
26          hmdTrackedObject = tracked.transform;                     //获取追踪器
27          break;
28      }}}if (hmdTrackedObject){
29      Ray r = new Ray(hmdTrackedObject.position,
30       hmdTrackedObject.forward);                         //定义射线，发射位置为追踪器位置，方向为正前方
31      Plane p  = new Plane(hmdTrackedObject.
32       forward, transform.position);                      //通过点法式创建一个平面
33      float enter = 0.0f;
```

```
34        if (p.Raycast(r, out enter)){              //如果射线与平面相交，就返回 true
35          Vector3 intersect = hmdTrackedObject.position +
36           hmdTrackedObject.forward * enter;       //获取射线与平面的交点
37          float dist = Vector3.Distance(intersect, transform.position);//计算交点与物体的距离
38          if (dist < gazeInCutoff && !isInGaze){    //判断距离是否小于 gazeInCutoff
39            isInGaze = true;                        //改变标志位，表明正在注视中
40            GazeEventArgs e;                        //声明结构体
41            e.distance = dist;                      //为结构体参数赋值
42            OnGazeOn(e);                            //触发 OnGazeOn 事件
43          }else if (dist >= gazeOutCutoff && isInGaze){
44            isInGaze = false;                       //改变标志位，表明结束注视
45            GazeEventArgs e;
46            e.distance = dist;
47            OnGazeOff(e);                           //触发 OnGazeOff 事件
48 }}}}}
```

❏　第 1～3 行创建了一个名为 GazeEventArgs 的结构体，该结构体用于传递玩家在进行视选时所需要使用的一系列参数，在官方脚本中仅仅包括了距离参数，读者在使用时可以根据项目需要在其中添加其他的参数。

❏　第 4～11 行进行了相关变量的声明，首先创建了一个委托，在后面可以使用它创建事件。isInGaze 用来判断玩家是否注视着当前物体。GazeOn 和 GazeOff 事件分别负责玩家注视物体与离开物体时的处理程序调用。

❏　第 12～18 行中的 Start 方法一般用于进行初始化，此脚本并没有在其中实现任何功能，读者可自行添加。其后创建了两个虚函数，它们都需要接受 GazeEventArgs 结构体，并在其中调用相应的事件句柄。

❏　第 19～27 行首先判断 hmdTrackedObject 是否为空，如果为空，则使用 FindObjectsOfType 函数来查找 SteamVR_TrackedObject 组件，并遍历结果集，在其中找出头部追踪器设备。

❏　第 28～37 行中，在找到头部追踪器后，首先定义一条射线，它的起点为头部追踪器，方向向前。之后通过点法式创建一个平面。注意，这个平面与 Unity 中的 Plane Gameobject 没有关系，是数学意义上的平面，完全不可见。当射线与 p 平面相交时，p.Raycast 方法会返回 true；当平行时，返回 false。最后根据射线返回的信息找到射线与平面相交的点，并判断头盔到该点的距离。

❏　第 38～48 行会根据之前设置的视距并根据射线与交点的距离来判断当前玩家是在注视该物体还是将视线移开了，将距离信息存储在 GazeEventArgs 结构体中，并调用相关的事件。读者可以编写关于视选的处理函数并注册到相应的事件上，这样就能够直接调用它们。

6.6.2 激光射线

SteamVR_LaserPointer.cs 脚本位于 SteamVR/Extras 文件夹下。该脚本可以实现激光射线，这是一个很酷的功能。官方脚本中激光使用的是带有颜色的 Cube，读者可以根据需要使用粒子系统来实现更加绚丽的效果。

首先讲解该脚本中除 Update 方法外的其他代码。这些代码中有变量声明，相关的初始化以及一些事件处理函数。具体代码如下。

代码位置： 随书源代码/第 6 章/HTCVIVEEX/Assets/SteamVR/ Extras/SteamVR_LaserPointer.cs

```
1   using UnityEngine;
2   using System.Collections;
3   public struct PointerEventArgs{                                     //结构体
4     public uint controllerIndex;                                      //控制器索引
5     public uint flags;                                                //标记
6     public float distance;                                            //距离
7     public Transform target;                                          //目标
8   }
9   public delegate void PointerEventHandler(object sender, PointerEventArgs e);//事件委托
10  public class SteamVR_LaserPointer : MonoBehaviour{
11    public bool active = true;                                        //是否激活
12    public Color color;                                               //颜色
13    public float thickness = 0.002f;                                  //厚度
14    public GameObject holder;                                         //载体
15    public GameObject pointer;                                        //光标
16    bool isActive = false;                                            //是否处于激活状态
17    public bool addRigidBody = false;                                 //是否添加刚体
18    public Transform reference;                                       //参考
19    public event PointerEventHandler PointerIn;                       //光标进入事件
20    public event PointerEventHandler PointerOut;                      //光标离开事件
21    Transform previousContact = null;                                 //以前接触的对象
22    void Start (){
23      holder = new GameObject();                                      //实例化游戏对象
24      holder.transform.parent = this.transform;                       //设置其父对象为当前对象
25      holder.transform.localPosition = Vector3.zero;                  //设置位置
26      pointer = GameObject.CreatePrimitive
27        (PrimitiveType.Cube);   //通过 CreatePrimitive 创建一个带有基础网格渲染和碰撞器的 Cube 对象
28      pointer.transform.parent = holder.transform;                    //设置其父对象为 holder
29      pointer.transform.localScale = new Vector3(thickness, thickness, 100f); //设置大小
30      pointer.transform.localPosition = new Vector3(0f, 0f, 50f);        //设置位置
31      BoxCollider collider = pointer.GetComponent<BoxCollider>();
32      if (addRigidBody){                                              //判断是否添加了刚体
33        if (collider){                                                //判断是否具有碰撞器组件
34          collider.isTrigger = true;                                  //开启碰撞器组件的触发器功能
```

```
35          }
36          Rigidbody rigidBody = pointer.AddComponent<Rigidbody>();//获取 pointer 上的刚体组件
37          rigidBody.isKinematic = true;                       //使刚体不遵循运动定律
38        }else{
39          if(collider){
40            Object.Destroy(collider);                        //销毁 collider
41        }}
42        Material newMaterial = new Material(Shader.Find("Unlit/Color"));    //创建材质
43        newMaterial.SetColor("_Color", color);               //设置材质颜色
44        pointer.GetComponent<MeshRenderer>().material = newMaterial; //为渲染器添加新的材质
45      }
46      public virtual void OnPointerIn(PointerEventArgs e){ //当光标进入目标物体后可调用此函数
47        if (PointerIn != null)  PointerIn(this, e);       //触发事件
48      }
49      public virtual void OnPointerOut(PointerEventArgs e){ //当光标离开目标物体后可调用此函数
50        if (PointerOut != null)  PointerOut(this, e);     //触发事件
51      }
52      void Update (){
53      ......//Update 函数中的相关逻辑代码会在后面进行详细讲解
54  }}
```

- ❑ 第 3～8 行定义结构体 PointerEventArgs，该结构体能够包含很多信息，如目标、距离、索引等数据，其中的信息比 SteamVR_GazeTracker.cs 脚本中的要丰富得多。

- ❑ 第 9～21 行首先定义了一个委托，用于后面的事件处理。后面定义了颜色、厚度、载体、光标等参数，用来进行逻辑处理。PointerIn 与 PointerOff 两个事件分别负责光标接触到目标和离开目标时的处理程序调用。

- ❑ 第 23～30 行首先实例化一个 holder 游戏对象为光标的持有者，然后通过 CreatePrimitive 函数创建一个简单的 Cube 作为激光，并将其设置为 holder 的子对象。该脚本中根据 Cube 的大小判断激光光标是否接触到物体。

- ❑ 第 31～41 行首先获取 Cube 上的 Collider 组件，如果存在，就将其触发器功能设置为 true，这样 Collider 将不会与其他物体碰撞。然后，为其添加 Rigidbody 组件并将其 isKinematic 设置为 true，这样 Cube 将不会因为重力而掉落。

- ❑ 第 42～51 行创建材质球并为其指定材质颜色，Cube 对象会根据用户的不同需求改变其自身的初始颜色。OnPointerIn 与 OnPointerOff 两个方法分别负责在光标接触到物体和离开物体时相关事件的调用。

Update 方法负责射线的定义与发射，并根据标志位来判断光标是否照射到物体，物体与之前是否为同一个，光标是否离开了当前物体。随后根据这 3 种不同的状态来获取不同的变量，同时可实现光标的大小变化。具体代码如下。

代码位置：随书源代码/第 6 章/HTCVIVEEX/Assets/SteamVR/Extras/SteamVR_LaserPointer.cs

```
void Update (){
```

```
    if (!isActive){                                         //如果不处于激活状态
       isActive = true;                                     //改变标志位
       this.transform.GetChild(0).gameObject.SetActive(true);
    }
    float dist = 100f;                                      //设置距离
    SteamVR_TrackedController controller =
       GetComponent<SteamVR_TrackedController>();          //获取 SteamVR_TrackedController 组件
    Ray raycast = new Ray(transform.position, transform.forward);    //定义射线
    RaycastHit hit;
    bool bHit = Physics.Raycast(raycast, out hit);          //判断射线是否检测到物体
    if(previousContact && previousContact != hit.transform){
       PointerEventArgs args = new PointerEventArgs();     //实例化 PointerEventArgs 消息体
       if (controller != null){                            //判断 SteamVR_TrackedController 组件是否为空
         args.controllerIndex = controller.controllerIndex;    //获取控制器索引并对消息体赋值
       }
       args.distance = 0f;
       args.flags = 0;
       args.target = previousContact;                      //设定目标为上一个目标
       OnPointerOut(args);                                 //触发光标离开时的事件
       previousContact = null;                             //清空上一个目标
    }
    if(bHit && previousContact != hit.transform){ //判断射线是否检测到物体，且与之前的物体不同
      PointerEventArgs argsIn = new PointerEventArgs();    //实例化 PointerEventArgs 消息体
      if (controller != null){
        argsIn.controllerIndex = controller.controllerIndex;    //获取控制器索引
      }
      argsIn.distance = hit.distance;
      argsIn.flags = 0;
      argsIn.target = hit.transform;
      OnPointerIn(argsIn);                                 //触发光标进入时的事件
      previousContact = hit.transform;
    }
    if(!bHit){ previousContact = null; }     //射线没有检测到物体，设置 previousContact 为空
    if(bHit && hit.distance < 100f) {         //判断射线检测到的物体与当前对象的距离
       dist = hit.distance;                                 //如果小于 100，将 dist 设置为获取的距离
    }
    if (controller != null && controller.triggerPressed){   //判断控制器是否被触发
       pointer.transform.localScale = new Vector3
       (thickness * 5f, thickness * 5f, dist);              //触发后设置光标的大小
    }else{
       pointer.transform.localScale = new Vector3(thickness, thickness, dist); //恢复正常
    }
    pointer.transform.localPosition = new Vector3(0f, 0f, dist/2f);    //时刻改变光标的位置
}
```

❑ 前 11 行先根据 isActive 标志位来判断是否对 holder 对象进行激活，之后获取
SteamVR_TrackedController 组件，用来在后面获取相应的控制器。接着定义一条射线，

从当前对象向其正前方发射。hit 用来存储射线所获取到的信息，bHit 用来判断射线是否与物体相交。

❑ 第 1 条和第 2 条 if 语句通过 previousContact 来判断当前接触的物体与之前的是否为同一个，若不是同一个，则认为光标离开上一个物体，创建消息体。然后，通过前面获取的 SteamVR_TrackedController 组件来获取控制器索引，将距离、控制器索引等信息添加到结构体中并调用 OnPointerOut 函数。

❑ 第 3 条和第 4 条 if 语句判断光标是否接触到物体且与之前的物体是否相同，如果不同，则认为光标进入当前物体。通过前面获取的 SteamVR_TrackedController 组件来获取控制器索引，将距离、控制器索引等信息添加到结构体中并调用 OnPointerIn 函数。

❑ 最后几行首先负责判断 previousContact 是否为空，以及设置 dist。然后判断控制器是否被触发。如果触发，就将 Cube 对象变得更大；如果没有，就将光标恢复到正常状态。

6.6.3　追踪渲染

SteamVR_TestTrackedCamera.cs 脚本用来追踪摄像机并将其渲染的图像呈现在一个物体上。官方案例中将图像渲染在一个 Quad 上，这样读者就很容易地看到摄像机渲染的图像。具体代码如下。

代码位置：随书源代码/第 6 章/HTCVIVEEX/Assets/SteamVR/Extras/SteamVR_TestTrackedCamera.cs

```
1    using UnityEngine;
2    public class SteamVR_TestTrackedCamera : MonoBehaviour{
3      public Material material;
4      public Transform target;
5      public bool undistorted = true;
6      public bool cropped = true;
7      void OnEnable(){                                        //启用摄像机追踪的方法
8        var source = SteamVR_TrackedCamera.Source(undistorted);    //获取非畸变视频流纹理
9        source.Acquire();                                    //开始接收视频流
10       if (!source.hasCamera)
11           enabled = false;
12     }
13     void OnDisable(){                                       //关闭摄像机追踪的方法
14       material.mainTexture = null;                          //清除材质球表面的纹理
15       var source = SteamVR_TrackedCamera.Source(undistorted);    //获取视频流资源
16       source.Release();                                    //释放视频流纹理
17     }
18     void Update(){                                          //重写 Update 方法
19       var source = SteamVR_TrackedCamera.Source(undistorted);    //获取追踪摄像机的图像视频流
20       var texture = source.texture;                        //定义 texture 变量
21       if (texture == null){
22         return;                                            //若材质为空，则直接返回
```

```
23          }
24          material.mainTexture = texture;                      //将视频流纹理赋予材质的纹理
25          var aspect = (float)texture.width / texture.height;  //计算宽高比
26          if (cropped){
27            var bounds = source.frameBounds;                   //计算主纹理中的偏移量
28            material.mainTextureOffset = new Vector2(bounds.uMin, bounds.vMin);
29            var du = bounds.uMax - bounds.uMin;                //主纹理中的缩放量
30            var dv = bounds.vMax - bounds.vMin;
31            material.mainTextureScale = new Vector2(du, dv);   //为纹理图大小赋值
32            aspect *= Mathf.Abs(du / dv);                      //纹理图的缩放比
33          }else{
34            material.mainTextureOffset = Vector2.zero;         //为主纹理的偏移量和大小重新赋值
35            material.mainTextureScale = new Vector2(1, -1);
36          }
37          target.localScale = new Vector3(1, 1.0f / aspect, 1);  //设置追踪物体的大小
38          if (source.hasTracking){                             //摄像机正在追踪
39            var t = source.transform;                          //获取视频流的 transform 组件
40            target.localPosition = t.pos;                      //设置其相对位置和相对旋转角度
41            target.localRotation = t.rot;
42  }}}
```

- ❏ 第 1～6 行定义材质、追踪目标以及表示图像是否畸变等的变量。
- ❏ 第 7～12 行定义启用摄像机追踪的方法，首先获取非畸变视频流纹理资源，开始接收视频流。若追踪摄像机不可用，放弃接收。
- ❏ 第 13～17 行定义关闭摄像机追踪的方法，清除材质球的表面纹理，获取视频流资源并且释放视频流纹理。
- ❏ 第 18～23 重写 Update 方法，获取视频流资源，并通过定义 texture 变量接收图像。若该变量为空，则直接返回。
- ❏ 第 24～36 行将接收到的视频流纹理赋予材质的纹理，计算纹理的偏移量和缩放量，决定其位置信息。
- ❏ 第 37～42 行设置追踪物体的大小。若摄像机正在追踪，则获取视频流的 transform 组件，将追踪摄像机和视频资源的位置与旋转角度进行同步。

6.6.4 按钮监听

SteamVR_TrackedController.cs 脚本负责监控手柄上各个按钮的触发情况，并根据不同的情况调用不同的逻辑处理函数，读者可以根据自己的需要对 SteamVR_TrackedController.cs 脚本中不同按钮的处理事件进行定制，来实现各个按钮的功能。

首先讲解该脚本中除 Update 方法以及 OnTriggerClicked 和 OnMenuUnclicked 方法外的其他代码。这些代码用于变量声明，以及实现 Start 方法中的一些变量初始化等。具体代码如下。

代码位置：*随书源代码/第 6 章*/HTCVIVEEX/Assets/SteamVR/Extras/SteamVR_TrackedController.cs

```
1   using UnityEngine;
2   using Valve.VR;
3   public struct ClickedEventArgs{
4     public uint controllerIndex;
5     public uint flags;
6     public float padX, padY;
7   }
8   public delegate void ClickedEventHandler(object sender, ClickedEventArgs e);//委托事件
9   public class SteamVR_TrackedController : MonoBehaviour{
10    public uint controllerIndex;                        //控制器索引
11    public VRControllerState_t controllerState;         //控制器状态控制脚本
12    public bool triggerPressed = false;
13    public bool steamPressed = false;
14    public bool menuPressed = false;
15    public bool padPressed = false;
16    public bool padTouched = false;
17    public bool gripped = false;
18    public event ClickedEventHandler MenuButtonClicked;
19    public event ClickedEventHandler MenuButtonUnclicked;
20    public event ClickedEventHandler TriggerClicked;
21    public event ClickedEventHandler TriggerUnclicked;
22    public event ClickedEventHandler SteamClicked;
23    public event ClickedEventHandler PadClicked;
24    ......//后面省略了其他按钮相应的事件定义，有兴趣的读者可以参考 SDK 中相应的脚本
25    void Start(){
26      if (this.GetComponent<SteamVR_TrackedObject>() == null){
27        gameObject.AddComponent<SteamVR_TrackedObject>();        //添加 TrackedObject 组件
28      }
29      if (controllerIndex != 0){
30        this.GetComponent<SteamVR_TrackedObject>().index =
31        (SteamVR_TrackedObject.EIndex)controllerIndex;          //为控制器索引赋值
32        if (this.GetComponent<SteamVR_RenderModel>() != null){
33          this.GetComponent<SteamVR_RenderModel>().index = (SteamVR_
34          TrackedObject.EIndex)controllerIndex;      //为 SteamVR_RenderModel 组件的索引赋值
35      }}else{
36        controllerIndex = (uint) this.GetComponent<SteamVR_TrackedObject>().index;
37        //获取索引
38    }}
```

❑　第 3～7 行定义了结构体 ClickedEventArgs，它负责传递单击或释放事件发生时需要提供给其他函数的具体信息，其中包括控制器索引、标记和坐标。

❑　第 8～17 行首先定义了一个委托，用于后面事件的创建，然后创建了数个标志位，来判断当前特定按钮的状态是什么。

❑　第 18～24 行定义了多个事件，在此仅列出了部分事件的创建，由于篇幅限制，控制

板触摸事件、持握手柄事件的创建都省略了，创建的方式与前面的完全相同，操作很简单。

❑ 第 25~38 行代码实现了 Start 方法，一般 Start 方法内的代码起到初始化的作用，这里也一样。Start 方法内完成了 SteamVR_TrackedObject 组件的添加，控制器索引的赋值与获取等功能。后面的 SetDeviceIndex 方法可以完成对 controllerIndex 变量的赋值。

下面介绍 SteamVR_TrackedController.cs 脚本中的 SetDeviceIndex 等方法。具体代码如下。

代码位置：随书源代码/第 6 章/HTCVIVEEX/Assets/SteamVR/Extras/SteamVR_TrackedController.cs

```
public void SetDeviceIndex(int index){                      //设置设备索引的函数
  this.controllerIndex = (uint) index;
}
public virtual void OnTriggerClicked(ClickedEventArgs e){
  if (TriggerClicked != null)  TriggerClicked(this, e);
}
public virtual void OnMenuUnclicked(ClickedEventArgs e){
  if (MenuButtonUnclicked != null)  MenuButtonUnclicked(this, e);
}
......//后面省略了其他按钮的逻辑处理函数，有兴趣的读者可以参考 SDK 中相应的脚本
void Update(){
  var system = OpenVR.System;
  if (system != null && system.GetControllerState(controllerIndex, ref
  controllerState)){
    ulong trigger = controllerState.ulButtonPressed & (1UL <<
    ((int)EVRButtonId.k_EButton
    _SteamVR_Trigger));               //控制器状态中按钮按下的数值与扳机按钮左移一位
    if (trigger > 0L && !triggerPressed){              //判断玩家按下扳机
      triggerPressed = true;                           //设置触发扳机的标志位
      ClickedEventArgs e;                              //创建结构体
      e.controllerIndex = controllerIndex;             //为控制器索引赋值
      e.flags = (uint)controllerState.ulButtonPressed; //为标记赋值
      e.padX = controllerState.rAxis0.x;               //为触摸控制板上按钮的 x 坐标赋值
      e.padY = controllerState.rAxis0.y;               //为触摸控制板上按钮的 y 坐标赋值
      OnTriggerClicked(e);                             //触发扳机的触发事件
    }
    ......//后面省略了触发和释放其他按钮的方法，有兴趣的读者可以参考 SDK 中相应的脚本
}}}
```

❑ SetDeviceIndex 方法设置当前设备的索引，便于处理调用。

❑ OnTriggerClicked 方法是多个处理不同按钮操作的虚方法，它们会接受结构体 ClickedEventArgs，然后根据不同的按钮触发不同的事件，并将结构体传递给注册在该事件上的其他逻辑处理函数，这里同样省略了部分代码，实现方式与前面相同。

❑ Update 方法能够监控控制手柄上"扳机"按钮的触发情况，一旦检测到"扳机"按钮被按下，就会改变触发"扳机"按钮的标志位，创建结构体并为其中的索引、坐标

等参数进行赋值，最后调用相应的虚方法。其他按钮的检测与处理与"扳机"按钮大致相同。

6.7　本章小结

本章详细讲解了 HTC VIVE 的基本知识，包括 HTC VIVE 的基本知识，HTC VIVE 设备的安装，steamVR SDK 的下载、导入，SDK 的关键内置脚本，以及 HTC VIVE 简单案例的开发等。

学习该章后，可以按照步骤安装 HTC VIVE，利用 SteamVR SDK 实现简单的功能模块，结合 Unity 知识完成简单的 HTC VIVE 案例的开发，为以后复杂的 HTC VIVE 游戏开发打下坚实的基础。

6.8　习题

1. 简要叙述 HTC VIVE 设备的安装流程。
2. 下载 SteamVR SDK 并运行官方案例、查看运行结果。
3. 列举 SteamVR SDK 的关键脚本。
4. 搭建自己的 HTC VIVE 项目。
5. 在习题 5 所开发项目的基础上加入手柄的控制功能。

第7章　HTC VIVE 平台下的 VR 开发进阶

目前 HTC VIVE 的开发、使用在国内才刚刚起步，这是由于较少的人能够清楚了解 HTC VIVE 的开发流程，很多新人无法从互联网中直接获取较详细的开发教程，也没有找到很好的开源演示案例。

本章介绍一款 Unity 开源插件——VRTK（Virtual Reality Toolkit）。读者可以在 Unity 的 Asset Store 中下载此开源插件。这款插件是关于 HTC VIVE 开发的演示案例集合，我们使用其中的脚本很快可以完成相关功能的实现，也可以深入研究具体的代码。

7.1　VRTK 的安装与使用

VRTK 插件是完全免费的。打开 Unity，在顶部菜单栏中选择 Window→Asset Store，如图 7-1 所示，即可打开 Asset Store 窗口。

在 Asset Store 窗口顶部的搜索栏中输入 VRTK，单击"搜索"按钮就会找到相关资源，如图 7-2 所示。选择插件后，单击左侧的 Download 按钮，下载插件，并导入项目中。若想运行其中的案例，还需要和 SteamVR SDK 一并导入。

提示：导入成功后，即可使用 VRTK 插件。在插件的 Examples 文件夹中有 VRTK 提供的所有演示案例，其中的功能包罗万象，有各种类型的抓取、传送以及 UI 的实现，如图 7-3 所示，读者可以逐个分析学习。在 Scripts 文件下就是插件所用到的所有脚本，如图 7-4 所示，因为在 Asset Store 中的 VRTK 版本为 3.2.0，不支持 Unity 2018 版本，所以本章介绍的是 VRTK 的 3.3.0 版本，读者可从 GitHub 下载最新 VRTK 版本的 SDK。

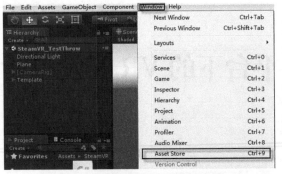
图 7-1　打开 Asset Store 窗口的方式

图 7-2　VRTK 资源

图 7-3　Examples 文件夹中的演示案例

图 7-4　Scripts 文件夹中的脚本

7.2　控制手柄的按钮监听

上一章已经介绍了如何使用 SteamVR SDK 中的接口方法来实现对控制手柄上按钮的监听，SteamVR SDK 中的 SteamVR_Controller.cs 脚本并没有提供完全的封装，部分功能还需要自己编写，例如对扳机事件、单击事件的判断等。

而 VRTK 中的 VRTK_ControllerEvents.cs 脚本在 SteamVR_Controller.cs 的基础上进一步封装，这基本上满足了开发人员的大多数需求，本节详细介绍 VRTK_ControllerEvents.cs 脚本如何实现控制手柄的按钮监听。

7.2.1 按钮监听接口

HTC VIVE 提供了两个控制手柄，分别包含了"触摸板"按钮、"扳机"按钮、"手柄"按钮、"菜单"按钮与"系统"按钮。VRTK 为这些按钮进行了二次命名，同时对监听方法进行了进一步封装，还提供了更加方便的手柄振动方法。下面进行详细讲解。

1. 按钮名称的二次抽象

SteamVR_Controller.cs 脚本中已经对按钮的名称进行了简单的抽象，但是在实际开发中直接使用该脚本提供的名称并不方便，所以 VRTK 又在 SteamVR_Controller.cs 脚本中按钮名称的基础上进行了二次抽象。具体代码如下。

代码位置： 随书源代码/第 7 章/Archery/Assets/VRTK/Scripts/Interactions/VRTK_ControllerEvents.cs

```
1   public enum ButtonAlias{                        //按钮类型
2       Undefined,
3       TriggerHairline,
4       TriggerTouch,
5       TriggerPress,
6       TriggerClick,
7       GripHairline,
8       GripTouch,
9       GripPress,
10      GripClick,
11      TouchpadTouch,
12      TouchpadPress,
13      TouchpadTwoTouch,
14      TouchpadTwoPress,
15      ButtonOneTouch,
16      ButtonOnePress,
17      ButtonTwoTouch,
18      ButtonTwoPress,
19      StartMenuPress,
20      TouchpadSense,
21      TriggerSense,
22      MiddleFingerSense,
23      RingFingerSense,
24      PinkyFingerSense,
25      GripSense,
26      GripSensePress
27  }
```

❑ 第 3～6 行将 SteamVR_Controller.cs 脚本中的"扳机"按钮触发的事件分成 4 类。当"扳机"按钮有微小变化时，触发 TriggerHairline；当轻微触摸"扳机"按钮时，触发

TriggerTouch；当按下"扳机"按钮时，触发 TriggerPress；当完全按下"扳机"按钮时，触发 TriggerClick。

❑ 第 7~10 行将 SteamVR_Controller 脚本中"触摸板"按钮触发的事件分成 4 类。当"触摸板"按钮有微小变化时，触发 GripHairline；当轻微触摸"触摸板"按钮时，触发 GripTouch；当按下一半"触摸板"按钮时，触发 GripPress；当完全按下"触摸板"按钮时，触发 GripClick。

❑ 第 11~19 行将 SteamVR_Controller.cs 脚本中的 Touchpad、TouchpadTwo、ButtonOne 与 ButtonTwo 事件分成两类。当触摸"触摸板"按钮时，触发 TouchpadTouch；当按下"触摸板"按钮时，触发 TouchpadPress。TouchpadTwo 事件应用于 WindowsMR 控制手柄，按下 VIVE 控制手柄中"菜单"按钮时触发 ButtonTwo 事件；ButtonOne 事件应用于 Oculus 控制手柄，按下 VIVE 控制手柄中的"系统"按钮时触发 StartMenuPress 事件。

❑ 第 20~27 行为触感检测事件，当按下相应的按钮时触发检测事件，用于检测按钮上的压力。

提示：当 buttonPressure 为 0.5 左右时，会触发 TriggerPress，而默认情况下当 buttonPressure 为 1 时触发 TriggerClick，读者可以根据自己的需求进行修改。

2. ControllerInteractionEventArgs 结构体

VRTK 中的按钮监听采用了 C#中的事件委托机制，定义了结构体 ControllerInteraction EventArgs，可利用该结构体进行参数的传递，方便事件的监听。具体代码如下。

代码位置：随书源代码/第 7 章/Archery/Assets/VRTK/Scripts/Interactions/VRTK_ControllerEvents.cs

```
28   public struct ControllerInteractionEventArgs{
29     public VRTK_ControllerReference controllerReference;    //控制器的引用
30     public float buttonPressure;
31     public Vector2 touchpadAxis;                            //触摸板上的触摸位置
32     public float touchpadAngle;                             //触摸位置的角度
33     public Vector2 touchpadTwoAxis;
34     public float touchpadTwoAngle;
35   }
```

❑ 第 29~30 行中，controllerReference 代表控制器的引用，能判断是哪个控制器发出的事件；buttonPressure 表示"扳机"按钮按下的幅度，范围从 0 到 1。

❑ 第 31~35 行中，touchpadAxis 表示一个触摸板的触摸位置，坐标轴与 SteamVR SDK 中的坐标轴相同；touchpadAngle 表示触摸位置的角度，范围从 0°到 360°，其中 y 轴中正半轴上的点对应于 0°，角度沿顺时针方向增大；touchpadTwoAxis 与 touchpadTwoAngle 表示另一个"触摸板"的属性。

3. 按钮的监听

VRTK 中采用事件委托机制实现对按钮事件的监听，并在 VRTK_ControllerEvents.cs 脚本中增加了按钮监听的接口，为开发人员带来了极大的便捷。具体如下。

代码位置：随书源代码/第 7 章/Archery/Assets/VRTK/Scripts/Interactions/VRTK_ControllerEvents.cs

```
36  public delegate void ControllerInteractionEventHandler(object sender,
37  ControllerInteractionEventArgs e);
38  ...此处省略了部分代码，有兴趣的读者可自行查看项目中的源代码
39  public event ControllerInteractionEventHandler TriggerPressed;
40  public event ControllerInteractionEventHandler TriggerReleased;
41  public event ControllerInteractionEventHandler TriggerTouchStart;
42  public event ControllerInteractionEventHandler TriggerTouchEnd;
43  public event ControllerInteractionEventHandler TriggerHairlineStart;
44  public event ControllerInteractionEventHandler TriggerHairlineEnd;
45  public event ControllerInteractionEventHandler TriggerClicked;
46  public event ControllerInteractionEventHandler TriggerUnclicked;
47  public event ControllerInteractionEventHandler TriggerAxisChanged;
48  public event ControllerInteractionEventHandler TriggerSenseAxisChanged;
49  public event ControllerInteractionEventHandler GripPressed;
50  public event ControllerInteractionEventHandler GripReleased;
51  public event ControllerInteractionEventHandler GripTouchStart;
52  public event ControllerInteractionEventHandler GripTouchEnd;
53  public event ControllerInteractionEventHandler GripHairlineStart;
54  public event ControllerInteractionEventHandler GripHairlineEnd;
55  public event ControllerInteractionEventHandler GripClicked;
56  public event ControllerInteractionEventHandler GripUnclicked;
57  public event ControllerInteractionEventHandler GripAxisChanged;
58  public event ControllerInteractionEventHandler TouchpadPressed;
59  public event ControllerInteractionEventHandler TouchpadReleased;
60  public event ControllerInteractionEventHandler TouchpadTouchStart;
61  public event ControllerInteractionEventHandler TouchpadTouchEnd;
62  public event ControllerInteractionEventHandler TouchpadAxisChanged;
63  public event ControllerInteractionEventHandler TouchpadSenseAxisChanged;
64  public event ControllerInteractionEventHandler TouchpadTwoPressed;
65  public event ControllerInteractionEventHandler TouchpadTwoReleased;
66  public event ControllerInteractionEventHandler TouchpadTwoTouchStart;
67  public event ControllerInteractionEventHandler TouchpadTwoTouchEnd;
68  public event ControllerInteractionEventHandler TouchpadTwoAxisChanged;
69  public event ControllerInteractionEventHandler ButtonOneTouchStart;
70  public event ControllerInteractionEventHandler ButtonOneTouchEnd;
71  public event ControllerInteractionEventHandler ButtonOnePress;
72  public event ControllerInteractionEventHandler ButtonOneReleased;
73  public event ControllerInteractionEventHandler ButtonTwoTouchStart;
74  public event ControllerInteractionEventHandler ButtonTwoTouchEnd;
75  public event ControllerInteractionEventHandler ButtonTwoPress;
```

```
76   public event ControllerInteractionEventHandler ButtonTwoReleased;
77   public event ControllerInteractionEventHandler StartMenuPressed;
78   public event ControllerInteractionEventHandler StartMenuReleased;
79   public event ControllerInteractionEventHandler MiddleFingerSenseAxisChanged;
80   public event ControllerInteractionEventHandler RingFingerSenseAxisChanged;
81   public event ControllerInteractionEventHandler PinkyFingerSenseAxisChanged;
82   public event ControllerInteractionEventHandler GripSenseAxisChanged;
83   public event ControllerInteractionEventHandler GripSensePressed;
84   public event ControllerInteractionEventHandler GripSenseReleased;
85   public event ControllerInteractionEventHandler ControllerEnabled;
86   public event ControllerInteractionEventHandler ControllerDisabled;
87   public event ControllerInteractionEventHandler ControllerIndexChanged;
88   public event ControllerInteractionEventHandler ControllerModelAvailable;
89   public event ControllerInteractionEventHandler ControllerVisible;
90   public event ControllerInteractionEventHandler ControllerHidden;
```

- ❑ 第 36～37 行定义了事件委托类型，下面的所有事件都是基于这个事件委托类型进行定义的。
- ❑ 第 39～48 行是针对控制手柄上的"扳机"按钮定义的事件。
- ❑ 第 49～57 行的事件用于监听控制手柄上的"手柄"按钮，按下时触发 GripClick 事件与 GripPressed 事件，松开时触发 GripReleased 事件与 UnClick 事件，其余的事件在 VIVE 手柄中没有调用。
- ❑ 第 58～68 行是针对控制手柄上的"触摸板"按钮定义的事件，按下、松开与触摸时执行相应的事件，其中 TouchpadTwo 系列的事件在 VIVE 手柄中也没有调用。
- ❑ 第 69～78 行的事件用于监听手柄上的"菜单"按钮，按下"菜单"按钮执行 ButtonTwoPress 事件，松开时执行 ButtonTwoReleased 事件，其余方法在 VIVE 手柄中也没有调用。
- ❑ 第 79～84 行为触摸量、握力改变时调用的事件，在 VIVE 手柄中也没有调用。
- ❑ 第 85～90 行是根据手柄控制器状态来触发的事件，根据控制器是否可用来判断触发 ControllerEnabled 事件还是 ControllerDisabled 事件，根据索引与可见性来触发的其他事件等。

4. 常用方法

VRTK 中除了对按钮名称与触发事件进行了二次封装外，还对一些常用的方法进行了再次定义，例如，在 SDK_SteamVRController.cs 中包含 GetAngularVelocity 方法、GetVelocity 方法，在 VRTK_ControllerEvents.cs 中包含获取触摸板上的触摸位置与角度的方法等。具体如下。

代码位置： 随书源代码/第 7 章/Archery/Assets/VRTK/Scripts/Interactions/VRTK_ControllerEvents.cs

```
1   public virtual Vector2 GetTouchpadAxis(){              //获取触摸板上触摸位置的坐标
2       return touchpadAxis;                              //返回坐标值
3   }
4   public virtual float GetTouchpadAxisAngle(){          //获取触摸板上触摸位置的角度
5       return CalculateVector2AxisAngle(touchpadAxis);   //返回角度值（从 0°到 360°）
6   }
7   public virtual float GetTriggerAxis(){                //获取扳机位置
8       return triggerAxis.x;
9   }
10  public virtual bool AnyButtonPressed(){               //判断是否有按钮被按下
11      return (triggerPressed || gripPressed || touchpadPressed || touchpadTwoPressed ||
12         buttonOnePressed || buttonTwoPressed || startMenuPressed || gripSensePressed);
13  }
14  public virtual bool IsButtonPressed(ButtonAlias button){    //判断按钮是否被按下
15      switch (button){                                  //判断 button 是什么
16          case ButtonAlias.TriggerHairline:            //若 button 为 Trigger_Hairline
17              return triggerHairlinePressed;            //返回该按钮的状态
18          case ButtonAlias.TriggerTouch:               //若 button 为 Trigger_Touched
19              return triggerTouched;                    //返回该按钮的状态
20          ...//此处省略了一些按钮名称，有兴趣的读者可查看官方案例中的源代码
21      }
22      return false;                                     //若无此按钮，则返回 false
23  }
```

- ❏ 第 1～9 行定义了获取触摸板上触摸位置、触摸角度与扳机位置的方法。
- ❏ 第 10～13 行定义了判断是否有按钮按下的方法，将 8 个按钮的状态进行"或"运算，返回运算结果。
- ❏ 第 14～23 行定义的方法可以判断 ButtonAlias 类型按钮的状态，根据 button 的类型返回本脚本中所定义的对应按钮状态值。

7.2.2 按钮监听接口的调用

上一节详细介绍了 VRTK_ControllerEvents.cs 提供的按钮监听接口，下面通过一个案例讲解这些接口的调用。本案例是 VRTK 插件提供的，读者只需打开第 7 章的源代码中 Archery/Assets/VRTK/LegacyExampleFiles 目录下的 002_Controller_Events.unity 案例即可。

场景结构较简单，与之前的场景相比没有太大变化，如图 7-5 所示。在[VRTK_Scripts]对象下的两个 Controller 对象上挂载了 VRTK_ControllerEvents.cs 脚本进行事件监听。通过挂载的 VRTK_ControllerEvents_ListenerExample.cs 脚本添加触发事件的调用方法，如图 7-6 所示。下面详细介绍如何调用按钮监听接口。

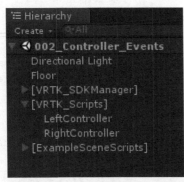

图 7-5　场景结构

图 7-6　挂载的脚本

代码位置： 随书源代码/第 7 章/Archery/Assets/VRTK/LegacyExampleFiles/ExampleResources/Scripts/VRTK_ControllerEvents_ListenerExample.cs

```
1    public class VRTK_ControllerEvents_ListenerExample : MonoBehaviour{
2        ...//此处省略了声明变量的代码，读者可自行查看官方案例中的源代码
3        private void OnEnable(){
4            controllerEvents = GetComponent<VRTK_ControllerEvents>();      //获取脚本对象
5            if (controllerEvents == null){                                 //判断是否为空
6                VRTK_Logger.Error(VRTK_Logger.GetCommonMessage(VRTK_Logger.
7                CommonMessageKeys.REQUIRED_COMPONENT_MISSING_FROM_GAMEOBJECT,
8                "VRTK_ControllerEvents_ListenerExample","VRTK_ControllerEvents", "the same"));
9                return;
10           }
11           controllerEvents.TriggerPressed += DoTriggerPressed;
12           controllerEvents.TriggerReleased += DoTriggerReleased;
13           ...//此处省略了对其他事件的监听，读者可自行查看官方案例中的源代码
14       }
15       private void OnDisable(){
16           if (controllerEvents != null){                                //判断是否为空
17               controllerEvents.TriggerPressed -= DoTriggerPressed;
18               controllerEvents.TriggerReleased -= DoTriggerReleased;
19               ...//此处省略了对其他事件的监听，读者可自行查看官方案例源代码
20       }}
21       private void LateUpdate(){
22           switch (quickSelect){                                         //判断开关
23               case EventQuickSelect.None:
```

```
24              triggerButtonEvents = false;
25              gripButtonEvents = false;
26          ...//此处省略了部分代码，读者可自行查看官方案例中的源代码
27          case EventQuickSelect.All:
28              ...//此处省略了部分代码，读者可自行查看官方案例中的源代码
29      }}
30  private void DebugLogger(uint index, string button, string action,
31  ControllerInteractionEventArgs e){
32      string debugString = "Controller on index '" + index + "' " + button + " has
33      been " + action + " with a pressure of " + e.buttonPressure + " / Primary
34      Touchpad axis at: " + e.touchpadAxis + " (" + e.touchpadAngle + " degrees)"
35      + " / Secondary Touchpad axis at: " + e.touchpadTwoAxis + " (" +
36      e.touchpadTwoAngle + " degrees)";
37          VRTK_Logger.Info(debugString);
38      }
39  private void DoTriggerPressed(object sender, ControllerInteractionEventArgs e){
40      if (triggerButtonEvents){
41          DebugLogger(VRTK_ControllerReference.GetRealIndex(e.controllerReference),
42              "TRIGGER", "pressed", e);
43      }}
44  private void DoTriggerReleased(object sender, ControllerInteractionEventArgs e){
45      if (triggerButtonEvents){
46          DebugLogger(VRTK_ControllerReference.GetRealIndex(e.controllerReference),
47              "TRIGGER", "released", e);
48      }}
49  ...//此处省略了部分触发事件所调用的方法，有兴趣的读者可自行查看源代码
50  }
```

- ❏ 第 3～14 行为 OnEnable 方法，当挂载脚本的对象可见时调用，用于获取 VRTK_ControllerEvents.cs 脚本以及为该脚本上的事件设置监听方法。
- ❏ 第 15～20 行为 OnDisable 方法，当挂载脚本的对象不可见时调用，用于清除 VRTK_ControllerEvents.cs 脚本上的事件监听方法。
- ❏ 第 21～29 行为 LateUpdate 方法，用于在每一帧调用，判断用户在 Inspector 面板中对变量的选择，进行标志位的设置。
- ❏ 第 30～38 行为输出控制手柄信息的方法，通过解析传过来的信息输出。
- ❏ 第 39～50 行为触发事件所调用的方法，调用时根据 triggerButtonEvents 标志位来判断是否进行控制手柄信息的输出。

7.3 光线的创建

上一节介绍了如何使用 VRTK 中的接口方法来实现对控制手柄的按钮监听，但在 VR 世界

中想要实现与游戏物体的交互，还需要一个类似于鼠标的硬件，所以就有了拾取光线的技术。光线可以帮助玩家实现与游戏场景的交互，例如选取、拾取、传送等。

7.3.1 光线开发的基本知识

在第 7 章的源代码中，Archery/Assets/VRTK/Scripts 文件夹下有一个名为 VRTK_Pointer.cs 的脚本，该脚本实现了玩家玩游戏时从控制器发出的光线，通过此光线玩家可以实现传送、拾取等功能，而这种选取模式是由于 VR 设备的特性决定的。

1. 光线的父类脚本

根据继承关系，首先将对 VRTK_Pointer.cs 脚本所继承的 VRTK_DestinationMarker.cs 脚本进行讲解，后一个脚本实现了发射光线的基础事件负载以及事件处理框架。具体代码如下。

代码位置：随书源代码/第 7 章/Archery/Assets/VRTK/Source/Scripts/Pointers/VRTK_DestinationMarker.cs

```
1    public struct DestinationMarkerEventArgs{
2            public float distance;
3            public Transform target;
4            public RaycastHit raycastHit;
5            public Vector3 destinationPosition;
6            public Quaternion? destinationRotation;
7            public bool forceDestinationPosition;
8            public bool enableTeleport;
9            public VRTK_ControllerReference controllerReference;
10   }
```

说明：上述代码主要定义了 DestinationMarkerEventArgs 结构体中的变量。在此脚本还定义了一个公有变量 enableTeleport，它表示是否可以设置传送事件，这方便了开发者在面板中进行操作。对相关代码感兴趣的读者可以参考本章案例中的脚本。

接下来介绍光线渲染器的父类脚本 VRTK_BasePointerRenderer.cs 中相关公有变量的功能，根据这些变量，开发者可以开发出各种类型的光线，如直线型光线和贝塞尔型光线等。具体代码如下。

代码位置：随书源代码/第 7 章/Archery/Assets/VRTK/Source/Scripts/Pointers/PointerRenderers/VRTK_BasePointerRenderer.cs

```
1    public enum VisibilityStates{
2        OnWhenActive,
3        AlwaysOn,                        //确保光线总是可见的
4        AlwaysOff                        //确保光线总是不可见的
5    }
6    public sealed class PointerOriginSmoothingSettings{
7        public bool smoothsPosition;
8        public float maxAllowedPerFrameDistanceDifference
```

```
9          = 0.003f;
10     public bool smoothsRotation;
11     public float maxAllowedPerFrameAngleDifference
12          = 1.5f;
13 }
14 public VRTK_PlayAreaCursor
15          playareaCursor;          //可选的 PlayAreaCursor 生成器,用于添加光线尖端的目标位置
16 public VRTK_PointerDirectionIndicator
17     directionIndicator;
18 public VRTK_CustomRaycast customRaycast;
19 public PointerOriginSmoothingSettings pointerOriginSmoothingSettings =
20     new PointerOriginSmoothingSettings();
21 public Color validCollisionColor = Color.green;
22 public Color invalidCollisionColor = Color.red;
23 public VisibilityStates tracerVisibility =
24     VisibilityStates.OnWhenActive;
25 public VisibilityStates cursorVisibility =
26     VisibilityStates.OnWhenActive;
```

❑ 第 1~5 行定义了枚举 pointerVisibilityStates,它规定了显示光线状态的 3 种方式,其中包括仅在控制器上的"触摸板"按钮按下时显示光线、光线总是可见、光线总是不可见。

❑ 第 6~13 行定义了设置光线原点的相关变量,开发者可根据自身需要对这几个变量赋值,以创建不同类型的光线。

❑ 第 14~17 行主要定义了 playareaCursor 变量和 directionIndicator 变量,其中 playareaCursor 变量主要用于添加光线尖端的目标位置;directionIndicator 变量用于确定给定目标点的旋转。

❑ 第 21~22 行定义了光线与有效物体碰撞时的颜色,也定义了光线未与有效物体碰撞时的颜色。当光线与有效物体碰撞时,将光线材质的颜色设置为 validCollisionColor,未与有效物体碰撞时,将光线材质颜色设置为 invalidCollisionColor。

❑ 第 23~26 行定义了表示光线是否可见的相关变量。

2. VRTK_Pointer.cs 脚本

下面正式介绍 VRTK_Pointer.cs 的部分代码。因为大部分功能在父类脚本中已经实现了,所以 VRTK_Pointer.cs 脚本只需要实现一小部分即可,这些功能在案例中可以由公有变量来进行控制。具体代码如下。

代码位置: 随书源代码/第 7 章/Archery/Assets/VRTK/Source/Scripts/Pointers/VRTK_Pointer.cs

```
1    public VRTK_BasePointerRenderer pointerRenderer;
2    public VRTK_ControllerEvents.ButtonAlias activationButton =
3        VRTK_ControllerEvents.ButtonAlias.TouchpadPress;
```

```
4    public bool holdButtonToActivate = true;
5    public bool activateOnEnable = false;
6    public float activationDelay = 0f;
7    public VRTK_ControllerEvents.ButtonAlias selectionButton =
8        VRTK_ControllerEvents.ButtonAlias.TouchpadPress;
9    public bool selectOnPress = false;
10   public float selectionDelay = 0f;
11   public float selectAfterHoverDuration = 0f;
12   public bool interactWithObjects = false;        //是否可以与对象交互
13   public bool grabToPointerTip = false;             //当 interactWithObjects 为 true 时,
14   //被指针选中的物体会附加到指针上
15   public GameObject attachedTo;                      //指针上附加的对象
16   public VRTK_ControllerEvents controllerEvents;     //用于切换指针,可选对象
17   public VRTK_InteractUse interactUse;               //将可交互对象与指针一起使用
18   public Transform customOrigin;                     //自定义的指针原点
19   public VRTK_ControllerEvents controller            //用于切换指针的控制器
```

- ❑ 第 1 行定义了表示光线类型的变量 pointerRenderer。在官方案例中共有两种光线——直线型光线和贝塞尔型光线。

- ❑ 第 2~6 行定义了有关发射光线的变量。其中，如果 holdButtonToActivate 选项设置为 true，则需要持续按住激活按钮才可发射光线；如果未选中此项，则激活按钮用于切换，第一次按下启用按钮，第二次按下将禁用按钮。

- ❑ 第 7~11 行定义了执行用户事件需要的变量。其中，如果 selectOnPress 选项设置为 true，则按下"选择"按钮时执行选择动作；如果未选中此选项，则在"选择"按钮被释放时执行选择操作。

- ❑ 第 12~19 行定义了有关切换指针和控制器的变量。如果把 VRTK_Pointer.cs 脚本应用于控制器上，则这些变量可以为空，因为它将由脚本在运行时处于启动状态的控制器自动填充。

3. VRTK_StraightPointerRenderer.cs 脚本

下面详细介绍一下 VRTK_StraightPointerRenderer.cs 脚本。此脚本主要用于创建和调节直线型光线，限于篇幅，在此主要介绍相关公有变量的作用，其他代码读者可自行查看。具体代码如下。

代码位置：随书源代码/第 7 章/Archery/Assets/VRTK/Source/Scripts/Pointers/PointerRenderers/VRTK_Straight
PointerRenderer.cs

```
1    public float maximumLength = 100f;
2    public float scaleFactor = 0.002f;
3    public float cursorScaleMultiplier = 25f;
4    public bool cursorMatchTargetRotation = false;
5    public bool cursorDistanceRescale = false;
```

```
6    public Vector3 maximumCursorScale = new Vector3(float.PositiveInfinity,
7        float.PositiveInfinity, float.PositiveInfinity);
8    public GameObject customTracer;
9    public GameObject customCursor;
```

- ❑ 第 1～3 行定义了光线的最大长度、指针追踪器对象的缩放系数、光标指针的缩放系数。开发者可自行调节这些变量并查看运行结果。

- ❑ 第 4～5 行定义了设置光标的变量。其中，如果 cursorMatchTargetRotation 为 true，则光标会旋转以匹配目标曲面；若为 false，则指针光标始终为水平状态；而只有 cursorDistanceRescale 为 true 时，maximumCursorScale 才会用到。

- ❑ 第 8～9 行用于自定义追踪器和指针的外观。若 customTracer 对象未被赋值，则会被 Cube 对象代替；若 customCursor 对象未被赋值，则会被 Sphere 对象代替。

4. VRTK_StraightPointerRenderer.cs 脚本

VRTK_StraightPointerRenderer.cs 脚本实现了一种直线型光线，但有时游戏的地形会更加复杂，这需要另一种贝塞尔型光线来取代直线型光线。这个功能由 VRTK_BezierPointerRenderer.cs 脚本来实现。具体代码如下。

代码位置：随书源代码/第 7 章/Archery/Assets/VRTK/Source/Scripts/Pointers/PointerRenderers/VRTK_Bezier PointerRenderer.cs

```
1    public Vector2 maximumLength = new Vector2
2        (10f, float.PositiveInfinity);
3    public int tracerDensity = 10;
4    public float cursorRadius = 0.5f;
5    public float heightLimitAngle = 100f;
6    public float curveOffset = 1f;
7    public bool rescaleTracer = false;
8    public bool cursorMatchTargetRotation = false;
9    public int collisionCheckFrequency = 0;
10   public GameObject customTracer;
11   public GameObject customCursor;
12   public GameObject validLocationObject = null;
13   public GameObject invalidLocationObject = null;
```

- ❑ 第 1～4 行定义了设置光线外观的相关变量。其中如果 tracerDensity 值过大，会对游戏产生负面影响；cursorRadius 也影响贝塞尔曲线跟踪光束中物体的大小，半径越大，物体越大。

- ❑ 第 5～9 定义了与光线渲染有关的变量。其中，若 heightLimitAngle 的值较小，将防止光束投射到天空中并弯曲回落；如果 cursorMatchTargetRotation 为 true，光标会旋转以匹配目标曲面的角度。

- ❑ 第 10～13 行定义了自定义追踪器与光线外观等的相关变量。

7.3.2　光线案例的开发

VRTK 插件提供了很多种类型的包含光线的案例，由于篇幅限制，这里仅讲解一个基础的光线案例——003_Controller_SimplePointer。此案例中读者可以通过按下 HTC VIVE 手柄上的"触摸板"按钮来发射一条光线，如图 7-7 所示。然而，该案例中只能够发射光线，不能实现传送或者其他高级的功能。

图 7-7　发射光线

此案例中重要的脚本有 4 个。第 1 个脚本就是 VRTK_ControllerEvents.cs，负责监听玩家按下手柄按钮的事件。第 2 个是 VRTK_Pointer.cs，用来接受按钮事件并发射光线。第 3 个脚本是 VRTK_StraightPointerRenderer.cs，用来创建并调节光线。第 4 个是 VRTK_Controller-PointerEvents_ListenerExample.cs，用来实现光线与游戏对象的交互。

1．光线的触发

VRTK_ControllerEvents.cs 脚本需要挂载到[VRTK_Scripts]对象下的 Controller（见图 7-8）上，其中定义了每个按钮按下时所触发的事件，并且为其添加了事件监听，可以完成相应的按钮动作处理事件。该脚本的参数如图 7-9 所示。

2．光线的实现

VRTK_Pointer.cs 脚本和 VRTK_StraightPointerRenderer.cs 脚本需要挂载到[VRTK_Scripts]对象下的 Controller 上，并需要将 Controller 赋给 VRTK_Pointer.cs 脚本的 PointerRenderer 参数。这两个脚本的作用在前面已经做了讲解，读者可以参考之前的讲解和项目代码来进一步学习。两个脚本的参数分别如图 7-10 和图 7-11 所示。

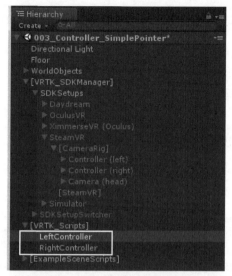

图 7-8　[VRTK_Scripts]下的 Controller

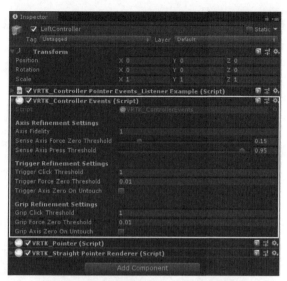

图 7-9　VRTK_ControllerEvents.cs 脚本的参数

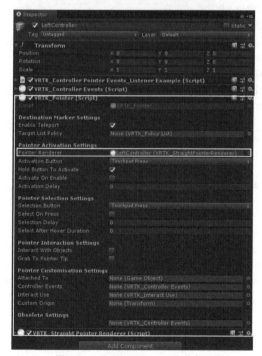

图 7-10　VRTK_Pointer.cs 脚本的参数

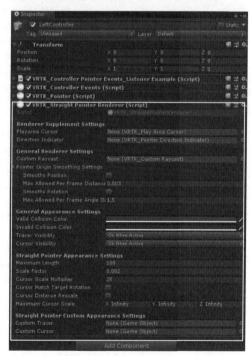

图 7-11　VRTK_StraightPointerRenderer.cs 脚本的参数

3. 光线与游戏对象的交互

VRTK_ControllerPointerEvents_ListenerExample.cs 脚本封装了光线与游戏物体的交互事件，开发者可以扩展此脚本，以达到自己想要的游戏效果。具体代码如下。

代码位置：随书源代码/第 7 章/Archery/Assets/VRTK/LegacyExampleFiles/ExampleResources/Scripts/VRTK_
ControllerPointerEvents_ListenerExample.cs

```
1    namespace VRTK.Examples{                                //定义名称空间
2        using UnityEngine;
3        public class VRTK_ControllerPointerEvents_ListenerExample : MonoBehaviour{
4            public bool showHoverState = false;            //是否显示悬停状态
5            private void Start(){
6                if (GetComponent<VRTK_DestinationMarker>() == null){
7                //获取 VRTK_DestinationMarker 组件
8                    //......此处省略了部分代码，读者可以自行查阅案例中相关代码
9                    return;
10               }
11               GetComponent<VRTK_DestinationMarker>().DestinationMarkerEnter += new
12                   DestinationMarkerEventHandler(DoPointerIn);//指针首次碰到物体时执行的方法
13               if (showHoverState){
14                   GetComponent<VRTK_DestinationMarker>().DestinationMarkerHover += new
15                       DestinationMarkerEventHandler(DoPointerHover);
16               }                //指针一直停留在物体上时执行的方法
17               GetComponent<VRTK_DestinationMarker>().DestinationMarkerExit += new
18                   DestinationMarkerEventHandler(DoPointerOut);    //指针离开物体时执行的方法
19               GetComponent<VRTK_DestinationMarker>().DestinationMarkerSet += new
20                   DestinationMarkerEventHandler(DoPointerDestinationSet);
21           }                //目标标记在场景中处于活动状态时执行的方法
22           private void DebugLogger(uint index, string action, Transform target,
23           RaycastHit raycastHit,
24               float distance, Vector3 tipPosition){
25               string targetName = (target ? target.name : "<NO VALID TARGET>");
26               //目标对象的名称
27               string colliderName = (raycastHit.collider ? raycastHit.collider.name :
28                   "<NO VALID COLLIDER>");                    //碰撞器的名称
29               //......此处省略了部分代码，读者可以自行查阅案例中相关代码
30           }
31           private void DoPointerIn(object sender, DestinationMarkerEventArgs e){
32               DebugLogger(VRTK_ControllerReference.GetRealIndex(e.controllerReference),
33                   "POINTERN",e.target, e.raycastHit, e.distance, e.destinationPosition);
34                   //调用输出信息的方法
35           }
36           private void DoPointerOut(object sender, DestinationMarkerEventArgs e){
37               //......此处省略了与上面类似的代码，读者可以自行查阅案例中相关代码
38           }
39           private void DoPointerHover(object sender, DestinationMarkerEventArgs e){
40               //......此处省略了与上面类似的代码，读者可以自行查阅案例中相关代码
41           }
42           private void DoPointerDestinationSet(object sender,
43           DestinationMarkerEventArgs e){
44               //......此处省略了与上面类似的代码，读者可以自行查阅案例中相关代码
```

```
45  }}}
```

❑ 第 4 行定义了 showHoverState 变量，若勾选此变量，指针停留在物体上时将会触发 DoPointerHover 方法。

❑ 第 5～21 行为 Start 方法。该方法内为指针与物体的 4 种交互状态都添加了所要执行的方法。例如，当指针首次碰到物体时，将会执行 DoPointerIn 方法。Destination MarkerEventHandler 为 VRTK_DestinationMarker 内定义的委托对象，读者可自行查看以了解更多信息。

❑ 第 22～30 行为自定义的输出方法。自定义了一个输出信息的方法，当光线与物体碰撞、光线离开物体或者触发确定目的地的事件时调用此方法，输出提示信息。

❑ 第 31～45 行为所要执行事件的具体实现。由于方法比较简单，在此不过多介绍，读者可自行查看随书源代码进行学习。

7.4 光线 UI 交互拾取

前面介绍了如何使用 VRTK 中的光线并当光线指向物体时完成事件的监听，本节讲解如何实现光线和 UI 的交互技巧。可以说任何游戏都离不开 UI，VR 游戏也不例外，美观的 UI 和实时的 UI 交互会使游戏体验更加完美。

7.4.1 光线 UI 交互拾取开发的基本知识

在第 7 章的源代码中，Archery/Assets/VRTK/Source/Scripts/UI 目录下有一个名为 VRTK_UIPointer.cs 的脚本，该脚本实现了玩家玩游戏时从控制器发出的光线与世界坐标系里 UI 的交互。通过此脚本，光线基本上可以与 Unity 引擎提供的任何 UGUI 组件（例如 Button、Toggle、Dropdown、Scroll View 等）进行交互。

此脚本中声明了很多需要使用的变量，例如用于控制光线的控制器、当前用户界面光线的活动状态属性等，其余的是一些设置画布等的方法以及光线 UI 交互的事件等。具体代码如下。

代码位置：随书源代码/第 7 章/Archery/Assets/VRTK/Source/Scripts/UI/VRTK_UIPointer.cs

```
1   public enum ActivationMethods{
2       HoldButton,    //只有当控制器上的"触摸板"按钮被按下并按住时，才激活 UI 光线
3       ToggleButton,  //在第一次单击控制器上的"触摸板"按钮时，激活 UI 光线，直到再次单击"触摸板"按钮关闭
4       AlwaysOn       //无论控制器上的"触摸板"按钮是否被按下，UI 光线总是激活的
5   }
6   public enum ClickMethods{
7       ClickOnButtonUp,     //抬起"触摸板"按钮时触发 UI 单击事件
8       ClickOnButtonDown    //按下"触摸板"按钮时触发 UI 单击事件
9   }
```

```
10  public VRTK_ControllerEvents.ButtonAlias activationButton =
11     VRTK_ControllerEvents.ButtonAlias.TouchpadPress;//用于激活/停用指针的 UI 光线投射的按钮
12  public ActivationMethods activationMode =
13     ActivationMethods.HoldButton;                 //确定 UI 指针何时应处于活动状态
14  public VRTK_ControllerEvents.ButtonAlias selectionButton =
15     VRTK_ControllerEvents.ButtonAlias.TriggerPress;   //在目标位置执行选择操作的按钮
16  public ClickMethods clickMethod = ClickMethods.
17     ClickOnButtonUp;                              //确定应何时执行 UI 单击操作
18  public bool attemptClickOnDeactivate = false;   //确定当指针被停用时是否应该触发 UI 单击操作
19  public float clickAfterHoverDuration = 0f;      //指针多长时间后会自动尝试单击 UI 对象
20  public float maximumLength = float.PositiveInfinity;      //光线检测能达到的最大距离
21  public GameObject attachedTo;                   //指针依附的对象
22  public VRTK_ControllerEvents controllerEvents;  //用于切换指针的 ControllerEvents 对象
23  public Transform customOrigin = null;           //自定义的指针原点 Transform
24  public VRTK_ControllerEvents controller;        //无实际意义
25  public Transform pointerOriginTransform = null; //无实际意义
```

❑ 第 1~5 行定义了枚举 ActivationMethods，它规定了激活 UI 光线的 3 种方式——只有当控制器上的 "触摸板" 按钮被按下并按住时才激活 UI 光线，在第一次单击控制器上的 "触摸板" 按钮时激活 UI 光线，UI 光线总是激活的。

❑ 第 6~9 行定义了枚举 ClickMethods，它规定了触发 UI 单击事件的两种方式——抬起 "触摸板" 按钮时触发和按下 "触摸板" 按钮时触发。

❑ 第 10~13 行为 "激活" 按钮的相关设置。开发者可改变 activationButton 的值来设置不同的激活按钮。

❑ 第 14~17 行为 "选择" 按钮的相关设置。开发者可以改变 selectionButton 的值来设置不同的选择按钮。

❑ 第 18~23 行为指针的相关设置。其中 attemptClickOnDeactivate 成立的条件是只有指针悬停在一个可单击对象上且 clickMethod 的值设置为 ClickMethod.ClickOnButtonUp。若 attachedTo 的值为空，则在运行时会被本脚本挂载的对象填充。

❑ 第 24~25 行定义的变量已经被新的变量所取代，所以不再具有实际意义。其中 VRTK_UIPointer.controller 被 VRTK_UIPointer.controllerEvents 代替，VRTK_UIPointer.pointerOriginTransform 被 VRTK_UIPointer.customOrigin 代替。

7.4.2 光线 UI 交互拾取案例的开发

VRTK 插件提供了一个非常典型的光线 UI 交互拾取案例 034_Controls_InteractingWith-UnityUI。这个案例实现了光线和 UI 的交互。此案例中读者可以通过按下 HTC VIVE 手柄上的 "触摸板" 按钮来发射光线，通过再次按下 "扳机" 按钮进行点选等。案例运行结果如图 7-12 和图 7-13 所示。

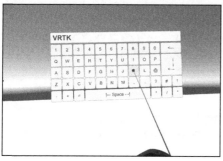

图 7-12 运行结果 1

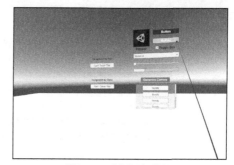

图 7-13 案例运行结果 2

这个案例中重要的脚本有 5 个。第 1 个脚本是 VRTK_UIPointer.cs，负责光线与 UI 的交互。第 2 个脚本是 VRTK_InteractTouch.cs，负责检测场景中的可触碰物体。另外，还有 3 个事件监听脚本——VRTK_ControllerUIPointerEvents_ListenerExample.cs、UI_Interactions.cs 和 UI_Keyboard.cs。此案例中关于传送的脚本将在下一节介绍。光线 UI 交互拾取案例的开发步骤如下。

（1）在添加 VRTK_UIPointer.cs 和 VRTK_InteractTouch.cs 脚本之前，要先在控制器上添加之前所介绍的 VRTK_ControllerEvents.cs、VRTK_Pointer.cs 和 VRTK_StraightPointerRenderer.cs 这 3 个脚本，实现控制器中按钮接口的调用以及基础光线。相关知识读者可以参阅上一节内容，此处不赘述，需添加的脚本参数如图 7-14 所示。

（2）VRTK_UIPointer.cs 脚本的变量功能之前已经做了介绍，开发者可自行改变每个变量的值来查看相应的运行结果。VRTK_UI Pointer (Script)的参数如图 7-15 所示。

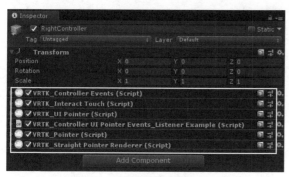

图 7-14 需添加的脚本参数

图 7-15 VRTK_UI Pointer (Script)的参数

（3）VRTK_ControllerUIPointerEvents_ListenerExample.cs 实现了光线进入 UI 组件时和光线退出 UI 组件时的事件监听，具体代码如下。

代码位置：随书源代码/第 7 章/Archery/Assets/VRTK/LegacyExampleFiles/ExampleResources/Scripts/VRTK_
ControllerUIPointerEvents_ListenerExample.cs

```
1    public class VRTK_ControllerUIPointerEvents_ListenerExample : MonoBehaviour{
```

```
2        public bool togglePointerOnHit = false;              //指针是否可用
3        private void Start(){
4            if (GetComponent<VRTK_UIPointer>() == null){        //获取 VRTK_UIPointer 组件
5                ...//此处省略了部分代码，读者可以自行查阅案例中相关代码
6                return;
7            }
8            if (togglePointerOnHit){                            //指针可用
9                GetComponent<VRTK_UIPointer>().activationMode =
10                   VRTK_UIPointer.ActivationMethods.AlwaysOn;     //UI 光线总是被激活
11           }
12       GetComponent<VRTK_UIPointer>().UIPointerElementEnter += VRTK_
13       ControllerUIPointerEvents_ListenerExample_UIPointerElementEnter;
14       //当指针与有效的 UI 元素接触时执行的方法
15       GetComponent<VRTK_UIPointer>().UIPointerElementExit += VRTK_
16       ControllerUIPointerEvents_ListenerExample_UIPointerElementExit;
17       //当指针不再与有效 UI 元素接触时执行的方法
18       GetComponent<VRTK_UIPointer>().UIPointerElementClick +=
19       VRTK_ControllerUIPointerEvents_ListenerExample_UIPointerElementClick;
20       //单击当前 UI 元素时执行的方法
21       GetComponent<VRTK_UIPointer>().UIPointerElementDragStart +=
22       VRTK_ControllerUIPointerEvents_ListenerExample_UIPointerElementDragStart;
23       //开始拖动当前 UI 元素的时执行方法
24       GetComponent<VRTK_UIPointer>().UIPointerElementDragEnd += VRTK_
25       ControllerUIPointerEvents_ListenerExample_UIPointerElementDragEnd;
26       //停止拖动当前 UI 元素的时执行方法
27       }
28       private void VRTK_ControllerUIPointerEvents_ListenerExample_UIPointerElementEnter
29           (object sender, UIPointerEventArgs e){
30           ...//此处省略了部分代码，读者可以自行查阅案例中相关代码
31           if (togglePointerOnHit && GetComponent<VRTK_Pointer>()){
32               GetComponent<VRTK_Pointer>().Toggle(true);      //指针设置为可用
33       }}
34       private void VRTK_ControllerUIPointerEvents_ListenerExample_UIPointerElementExit
35           (object sender, UIPointerEventArgs e){
36           ...//此处省略了部分代码，读者可以自行查阅案例中相关代码
37           if (togglePointerOnHit && GetComponent<VRTK_Pointer>()){
38               GetComponent<VRTK_Pointer>().Toggle(false);     //指针设置为不可用
39       }}
40       private void VRTK_ControllerUIPointerEvents_ListenerExample_UIPointerElementClick
41           (object sender, UIPointerEventArgs e){
42           ...//此处省略了部分代码，读者可以自行查阅案例中相关代码
43       }
44       private void VRTK_ControllerUIPointerEvents_ListenerExample_
45       UIPointerElementDragStart
46           (object sender, UIPointerEventArgs e){
47           ...//此处省略了部分代码，读者可以自行查阅案例中相关代码
```

```
48        }
49       private void VRTK_ControllerUIPointerEvents_ListenerExample_UIPointerElementDragEnd
50          (object sender, UIPointerEventArgs e){
51          .../此处省略了部分代码，读者可以自行查阅案例中相关代码
52  }}}
```

❑ 第 2 行定义了 togglePointerOnHit 变量。当 UI 光线进入 UI 组件时，若 togglePointerOnHit 为 true，则指针设置为可用；当 UI 光线离开 UI 组件时，若 togglePointerOnHit 为 false，则指针设置为不可用。

❑ 第 3～22 行为 Start 方法。方法内为指针与 UI 对象交互的 5 种状态都添加了所要执行的方法，例如，当指针与有效的 UI 元素接触时，会执行 VRTK_ControllerUIPointer Events_ListenerExample_UIPointerElementEnter 方法。

❑ 第 23～52 行为所要执行方法的具体实现。由于方法比较简单，在此不做过多介绍，读者可自行查看随书源代码进行学习。

说明：这里所指的碰撞光束并不是指游戏中我们所看到的光线，而是指与光线重合的物理碰撞光束，这条光束是看不到的，它相当于一条物理射线。

（4）当玩家按下"扳机"按钮并按键盘上的某个字母键时，UI_Keyboard.cs 脚本立刻将字母呈现在键盘上方的 InputField 组件中。这里涉及的按键主要分为 3 类，一类是字母键，另外两类分别是 Backspace 键和 Enter 键。具体代码如下。

代码位置：随书源代码/第 7 章/Archery/Assets/VRTK/LegacyExampleFiles/ExampleResources/Scripts/UI_Keyboard.cs

```
1   using UnityEngine;
2   using UnityEngine.UI;
3   public class UI_Keyboard : MonoBehaviour {
4     private InputField input;                              //获取 InputField 组件的索引
5     public void ClickKey(string character) {
6       input.text += character;                            //在输入字符串中添加所单击的字母
7     }
8     public void Backspace() {
9       if (input.text.Length > 0) {                        //如果输入的字符串不为空
10        input.text = input.text.Substring(0, input.text.Length - 1);   //删除末尾的字符
11    }}
12    public void Enter() {
13      Debug.Log("You've typed [" + input.text + "]");     //输出提示信息
14      input.text = "";                                    //清空输入字符串
15    }
16    private void Start() {                                 //Start 方法
17      input = GetComponentInChildren<InputField>();        //初始化 InputField 组件
18    }}
```

❑ 第 1～4 行主要定义了 InputField 组件的索引，表示当玩家按下"扳机"按钮并按键盘上的某个字母键时，字母将呈现在此组件中。

- 第 5～7 行定义了单击除了 Backspace 键和 Enter 键之外的字母键时调用的方法，先获取所单击字母的字符信息变量 character，之后将其添加到输出字符串中。
- 第 8～11 行定义了 Backspace 方法，如果输入的字符串不为空，将保留从 0 下标到（Length–1）下标的内容，实现删除末尾字符的功能。
- 第 12～15 行定义了 Enter 方法，当玩家按下"扳机"按钮并按 Enter 键时，首先在 Console 面板中会输出玩家刚刚输入的字符串信息，之后将 InputField 组件内的字符串清空。

（5）UI_Interactions.cs 脚本实现了当玩家按下"扳机"按钮并单击 Canvas 里面的 UI 组件时执行的方法，其中包括单击 Image、Button、Toggle 等几乎所有 UI 组件，应用时需要在相应 UI 组件的 Inspector 面板中添加对应事件。具体代码如下。

代码位置：随书源代码/第 7 章/Archery/Assets/VRTK/LegacyExampleFiles/ExampleResources/Scripts/UI_Interactions.cs

```
1   using UnityEngine;
2   using UnityEngine.UI;
3   public class UI_Interactions : MonoBehaviour {
4     private const int EXISTING_CANVAS_COUNT = 4;          //当前画布的数量
5     public void Button_Red() {
6       Debug.Log("Red Button Clicked");                    //输出提示信息
7     }
8     public void Button_Pink() {
9       Debug.Log("Pink Button Clicked");                   //输出提示信息
10    }
11    public void Toggle(bool state) {
12      Debug.Log("The toggle state is " + (state ? "on" : "off"));    //输出提示信息
13    }
14    public void Dropdown(int value) {                     //单击下拉按钮的方法
15      Debug.Log("Dropdown option selected was ID " + value);        //输出提示信息
16    }            //......这里省略了与上面类似的代码，读者可以自行查阅案例中相关代码
17    public void CreateCanvas() {                          //生成新画布的方法
18      //这里省略了生成新画布的方法，读者可以自行查阅案例中相关代码
19  }}
```

说明：此处定义了光线与 UI 组件交互的方法，包括单击红色按钮、单击粉色按钮、单击切换按钮、单击下拉按钮、生成新画布的方法，开发者只需改写此脚本就可以实现更多的 UI 交互，在应用时只需将方法添加到 UI 组件对应的 EventTrigger 等事件处理程序中即可。

（6）为了使 UI 组件与光线进行交互，需要将 VRTK_UICanvas.cs 脚本添加到 Canvas 组件上，如图 7-16 所示。若不需要使 UI 组件与光线进行交互，则不需要添加任何多余脚本，如图 7-17 所示。

图 7-16 使 UI 组件与光线进行交互

图 7-17 使 UI 组件不与光线进行交互

前面介绍了如何使用 VRTK 中的光线以及光线和 UI 菜单的交互，本节讲解传送的开发技巧。VRTK 允许玩家在现实世界中有一小块活动区域，但是当游戏世界非常大的时候，这个区域显然不能满足需求，于是就需要使用传送技术了。

7.5.1 传送技术

VRTK 提供了 3 种不同类型的传送脚本，分别是 VRTK_BasicTeleport.cs、VRTK_Height AdjustTeleport.cs 和 VRTK_DashTeleport.cs。利用这 3 种不同的传送脚本，我们可以很方便地实现平面上的传送、空间上的传送以及带有冲刺效果的空间传送。

只能够在 x 轴和 z 轴上传送的脚本 VRTK_BasicTeleport.cs 中不仅声明了很多需要使用的变量，还声明了一系列函数。具体代码如下。

代码位置：随书源代码/第 7 章/Archery/Assets/VRTK/Scripts/Locomotion/VRTK_BasicTeleport.cs

```
1    //此处省略了导入类及命名空间的代码
2    public delegate void TeleportEventHandler(object sender, DestinationMarkerEventArgs e);
3    public class VRTK_BasicTeleport : MonoBehaviour{
4        public Color blinkToColor = Color.black;
5        public float blinkTransitionSpeed = 0.6f;
6        public float distanceBlinkDelay = 0f;
7        public bool headsetPositionCompensation = true;
8        public VRTK_PolicyList targetListPolicy;
9        public VRTK_NavMeshData navMeshData;
10       public float navMeshLimitDistance = 0f;
11       public event TeleportEventHandler Teleporting;
12       public event TeleportEventHandler Teleported;
13       protected Transform headset;
14       protected Transform playArea;
15       protected bool adjustYForTerrain = false;
```

```
16        protected bool enableTeleport = true;
17        protected float blinkPause = 0f;
18        protected float fadeInTime = 0f;
19        protected float maxBlinkTransitionSpeed = 1.5f;
20        protected float maxBlinkDistance = 33f;
21        protected Coroutine initaliseListeners;
22        protected bool useGivenForcedPosition = false;
23        protected Vector3 givenForcedPosition = Vector3.zero;
24        protected Quaternion? givenForcedRotation = null;
25        public virtual void InitDestinationSetListener(GameObject markerMaker, bool register)
26        {/*用于注册 teleport 脚本，以监听来自给定游戏对象的事件*/}
27        public virtual void ToggleTeleportEnabled(bool state)
28        {/*确定传送者是否会在目标设置事件上启动传送*/}
29        public virtual bool ValidLocation(Transform target, Vector3 destinationPosition)
30        {/*确定给定的目的地是否为可以传送到的位置*/}
31        public virtual void Teleport(DestinationMarkerEventArgs teleportArgs)
32        {/*调用传送器更新位置*/}
33        public virtual void Teleport(Transform target, Vector3 destinationPosition,
34        Quaternion? destinationRotation = null, bool forceDestinationPosition = false)
35        {/*调用传送端来更新位置，从提供的参数构建目标标记*/}
36        public virtual void ForceTeleport(Vector3 destinationPosition,
37                Quaternion? destinationRotation = null)
38        {/*迫使位置更新为指定的目的地并忽略任何目标的检查和地面调整*/}
39        public virtual void SetActualTeleportDestination(Vector3 actualPosition,
40                Quaternion? actualRotation)
41
42        public virtual void ResetActualTeleportDestination()
43        {/*去除由 SetActualTeleportDestination 方法设置的任何先前强制目的地位置*/}
44     //由于篇幅有限，此处省略其他内部方法，读者可自行查看随书源代码
45    }
```

❑　第 5～6 行中，blinkTransitionSpeed 变量表示眨眼的速度，可以通过修改该变量的值来获得不同的体验（如果设置为 0，那么将不会出现眨眼效果）；distanceBlinkDelay 变量的范围为 0～32，它用来表示传送的距离与眨眼时间的关系，设置为 16 最合适，若设置为 0，眨眼效果与距离无关。

❑　第 11～12 行定义了两个事件 Teleporting 和 Teleported。一个是传送发生时的分发事件，另一个是传送成功后的分发事件。这两个事件在该案例中没有实际作用，读者可以在这两个事件上注册不同的处理程序。

❑　第 13～16 行中，headset 变量用来获取摄像机，在后面用于添加颜色渐变的脚本以及确认传送后的具体位置；playArea 用于确定玩家的活动空间；adjustYForTerrain 变量用来决定是否开启根据地形调节 y 坐标；enableTeleport 用来决定是否启用传送功能。

❑　第 17～20 行中的 4 个变量都用于对眨眼效果的模拟。

❑　第 25～43 行都是功能函数。由于篇幅有限，此处只介绍公有方法，内部方法请读者

自行查阅源代码。后面将详细讲解几个较重要的函数。

从挂载的该脚本对象被激活开始，首先调用 OnEnable 函数，在其中开启协程，在这一帧结束后调用 InitListenersAtEndOfFrame 函数，在其中再次调用 InitDestinationMarkerListeners 函数，在该函数中为控制器添加监听器。具体代码如下。

代码位置：随书源代码/第 7 章/Archery/Assets/VRTK/Scripts/Locomotion/VRTK_BasicTeleport.cs

```
protected virtual void OnEnable(){                     //启用当前脚本
  VRTK_PlayerObject.SetPlayerObject(gameObject,
        VRTK_PlayerObject.ObjectTypes.CameraRig);
  headset = VRTK_SharedMethods.AddCameraFade();
  playArea = VRTK_DeviceFinder.PlayAreaTransform();
  adjustYForTerrain = false;                           //禁止在 y 轴上发生移动
  enableTeleport = true;                               //启用传送
  StartCoroutine(InitListenersAtEndOfFrame());         //开启协程
  //将实例添加到 registered- Teleporters 列表中
  VRTK_ObjectCache.registeredTeleporters.Add(this);
}
private IEnumerator InitListenersAtEndOfFrame(){       //在当前帧结束后初始化监听器
      yield return new WaitForEndOfFrame();
      if (enabled){
          InitDestinationMarkerListeners(true);
}}
protected virtual void InitDestinationMarkerListeners(bool state){
    GameObject leftHand = VRTK_DeviceFinder.GetControllerLeftHand();
    GameObject rightHand = VRTK_DeviceFinder.GetControllerRightHand();
    InitDestinationSetListener(leftHand, state);               //注册监听器
    InitDestinationSetListener(rightHand, state);
    for (int i = 0; i < VRTK_ObjectCache.registeredDestinationMarkers.Count; i++){
        VRTK_DestinationMarker destinationMarker =             //获得目标标记脚本
            VRTK_ObjectCache.registeredDestinationMarkers[i];
        if (destinationMarker.gameObject != leftHand &&
            destinationMarker.gameObject != rightHand){        //若标记者不为左右手柄
          InitDestinationSetListener(destinationMarker.gameObject, state);
          //为标记者添加监听器
}}}}
```

❑ OnEnable 方法在对象激活时被调用，将 adjustYForTerrain 设置为 false，不在 y 轴上发生移动。启用传送，开启协程，在其中注册控制器的监听器，最后将当前类的实例添加到对象缓冲列表中。

❑ yield return new WaitForEndOfFrame()表示在这一帧结束之后继续执行下面的代码，所以之后调用 InitDestinationMarkerListeners 方法，若参数为 true，表示注册监听器。

❑ InitDestinationMarkerListensers 首先根据 GetControllerLeftHand/GetControllerRightHand 方法来获取两个控制器，然后通过 InitDestinationSetListener 方法来为两个控制器添加

监听器，设置 state 为 true。后面从 registeredDestinationMarkers 缓冲列表中获取对象，同样可为它们添加监听器。

从 InitDestinationMarkerListeners 方法中可以看到控制器在 InitDestinationSetListener 方法中使用，在其中获取控制器上的 VRTK_DestinationMarker 组件，注册 DoTeleport，并设置其他方法，在 DoTeleport 方法中完成传送效果。具体代码如下。

代码位置： 随书源代码/第 7 章/Archery/Assets/VRTK/Scripts/Locomotion/VRTK_BasicTeleport.cs

```
public virtual void InitDestinationSetListener(GameObject markerMaker, bool register){
    if (markerMaker != null){
        VRTK_DestinationMarker[] worldMarkers =
    markerMaker.GetComponentsInChildren<VRTK_DestinationMarker>();      //获得标志创建器
        for (int i = 0; i < worldMarkers.Length; i++){
            VRTK_DestinationMarker worldMarker = worldMarkers[i];    //获得目的地创建器
            if (register){
                worldMarker.DestinationMarkerSet +=
                new DestinationMarkerEventHandler(DoTeleport);      //注册监听器
                if (worldMarker.targetListPolicy == null){
                    worldMarker.targetListPolicy = targetListPolicy;//获得目标列表指针
                }
                worldMarker.SetNavMeshData(navMeshData);            //设置导航网格数据
                worldMarker.SetHeadsetPositionCompensation(headsetPositionCompensation);
            }else{
                worldMarker.DestinationMarkerSet -=                 //取消注册
    new DestinationMarkerEventHandler(DoTeleport);
}}}}
protected virtual void DoTeleport(object sender, DestinationMarkerEventArgs e){
    if (enableTeleport && ValidLocation(e.target, e.destinationPosition) &&
    e.enableTeleport){
        if (useGivenForcedPosition){                               //若使用指定地点
            e.destinationPosition = givenForcedPosition;           //获得指定地点
            e.destinationRotation = (givenForcedRotation !=        //获得指定角度
            null ? givenForcedRotation : e.destinationRotation);
            ResetActualTeleportDestination();                      //重置实际传送的目的地
        }
        StartTeleport(sender, e);                                  //触发传送的事件
        Quaternion updatedRotation = SetNewRotation(e.destinationRotation);
        Vector3 newPosition = GetNewPosition(e.destinationPosition, e.target,
        e.forceDestinationPosition);
        CalculateBlinkDelay(blinkTransitionSpeed, newPosition);    //获得位置与角度
        Blink(blinkTransitionSpeed);                               //实现闪烁效果
        Vector3 updatedPosition = SetNewPosition(newPosition, e.target,
        e.forceDestinationPosition);
        ProcessOrientation(sender, e, updatedPosition, updatedRotation);
        EndTeleport(sender, e);                                    //触发传送成功的事件
    }}
```

- ❑ 前 9 行根据 markerMaker 判断是否传入对象，之后获取当前对象身上的 VRTK_DestinationMarker 组件，根据 register 判断是否注册，true 表示注册，false 表示取消注册。之后将 DoTeleport 注册到 DestinationMarkerSet 事件上，当决定最终传送位置后就能够调用 DoTeleport 函数。关于 DestinationMarkerSet，读者可查看 VRTK_DestinationMarker 脚本。

- ❑ 接下来几行设置目标列表指针、导航网格数据以及是否开启头盔位置补偿。如果 register 为 false，那么就取消 DoTeleport 函数在 DestinationMarkerSet 事件上的注册。

- ❑ DoTeleport 方法首先判断是否启用传送以及有效位置，之后触发 OnTeleporting 事件，根据 GetNewPosition 方法获取新的位置，最后通过 SetNewPosition 方法传送。

GetNewPosition 和 SetNewPosition 两个方法涉及物体的运动，较简单。SetNewPosition 方法执行后便完成了传送，玩家也就到了新的位置，具体代码如下。

代码位置：随书源代码/第 7 章/Archery/Assets/VRTK/Scripts/Locomotion/VRTK_BasicTeleport.cs

```
protected virtual Vector3 SetNewPosition(Vector3 position, Transform target,
bool forceDestinationPosition){
    if (ValidRigObjects()){                              //若设备有效
        playArea.position = CheckTerrainCollision(position, target,
        forceDestinationPosition);
        return playArea.position;                        //返回更改后的位置
    }
    return Vector3.zero;
}
protected virtual Vector3 GetNewPosition(Vector3 tipPosition, T
    ransform target, bool returnOriginalPosition){
    if (returnOriginalPosition){                          //若设备有效
        return tipPosition;                               //返回位置坐标
    }
    return GetCompensatedPosition(tipPosition, playArea.position);   //返回补偿的位置
}
```

说明：GetNewPosition 方法首先根据是否开启头盔位置补偿来决定最终的位置坐标，由于 y 轴上不发生移动，所以不对 y 轴上的数据进行处理，之后返回位置坐标给 SetNewPosition 方法，进行最终位置的变换，CheckTerrainCollision 方法用来处理由于地形的高低而对 y 轴上数据产生的影响。

VRTK_HeightAdjustTeleport.cs 脚本继承自 VRTK_BasicTeleport.cs 脚本，实现了在 y 轴上的传送方式，这样玩家在游戏中便可抵达比地面更高的建筑，充分体验丰富的游戏场景以及资源。由于篇幅有限，这里仅介绍脚本中的公有变量，具体代码如下。

代码位置：随书源代码/第 7 章/Archery/Assets/VRTK/Scripts/Locomotion/VRTK_HeightAdjustTeleport.cs

```
1    public bool snapToNearestFloor = true;               //是否对齐到最近的地板
2    public bool applyPlayareaParentOffset = false;       //是否应用 Playarea 的父偏移量
```

```
3     public VRTK_CustomRaycast customRaycast;              //光线投射器
```

说明：当玩家抵达高处建筑时，若建筑面积小于初始的活动区域，那么发生下落是非常可能的事情。这里首先定义了发生下落的前提，分为 5 种不同的情况，之后定义了表示当前用户是否处于悬空位置的标志位。下落的方式也分为瞬间下落和依据重力下落两种方式，读者可以根据案例自行体会。

VRTK_DashTeleport.cs 脚本继承自 VRTK_HeightAdjustTeleport.cs 脚本，不但实现了在 y 轴上的传送方式，而且应用了类似于冲刺的效果。只要参数设置恰当，就不会使玩家发生晕眩。由于篇幅有限，这里仅介绍脚本中的公有变量，具体代码如下。

代码位置：随书源代码/第 7 章/Archery/Assets/VRTK/Scripts/Locomotion/VRTK_DashTeleport.cs

```
1     public float normalLerpTime = 0.1f;              //冲刺到一个新的位置需要的固定时间
2     public float minSpeedMps = 50.0f;                //冲刺的最小速度
3     public float capsuleTopOffset = 0.2f;            //CapsuleCast 上方的偏移量
4     public float capsuleBottomOffset = 0.5f;         //CapsuleCast 下方的偏移量
5     public float capsuleRadius = 0.5f;               //CapsuleCast 的半径
```

说明：这里规定了控制冲刺效果的变量，其中由 normalLerpTime*minSpeedMps 可以得到一个长度变量，只有传送距离大于这个变量才开启冲刺效果，其值默认为 5.0f。另外，当传送路径中有物体挡路时，需要修改摄像机上 CapsuleCast 组件的相关参数。

7.5.2　传送案例的开发

VRTK 插件提供了很多有关传送的案例，在这里介绍比较复杂的 038_CameraRig_DashTeleport。这个案例实现了有冲刺效果的传送，读者可以通过按下 HTC VIVE 手柄上的"触摸板"按钮来进行定点传送，案例运行结果如图 7-18 所示。

图 7-18　案例运行结果

这个案例中重要的脚本有 3 个。VRTK_DashTeleport.cs 实现了用户的定点冲刺传送，脚本

RendererOffOnDash.cs 控制了物体的渲染开关，VRTK_PlayerPresence.cs 控制了本案例中摄像机碰撞器的创建。

该案例的开发流程如下。

（1）为了实现传送效果，就要实现控制器上的光线，本案例中采用的是贝塞尔型光线，所以在控制器上添加 VRTK_BezierPointer.cs 和 VRTK_ControllerEvents.cs 两个脚本。本案例还实现了抓取的效果，其详情将在后面进行介绍。控制器的参数如图 7-19 所示。

（2）VRTK_DashTeleport.cs 脚本直接挂载到 PlayArea 对象上，具体的功能之前已经做了介绍，读者可以自行更改参数以实现不同的效果。VRTK_ Dash Teleport (Script)的参数如图 7-20 所示。

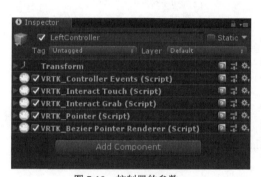

图 7-19 控制器的参数

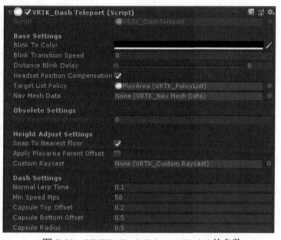

图 7-20 VRTK_ Dash Teleport (Script)的参数

（3）在该案例中的任何场景下，物体都有可能成为玩家传送时的障碍物，所以要为它们添加 RendererOffOnDash.cs 脚本来控制物体的渲染开关。

代码位置：随书源代码/第 7 章/Archery/Assets/VRTK/Examples/Resources/Scripts/RendererOffOnDash.cs

```
1    using UnityEngine;
2    using System.Collections.Generic;
3    public class RendererOffOnDash : MonoBehaviour {
4      private bool wasSwitchedOff = false;                //Renderer 是否消失
5      private List<VRTK_DashTeleport> dashTeleporters = new List<VRTK_DashTeleport>();
6      private void OnEnable() {
7        foreach (var teleporter in VRTK_ObjectCache.registeredTeleporters){
8          var dashTeleporter = teleporter.GetComponent
9            <VRTK_DashTeleport>();                        //获取 VRTK_DashTeleport 组件
10         if (dashTeleporter) {                           //如果冲刺者不为空
11           dashTeleporters.Add(dashTeleporter);          //添加到冲刺者列表中
12       }}
13       foreach (var dashTeleport in dashTeleporters) {
```

```
14        dashTeleport.WillDashThruObjects += new DashTeleportEventHandler
15          (RendererOff);                        //添加发现障碍物时的事件处理程序
16        dashTeleport.DashedThruObjects += new DashTeleportEventHandler
17          (RendererOn);                         //添加传送完成时的事件处理程序
18    }}
19    private void OnDisable() {
20      foreach (var dashTeleport in dashTeleporters) {
21        dashTeleport.WillDashThruObjects -= new DashTeleportEventHandler
22          (RendererOff);                        //取消发现障碍物时的事件处理程序
23        dashTeleport.DashedThruObjects -= new DashTeleportEventHandler
24          (RendererOn);                         //取消传送完成时的事件处理程序
25    }}
26    private void RendererOff(object sender, DashTeleportEventArgs e) {
27      GameObject go = this.transform.gameObject;   //获取 gameObject
28      foreach (RaycastHit hit in e.hits) {         //判断是否挡路
29        if (hit.collider.gameObject == go) {       //如果挡路
30          SwitchRenderer(go, false);               //关闭本物体的 Renderer
31          break;                                   //跳出
32    }}}
33    private void RendererOn(object sender, DashTeleportEventArgs e) {
34      GameObject go = this.transform.gameObject;   //获取 gameObject
35      if (wasSwitchedOff) {                        //如果已经关闭了 Renderer
36        SwitchRenderer(go, true);                  //重新打开 Renderer
37    }}
38    private void SwitchRenderer(GameObject go, bool enable) {
39      go.GetComponent<Renderer>().enabled = enable;  //更新 Renderer 组件的状态
40      wasSwitchedOff = !enable;                      //更新 Renderer 开关的标志位
41    }}
```

❑ 第 1～5 行定义了脚本中需要使用的变量，其中包括标识物体的 Renderer 是否消失的标志位，以及记录冲刺用户的列表。

❑ 第 6～18 行定义了 OnEnable 方法。此方法中判断了 VRTK_ObjectCache 类型的物体是否带有冲刺脚本，如果有，则将其添加至冲刺者列表中，接下来遍历冲刺者列表，逐一为它们添加发现障碍物和传送完成时的事件处理程序。

❑ 第 19～25 行定义了 OnDisable 方法。此方法在本脚本被撤销时执行，当本脚本被撤销时遍历冲刺者列表，取消之前注册的两个事件处理程序。

❑ 第 26～37 行定义了关闭渲染器组件和打开 Renderer 组件的方法。当传送过程中物体属于障碍物时，触发 SwitchRenderer 方法且 enable 设置为 false，表示关闭 Renderer 组件。当要打开 Renderer 组件时，首先判断 Renderer 组件此刻的状态，如果为 false，则调用 SwitchRenderer 方法且 enable 参数设置为 true。

❑ 第 38～41 行定义了切换 Renderer 组件的方法，可以根据开发者自己传过来的 enable 参数来控制 Renderer 组件打开或者关闭。这个方法主要由其他方法进行调用。

物体的抓取与使用

　　3D 物体的抓取与使用是虚拟世界中必不可少的一项功能。VRTK 工具包中包含了关于
HTC VIVE 的很多案例，几乎涵盖了所能用到的一切功能，其中就有拾取 3D 物体以及使用该
物体的案例。本节将详细介绍如何使用 VRTK 提供的脚本实现此功能。

7.6.1　基本知识

　　手柄控制器与物体的关系分为触碰（touch）、抓取（grab）和使用（use）3 种。与其相对应，
VRTK 为开发人员提供了 VRTK_InteractTouch.cs、VRTK_InteractGrab.cs 和 VRTK_InteractUse.cs
3 个脚本。同时，也为需要抓取以及使用的物体提供了 VRTK_InteractableObject.cs 脚本。

1. VRTK_InteractableObject.cs 脚本

　　任何想要被控制器触碰、抓取和使用的物体均要挂载 VRTK_InteractableObject.cs 脚本，
该脚本提供了一个简单的机制来识别游戏世界中可以抓取或使用的对象。其参数如图 7-21、
图 7-22 所示，分为 General Settings、Near Touch Settings、Touch Settings、Grab Settings、Use
Settings 和 Obsolete Settings 这 6 组。

　　其中前 3 组和 Obsolete Settings 组是默认具有的，而在 Grab Settings 组与 Use Settings 组中
需要分别勾选 Is Grabbable 和 Is Usable 复选框进行手动添加。每组都实现不同的功能。参数的
含义如表 7-1 所示。

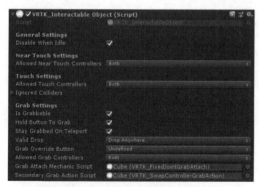

图 7-21　VRTK_InteractableObject.cs
脚本的一部分参数

图 7-22　VRTK_InteractableObject.cs
脚本的另一部分参数

表 7-1　VRTK_InteractableObject.cs 脚本的参数的含义

参　　数	含　　义	参　　数	含　　义
Disable When Idle	空闲时是否禁用	Allowed Grab Controllers	允许被抓取的控制器索引
Allowed Near Touch Controllers	接近触控控制器的索引	Grab Attach Mechanic Script	抓取附件机械脚本
Allowed Touch Controllers	触控控制器的索引	Secondary Grab Action Script	辅助抓取动作脚本
Ignored Colliders	忽略的碰撞器列表	Is Usable	是否可以使用
Is Grabbable	是否允许被抓取	Hold Button To Use	使用时是否按住按钮
Hold Button To Grab	是否允许按下按钮抓取	Use Only If Grabbed	是否只有抓住时可以使用
Stay Grabbed On Teleport	传送时是否保持抓取	Pointer Activates Use Action	是否允许指针激活使用动作
Valid Drop	有效的扔下类型	Use Override Button	自定义按钮
Grab Override Button	自定义抓取按钮	Allowed Use Controllers	允许使用的控制器

在该脚本中定义了许多委托事件，包括开始碰触、碰触结束、开始抓取、抓取结束、开始使用、使用结束等事件，还提供了许多抽象的方法，读者可编写脚本继承 VRTK_InteractableObject.cs 并重写这些方法，可以大大提高开发效率。具体代码如下。

代码位置： 随书源代码/第 7 章/Archery/Assets/VRTK/Scripts/Interactions/Interactables/VRTK_InteractableObject.cs

```
1   public delegate void InteractableObjectEventHandler(object sender,
2   InteractableObjectEventArgs e);
3   public event InteractableObjectEventHandler InteractableObjectTouched;
4   //控制器触碰到此物体时触发
5   public event InteractableObjectEventHandler InteractableObjectUntouched;
6   //控制器离开此物体时触发
7   public event InteractableObjectEventHandler InteractableObjectGrabbed;
8   //控制器抓取此物体时触发
9   public event InteractableObjectEventHandler InteractableObjectUngrabbed;
10  //控制器放开此物体时触发
11  public event InteractableObjectEventHandler InteractableObjectUsed;
12  //控制器使用此物体时触发
13  public event InteractableObjectEventHandler InteractableObjectUnused;
14  //控制器停止使用此物体时触发
15  public bool IsTouched(){...}                        //判断此物体是否被触碰
16  public bool IsGrabbed(){...}                        //判断此物体是否被抓取
17  public bool IsUsing(){...}                          //判断此物体是否正在被使用
18  public virtual void StartTouching(GameObject currentTouchingObject){...}
19  //开始触碰时自动调用
20  public virtual void StopTouching(GameObject previousTouchingObject){...}
21  //停止触碰时自动调用
22  public virtual void Grabbed(GameObject currentGrabbingObject){...}
23  //开始抓取时自动调用
24  public virtual void Ungrabbed(GameObject previousGrabbingObject){...}
25  //停止抓取时自动调用
26  public virtual void StartUsing(GameObject currentUsingObject){...}//开始使用时自动调用
```

```
27  public virtual void StopUsing(GameObject previousUsingObject){...}//停止使用时自动调用
28  public virtual void ToggleHighlight(bool toggle, Color globalHighlightColor){...}
29  //开启或关闭物体的高光显示
30  public void PauseCollisions(){...}                         //暂停碰撞
31  public void ZeroVelocity(){...}                            //重置此物体的速度与角速度为零
32  public void ForceStopInteracting(){...}                    //强制停止交互
```

- ❑ 第 1～14 行定义的是对象与控制器之间交互的事件，分别对对象与控制器之间的触碰、抓取与使用事件进行监听。

- ❑ 第 15～17 行定义了判断对象与控制器交互状态的方法，能分别判断挂载此脚本的对象是否被控制器触碰、抓取或正在被控制器使用。

- ❑ 第 18～27 行定义了事件的处理方法。这些方法实现的效果与前面的事件监听相同，读者可继承 VRTK_InteractableObject.cs 脚本，重写这些方法以方便地实现对应的功能。

- ❑ 第 28～32 行是一些常用的处理方法，其中在抓取物体时，需要调用 PauseCollisions 方法暂停物体的碰撞，以便控制器能顺利地抓取到物体对象。

2. VRTK_InteractTouch.cs 脚本

VRTK_InteractTouch.cs 脚本可以实现和物体发生碰触时的相关功能，它需要挂载到控制器游戏对象上，参数如图 7-23 所示。同时该脚本定义了多个事件，开发人员可以实现其委托事件方法，来满足不同的开发需求。该脚本的代码如下所示。

代码位置： 随书源代码/第 7 章/Archery/Assets/VRTK/Scripts/Interactions/Interactors/VRTK_InteractTouch.cs

```
1   public event ObjectInteractEventHandler ControllerStartTouchInteractableObject;
2   //开始触摸时触发
3   public event ObjectInteractEventHandler ControllerTouchInteractableObject;//触摸时触发
4   public event ObjectInteractEventHandler ControllerStartUntouchInteractableObject;
5   //开始不触摸时触发
6   public event ObjectInteractEventHandler ControllerUntouchInteractableObject;
7   //不触摸时触发
8   public event ObjectInteractEventHandler ControllerRigidbodyActivated;
9   //控制器刚体活跃时触发
10  public event ObjectInteractEventHandler ControllerRigidbodyDeactivated;
11  //控制器刚体未活跃时触发
```

图 7-23　VRTK_InteractTouch.cs 脚本的参数

说明：此脚本提供了一个对外的参数 Custom Collider Container，该参数为一种可选的游戏对象，用于自定义碰撞器。如果该参数设置为 None（Game Object），碰撞器将在运行时自动生成，以匹配 SDK 默认控制器。

3. VRTK_InteractGrab.cs 脚本

VRTK_InteractGrab.cs 脚本同样也要挂载到控制器游戏对象上，并且需要和 VRTK_InteractTouch.cs、VRTK_ControllerEvents.cs 共用。若希望手柄控制器与物体对象进行交互抓取，必须挂载此对象。此脚本同样定义了多个事件，与上述脚本类似，在此不赘述。其参数如图 7-24 所示，Grab Settings 组的参数的含义如表 7-2 所示。

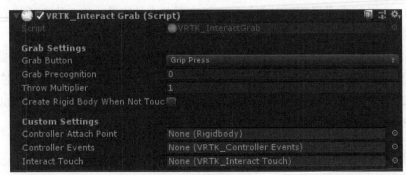

图 7-24　VRTK_InteractGrab.cs 脚本的参数

表 7-2　VRTK_InteractGrab.cs 脚本中 Grab Settings 组的参数的含义

参　　数	含　　义	参　　数	含　　义
Grab Button	自定义抓取按钮	Throw Multiplier	投掷倍数
Grab Precognition	按下按钮与抓取的时间间隔	Create Rigid Body When Not Touching	未触控时是否创建刚体

其中，Throw Multiplier 参数用来乘以对象被扔出时的速度值。当控制器的"抓取"按钮松开时，如果交互对象是可抓取的，它将会按一定速率沿着控制器松开时的方向进行推动，这就模拟了对象投掷。下面对实现投掷的方法进行介绍，具体代码如下。

代码位置：随书源代码/第 7 章/Archery/Assets/VRTK/Source/Scripts/Interactions/Interactables/GrabAttachMechanics/VRTK_BaseGrabAttach.cs

```
1   protected virtual void ThrowReleasedObject(Rigidbody objectRigidbody){
2       if (grabbedObjectScript != null){                        //可交互脚本不为空
3       VRTK_ControllerReference controllerReference= VRTK_ControllerReference.
4       GetControllerReference(grabbedObjectScript.GetGrabbingObject());//获得控制器的引用
5       if (VRTK_ControllerReference.IsValid(controllerReference) &&
6       controllerReference.scriptAlias != null){                //若控制器有效
7           VRTK_InteractGrab grabbingObjectScript = controllerReference.scriptAlias.
8               GetComponentInChildren<VRTK_InteractGrab>();     //获得抓取脚本
9           if (grabbingObjectScript != null){                  //若抓取脚本不为空
10          Transform origin = VRTK_DeviceFinder.               //获得控制器的原点
11              GetControllerOrigin(controllerReference);
12          Vector3 velocity = VRTK_DeviceFinder.               //获得控制器的线速度
```

```
13                        GetControllerVelocity(controllerReference);
14                        Vector3 angularVelocity = VRTK_DeviceFinder.       //获得控制器的角速度
15                        GetControllerAngularVelocity(controllerReference);
16                        float grabbingObjectThrowMultiplier = grabbingObjectScript.throwMultiplier;
17                        if (origin != null){        //若原点不为空，则根据原点计算物体的线速度与角速度
18                            objectRigidbody.velocity = origin.TransformVector(velocity) * (
19                                    grabbingObjectThrowMultiplier * throwMultiplier);
20                            objectRigidbody.angularVelocity = origin.
21                                    TransformDirection(angularVelocity);
22                        }else{                            //若原定为空，则直接计算物体的线速度与角速度
23                            objectRigidbody.velocity = velocity * (grabbingObjectThrowMultiplier
24                                * throwMultiplier);
25                            objectRigidbody.angularVelocity = angularVelocity;
26                        }
27                        if (throwVelocityWithAttachDistance){              //若使用距离计算速度
28                            Collider rigidbodyCollider = objectRigidbody.   //获得刚体碰撞器
29                                GetComponentInChildren<Collider>();
30                            if (rigidbodyCollider != null){              //根据碰撞器的中心计算速度
31                                Vector3 collisionCenter = rigidbodyCollider.bounds.center;
32                                objectRigidbody.velocity = objectRigidbody.GetPointVelocity(
33                                    collisionCenter + (collisionCenter - transform.position));
34                            }else{                            //根据刚体坐标计算速度
35                                objectRigidbody.velocity = objectRigidbody.GetPointVelocity(
36                                    objectRigidbody.position + (objectRigidbody.position -
37                                    transform.position));
38 }}}}}}
```

❑ 第 2～15 行用于获得各相关脚本以及控制器的原点、线速度和角速度。

❑ 第 16～26 行为通过控制器的速度计算物体的速度。若原点存在，则将原点应用到计算中。

❑ 第 27～38 行中，若使用物体与手柄的距离计算速度，则根据碰撞器的中心或刚体坐标进行速度的计算。

说明：在上述脚本中省略了部分代码，主要讲解的是如何将物体抛出去，也就是将交互对象的线速度和角速度与控制器的速度和角速度相关联。其余方法读者可自行查阅官方 SDK。

4. VRTK_InteractUse.cs 脚本

VRTK_InteractUse.cs 脚本需要添加到控制器对象上，同时还要添加 VRTK_Controller Events.cs 脚本，用来监听使用和停止使用交互游戏对象的控制器按钮事件。该脚本的参数如图 7-25 所示。该脚本中也定义了多个事件，与上述脚本类似，在此不进行赘述。

图 7-25　VRTK_InteractUse.cs 脚本的参数

7.6.2　抓取案例

读者可打开 VRTK/Examples 目录下的 006_Controller_UsingADoor.unity 案例，该案例实现了对物体的抓取与开门的效果。该案例的运行结果如图 7-26 与图 7-27 所示，玩家可按下 "手柄" 按钮，抓取地板上的立方体并向任意方向抛出，当控制器触摸到门并按下控制器的 "扳机" 按钮时，门自动打开。下面详细讲解该案例。

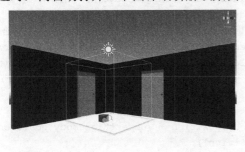

图 7-26　运行结果 1

图 7-27　运行结果 2

（1）场景的 Hierarchy 面板如图 7-28 所示，ExampleObjects 对象下包含的子对象均为可抓取的物体，Cube 对象上挂载了 BoxCollider、Rigidbody 与 VRTK_Interactable Object(Script)，具体如图 7-29 所示。

图 7-28　场景的 Hierarchy 面板

图 7-29　Cube 对象上挂载的组件

（2）本案例中为每个控制器对象都挂载了 VRTK_InteractTouch.cs、VRTK_InteractGrab.cs 与 VRTK_InteractUse.cs 这 3 个脚本以实现以交互功能，具体参数如图 7-30 所示。除此之外，还在 VRTK_ControllerEvents.cs 脚本中定义了坐标轴与按钮的优化设置。具体参数设置如图 7-31 所示。

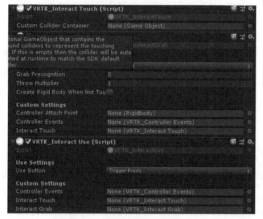

图 7-30　脚本的详细参数

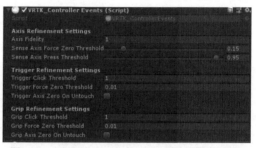

图 7-31　VRTK_ControllerEvents.cs 脚本的参数设置

（3）在本案例中，唯一额外增加的就是 Openable_Door.cs 脚本。该脚本继承自 VRTK_InteractableObject.cs 脚本，把该脚本挂载到 Door 对象上，使 Door 作为可交互对象并通过对 Door 对象的旋转实现门的开关效果。具体代码如下。

代码位置：随书源代码/第 7 章/Archery/Assets/VRTK/Examples/Resources/Scripts/Openable_Door.cs

```
1   namespace VRTK.Examples{                              //指定命名空间
2     using UnityEngine;
3     public class Openable_Door : VRTK_InteractableObject{//继承自 VRTK_InteractableObject
4       public bool flipped = false;                       //门的打开方向
5       public bool rotated = false;                       //旋转方式
6       private float sideFlip = -1;
7       private float side = -1;
8       private float smooth = 270.0f;                     //均匀转动的间隔
9       private float doorOpenAngle = -90f;                //开门转向的角度
10      private bool open = false;                         //门的开关状态
11      private Vector3 defaultRotation;                   //默认状态下的 Rotation
12      private Vector3 openRotation;                      //开门时的 Roataion
13      public override void StartUsing(GameObject usingObject){  //使用 Door 对象时调用此方法
14        base.StartUsing(usingObject);                    //调用父类的 StartUsing 方法
15        SetDoorRotation(usingObject.transform.position);    //设置门的打开方向
16        SetRotation();                                   //设置开门时的 Rotation
17        open = !open;                                    //切换门的开关状态
18      }
19      protected override void Start(){                   //重写 Start 方法
20        base.Start();                                    //调用父类 Start 方法
21        defaultRotation = transform.eulerAngles;         //获取默认状态下的 Rotation
```

```
22        SetRotation();                                    //设置开门时的 Rotation
23        sideFlip = (flipped ? 1 : -1);                    //判断门打开的方向
24      }
25    protected override void Update(){                      //重写 Update 方法
26      if (open){                                          //若门的状态为打开
27        transform.rotation = Quaternion.RotateTowards(transform.rotation,
28           Quaternion.Euler(openRotation), Time.deltaTime * smooth);//将门缓慢旋转到打开
29      }
30      else{                                               //若门的状态为关闭
31        transform.rotation = Quaternion.RotateTowards(transform.rotation,
32           Quaternion.Euler(defaultRotation), Time.deltaTime * smooth);//将门缓慢旋转到关闭
33      }}
34    private void SetRotation(){                            //设置开门时的 Rotation
35      openRotation = new Vector3(defaultRotation.x, defaultRotation.y +
36    (doorOpenAngle * (sideFlip * side)), defaultRotation.z);//设置门打开状态下的 Rotation
37      }
38    private void SetDoorRotation(Vector3 interacterPosition){//根据触摸门的位置确定门打开的方向
39      side = ((rotated == false && interacterPosition.z > transform.position.z) ||
40    (rotated == true && interacterPosition.x > transform.position.x) ? -1 : 1);
41  }}}
```

❏ 第 1～5 行对该脚本进行了一些基本的设置：指定 VRTK.Examples 为命名空间，并使该脚本继承自 VRTK_InteractableObject.cs 脚本；flipped 和 rotated 为公有的成员变量，可以在 Inspector 面板中进行设置，flipped 决定门的打开方向，而 rotated 决定门的旋转方式。

❏ 第 6～12 行定义了该脚本中需要使用到的私有成员变量，例如门的打开方向、旋转速度、开门需要旋转的角度、默认状态下的 Rotation 与开门时的 Rotation 等。

❏ 第 13～18 行重写了 VRTK_InteractableObject.cs 脚本中的 StartUsing 方法。该方法在使用互对象时自动调用，其中必须要调用父类的 StartUsing 方法以实现基本的功能。除此之外，还确定了门的打开方向、打开角度，并且切换了门的开关状态。

❏ 第 19～24 行重写了父类的 Start 方法，将当前门的 Rotation 赋给 defaultRotation 变量进行保存，根据门打开时的角度、门打开的方向与默认状态下门的 Rotation 确定门打开时的 Rotation。

❏ 第 25～33 行重写了父类的 Update 方法，根据存储 Door 状态的 open 变量对门进行旋转：若 open 为 true，将门缓慢地旋转到打开状态；若 open 为 false，将门缓慢地旋转到关闭状态。

❏ 第 34～37 行定义了 SetRotation 方法，该方法确定了门打开时的 Rotation。由于门是绕 y 轴进行旋转的，故门打开时的 Rotation 中 x 分量与 z 分量改变，而 y 分量则根据门打开的角度与门的转向重新计算。

❏ 第 38～41 行定义了 SetDoorRotation 方法，该方法决定了门打开时的朝向，若在

Inspector 面板中将 rotated 变量设为 true，则不论用户从门的哪一侧打开门，门打开时的方向相对于用户来说都是一致的。也就是说，若在一侧开门，门是被推开的；若在另一侧开门，门也会被推开。

7.7 设置控制器上按钮的标签

手柄控制器上有众多的按钮，开发人员可根据具体的需求自定义按钮的标签，但是对于用户来说，并不知道每个按钮的具体功能是什么，这就需要对每个按钮设置提示。本节通过对控制器标签案例的讲解，帮助读者快速掌握设置按钮提示的方法。读者可直接打开 VRTK 中的029_Controller_Tooltips 案例进行参考。

7.7.1　按钮的标签

打开 029_Controller_Tooltips 案例并运行，读者可以看到手柄上的每个按钮都由对应的标签进行标识，如图 7-32 所示。将控制器进行翻转，在另一侧同样能看到相同的文字提示。除此之外，该场景中还存在两个由标签标识的立方体，方便读者进行参考。

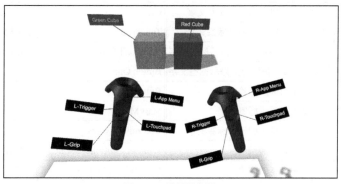

图 7-32　按钮的标签

7.7.2　案例详解

此案例中每个标签的结构均相同，都是由线段、背景图片与文字 3 部分组成的，所以下面只通过对左手控制器标签的讲解帮助读者熟悉标签的使用。

左手控制器的标签放置在了 LeftController 对象下，如图 7-33 所示。该对象上挂载了VRTK_ControllerTooltips.cs 脚本，对 4 个按键的标签进行统一管理，如图 7-34 所示。

同样，该脚本对外也提供了参数，方便开发人员修改、调试，其中包含了文字提示信息、提示的背景颜色、文字的颜色、线段的颜色等。参数的含义如表 7-3 所示。

图 7-33 左手控制器的标签

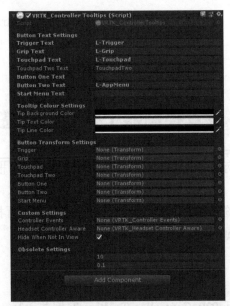

图 7-34 VRTK_ControllerTooltips.cs 脚本的详细参数

表 7-3 VRTK_ControllerTooltips.cs 脚本的参数的含义

参 数 名	含 义	参 数 名	含 义
Trigger Text	"扳机"按钮上的提示标签文字	Grip	手柄按钮的位置
Grip Text	"手柄"按钮上的提示标签文字	Touchpad	触摸板 1 的位置
Touchpad Text	"触摸板 1"按钮上的提示标签文字	Touchpad Two	触摸板 2 的位置
Touchpad Two Text	"触摸板 2"按钮上的提示标签文字	Button One	按钮 1 的位置
Button One Text	按钮 1 上的提示标签文字	Button Two	按钮 2 的位置
Button Two Text	按钮 2 上的提示标签文字	Start Menu	"开始"菜单的位置
Start Menu Text	"开始"菜单上的提示标签文字	Controller Events	控制器事件脚本
Tip Background Color	提示标签背景的颜色	Headset Controller Aware	耳机控制器感知脚本
Tip Text Color	提示标签文本的颜色	Hide When Not In View	隐藏选项
Tip Line Color	提示标签线段的颜色	Retry Init Max Tries	弃用项
Trigger	扳机的位置	Retry Init Counter	弃用项

VRTK_ControllerTooltips.cs 脚本除了提供了共有的成员变量参数外，还提供了一个对外的方法接口，动态地对标签进行显示与隐藏。具体代码如下。

代码位置：随书源代码/第 7 章/Archery/Assets/VRTK/Prefabs/ControllerTooltips/VRTK_ControllerTooltips.cs

```
1    public enum TooltipButtons{              //代表提示标签的枚举类型
2        None,                                //无提示标签
3        TriggerTooltip,                      //"扳机"按钮上的提示标签
4        GripTooltip,                         //"手柄"按钮上的提示标签
5        TouchpadTooltip,                     //触摸板 1 上的提示标签
```

```
6          TouchpadTwoTooltip,                          //触摸板2上的提示标签
7          ButtonOneTooltip,                            //按钮1上的提示标签
8          ButtonTwoTooltip,                            //按钮2上的提示标签
9          StartMenuTooltip                             //"开始"菜单上的提示标签
10     }
11     public virtual void ToggleTips(bool state, TooltipButtons element = TooltipButtons.None){
12         if (element == TooltipButtons.None){         //若无按钮提示标签
13             overallState = state;                     //设置状态位
14             for (int i = 1; i < buttonTooltips.Length; i++){      //遍历所有的按钮提示标签
15                 if (buttonTooltips[i].displayText.Length > 0){    //判断是否有显示的文本
16                     buttonTooltips[i].gameObject.SetActive(state);//根据state对标签进行状态操作
17         }}}else{
18             if (buttonTooltips[(int)element].displayText.Length > 0){//判断是否有显示的文本
19                 buttonTooltips[(int)element].gameObject.SetActive(state);
20         }}
21         EmitEvent(state, element);                    //控制器提示信息状态改变时执行的事件
22     }
```

- ❑ 第1～10行定义了提示标签的枚举类型，分别代表"扳机"按钮、"手柄"按钮、"触摸板"按钮与"菜单"按钮等的提示标签。
- ❑ 第11～22行定义了ToggleTips方法。该方法能动态地对相应标签进行显示与隐藏。参数列表中，state代表标签的显示状态，为true时显示标签，否则隐藏标签；element为对应的按钮标签，若未对该参数进行传递，则将所有提示标签的显示状态置为state，最后会执行EmitEvent。

下面看一下单个的提示标签，以"扳机"按钮的提示标签为例，TriggerTooltip对象上挂载了VRTK_ObjectTooltip.cs脚本，通过其中的参数（见图7-35）能够对提示标签的各个特征进行调节，如图7-36所示。其中参数的含义如表7-4所示。

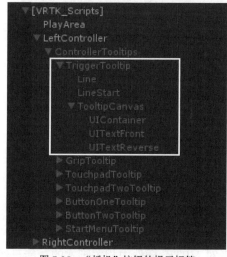

图7-35　"扳机"按钮的提示标签

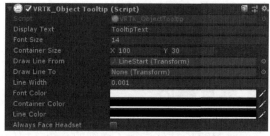

图7-36　VRTK_ObjectTooltip.cs脚本的参数

　　此脚本在 Inspector 面板中提供了可修改的参数，可以修改文字大小、提示面板大小、线段起始位置、终点位置等，参数的含义如表 7-4 所列。

表 7-4　VRTK_ObjectTooltip.cs 脚本中参数的含义

参 数 名	含 义	参 数 名	含 义
Display Text	提示标签的文字内容	Line Width	标签线段的宽度
Font Size	提示标签的文字大小	Font Color	提示标签的字体颜色
Container Size	提示标签的长和宽	Container Color	提示标签的背景颜色
Draw Line From	标签线段的起始位置	Line Color	标签线段的颜色
Draw Line To	标签线段的终止位置	Always Face Headset	是否永远朝向头戴设备

　　Line 为提示标签中的线段，它上面挂载了 LineRenderer 组件以进行线段的渲染，如图 7-37 所示。TooltipCanvas 上挂载了 Canvas 组件作为画布，如图 7-38 所示。UIContainer 上挂载了 Image，表示背景图片，UITextFront 与 UITextReverse 分别表示正反面的文字信息。

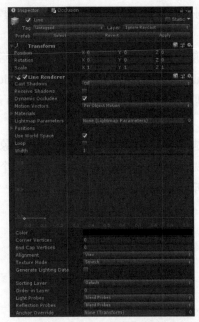
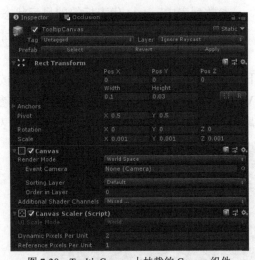

图 7-37　LineRenderer 组件　　　　图 7-38　TooltipCanvas 上挂载的 Canvas 组件

　　提示：读者可参考本案例开发出更加美观的提示面板。

7.8　综合案例

　　前面对 VRTK 插件进行了详细的介绍，相信读者对 VRTK 插件中相关脚本的功能已经有了比较全面的认识。接下来利用 VRTK 插件制作一个综合案例，此案例综合了很多编程技巧，读者可以通过这个案例更好地掌握基于 VRTK 插件的 HTC VIVE 游戏的制作。

7.8.1 运行结果

运行本节的综合项目，可在视线的前方看到摆放了弓箭的桌子，如图 7-39 所示。当控制器触碰到弓或箭时，控制器显示半透明效果，同时"手柄"按钮变为黄色，用控制器触碰到弓，按下"手柄"按钮并抓起弓，同时用另一个控制器触碰到箭柄，以同样方式抓起箭，做拉弓动作，释放"手柄"按钮即可射箭，如图 7-40 所示。

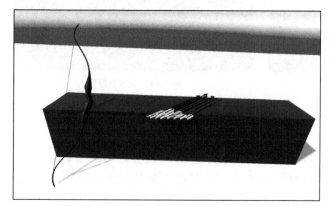

图 7-39 运行结果 1

图 7-40 运行结果 2

7.8.2 场景的搭建

本节讲游戏场景的搭建。相信读者对 Unity 场景的搭建应该比较熟悉，因此在某些步骤中只做简要介绍。本案例实现的是模拟真人射箭的游戏，运行本案例，玩家面前出现弓和箭，玩家可以一手拿弓一手拿箭，实现拉弓效果。具体步骤如下。

（1）打开 Unity，如图 7-41 所示，选择 New，新建项目。如图 7-42 所示，输入项目名并选择项目路径，单击"3D"单选按钮，然后单击 Create project 按钮就会新建并打开这个项目。

图 7-41 选择 New

图 7-42 新建并打开项目

（2）在菜单栏中依次选择 Assets→Import Package→Custom Package，如图 7-43 所示，选择下载的 SteamVR SDK 和 VRTK 插件这两个资源包，单击 Open 按钮，打开 Import Unity Package 界面，勾选所有复选框，单击 Import 按钮，导入资源包，如图 7-44 所示。

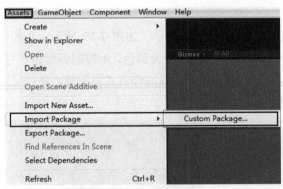

图 7-43　导入资源包步骤

图 7-44　导入资源包

（3）在菜单栏中选择 File→New Scene，创建一个场景。按下 Ctrl+S 快捷键保存该场景，命名为 hjc。

（4）依次选择 GameObject→3D Object→Cube，创建一个 Cube 对象，命名为 Floor，用来充当地板对象，并为其指定合适的材质，如图 7-45 所示。按照上面的步骤再创建一个 Cube 对象，命名为 Table，充当桌子对象，并为其制定合适的材质。

（5）选中 Hierarchy 面板中的 Main Camera 对象，单击 Delete 按钮将其删除。找到 VRTK/Examples/ExampleResources/SharedResources/Prefabs/SDKManager 文件夹下面的 [VRTK_SDKManager] 预制件并将其拖曳至场景中，代替刚刚删除的 Main Camera 对象，同时删除其下方无用的子对象。编辑后的 [VRTK_SDKManager] 如图 7-46 所示。

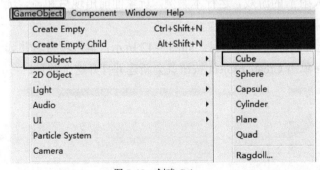

图 7-45　创建 Cube

图 7-46　编辑后的 [VRTK_SDKManager]

（6）新建一个空对象，将其命名为 [VRTK_Scripts]，然后在其下方新建两个子对象，分别命名为 LeftController 和 RightController。另外，将 VRTK_Interact Touch (Script)、VRTK_Interact Grab (Script)、VRTK_Interact Use (Script) 和 VRTK_Controller Events (Script) 这 4 个脚本分别挂

载在 LeftController 和 RightController 对象上，如图 7-47 所示。

说明：第（6）步挂载的 4 个脚本前面已经介绍过，在此不过多介绍，读者可自行查看。

（7）单击[VRTK_SDKManager]对象，将刚刚创建的 LeftController 和 RightController 对象赋给[VRTK_SDKManager]对象的 Left Controller 与 Right Controller 属性，并单击 Auto Populate 按钮，自动导入项目中所使用的 SDK 列表，如图 7-48 所示。

图 7-47 挂载脚本

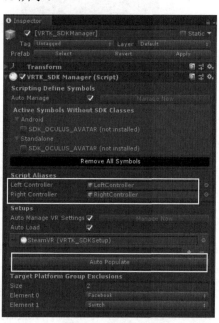

图 7-48 为属性赋值

（8）将 Assets/Models 目录下的 Bow 模型拖曳到场景中，如图 7-49 所示，其初始物体列表如图 7-50 所示。所有模型和预制件可在随书源代码/第 7 章/Archery/Assets/Models 目录下找到，读者可以按照自身喜好为其添加好看的材质。接下来，着手将这一套弓箭模型拆分成弓与箭的单个预制件。

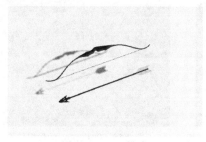

图 7-49 Bow 模型

图 7-50 Bow 的初始对象列表

（9）改变 Bow 模型的内部构造，按结构为其重命名并删除无用子对象，结果如图 7-51 所示，读者可以参照案例来更改。依次选择 GameObject→Create Empty，创建两个空物体作为箭和弓，分别命名为 BasicArrow 和 BasicBow，如图 7-52 所示。

图 7-51　更改后的 Bow 对象列表

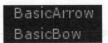

图 7-52　两个空对象

（10）在 BasicArrow 物体下面创建两个空对象 Arrow 和 SnapPoint，并为 Arrow 对象添加刚体组件和盒子碰撞器。BasicArrow 的参数如图 7-53 所示。再把 Bow 中的 Shaft、Head、Nock 拖曳到 Arrow 下，使它们成为 Arrow 的子对象，Bow 最终的结构如图 7-54 所示。由于篇幅有限，参数设置可以自行参考本章源代码下。

（11）在 BasicBow 物体下创建 4 个空对象 Bow、ArrowNockingPoint、Handle 和 SnapPoint，并为 BasicBow 添加刚体组件。

（12）将图 7-51 中拆分出的子对象 Bow 拖曳至 BasicBow 下面的 Bow 对象中，并为 BasicBow 下面的 Bow 对象创建两个空对象 Upper 和 Lower，将上面的 String 对象复制两份，作为弦，并在其中一个下面创建一个空对象 NockingPoint。

（13）为与 Upper 同级的 Bow 对象添加盒子碰撞器，再为 Handle 对象创建一个空的子对象 LeftHand_Aim，为其添加盒子碰撞器并调整到合适状态。BasicBow 的最终结构如图 7-55 所示。接着分别将 BasicArrow 和 BasicBow 拖进 Models 文件夹使其成为预制件。

图 7-53　BasicArrow 的参数

图 7-54　BasicArrow 最终的结构

图 7-55　BasicBow 的最终结构

（14）将 Hierarchy 面板中无用的东西清除，将 BasicBow 拖进场景，再将 BasicArrow 拖进场景，得到的对象列表如图 7-56 所示。调整各个对象的位置后，最终的场景如图 7-57 所示。

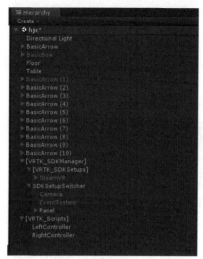

图 7-56 对象列表

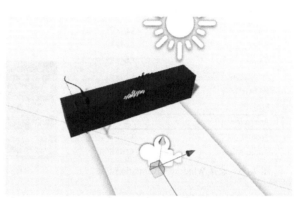

图 7-57 最终的场景

7.8.3 动画的制作

本节讲解一个简单的拉弓动画的实现。Unity 支持简单的动画编写，实现动画的原理是在 Animation 面板中编辑某一帧的物体的属性，如物体的位置、旋转角度等，再根据代码里面的特定参数设置当前动画帧数，实现拉弓效果。具体操作如下。

（1）创建一个 Animation。在 Project 面板中右击，选择 Create→Animation 创建一个动画对象，命名为 Pull，如图 7-58 所示。

（2）将 Pull 动画拖曳至弓 Bow 对象上，其 Animation 参数如图 7-59 所示。依次选择 Window→Animation，如图 7-60 所示，打开 Animation 面板，选中弓 Bow 对象，开始编辑动画。单击 Add Property 按钮，添加弦的 Position 属性和 Rotation 属性，如图 7-61 所示。

图 7-58 Pull 动画

图 7-59 Bow 物体的 Animation 参数

Window	Help	
Next Window	Ctrl+Tab	
Previous Window	Ctrl+Shift+Tab	
Layouts		▶
Services	Ctrl+0	
Scene	Ctrl+1	
Game	Ctrl+2	
Inspector	Ctrl+3	
Hierarchy	Ctrl+4	
Project	Ctrl+5	
Animation	Ctrl+6	
Profiler	Ctrl+7	
Audio Mixer	Ctrl+8	

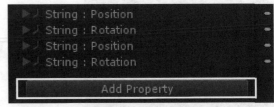

图 7-60   选择 Window→Animation　　　　　　图 7-61   添加弦的 Position 属性和 Rotation 属性

（3）选择某个属性，在 Animation 面板中将其调整至最终状态，单击第一个加号按钮，添加动画帧，如图 7-62 所示。读者可自行参照案例进行学习。如果动画运行时报错，选中 Pull 文件，单击 Inspector 面板右上角的选项，选择 Debug，如图 7-63 所示，切换为调试模式。

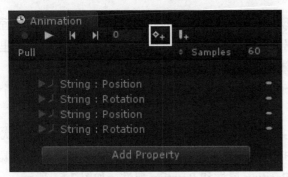

图 7-62   添加动画帧

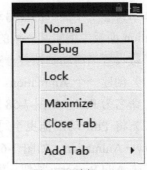

图 7-63   选择 Debug

7.8.4　脚本的开发

本案例使用 C#作为主要开发语言，主要包含了 VRTK 插件里面的相关脚本以及控制射箭的逻辑脚本。VRTK 插件的相关脚本前面已经做了详细介绍，此处不赘述。具体开发步骤如下。

（1）为两个控制器添加 VRTK 中支持触碰、拾取、使用的脚本，具体内容如图 7-64 所示。同时，为 BasicBow 和 BasicArrow 添加 VRTK_Interactable Object (Script)、VRTK_Child Of Controller Grab Attach (Script)、VRTK_SwapControllerGrabAction (Script) 和 VRTK_Interact Object Appearance (Script)这 4 个脚本，如图 7-65 所示。

图 7-64 为控制器添加脚本

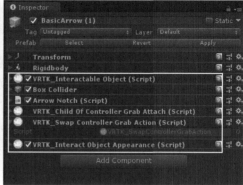

图 7-65 添加脚本

（2）依次选择 Assets→Create→C# Script，创建一个 C#脚本 BowHandle.cs，用于控制 Handle 对象的相关逻辑。其详细代码如下。

代码位置：随书源代码/第 7 章/Archery/Assets/Scripts/BowHandle.cs

```
1   using UnityEngine;
2   public class BowHandle : MonoBehaviour {
3       public Transform arrowNockingPoint;
4       public Bow aim;
5       [HideInInspector]
6       public Transform nockSide;
7   }
```

说明：这里定义了弓箭的中间点，主要用于弓箭位置的移动跟随，又定义了 Bow 脚本的引用和 nockSide 的 Transform，这几点共同控制了弓箭的操作。

（3）使箭尾位置随弓形状改变而跟随的脚本 Follow.cs 挂载在 ArrowNockingPoint 物体上。当玩家开始拉弓时，不但弓的形状要跟随力的大小改变，而且箭的位置也要随之改变，移动箭尾的位置达到移动箭的位置的效果。具体代码如下。

代码位置：随书源代码/第 7 章/Archery/Assets/VRTK/LegacyExampleFiles/ExampleResources/Scripts/Archery/Follow.cs

```
1   using UnityEngine;
2   public class Follow : MonoBehaviour {
3       public bool followPosition;
4       public bool followRotation;
5       public Transform target;
6       private void Update() {
7           if (target != null) {
8               if (followRotation) {
9                   transform.rotation = target.rotation;
10              }
11              if (followPosition) {
12                  transform.position = target.position;
13              }
```

```
14      } else {                                      //如果 target 为空
15        Debug.LogError("No follow target defined!");   //输出错误消息
16  }}}
```

- 第 1～5 行定义了脚本中的相关变量，其中有控制是否跟随位置的 followPosition 和是否跟随旋转的 followRotation 的变量，以及要跟随的目标。
- 第 6～16 行在 Update 方法中写了跟随的相关代码。首先判断要跟随的目标是否为空，如果不为空，则再次判断 followPosition 和 followRotation 的真假来控制是否做相关跟随；如果为空，则不跟随，直接输出错误消息。

（4）利用 MyAnimation.cs 脚本在具体帧中设置动画，该脚本挂载在 BasicBow 对象上。当玩家开始拉弓时，随着玩家拉力的改变，我们改变已经做好的动画的当前帧数来实现拉弓的效果。具体代码如下。

代码位置： 随书源代码/第 7 章/Archery/Assets/Scripts/MyAnimation.cs

```
1  using UnityEngine;
2    public class MyAnimation : MonoBehaviour {
3      public Animation animationTimeline;                //获取拉弓动画
4      public void SetFrame(float frame) {                //设置动画帧的方法
5        animationTimeline["Pull"].speed = 0;             //设置动画速度为 0
6        animationTimeline["Pull "].time = frame;         //设置帧数
7        animationTimeline.Play("Pull ");                 //播放拉弓动画
8  }}
```

说明： 此脚本挂载的对象上需要有一个动画组件，把它命名为 Pull，该动画用于随时间改变弓的状态，改变当前动画速度和时间之后再播放该动画即可。

（5）控制箭逻辑的脚本 Arrow.cs 挂载在 Arrow 对象上，它控制了弓箭的状态，例如是否处于飞行状态以及是否发生过碰撞。具体代码如下。

代码位置： 随书源代码/第 7 章/Archery/Assets/Scripts/Arrow.cs

```
1   using UnityEngine;
2   public class Arrow : MonoBehaviour {
3     public float maxArrowLife = 10f;
4     [HideInInspector]
5     public bool inFlight = false;
6     private bool collided = false;
7     private Rigidbody rigidBody;
8     private GameObject arrowHolder;
9     private Vector3 originalPosition;                  //初始位置
10    private Quaternion originalRotation;               //初始旋转四元数
11    private Vector3 originalScale;                     //初始缩放比例
12    public void SetArrowHolder(GameObject holder) {    //设置箭的保持器
13      arrowHolder = holder;                            //赋值
14      arrowHolder.SetActive(false);                    //关闭 arrowHolder
15    }
```

```
16      public void OnNock() {
17        collided = false;                              //未发生过碰撞
18        inFlight = false;                              //不是正在飞行
19      }
20      //……这里省略了几个方法的具体代码,将在后面进行详细介绍
21      private void ResetTransform() {                   //重置箭的属性
22        //这里省略了重置箭属性的方法,有兴趣的读者可以阅读项目源代码
23      }
24      private void DestroyArrow(float time) {           //销毁箭的方法
25        //这里省略了销毁箭的方法,有兴趣的读者可以阅读项目源代码
26    }}
```

❑ 第 1～11 行定义了脚本中的相关变量,有控制箭最大生存时间的 maxArrowLife 变量、标志箭是否正在飞行的 inFight 变量、标志箭是否发生过碰撞的 Collided 变量等。

❑ 第 12～15 行设置箭的保持器,即先将传过来的参数赋值给 arrowHolder 变量,再关闭箭的保持器。

❑ 第 16～19 行定义了设置标志位的方法,当箭搭上弓的时候,假设箭未发生过碰撞,且未处于飞行状态。

❑ 第 20～26 行定义了类内需要用到的很多方法,其中 ResetTransform 和 DestroyArrow 是两个非常简单的辅助方法,前一个对箭的属性进行设置,后一个设置箭在场景中的生存时间。

(6)Arrow.cs 脚本的具体代码如下。

代码位置:随书源代码/第 7 章/Archery/Assets/Scripts/Arrow.cs

```
1     public void Fired() {
2       DestroyArrow(maxArrowLife);                       //销毁箭的方法
3     }
4     public void ResetArrow() {
5       collided = true;                                 //发生了碰撞
6       inFlight = false;                                //不是正在飞行
7       RecreateNotch();
8       ResetTransform();                                //重置 transform 属性
9     }
10    private void Start() {
11      rigidBody = GetComponent<Rigidbody>();           //获取刚体组件
12      SetOrigns();                                     //调用初始化属性的方法
13    }
14    private void SetOrigns() {                          //初始化属性的方法
15      originalPosition = transform.localPosition;
16      originalRotation = transform.localRotation;
17      originalScale = transform.localScale;
18    }
19    private void FixedUpdate() {
20      if (!collided) {                                 //如果未发生过碰撞
```

```
21      transform.LookAt(transform.position + rigidBody.velocity);
22    }}
23    private void OnCollisionEnter(Collision collision) {//碰撞检测方法
24      if (inFlight) {                                //如果正在飞行
25        ResetArrow();                                //重置箭
26      }}
27    private void RecreateNotch() {
28      arrowHolder.transform.parent = null;
29      arrowHolder.SetActive(true);                   //显示 arrowHolder
30      transform.parent = arrowHolder.transform;      //使箭再次成为保持器的子对象
31      //这里省略了复位刚体和碰撞状态的代码，有兴趣的读者可以阅读项目源代码
32    }
```

- ❑ 第 1~9 行分别定义了 Fired 与 ResetArrow 两个方法。当发射出箭后，调用 Fired 方法，在一段时间后自行销毁箭，而 ResetArrow 方法能重置箭的属性与参数，设置碰撞、飞行属性等。

- ❑ 第 10~18 行是对一些参数的初始化。当运行程序时，获取 Arrow 对象上挂载的刚体组件，并记录 Arrow 对象的本地 Position、Rotation 与 Scale，以便后续恢复参数。

- ❑ 第 19~26 行对弓箭的状态进行实时的更改，根据弓箭的位置、刚体的速度方向转动弓箭的朝向。同时，当弓箭碰撞到对象时，调用 ResetArrow 方法，重新创建箭柄作为弓箭的父对象。

- ❑ 第 27~32 行是一些辅助方法，例如 RecreateNotch 方法重新创建箭柄，未讲解的 ResetTransform 方法用于对弓箭的属性进行设置。

（7）使箭尾位置随弓形状改变而跟随的脚本 Bow.cs 挂载在 BasicBow 对象上。具体代码如下。

代码位置：随书源代码/第 7 章/Archery/Assets/Scripts/Bow.cs

```
1    using UnityEngine;
2    using System.Collections;
3    public class Bow : MonoBehaviour {
4      public float powerMultiplier;
5      public float pullMultiplier;
6      public float pullOffset;
7      public float maxPullDistance = 1.1f;
8      public int bowVibration = 250;
9      public int stringVibration = 350;
10     private MyAnimation bowAnimation;
11     private GameObject currentArrow;              //当前的箭
12     private BowHandle handle;                     //BowHandle 脚本
13     private VRTK_InteractableObject interact;
14     private VRTK_ControllerEvents holdControl;
15     private VRTK_ControllerEvents stringControl;
16     private VRTK_ControllerActions stringActions;
```

```
17    private VRTK_ControllerActions holdActions;
18    private Quaternion releaseRotation;              //松开时的 Rotation
19    private Quaternion baseRotation;                 //弓原来的 Rotation,每一帧都获取
20    private bool fired;                              //发射箭的标志
21    private float fireOffset;                        //偏移量
22    private float currentPull;
23    private float previousPull;
24    //这里省略了一些简单的方法,有兴趣的读者可以阅读案例中的源代码
25    private void DoObjectGrab(object sender, InteractableObjectEventArgs e)  {
26        //这里省略了判断左右手的代码,有兴趣的读者可以阅读案例中的源代码
27        StartCoroutine("GetBaseRotation");           //开启线程,获取当前弓的 Rotation
28    }
29    private void Update() {
30        //......这里省略了 Update 方法的具体代码,将在后面详细介绍
31    }
32    private void Release() {                          //释放
33      //这里省略了释放方法的具体代码,将在后面详细讲解
34    }
35  }
```

❑ 第 1~9 行除了定义类之外,还声明了一些变量参数,用于调整对弓的拉力控制,同时设定了弓与弦的振动强度。

❑ 第 10~17 行定义了拉弓动画的引用、箭的引用与控制器上脚本的引用,方便调用这些脚本中的方法实现具体功能。

❑ 第 18~23 行定义了弓原来的 Rotation、松开弓时的 Rotation、当前拉弓的力与上一帧中拉弓的力等变量。

❑ 第 24~28 行声明了一些简单的方法,例如判断当前手柄是否抓着弓、判断当前是否抓着箭等方法。由于篇幅有限,此处省略了一些方法,有兴趣的读者可以查看源代码。除此之外,还声明了开启 GetBaseRotation 协程,获取每一帧中弓的 Rotation。

❑ 第 29~31 行定义了 Update 方法,此方法对"既持有弓又持有箭""只持有弓"和"没有持有弓"3 种情况进行了列举,详细代码将在后面进行介绍。

（8）Update 方法中,当既持有弓又持有箭时,要调整弓箭属性,并释放箭,释放成功后更新标志位的值;当只持有弓时,判断弓箭是否发射,做相关操作;当没有持有弓时,直接释放箭。具体代码如下。

代码位置：随书源代码/第 7 章/Archery/Assets/Scripts/Bow.cs

```
private void Update() {
    if (currentArrow != null && IsHeld()){
        AimArrow();                              //调整箭
        AimBow();                                //调整弓
        PullString();                            //拉弦
        if (!stringControl.grabPressed){         //松开了手柄按钮
```

```
      currentArrow.GetComponent<Arrow>().Fired();        //发射箭
      fired = true;                                       //已发射
      releaseRotation = transform.localRotation;          //记录松开箭时的 Rotation
      Release();                                          //释放
    }}else if (IsHeld()){                                 //只有弓
     if (fired){                                          //若已发射
      fired = false;
      fireOffset = Time.time;                             //记录时间偏移量
     }
     //松开弓时的 Rotation 若和正常状态下的 Rotation 不同，将这两个进行插值计算
     if (!releaseRotation.Equals(baseRotation)) {
       transform.localRotation = Quaternion.Lerp(releaseRotation, baseRotation,
           (Time.time - fireOffset) * 8);                 //恢复弓的 Rotation
    }}
    if (!IsHeld()){                                       //没拿着弓
     if (currentArrow != null){                           //当 currentArrow 不为空时
      Release();                                          //释放箭
}}}
```

- ❏ 第 1~11 行为既持有弓又持有箭的情况，根据两个手柄的位置调整弓箭的位置与转向，当松开"手柄"按钮时，计算箭的发射速度并按照箭的 forward 发射箭。

- ❏ 第 12~20 行为只持有弓的情况，当发射出箭之后进入此状态，将发射标志位设置为 false 并记录当前的时间，将松开箭时弓的 Rotation 与拉弓前弓的 Rotation 比较并进行插值运算，把结果作为弓当前的 Rotation。

- ❏ 第 21~24 行为没有持弓时的情况，简单来说，当没有持弓的时候，即使拿起来箭，也不能产生拉弓效果。

（9）当箭在弓上并被射出时，首先要恢复动画初始帧数，设置碰撞检测等控制变量，设置箭的自身属性（如刚体初速度）等，然后调用 ReleaseArrow 方法。具体代码如下。

代码位置：随书源代码/第 7 章/Archery/Assets/Scripts/Bow.cs

```
1   private void Release() {
2     bowAnimation.SetFrame(0);                           //恢复弓的初始状态
3     currentArrow.transform.SetParent(null);             //当前箭的父对象为空
4     Collider[] arrowCols = currentArrow.GetComponentsInChildren<Collider>();
5     Collider[] BowCols = GetComponentsInChildren<Collider>();
6     foreach (var c in arrowCols) {                      //遍历箭的碰撞器
7       c.enabled = true;                                 //打开箭的碰撞器
8       foreach (var C in BowCols) {                      //遍历弓的碰撞器
9         Physics.IgnoreCollision(c, C);                  //忽略箭和弓的物理碰撞
10    }}
11    currentArrow.GetComponent<Rigidbody>().isKinematic = false;
12    currentArrow.GetComponent<Rigidbody>().velocity = currentPull * powerMultiplier *
13      currentArrow.transform.TransformDirection(Vector3.forward);   //设置一个初速度
14    currentArrow.GetComponent<Arrow>().inFlight = true;   //设置箭处于飞行状态
```

```
15    currentArrow = null;                                      //清空当前的箭
16    currentPull = 0;                                          //当前拉力为0
17    ReleaseArrow();                                           //发射箭
18  }
```

❑ 第2～5行将拉弓动画的帧数置为0，恢复弓的初始状态，并将当前箭的父对象设置为空，同时获取弓对象上的所有碰撞器组件与箭对象上的所有碰撞器组件，存储到两个数组中。

❑ 第6～10行遍历箭对象上的所有碰撞器组件，将这些碰撞器组件置为可用，同时遍历弓上的所有碰撞器组件，忽略箭与弓的碰撞效果。

❑ 第11～15行对箭的引用进行调节，对箭上刚体的速度进行设置，并将箭的inFight标志位设置为true，最后清空当前的箭，当前箭的引用设置为null。

❑ 第16～17行将当前的变量currentPull设置为0，并调用VRTK_InteractGrab.cs脚本中的ForceRelease方法强制松开手柄所持的箭。

（10）脚本ArrowNotch.cs挂载在BasicArrow对象上。具体代码如下。

代码位置：随书源代码/第7章/Archery/Assets/Scripts/ArrowNotch.cs

```
1   using UnityEngine;
2   public class ArrowNotch : MonoBehaviour {
3     private GameObject arrow;
4     private VRTK_InteractableObject obj;                       //VRTK_InteractableObject脚本
5     private void Start() {
6       arrow = transform.FindChild("Arrow").gameObject;
7       obj = GetComponent<VRTK_InteractableObject>();//获取VRTK_InteractableObject脚本组件
8     }
9     private void OnTriggerEnter(Collider collider) {          //进入触发器
10      var handle = collider.GetComponentInParent<BowHandle>(); //获取BowHandle组件
11      if (handle != null && obj != null && handle.aim.IsHeld() && obj.IsGrabbed()) {
12        handle.nockSide = collider.transform;                 //记录碰撞物体的位置
13        arrow.transform.parent = handle.arrowNockingPoint;     //将箭挂到弓上
14        CopyNotchToArrow();                                    //复制当前对象
15        collider.GetComponentInParent<BowAim>().SetArrow(arrow); 
16        Destroy(gameObject);                                   //销毁此对象
17    }}
18    private void CopyNotchToArrow() {
19      GameObject notchCopy = Instantiate(gameObject, transform.position,
20                          transform.rotation) as GameObject;   //复制当前对象
21      notchCopy.name = name;                                   //修改当前对象的name
22      arrow.GetComponent<Arrow>().SetArrowHolder(notchCopy);
23      arrow.GetComponent<Arrow>().OnNock();                    //设置Arrow脚本中的变量
24    }}
```

❑ 第1～8行定义了箭对象的引用与VRTK_InteractableObject脚本的引用，以便后续方法的调用。之后又在Start方法中对以上两个对象的引用进行赋值。

❑ 第 9～17 行中，当箭的触发器搭在弓上并被触发时，进入 OnTriggerEnter 方法，获取弓对象上的 BowHandle 组件，判断左右手柄是否持有弓和箭。若持有，则将箭挂在弓上，复制当前箭柄对象，并将此对象销毁。

❑ 第 18～24 行定义了 CopyNotchToArrow 方法，根据箭柄的位置与转向复制箭柄，并在 Arrow.cs 脚本中为箭柄引用赋值，同时初始化变量。

7.9　本章小结

本章介绍了 VRTK 插件的安装与使用，详细地介绍了基于 VRTK 插件实现的控制器上按钮监听以及光线创建和按钮交互等功能，每节都通过一个详细案例帮助读者进一步理解相关知识点，最后通过一个综合案例展示了 VRTK 插件的用法。

7.10　习题

1. 下载 VRTK 插件并导入项目。
2. 运行所有官方案例并查看运行结果。
3. 简述光线案例的开发流程。
4. 利用 VRTK 插件搭建自己的 VR 项目。

第8章　Leap Motion 在开发中的应用

Leap Motion 是由面向 PC 以及 Mac 的体感控制器制造公司 Leap 开发的一款体感控制器。它采用先进的手部跟踪技术来实现流畅、精准、可靠的呈现。Leap Motion 可以直接嵌入任何 AR/VR 头戴式显示器，来实现一些炫酷的效果。Leap Motion 设备如图 8-1 和图 8-2 所示。

Leap Motion 利用其对当前主流 VR 设备的支持，使得用户可以更加容易地沉浸在 VR 中，也使得 Leap Motion 在未来有着巨大的发展前景。本章将对 Leap Motion 的安装与配置、SDK 的下载以及 SDK 与 HTC VIVE 的联合开发进行详细讲解。

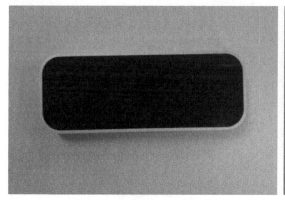
图 8-1　Leap Motion 设备的正面

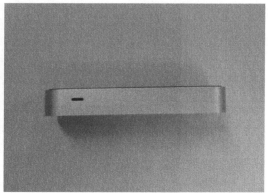
图 8-2　Leap Motion 设备的侧面

8.1　Leap Motion 开发环境配置

在拥有 Leap Motion 之后，还要进行 Leap Motion 驱动的下载与安装以及官方 SDK 的下载，才能开始开发应用程序。本节将详细介绍 Leap Motion 驱动的下载与安装流程以及官方 SDK

与 Example 的下载。

8.1.1　Leap Motion 驱动的下载与安装

当用户将 Leap Motion 通过 USB 接口与计算机进行连接后，计算机不会做出任何响应，我们仍然需要到官网下载一个对应计算机系统的驱动软件，下载并安装完驱动之后，计算机才能检测到 Leap Motion 的连接及其状态。下面开始介绍 Leap Motion 驱动的下载与安装步骤。

（1）进入 Leap Motion 官网，在官网页面中，所有的文字都是英文的，用户可以通过单击页面右上角的下拉列表将语言改为简体中文，具体如图 8-3 所示。然后在页面底端，单击技术栏中的"如何安装"，具体如图 8-4 所示。

图 8-3　将语言改为简体中文

图 8-4　单击"如何安装"

（2）在弹出的界面中，单击右侧"VR"下的"开始"选项，如图 8-5 所示。进入下载界面后，根据计算机自身的系统下载不同的驱动。对于 Windows 系统，直接单击"下载 WINDOWS 版本"按钮进行下载即可，如图 8-6 所示。

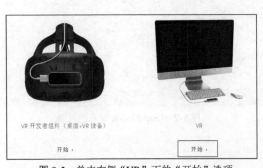

图 8-5　单击右侧"VR"下的"开始"选项

图 8-6　下载最新 Windows 版本驱动

（3）双击下载的最新驱动，按照提示进行安装。安装成功后，在"开始"菜单中会出现 Leap Motion 程序组，如图 8-7 所示，用户可以通过单击 Leap Motion Control Panel 打开 Leap Motion 控制面板。打开之后，在右下角的任务栏中会有 Leap Motion 图标，如图 8-8 所示。

图 8-7　"开始"菜单中的 Leap Motion 程序组

图 8-8　任务栏中的 Leap Motion 图标

（4）任务栏中的 Leap Motion 有 3 种颜色，黑色代表未检测到 Leap Motion 设备，黄色代表设备表面有污点，绿色代表设备正常运行。用户可以将 Leap Motion 通过 USB 与计算机连接，当图标显示为绿色时，即代表驱动以及设备配置成功。

8.1.2　官方 SDK 与 Example 下载

成功配置了 Leap Motion 驱动后，我们仍需要下载官方 Leap Motion 的 SDK 才能在 Unity 中对 Leap Motion 进行应用开发与测试。本节将对如何下载官方最新版本 SDK 进行详细的介绍。

（1）进入 Leap Motion 官网，在首页底端，单击 Developer 选项下的 Unity，在弹出的页面中单击 DOWNLOAD UNITY CORE ASSETS 4.4.0 按钮，进行官方 SDK 的下载，具体如图 8-9 所示。

（2）在页面下方，有 3 个官方的扩展模块可供开发者下载，开发者可以通过单击案例下方的 MODULE 按钮下载，如图 8-10 所示。在这里，我们将其全部下载，以供后面使用。下载的案例如图 8-11 所示。

图 8-9　下载官方 SDK

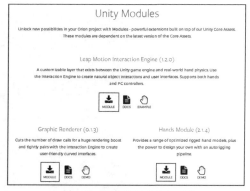

图 8-10　官方扩展模块的下载

名称	修改日期	类型	大小
Leap_Motion_Core_Assets_ 4.4.0.unitypackage	2018/7/5 19:21	Unity package...	2,432 KB
Leap_Motion_Graphic_Renderer_0.1.3.unitypackage	2018/7/20 14:59	Unity package...	550 KB
Leap_Motion_Hands_Module_2.1.4.unitypackage	2018/7/20 15:00	Unity package...	148 KB
Leap_Motion_Interaction_Engine_1.2.0 (1).unitypackage	2018/7/20 14:57	Unity package...	1,897 KB

图 8-11　下载的模块

8.2　Leap_Motion_Core_Assets_4.4.0.unitypackage 模块

　　Leap_Motion_Core_Assets_4.4.0.unitypackage 模块是其他模块的基础，不仅包括将数据导入 Unity 项目所需要的所有资源，还包含一组预制件，方便开发者快速入门。此外，Leap_Motion_Core_Assets_4.4.0.unitypackage 模块还包含一些轻量级的实用程序，可以提供更好的 Unity 开发体验。

8.2.1　使用预制件获取模拟手

　　将 Leap_Motion_Core_Assets_4.4.0.unitypackage 资源包导入 Unity 后，可以通过预制件快速获得模拟手。在 Prefab 目录下包含了 Leap Rig 预制件以及 LeapHandController 预制件，Leap Rig 预制件用于 VR/AR 应用程序，LeapHandController 预制件用于非 VR/AR 应用程序。

1. 预制件的使用

　　新建一个场景，删除场景中默认的摄像机，然后将预制件 Leap Rig 拖入场景即可看到胶囊手的模型，如图 8-12 所示。连接 Leap Motion 设备后，运行此场景，在设备前方活动双手，场景中的手模型将会获取使用者手的运动数据并做出一样的反应。

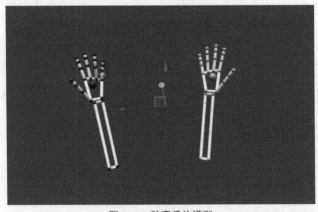

图 8-12　胶囊手的模型

2．预制件的结构

Leap Rig 预制件包括一个 Leap Rig 父对象及其子对象——Main Camera 和 Hand Models，Hand Models 包含 Capsule Hand Left 和 Capsule Hand Right 两个子对象，如图 8-13 所示。下面分别对各对象所挂载的组件进行介绍。

在父对象 Leap Rig 上挂载了 XR Height Offset (Script)，如图 8-14 所示。这个脚本可以在编辑期间把 Leap Rig 对象放置在玩家的头部位置，同时还能提供正确的跨平台高度。

图 8-13　Leap Rig 预制件的组成

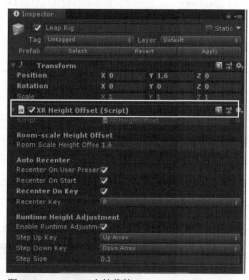

图 8-14　Leap Rig 上挂载的 XR Height Offset (Script)

如果追踪空间的类型为 RoomScale，那么该平台将在开始时向下移动，与预期的地板高度相匹配，如 SteamVR，而 Android 虚拟现实和 Oculus 单摄像头目标则保持不变，使用圆圈代表地板在房间里的高度。

作为场景中的主摄像机，Main Camera 对象是 Leap Rig 的直接子对象，前一个对象的本地位置和旋转由 Unity 的 XR 集成，直接控制，无法手动移动，Main Camera 上挂载了 Leap XR Service Provider (Script)，如图 8-15 所示。

Leap XR Service Provider (Script)是 XR 应用程序的专用组件。该脚本提供了头盔数据以及手数据的跟踪。将此组件直接放在 XR 相机上，就可以正确地解决传感器和头盔姿势跟踪

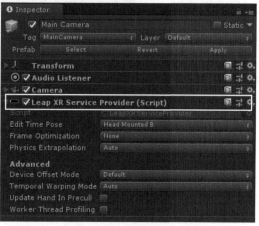

图 8-15　Main Camera 上挂载的 Leap XR Service Provider (Script)

237

之间的跟踪时间差异。各参数的含义如表 8-1 所示。

表 8-1　Leap XR Service Provider (Script)中各参数的含义

参　　数	功　　能
Edit Time Pose	选择时间模式
Frame Optimization	当启用时，只计算一个 Leap 帧而不是两个
Physics Extrapolation	物理推断使用的模式：None——不使用物理推断；Auto——推断是基于固定的时间选择的；Manual——推断时间由用户手动选择
Device Offset Mode	设备偏转模式，包括 Default、Manual、Transform 3 种方式
Temporal Warping Mode	空间扭曲模式。此模式在 PC 与 Android 平台下设置为 Auto 即可
Update Hand In Precull	指定是否在每次着色器剔除时更新手
Worker Thread Profiling	指定是否分析工作线程

作为左右手的父对象，Hand Models 对象上挂载了 Hand Model Manager (Script)，如图 8-16 所示，Hand Model Manager (Script)通过 Hand Models 提供标准的 Leap Hand 数据流，主要用于驱动 3D 手模型（例如 Capsule Hands 或 Rigged Hands）的视觉表示。

为了使 Hand Model Manager (Script)能够运行，必须将所使用的一组手添加到 Model Pool 中，如图 8-16 所示。预制件将 Hand Model Manager (Script)作为根对象 Leap Rig 的直接子对象。如果玩家的原始空间（Leap Rig 的位置）在场景移动，手会跟着移动。Hand Model Manager (Script)中各参数的含义如表 8-2 所示。

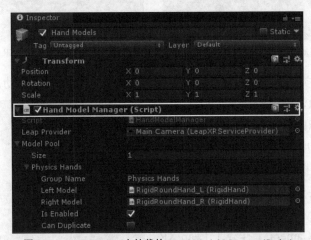

图 8-16　Hand Models 上挂载的 Hand Model Manager (Script)

表 8-2　Hand Model Manager (Script)中各参数的含义

参　　数	功　　能
Leap Provider	挂载了 Main Camera (LeapServiceProvider)对象
Size	模型池的大小
Group Name	手模型组的名称

续表

参　　数	功　　能
Left Model	挂载了 Rigid Round Hand_L 对象
Right Model	挂载了 Rigid Round Hand_R 对象
Is Enabled	指定是否显示这组手模型
Can Duplicate	指定是否可以复制本组模型

注意对象 Capsule Hand Left 与 Capsule Hand Right。Capsule Hand Right 上挂载了 Capsule Hand (Script)，如图 8-17 所示。该手对象虽然是手的模型，但并未使用 Unity 的网格渲染组件，而是通过 CapsuleHand.cs 脚本绘制网格。

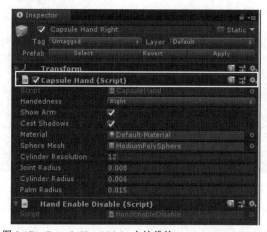

图 8-17　Capsule Hand Right 上挂载的 Capsule Hand (Script)

8.2.2　Leap 的手模型

Leap 资源包中除了胶囊手之外，还包含 AttachmentHand 和 RiggedHand 两种手模型，如图 8-18 和图 8-19 所示。AttachmentHand 模型用于为手的各个关节添加不同的对象。RiggedHand 是一个完整连续的手模型，与胶囊手的使用方法类似，只是画面更美观，在此不过多介绍。

图 8-18　AttachmentHand 模型

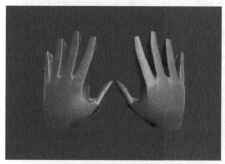

图 8-19　RiggedHand 模型

创建附件手

附件手本身并没有 Mesh，其各关节的形状完全由使用者自定义实现。在自定义脚本时，只需要使用脚本自动生成的 Attachment Transform，将要附加到关节的对象拖入相应关节的子对象即可。下面将分步演示如何创建附件手。

（1）新建一个场景，保留默认的光源与摄像机，然后创建一个空对象，命名为 LeapServiceProvider，为其添加一个 Leap Service Provider (Script)。该脚本的设置使用默认设置即可，如图 8-20 所示。

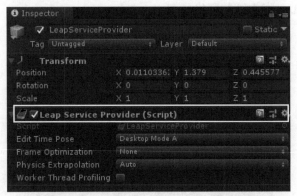

图 8-20　Leap Service Provider (Script)的设置

（2）再创建一个新对象，将其命名为 AttachmentHands。为其添加一个 Attachment Hands (Script)，如图 8-21 所示。在该组件中可以设置手的各个关节，并默认添加了最底部的两个关节。同时查看刚创建的 AttachmentHands 对象，可以发现其结构自动发生了变化，自动生成的子对象如图 8-22 所示。

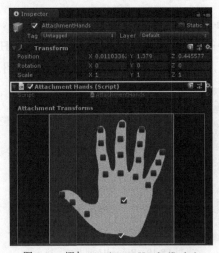

图 8-21　添加 Attachment Hands (Script)

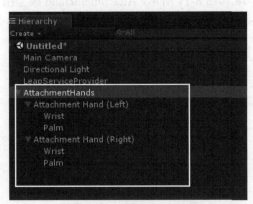

图 8-22　自动生成的子对象

（3）从图 8-23 中可以看到该脚本自动生成了双手以及在 AttachmentTransform 中勾选的节点，使用者可以自由勾选这些节点进行添加或移除。此时只要将需要附加到关节的对象拖入各个关节的子对象中即可。由于全手上的关节太多，为了避免重复工作，将通过对食指关节添加附件进行演示。

（4）去掉 Attachment Hands (Script)中默认添加的关节，勾选全部的食指关节，如图 8-23 所示。此时可以看到 AttachmentHands 对象自动发生了相应的变化，如图 8-24 所示，这些子对象分别对应所勾选的关节。

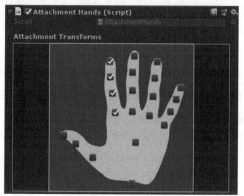

图 8-23　勾选食指关节

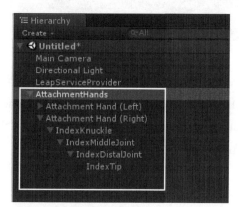

图 8-24　勾选食指关节后的 AttachmentHands 对象

（5）为每一个子对象添加一个 Cube 附件，如图 8-25 所示。Cube 的 Transform 选项组如图 8-26 所示。其效果如图 8-27 所示。

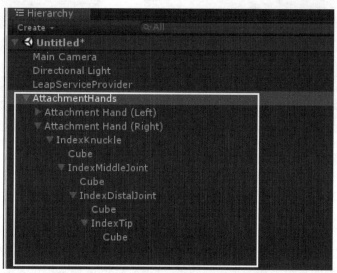

图 8-25　为每一个子对象添加一个 Cube 附件

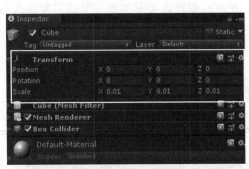

图 8-26　Cube 的 Transform 选项组

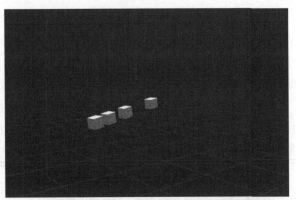

图 8-27　食指关节上添加 Cube 后的效果

（6）使用设备进行测试，在此之前需要为 AttachmentHands 对象添加两个 Attachment Hand Enable Disable (Script)，并分别将 Attachment Hand (Left)与 Attachment Hand (Right)对象拖入 Attachment Hand，如图 8-28 所示。这两个脚本控制手的显示与隐藏，若没有这两个脚本，程序无法正常运行。

（7）连接设备后运行案例，可以发现这 4 个添加了 Cube 的食指节点会跟随玩家食指的动作一起运动，运行结果如图 8-29 所示。

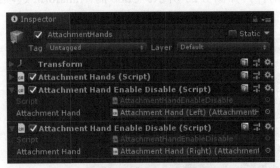

图 8-28　将 Attachment Hand (Left)与 Attachment Hand (Right)
对象拖入 Attachment Hands

图 8-29　运行结果

8.2.3　Leap Motion 的服务提供者脚本

本节介绍的是 Leap Motion 的一系列服务提供者脚本，这些脚本用于从 Leap Motion 设备获取用户手的每帧运动数据。在介绍 Leap Motion 服务类之前，首先需要了解 Frame 类的作用，Frame 类代表检测到的一组手和手指跟踪数据。Leap Motion 服务提供者通过获取 Frame 对象来获得手和手指的数据。本节将对重要的脚本进行介绍。

1. LeapProvider.cs 脚本

LeapProvider.cs 的作用是当 Frame 数据可用时通过触发事件的方式，为 Unity 提供 Frame 对象的数据。该类为抽象类，用于具体的服务类继承。当然，也允许用户创建自己的 LeapProvider。LeapProvider 的继承关系如图 8-30 所示。

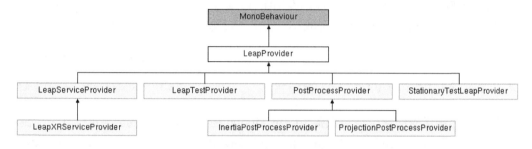

图 8-30 LeapProvider 的继承关系

下面对 LeapProvider.cs 脚本的代码进行详细介绍。该类定义了每帧更新与固定帧更新的事件，并定义了调用事件的方法。具体代码如下。

代码位置： 官方案例 LeapMotion/Core/Scripts/LeapProvider.cs

```
1   //此处省略了导入类及命名空间的代码
2   public abstract class LeapProvider : MonoBehaviour {
3     public event Action<Frame> OnUpdateFrame;              //定义每帧更新的事件
4     public event Action<Frame> OnFixedFrame;               //定义固定帧更新的事件
5     public abstract Frame CurrentFrame { get; }
6     public abstract Frame CurrentFixedFrame { get; }
7     protected void DispatchUpdateFrameEvent(Frame frame) {
8       if (OnUpdateFrame != null) {
9         OnUpdateFrame(frame);                              //传入帧对象作为参数
10      }}
11    protected void DispatchFixedFrameEvent(Frame frame) {
12      if (OnFixedFrame != null) {
13        OnFixedFrame(frame);                               //传入帧对象作为参数
14  }}}
```

说明： 上述代码中的 CurrentFrame 与 CurrentFixedFrame 对象是随时变化的。如果使用者需要引用 Frame，或者引用 Frame 中的任何对象，可能会发生出乎意料的变化。如果使用者想保存一个引用，则一定要复制。

2. LeapServiceProvider.cs 脚本

LeapServiceProvider.cs 是与当前平台上运行的 Leap 服务进行通信的类，它为应用程序提供包含 Leap hands 的 Frame 对象，即用户手的数据和图像。通常情况下，任何需要获取传感器的 Hand 数据的类都需要引用 LeapServiceProvider.cs。
图 8-31 为 LeapServiceProvider 的继承关系。

从图中可以看到，LeapServiceProvider 继承自 Leap
Provider，同时还是 LeapXRServiceProvider 的父类。
LeapXRServiceProvider 是 XR 应用程序的专用组件，这在
前面已进行介绍，在此不赘述。而 LeapServiceProvider 则
用于非 VR/AR 的桌面应用程序。

8.2.4　Leap Motion 与 Vive 头盔的结合

图 8-31　LeapServiceProvider 的继承关系

作为当下非常优秀的虚拟现实设备，Leap Motion 在使用时需要放于固定位置来检测用户
手位置的变化，所以在使用时很容易就会超出其检测范围。为了解决这一问题，可以将 Leap
Motion 固定于 VIVE/Oculus 头盔上，让 Leap Motion 随身体一起移动。

下面简要介绍一下将 Leap Motion 固定于 Vive 头盔后，开发中涉及的关键步骤。

（1）如图 8-32 所示，在 Hierarchy 面板中，选择 Main Camera 对象，将 Leap XR Service
Provider (Script)挂载到 Main Camera 对象上，并将其上面挂载的 Leap Service Provider (Script)
删除（若上面没有，则忽略此操作），如图 8-33 所示。这两个脚本组件的区别在 8.2.3 节已介
绍，读者可自行查看。

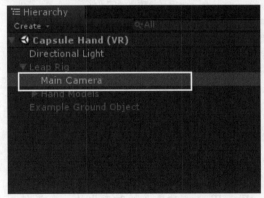

图 8-32　选择 Main Camera 对象

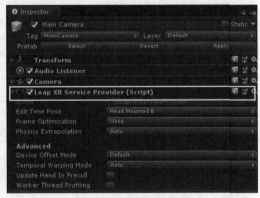

图 8-33　添加 Leap Service Provider (Script)

（2）选择 File→Build Settings，在弹出的界面中，单击 Player Settings 按钮，进入 Other
Settings 界面，勾选 XR Settings 下面的 Virtual Reality Supported 复选框，如图 8-34 所示。然后
找到官方案例 LeapMotion/Core/Examples 目录下的 Capsule Hand (VR)场景，并运行，运行结
果如图 8-35（a）与（b）所示。

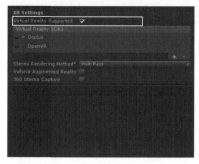

图 8-34 勾选 Virtual Reality Supported

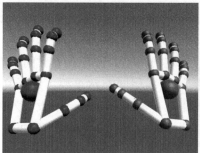
（a）

（b）

图 8-35 运行结果

8.3 Leap Motion 中扩展的交互功能

前面介绍了官方 SDK 中的一些主要脚本与案例，但是仅仅了解这些还是远远不够的，下面将首先介绍 Leap Motion 中扩展的交互功能。运用交互功能，用户可以轻松地实现对虚拟物体的抓取、抛掷等操作，实现虚拟场景与体感的完美交互。

8.3.1 交互案例的导入及相关设置

前面我们已经下载了 Leap Motion 中的交互案例，为了把下载下来的 Leap_Motion_Interaction_Engine_1.2.0.unitypackage 资源包导入 LeapMotion SDK 的项目中，在 Unity 中，选择菜单栏中的 Assets→Import Package→Custom Package，如图 8-36 所示，导入资源包。在弹出的 Import Unity Package 对话框中，选择之前下载的 unitypackage 文件，然后单击 Import 按钮导入，如图 8-37 所示。

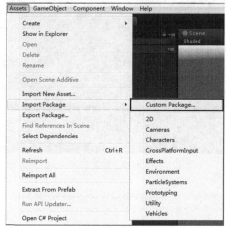

图 8-36 导入资源包

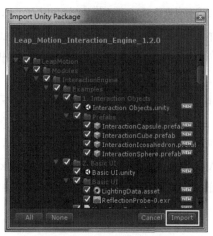

图 8-37 选择资源包并导入

说明：在将 Leap_Motion_Interaction_Engine_1.2.0.unitypackage 导入项目之前，请确保已将 Leap_Motion_Core_Assets_ 4.4.0.unitypackage 导入项目。

Unity 物理引擎具有"固定的时间步长"，但是时间步长并不总是与图形帧速率同步。将物理时间步长设置为与渲染帧速率相同非常重要。选择 Edit→Project Settings→Time，进入 TimeManager 的 Inspector 面板，将 Fixed Timestep 设置为 0.0111111，如图 8-38 所示。

另外，将 Gravity 设置为实际比例的一半（即 Y 为−4.905，而不是−9.81），在使用物理对象时会产生更好的感觉。在 Unity 中，选择 Edit→Project Settings→Physics，将 Gravity 中的 Y 设置为−4.905，如图 8-39 所示。

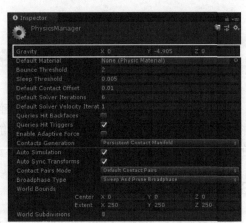

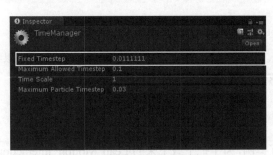

图 8-38　设置 Fixed Timestep

图 8-39　设置 Gravity

为了将交互功能与 HTC VIVE 和 Oculus 联系起来，还需要更改系统的 InputManager。在 Unity 中，选择 Edit→Project Settings→Input，进入 InputManager 的 Inspector 面板，首先需要将 Size 的数值调整为 20，以增加两种输入方式，如图 8-40 所示。

Size 数值设置完毕后，增加新的输入方式，并将其 Name 参数分别改为 LeftXRTriggerAxis 和 RightXRTriggerAxis，将其 Axis 参数分别设置为 9th axis (Joysticks) 和 10th axis (Joysticks)，如图 8-41、图 8-42 所示。

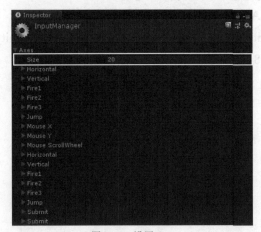

图 8-40　设置 Size

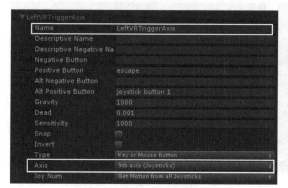

图 8-41 设置 LeftXRTriggerAxis

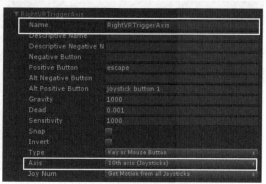

图 8-42 设置 RightXRTriggerAxis

8.3.2 Leap Motion 交互案例

导入交互案例后，我们可以在项目文件 Assets/LeapMotion/Modules/InteractionEngine/ Examples 文件夹下找到 Leap Motion 交互案例，如图 8-43 所示。单击第一个文件夹，里面包含一个 Prefabs 文件夹与第一个交互场景，具体如图 8-44 所示。其余文件夹的组成与第一个文件夹类似。

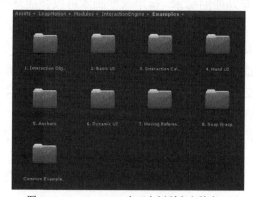

图 8-43 Leap Motion 交互案例所在文件夹

图 8-44 第一个文件夹的内容

1. 交互案例的预制件详解

交互案例所在的包中，提供了一个 Interaction Manager 预制件，用于实现交互管理，将该预制件在场景中设置为 Leap Rig 对象的子对象，来配置虚拟手以及 VR 手柄对虚拟场景中物体的抓取等交互行为。该预制件中具体包含的对象如图 8-45 所示。

Interaction Manager 对象上挂载了 Interaction Manager (Script)组件，用于管理交互行为，如图 8-46 所示。该组件的参数信息如表 8-3 所示。

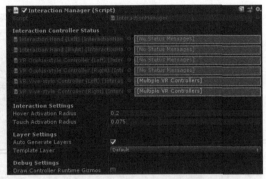

图 8-45　Interaction Manager 预制件中包含的对象　　　　图 8-46　Interaction Manager (Script)组件的参数

表 8-3　Interaction Manager (Script)组件中参数的含义

参　数　名	含　义	参　数　名	含　义
Interaction Controller Status	交互控制器状态	Auto Generate Layers	自动生成图层
Hover Activation Radius	悬停激活半径	Template Layer	模板层
Touch Activation Radius	触摸激活半径	Draw Controller Runtime Gizmos	绘制控制器运行图像

2．交互案例脚本详解

交互案例的包中，同样提供了很多用于实现交互功能的脚本，运用这些脚本可以完成将普通的对象变成可交互对象等。具体脚本如下。

❏　InteractionManager.cs：挂载在 Interaction Manager 对象下，用于实现对交互功能的管理，可以查看交互控制器状态，可以设置悬停半径、触摸半径等，还可以设置图层等。

❏　InteractionBehaviour.cs：挂载在需要进行交互的对象下，给交互对象添加刚体与碰撞器即可与手进行交互，该脚本可以设置交互物体是否无视悬停、接触、抓取等。

❏　InteractionButton.cs：挂载在按钮父对象下，实现按钮的交互功能，可以设置按钮的初始高度、按下与松开的监听事件等。

❏　InteractionSlider.cs：挂载在滑块父对象下，用于实现物理滑块的交互功能，可以设置滑块滑动轴、初始高度、按下与松开的监听事件等。

❏　TransformTweenBehaviour.cs：用于实现 Hand UI 的平滑消失与平滑出现，将消失与出现的位置设置为对象，并为其挂载对象的子类，具体可以参考 Hand UI 案例。该脚本还可以设置 Hand UI 平稳消失与出现的时间、本地位置、旋转角度、缩放比等。

❏　AnchorGroup.cs：用于创建可以使用的锚点组合，将其挂载的对象拖入含有 AnchorableBehaviour.cs 脚本的对象下，使含有 AnchorableBehaviour.cs 脚本的对象可以与锚点组中的锚点对象进行连接。

❏　AnchorableBehaviour.cs：该脚本挂载在可交互对象下，用于实现可交互对象与锚点对象的交互，在该脚本中可以设置锚点、锚点组，检测到锚点的最大距离，设置移动到锚点位置的轨迹，锚点是否继承物体的运动，物体是否匹配锚点的旋转角度，抓取结束后是否寻找轨迹上最近的锚点，物体是否朝向手等。

交互案例中主要的脚本功能与挂载对象在上面已经进行了大致介绍，官方给的交互案例涉及这些脚本的综合运用，但是在实际操作中为了实现一些更加独特的功能，需要用户去仔细剖析其中的代码，改变某些代码。下面将对交互中典型的案例与重要脚本代码进行介绍。

3. Interaction Objects 案例详解

Interaction Objects 案例实现了通过手抓取、抛掷虚拟物体的场景，用户将 Leap Motion 与计算机连接，运行案例后，可以用手实现对场景中物体的抓取、长方体的堆叠以及物体的抛掷，如图 8-47、图 8-48 所示。

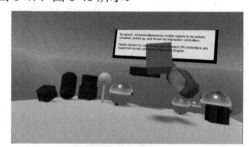
图 8-47 运行结果 1

图 8-48 运行结果 2

首先，看一下场景的结构，如图 8-49 所示，其中包括 Leap Rig、Stage Root 与 Runtime Gizmo Manager 这 3 个主对象。其中，Leap Rig 为官方 SDK 提供的预制件，其子对象 Interaction Manager 是交互案例包中提供的预制件。

说明：为了使交互更加流畅，Interaction Manager 对象与 Main Camera 对象需要拥有同一个父类，以下案例均是如此。

Stage Root 下为场景中的对象，Stage 为场景四周墙壁碰撞器的总父对象，Interaction Objects 为用于交互的对象的总父对象（其中交互对象大多如图 8-50 所示），Hover-Only Interaction Objects 为仅用于悬停的交互对象的总父类，Explanation Text 为呈现在场景中的 2D 文本对象的总父类。

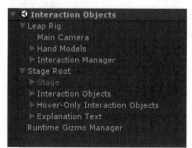
图 8-49 场景的结构

图 8-50 交互对象

　　说明：对于需要交互的对象，不仅要添加 InteractionBehaviour.cs 脚本，还需要添加一个钢体和一个碰撞器，只有这样才可与 Leap Motion 进行交互。

　　接下来介绍 SimpleInteractionGlow.cs 脚本，该脚本主要实现了当玩家用手接近需要交互的对象时，改变对象颜色的效果。具体代码如下。

代码位置：官方案例 Leap_Motion_Interaction_Engine_1.2.0.unitypackage/Assets/LeapMotion/Modules/Interaction Engine/Examples/Common Example Assets/Scripts/SimpleInteractionGlow.cs

```
1    ...//此处省略了一些导入相关类的代码，读者可自行查阅官方案例中的源代码
2    public class SimpleInteractionGlow : MonoBehaviour {
3      public bool useHover = true;              //如果为 true，交互对象颜色会逐渐变为 hoverColor
4      public bool usePrimaryHover = false;      //否则，交互对象颜色会逐渐变为 primaryHoverColor
5      public Color defaultColor = Color.Lerp(Color.black, Color.white, 0.1F);
6      public Color suspendedColor =Color.red;
7      public Color hoverColor = Color.Lerp(Color.black, Color.white, 0.7F);
8      public Color primaryHoverColor = Color.Lerp
9          (Color.black, Color.white, 0.8F);
10     public Color pressedColor = Color.white;     //对象被按下时的颜色（对象为按钮或滑动条）
11     private Material _material;                   //对象材质
12     private InteractionBehaviour _intObj;         //InteractionBehaviour.cs 脚本对象
13     void Start() {
14       _intObj = GetComponent<InteractionBehaviour>();        //获取脚本对象
15       Renderer renderer = GetComponent<Renderer>();          //获取 Renderer 组件
16       if (renderer == null) {                                //判断是否为空
17         renderer = GetComponentInChildren<Renderer>();       //获取子类 renderer 组件
18       }
19       if (renderer != null) {
20         _material = renderer.material;                       //获取材质
21     }}
22     void Update() {
23       if (_material != null) {
24         Color targetColor = defaultColor;                      //设置颜色
25         if (_intObj.isPrimaryHovered && usePrimaryHover) {   //判断手是否悬停在对象上方
26           targetColor = primaryHoverColor;                     //设置颜色
27         }else {
28           if (_intObj.isHovered && useHover){                  //判断手是否接近对象
29             float glow = _intObj.closestHoveringController
30                     Distance.Map(0F, 0.2F, 1F, 0.0F);          //获取距离
31             targetColor = Color.Lerp(defaultColor,
32                     hoverColor, glow);                         //设置颜色
33         }}
34         if (_intObj.isSuspended) {                             //查看是否被失去追踪的手抓到
35           targetColor = suspendedColor;                        //设置颜色
36         }
37         if (_intObj is InteractionButton && (_intObj as InteractionButton).
38           isPressed) {                                         //对象是按钮并且被按下时
```

```
39          targetColor = pressedColor;                    //设置对象的颜色
40      }
41      _material.color = Color.Lerp(_material.color,
42          targetColor, 30F * Time.deltaTime);            //设置对象最终的颜色
43 }}}
```

- ❑ 第 5～12 行定义了一些变量，包括对象的默认颜色 defaultColor，对象被失去追踪的手抓取时的颜色 suspendedColor，对象被手接近时的颜色 hoverColor，手悬停于对象上方时对象的颜色 primaryHoverColor 等。
- ❑ 第 13～21 行为本脚本的 Start 方法，其主要功能为获取交互对象上挂载的 InteractionBehaviour 脚本对象和交互对象所用的材质对象。
- ❑ 第 22～43 行为本脚本的 Update 方法，其主要功能为根据交互对象与手的几种交互关系，分别设置交互对象的颜色。

4. Basic UI 案例详解

Basic UI 案例实现了手与虚拟按钮、虚拟滑动条进行交互的场景，用户将 Leap Motion 与计算机连接，运行案例后，用户可以用手按下场景中的虚拟按钮，也可以按住滑动条上的滑块进行滑动，如图 8-51、图 8-52 所示。

图 8-51 运行结果 1

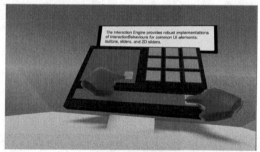

图 8-52 运行结果 2

场景的结构如图 8-53 所示，其中包括 Leap Rig、Stage Root 与 Runtime Gizmo Manager 这 3 个主对象。其中，Leap Rig 为官方 SDK 提供的预制件，其子对象 Interaction Manager 是交互案例包中提供的预制件。

Stage Root 下为场景中的对象，Stage 为场景四周墙壁碰撞器的总父对象，Grab Bar 在此无实际用处，Cube UI Panel 为用于交互的对象的总父对象（其中交互按钮和虚拟滑块如图 8-54 和图 8-55 所示），Basic UI Explanation 为呈现在场景中的 2D 文本对象的总父类。

为了更好地实现手与虚拟 UI 对象的交互，Leap Motion 提供了许多事件供开发者使用。如图 8-56 所示，开发者可将按钮按下时执行的方法添加到 On Press 事件下方，将释放按钮时执行的方法添加到 On Unpress 事件下方，还可以单击 Add New Event Type 按钮，添加新的事件类型。

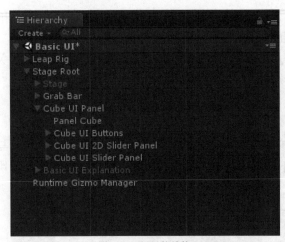

图 8-53　场景的结构

图 8-54　虚拟按钮

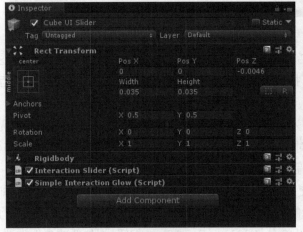

图 8-55　虚拟滑块

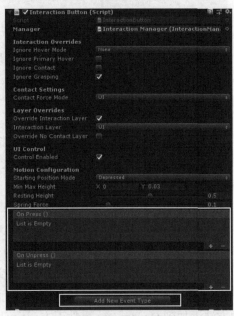

图 8-56　添加方法

由于本案例中使用的 SimpleInteractionGlow.cs 脚本在前面已经详细介绍，故在此省略，读者可自行查看。

5. Interaction Callbacks 案例详解

Interaction Callbacks 实现了手抓取虚拟物体并移动虚拟对象的场景。不同的是，本场景中虚拟对象不是通过手抓着直接移动的，而是将抓取信息从控制器发送给总管理器对象，该对象在每帧结束时协调场景中所有对象的整体运动，如图 8-57、图 8-58 所示。

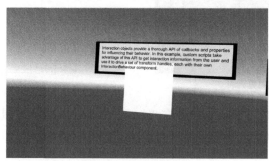

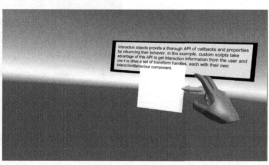

图 8-57　运行结果 1　　　　　　　图 8-58　运行结果 2

场景的结构如图 8-59 所示，其中包括 Leap Rig、Stage Root 与 Runtime Gizmo Manager 这 3 个主对象。其中，Leap Rig 为官方 SDK 提供的预制件，其子对象 Interaction Manager 是交互案例包中提供的预制件。

Stage Root 为场景中的对象，Cube 为场景中需要移动的对象，Transform Tool 为用于交互的对象的总父对象（其中交互对象列表如图 8-60、图 8-61 所示），Callback API Text 和 Handle Implementation Text 为呈现在场景中的 2D 文本对象的父类。

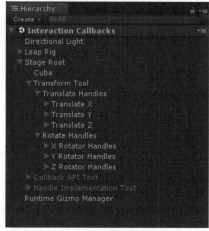

图 8-59　场景的结构　　　　　　　图 8-60　交互对象列表 1

图 8-61　交互对象列表 2

接下来介绍本场景中的 TransformTool.cs 脚本，该脚本挂载在 Transform Tool 对象上，其主要功能是控制交互对象的显示与隐藏以及控制场景中所有对象的移动、旋转等各种操作。具体代码如下。

代码位置：官方案例 Leap_Motion_Interaction_Engine_1.2.0.unitypackage/Assets/LeapMotion/Modules/Interaction Engine/Examples/Interaction Callbacks/Scripts/TransformTool.cs

```
1    ...//此处省略了一些导入相关类的代码，读者可自行查阅官方案例中的源代码
2    namespace Leap.Unity.Examples {
3      public class TransformTool : MonoBehaviour {
4        public InteractionManager interactionManager;     //InteractionManager.cs 的引用
5        public Transform target;                          //目标对象
6        private Vector3   _moveBuffer = Vector3.zero;   //定义基础移动变量
7        private Quaternion _rotateBuffer = Quaternion.identity;   //定义基础旋转变量
8        private HashSet<TransformHandle> _transformHandles
9          = new HashSet<TransformHandle>();             //所有交互对象列表
10       private enum ToolState { Idle, Translating, Rotating }   //交互对象的几种状态
11       private ToolState _toolState = ToolState.Idle;
12       private HashSet<TransformHandle> _activeHandles =
13         new HashSet<TransformHandle>();              //会显示的交互对象列表
14       private HashSet<TranslationAxis> _activeTranslationAxes
15         = new HashSet<TranslationAxis>();//当交互对象为移动的交互对象时，记录交互对象移动的方向
16       void Start() {
17         if (interactionManager == null) {
18           interactionManager = InteractionManager.instance;
19         }
20         foreach (var handle in GetComponentsInChildren<TransformHandle>()) {
21           _transformHandles.Add(handle);                //获取所有交互对象的列表
22         }
23         PhysicsCallbacks.OnPostPhysics += onPostPhysics;    //用于更新所有对象的位置和旋转
```

254

```
24        }
25      void Update() {
26        updateHandles();                                        //判断交互对象的显示和隐藏
27      }
28      public void NotifyHandleMovement(Vector3 deltaPosition) {
29        _moveBuffer += deltaPosition;
30      }
31      public void NotifyHandleRotation(Quaternion deltaRotation) {
32        _rotateBuffer = deltaRotation * _rotateBuffer;
33      }
34      private void onPostPhysics() {
35        target.transform.rotation = _rotateBuffer * target.
36            transform.rotation;                                 //设置目标对象的旋转角度
37        this.transform.rotation = target.transform.rotation;//设置交互对象的父对象的旋转角度
38        target.transform.position += _moveBuffer;              //设置目标对象的位置
39        this.transform.position = target.transform.position;  //设置交互对象的父对象的位置
40        foreach (var handle in _transformHandles) {
41          handle.syncRigidbodyWithTransform();
42        }
43        _moveBuffer = Vector3.zero;
44        _rotateBuffer = Quaternion.identity;
45      }
46      private void updateHandles() {                            //判断交互对象的显示和隐藏
47      ...//此处省略了判断交互对象显示和隐藏的代码，读者可自行查阅官方案例中的源代码
48      }
49      public void NotifyHandleActivated(TransformHandle handle) {   //判断交互对象被抓取
50      ...//此处省略了交互对象被抓取时的代码，读者可自行查阅官方案例中的源代码
51      }
52      public void NotifyHandleDeactivated(TransformHandle handle) { //判断交互物体被释放
53      ...//此处省略了交互物体被释放时的代码，读者可自行查阅官方案例中的源代码
54  }}
```

❑ 第 4～15 行定义了一些变量，主要包括 InteractionManager.cs 的引用——interactionManager、目标对象 target、基础移动变量_moveBuffer、基础旋转变量_rotateBuffer 和交互对象列表_transformHandles 等。

❑ 第 16～24 行为本脚本的 Start 方法，该方法主要用于获取 InteractionManager.cs 脚本的引用和所有的交互对象列表。

❑ 第 25～27 行为本脚本的 Update 方法，该方法主要用于时刻判断交互对象的显示和隐藏。由于此方法比较简单，故不做过多介绍，读者可自行查看官方案例进行学习。

❑ 第 28～30 行为更新_moveBuffer 变量的方法，当用手抓取交互对象并移动时，会调用该方法。

❑ 第 31～33 行为更新_rotateBuffer 变量的方法，当用手抓取交互对象并旋转时，会调用该方法。

- ❑ 第 34～45 行为更新整个场景中所有对象位置和旋转角度的方法。由于目标对象 target 和所有交互对象的 Transform Tool 父对象拥有共同的父类,若每帧中都将二者在世界坐标系中的位置和旋转角度设置为同样的值,则二者会看起来像一个整体一样运动。
- ❑ 第 46～48 行为判断交互对象显示和隐藏的方法。由于方法比较简单,故不做过多介绍,读者可自行查看官方案例进行学习。
- ❑ 第 49～54 行为交互对象被抓取和释放时的相关方法。由于方法比较简单,故不做过多介绍,读者可自行查看官方案例进行学习。

下面介绍脚本 TransformRotationHandle.cs 和脚本 TransformTranslationHandle.cs 的父脚本 TransformHandle.cs。TransformHandle.cs 脚本内主要定义了对象被抓取、释放、显示和隐藏时的事件以及定义了何时调用这些事件的方法。具体代码如下。

代码位置:官方案例 Leap_Motion_Interaction_Engine_1.2.0.unitypackage/Assets/LeapMotion/Modules/Interaction Engine/Examples/Interaction Callbacks/Scripts/TransformHandle.cs

```
1   .../ /此处省略了一些导入相关类的代码,读者可自行查阅官方案例中的源代码
2   namespace Leap.Unity.Examples {
3     public class TransformHandle : MonoBehaviour {
4       protected InteractionBehaviour _intObj;        //定义 InteractionBehaviour.cs 的引用
5       protected TransformTool _tool;                 //定义 TransformTool 组件
6       public UnityEvent OnShouldShowHandle  = new UnityEvent();    //定义对象显示的事件
7       public UnityEvent OnShouldHideHandle  = new UnityEvent();    //定义对象隐藏的事件
8       public UnityEvent OnHandleActivated   = new UnityEvent();    //定义对象被抓取的事件
9       public UnityEvent OnHandleDeactivated = new UnityEvent();    //定义对象被释放的事件
10      protected virtual void Start() {
11        _intObj = GetComponent<InteractionBehaviour>();//获取 InteractionBehaviour.cs 的引用
12        _intObj.OnGraspBegin += onGraspBegin;          //添加开始抓取的方法
13        _intObj.OnGraspEnd += onGraspEnd;              //添加释放的方法
14        _tool = GetComponentInParent<TransformTool>(); //获取 TransformTool 组件
15      }
16      public void syncRigidbodyWithTransform() {
17        _intObj.rigidbody.position = this.transform.position;       //设置刚体组件的位置
18        _intObj.rigidbody.rotation = this.transform.rotation;       //设置刚体组件的旋转角度
19      }
20      private void onGraspBegin() {
21        _tool.NotifyHandleActivated(this);
22        OnHandleActivated.Invoke();
23      }
24      private void onGraspEnd() {                      //释放时的方法
25        _tool.NotifyHandleDeactivated(this);
26        OnHandleDeactivated.Invoke();
27      }
28      public void EnsureVisible() {                    //显示交互物体的方法
29        OnShouldShowHandle.Invoke();
30        _intObj.ignoreGrasping = false;
```

```
31        }
32      public void EnsureHidden() {                        //隐藏交互物体的方法
33        OnShouldHideHandle.Invoke();
34        _intObj.ignoreGrasping = true;
35  }}}
```

- 第 6～9 行定义了一些事件，主要包括 OnShouldShowHandle、OnShouldHideHandle、OnHandleActivated、OnHandleDeactivated。

- 第 10～15 行为本脚本的 Start 方法，该方法主要用于获取 InteractionBehaviour.cs 的引用和 TransformTool 组件，并为事件 OnGraspBegin 和 OnGraspEnd 添加方法。

- 第 16～19 行用于将交互对象的刚体组件与其自身变换同步。

- 第 20～23 行为对象刚被抓取时的方法，其内部调用了 NotifyHandleActivated 方法，读者可从 TransformTool.cs 脚本中了解更详细的内容。

- 第 24～27 行为对象被释放时的方法，其内部调用了 NotifyHandleDeactivated 方法，读者可从 TransformTool.cs 脚本中了解更详细的内容。

- 第 28～35 行主要定义了显示和隐藏交互对象的方法。

TransformTranslationHandle.cs 脚本的主要功能是模拟计算交互对象移动的变化量。由于 TransformRotationHandle.cs 脚本的内容与该脚本类似（读者可自行查看 TransformRotation-Handle.cs 脚本），故在此只介绍 TransformTranslationHandle.cs 脚本，具体代码如下。

代码位置：官方案例 Leap_Motion_Interaction_Engine_1.2.0.unitypackage/Assets/LeapMotion/Modules/Interaction Engine/Examples/Interaction Callbacks/Scripts/TransformTranslationHandle.cs

```
1   ...//此处省略了一些导入相关类的代码，读者可自行查阅官方案例中的源代码
2   namespace Leap.Unity.Examples {
3     public enum TranslationAxis { X, Y, Z }                //定义枚举
4     public class TransformTranslationHandle : TransformHandle {
5       public TranslationAxis axis;                         //定义枚举变量
6       protected override void Start() {
7         base.Start();                                      //调用父类的 Start 方法
8         _intObj.OnGraspedMovement += onGraspedMovement;
9       }
10      private void onGraspedMovement(Vector3 presolvePos, Quaternion presolveRot,
11                        Vector3 solvedPos, Quaternion solvedRot,
12                        List<InteractionController> controllers) {
13        Vector3 deltaPos = solvedPos - presolvePos;        //计算偏移量
14        Vector3 handleForwardDirection = presolveRot * Vector3.forward;  //计算移动方向
15        Vector3 deltaAxisPos = handleForwardDirection *
16          Vector3.Dot(handleForwardDirection, deltaPos);   //计算最终移动量
17        _tool.NotifyHandleMovement(deltaAxisPos);
18        _intObj.rigidbody.position = presolvePos;          //设置刚体组件的位置
19        _intObj.rigidbody.rotation = presolveRot;          //设置刚体组件的旋转角度
20  }}}
```

❑ 第 3 行定义了表示物体移动方向的枚举。

❑ 第 6～9 行为本脚本的 Start 方法，其内部调用了其父类的 Start 方法，并为委托 OnGraspedMovement 添加了方法。

❑ 第 10～20 行为模拟计算交互对象移动变化量的方法。首先模拟计算出交互对象的移动变化量，然后将此变化量传递给 TransformTool.cs，由其协调场景中所有对象整体运动。

SimpleRendererUtil.cs 脚本主要定义了对象被抓取、释放、显示和隐藏时执行的方法。具体代码如下。

代码位置：官方案例 Leap_Motion_Interaction_Engine_1.2.0.unitypackage/Assets/LeapMotion/Modules/Interaction Engine/Examples/Common Example Assets/Scripts/SimpleRendererUtil.cs

```
1    .../此处省略了一些导入相关类的代码，读者可自行查阅官方案例中的源代码
2    namespace Leap.Unity.Examples {
3      public class SimpleRendererUtil : MonoBehaviour {
4        public Color activationColor = Color.yellow;
5        private Renderer _renderer;
6        private Material _materialInstance;
7        private Color _originalColor;
8        void Start() {
9          _renderer = GetComponent<Renderer>();
10         _materialInstance = _renderer.material;
11         _originalColor = _materialInstance.color;
12       }
13       public void SetToActivationColor() {
14         _materialInstance.color = activationColor;
15       }
16       public void SetToOriginalColor() {
17         _materialInstance.color = _originalColor;
18       }
19       public void ShowRenderer() {
20         _renderer.enabled = true;
21       }
22       public void HideRenderer() {
23         _renderer.enabled = false;
24       }
25  }}
```

❑ 第 4～7 行定义一些变量，主要包括交互对象被抓取时的颜色 activationColor、交互对象的 Renderer 组件_renderer、交互对象的材质_materialInstance、交互对象原始的颜色_originalColor。

❑ 第 8～12 行为本脚本的 Start 方法，该方法主要获取交互对象的 Renderer 组件和交互对象的材质对象。

❑　第 13～18 行抓取和释放为交互对象时执行的方法，其中主要改变交互对象的颜色。

❑　第 19～25 行为显示和隐藏交互对象时执行的方法，其中主要通过改变_renderer. enabled 的值来显示和隐藏交互对象。

6. Hand UI 案例详解

用户可能希望将简单的应用程序界面直接附加到"自己的手上"，以方便对场景中虚拟物体的操作，本案例正好符合该需求。将 Leap Motion 与计算机连接，运行案例后，将左手放于 Leap Motion 前方，翻转左手，会出现一个简单的 UI，可用右手对界面中的控件进行操作，运行结果如图 8-62、图 8-63 所示。

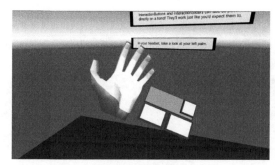
图 8-62　运行结果 1

图 8-63　运行结果 2

场景的结构如图 8-64 所示，其中包括 Leap Rig、Stage Root 与 Runtime Gizmo Manager 这 3 个主对象。其中，Leap Rig 为官方 SDK 提供的预制件，其子对象 Interaction Manager 是交互案例包中提供的预制件。

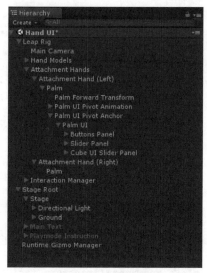
图 8-64　场景的结构

　　与官方给出的 Leap Rig 预制不同的是，这里在 Leap Rig 对象下方添加了一个新的对象 Attachment Hands，用于提供准确的关节点位置，将 UI 添加到 Palm 节点上，当左手手掌朝上时，程序界面将会自动显示。

　　说明：Hand Models 和 Attachment Hands 的位置是重合的，因为它们拥有共同的父类，且相对于父类的位置都相同，关于 Attachment Hands 更详细的介绍，读者可自行查看本书前面的内容。

　　Stage Root 为场景中的对象（不可交互），Directional Light 为场景中的平行光对象，Ground 为场景中的地面。Main Text 和 Playmode Instruction 为呈现在场景中的 2D 文本对象的父类。

　　接下来详细介绍 SimpleFacingCameraCallbacks.cs 脚本。该脚本的主要功能是判断 UI 是否显示，并调用相应的方法显示和隐藏 UI。具体代码如下。

代码位置：官方案例 Leap_Motion_Interaction_Engine_1.2.0.unitypackage/Assets/LeapMotion/Modules/InteractionEngine/Examples/Common Example Assets/Scripts/SimpleFacingCameraCallbacks.cs

```
1    .../此处省略了一些导入相关类的代码，读者可自行查阅官方案例中的源代码
2    namespace Leap.Unity.Examples {
3      public class SimpleFacingCameraCallbacks : MonoBehaviour {
4        public Transform toFaceCamera;
5        private bool _initialized = false;
6        private bool _isFacingCamera = false;
7        public UnityEvent OnBeginFacingCamera;
8        public UnityEvent OnEndFacingCamera;
9        void Start() {
10         if (toFaceCamera != null) initialize();
11       }
12       private void initialize() {
13         _isFacingCamera = !GetIsFacingCamera(toFaceCamera, Camera.main);
14         _initialized = true;                        //初始化完成
15       }
16       void Update() {
17         if (toFaceCamera != null && !_initialized) { //查看是否初始化完成
18           initialize();                             //调用初始化方法
19         }
20         if (!_initialized) return;                  //初始化失败，返回
21         if (GetIsFacingCamera(toFaceCamera, Camera.main, _isFacingCamera
22           ? 0.77F : 0.82F) != _isFacingCamera) {    //查看手是否进行了翻转动作
23           _isFacingCamera = !_isFacingCamera;       //手翻转后设置
24           if (_isFacingCamera) {                    //手掌朝向摄像机
25             OnBeginFacingCamera.Invoke();           //调用手掌朝上所要执行的事件
26           }else {
27             OnEndFacingCamera.Invoke();             //调用手背朝上所要执行的事件
28       }}}
29       public static bool GetIsFacingCamera(Transform facingTransform,
```

```
30          Camera camera, float minAllowedDotProduct =0.8F){    //查看手掌是否朝向摄像机
31      return Vector3.Dot((camera.transform.position - facingTransform.position)
32        .normalized, facingTransform.forward) > minAllowedDotProduct;   //返回结果
33 }}}
```

- ❑ 第 5～8 行定义变量_initialized，以及_isFacingCamera、OnBeginFacingCamera、OnEndFacingCamera 事件。
- ❑ 第 9～11 行为本脚本的 Start 方法，其中主要调用 initialize 方法。
- ❑ 第 12～15 行为本脚本的 initialize 方法，该方法用于查看手掌是否朝向摄像机，并初始化_isFacingCamera 变量。
- ❑ 第 16～28 行为本脚本的 Update 方法，该方法用于判断手掌是否进行了翻转。若手掌进行了翻转，则需要调用相应的事件。
- ❑ 第29～33行为查看手掌是否朝向摄像机的方法。首先计算Palm节点到摄像机的方向，然后计算该方向与 Palm 节点 z 轴方向夹角的余弦值。当手掌朝向摄像机时，余弦值为正；否则，余弦值为负。最后与给出的值比较即可。

7. Anchors 案例详解

Anchors 是一个将交互功能与锚点连接起来的场景，用户将 Leap Motion 与计算机连接，运行案例后，用户可以用手实现对场景中虚拟对象的抓取，并可以将虚拟对象与在场景中定义的锚点连接起来，运行结果如图 8-65、图 8-66 所示。

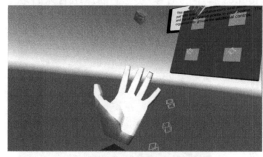
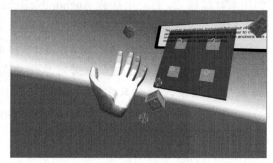

图 8-65 运行结果 1   图 8-66 运行结果 2

场景的结构如图 8-67 所示，其中包括 Leap Rig、Stage、Anchors Explanation、Runtime Gizmo Manager、Magenta Anchor Group、Red Anchor Group、Blue Anchor Group、Anchor Panel 等主要对象。下面将详细介绍这几个对象的作用。

Leap Rig 为官方 SDK 提供的预制件，只是在其下方添加了一个新的对象 Attachment Hands，它在这里的主要作用是提供准确的关节点位置，将有锚点的对象添加到 Palm 节点上。其子对象 Interaction Manager 是交互案例包中提供的预制件。

Stage 下为场景中的对象（不可交互）。其下面的 Directional Light 为场景中的平行光对象，

Ground 为场景中的地面。Anchors Explanation 为呈现在场景中的 2D 文本对象的父类。

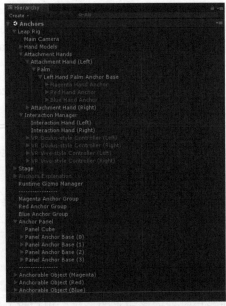

图 8-67　场景的结构

接下来介绍 Magenta Anchor Group、Red Anchor Group、Blue Anchor Group 这几个对象，它们用来存储锚点。若一个挂载 AnchorableBehaviour.cs 脚本的对象与一个锚点组有某种联系，则这个对象只可以连接该锚点组包含的锚点。

说明：对象只有挂载了 AnchorableBehaviour.cs 脚本，才可以连接特定的锚点。若对象想要与某个锚点组有联系，那么只需要在该对象上挂载 AnchorableBehaviour.cs 脚本，并将 Anchor Group 属性设置为锚点组对象即可，如图 8-68 所示。

Anchor Panel 下方为添加了锚点的对象。要为一个对象添加锚点，需要在其上方挂载 Anchor (Script)，如图 8-69 所示。

Anchorable Object（Magenta）、Anchorable Object（Red）和 Anchorable Object（Blue）这 3 个对象上面都挂载了 Anchorable Behaviour (Script)和 Interaction Behaviour (Script)两个脚本，如图 8-70 所示，只有这样，对象才可以被手抓取并连接特定的锚点。

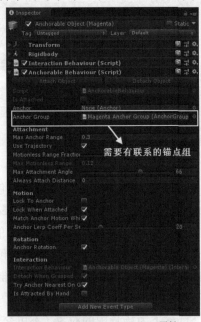

图 8-68　设置 Anchor Group 属性

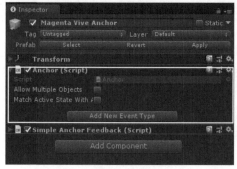

图 8-69　挂载 Anchor (Script)

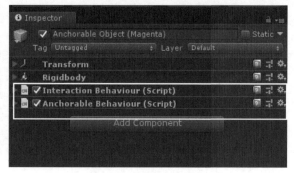

图 8-70　挂载的两个脚本

为了让读者对本案例有更加深刻的理解，接下来详细介绍 Anchor.cs 脚本的使用。由于该脚本所包含的内容过多，需要先介绍脚本的大致框架，其余内容将在后面进行详细介绍。代码的大致框架如下。

代码位置： 官方案例 Leap_Motion_Interaction_Engine_1.2.0.unitypackage/Assets/LeapMotion/Modules/Interaction Engine/Scripts/UI/Anchors/Anchor.cs

```
1    ...//此处省略了一些导入相关类的代码，读者可自行查阅官方案例中的源代码
2    namespace Leap.Unity.Interaction {
3      public class Anchor : MonoBehaviour {
4        private static HashSet<Anchor> _allAnchors;
5        public static HashSet<Anchor> allAnchors {
6          get {                                      //获取锚点的 get 方法
7            if (_allAnchors == null) {               //判断集合是否存在
8              _allAnchors = new HashSet<Anchor>();    //初始化集合
9            }
10           return _allAnchors;                      //返回锚点集合
11         }}
12       public bool allowMultipleObjects = false;    //一个锚点是否可以连接多个对象
13       public bool matchActiveStateWithAttachedObjects = false;    //锚点是想与对象关联
14       private HashSet<AnchorGroup> _groups =new HashSet<AnchorGroup>();//包含该锚点的锚点集合
15       public HashSet<AnchorGroup> groups { get { return _groups; } }    //获取锚点集合
16       private HashSet<AnchorableBehaviour> _preferringAnchorables =
17         new HashSet<AnchorableBehaviour>();        //获取想要连接到锚点的对象集合
18       private HashSet<AnchorableBehaviour> _anchoredObjects = new
19         HashSet<AnchorableBehaviour>();           //获取已经连接到锚点的对象集合
20       public HashSet<AnchorableBehaviour> anchoredObjects
21         { get { return _anchoredObjects; } }      //返回已经连接到锚点的对象集合
22       public bool isPreferred { get { return
23         _preferringAnchorables.Count > 0; } }     //判断是否有对象想要连接到锚点
24       public bool hasAnchoredObjects { get { return
25         _anchoredObjects.Count > 0; } }           //判断是否有对象已经连接到锚点
26       public Action OnAnchorPreferred = () => { };
```

```
27    public Action OnAnchorNotPreferred = () => { };
28    public Action WhileAnchorPreferred = () => { };
29    public Action OnAnchorablesAttached = () => { };
30    public Action OnNoAnchorablesAttached = () => { };
31    public Action WhileAnchorablesAttached = () => { };
32    void Awake() {allAnchors.Add(this);}                    //将此锚点添加到锚点集合中
33    void OnEnable() {                                       //锚点可用
34      if (matchActiveStateWithAttachedObjects) {           //锚点与对象相关联
35        foreach (var anchObj in _anchoredObjects) {        //遍历对象列表
36          anchObj.gameObject.SetActive(true);              //设置对象可见
37    }}}
38    void Start() {initUnityEvents();}                      //初始化事件
39    void Update() {updateAnchorCallbacks();}               //调用回调方法
40    void OnAnchorDisabled() {                              //锚点不可用
41      if (matchActiveStateWithAttachedObjects) {           //锚点与对象相关联
42        foreach (var anchObj in _anchoredObjects) {        //遍历对象列表
43          anchObj.gameObject.SetActive(false);             //设置对象可见
44    }}}
45    void OnDestroy() {                                     //锚点销毁时
46      foreach (var group in groups) {                      //遍历锚点组
47        group.Remove(this);                                //从锚点组中删除
48      }
49      allAnchors.Remove(this);                             //从所有锚点集合中删除
50    }
51    ...//此处省略了一些相关的回调方法，将在下面进行详细介绍
52    ...//此处省略了一些无关的代码，读者可自行查阅官方案例中的源代码
53    ...//此处省略了初始化的相关代码，将在下面进行详细介绍
54 }}
```

- ❑ 第 4～11 行定义了 _allAnchors 变量和 allAnchors 方法，开发者可调用 allAnchors 方法获取所有锚点集合。
- ❑ 第 12～13 行定义了 allowMultipleObjects 和 matchActiveStateWithAttachedObjects 变量。其中，当 matchActiveStateWithAttachedObjects 为 true 时，锚点将与连接到锚点的对象相关联。若锚点不可用，对象不可见；若锚点可用，对象才可见。
- ❑ 第 14～25 行主要定义了一些相关集合，主要包括 _preferringAnchorables、_anchoredObjects 等。
- ❑ 第 26～31 行定义了一些相关事件，主要包括 OnAnchorPreferred、OnAnchorNotPreferred、WhileAnchorPreferred 等。
- ❑ 第 32 行为本脚本的 Awake 方法，该方法主要用于将此锚点添加到锚点集合中。
- ❑ 第 33～37 行为本脚本的 OnEnable 方法，锚点可用时调用该方法。
- ❑ 第 38 行为本脚本的 Start 方法，其中主要调用了 initUnityEvents 方法。
- ❑ 第 39 行为本脚本的 Update 方法，其中主要调用了 updateAnchorCallbacks 方法。

- 第 40～44 行为本脚本的 OnAnchorDisabled 方法，锚点不可用时调用该方法。
- 第 45～50 行为本脚本的 OnDestroy 方法，该方法用于将此锚点从锚点组和所有的锚点集合中删除，否则可能会在后面的使用中产生空引用错误。

前面已经对 Anchor.cs 脚本的大致框架做了详细介绍，相信读者已经对本脚本有了新的认识，接下来详细介绍本脚本中的回调方法，主要包括对象连接锚点时的回调方法 NotifyAttached、对象取消连接锚点时的回调方法 NotifyDetached 等。具体代码如下。

代码位置：官方案例 Leap_Motion_Interaction_Engine_1.2.0.unitypackage/Assets/LeapMotion/Modules/Interaction Engine/Scripts/UI/Anchors/Anchor.cs

```
public void NotifyAttached(AnchorableBehaviour anchObj) {
    _anchoredObjects.Add(anchObj);
    if (_anchoredObjects.Count == 1) {
        OnAnchorablesAttached();
}}
public void NotifyDetached(AnchorableBehaviour anchObj) {
    _anchoredObjects.Remove(anchObj);
    if (_anchoredObjects.Count == 0) {
        OnNoAnchorablesAttached();
}}
private void updateAnchorCallbacks() {
    WhileAnchorPreferred();
    WhileAnchorablesAttached();
}
public void NotifyAnchorPreference(AnchorableBehaviour anchObj) {
    _preferringAnchorables.Add(anchObj);
    if (_preferringAnchorables.Count == 1) {
        OnAnchorPreferred();
}}
public void NotifyEndAnchorPreference(AnchorableBehaviour anchObj) {
    _preferringAnchorables.Remove(anchObj);
    if (_preferringAnchorables.Count == 0) {
        OnAnchorNotPreferred();
}}
```

- NotifyAttached 为对象连接锚点时的回调方法，该方法主要向连接到锚点的集合中添加对象，并调用有对象连接到锚点时的事件。
- NotifyDetached 为对象与锚点断开连接时的回调方法，该方法主要将对象从连接到锚点的集合中删除，并调用对象与锚点断开连接时的事件。
- updateAnchorCallbacks 为更新锚点时的回调方法，该方法主要调用有对象一直想要连接到锚点的事件和有对象一直连接到锚点的事件。
- NotifyAnchorPreference 为对象想要连接锚点时的回调方法，该方法主要将向想要连接到锚点的集合中添加对象，并调用有对象想要连接到锚点时的事件。

❑　NotifyEndAnchorPreference 为对象不再想连接到锚点时的回调方法，该方法主要将对象从想要连接到锚点的集合中删除，并调用对象不再想要连接到锚点时的事件。

接下来介绍初始化相关事件的方法 initUnityEvents，其主要功能是为上面定义的各种事件添加相应的方法。具体代码如下。

代码位置：官方案例 Leap_Motion_Interaction_Engine_1.2.0.unitypackage/Assets/LeapMotion/Modules/InteractionEngine/Scripts/UI/Anchors/Anchor.cs

```
private EnumEventTable _eventTable;
public enum EventType {                          //事件类型枚举
    OnAnchorPreferred = 100,
    OnAnchorNotPreferred = 110,
    WhileAnchorPreferred = 120,
    OnAnchorablesAttached = 130,
    OnNoAnchorablesAttached = 140,
    WhileAnchorablesAttached = 150,
}
private void initUnityEvents() {                 //初始化相关事件
    setupCallback(ref OnAnchorPreferred,
     EventType.OnAnchorPreferred);
    setupCallback(ref OnAnchorNotPreferred,
     EventType.OnAnchorNotPreferred);
    setupCallback(ref WhileAnchorPreferred,
     EventType.WhileAnchorPreferred);
    setupCallback(ref OnAnchorablesAttached,
     EventType.OnAnchorablesAttached);
    setupCallback(ref OnNoAnchorablesAttached,
     EventType.OnNoAnchorablesAttached);
    setupCallback(ref WhileAnchorablesAttached,
     EventType.WhileAnchorablesAttached);
}
private void setupCallback(ref Action action, EventType type){    //添加回调方法
    action += () => _eventTable.Invoke((int)type);    //为事件添加方法
}
```

❑　在 EventType 枚举中，将每种事件用枚举类型代替，比使用数字更加直观，也更容易管理。

❑　在 initUnityEvents 方法，主要调用与 setupCallback 方法的初始化相关的事件。

❑　SetupCallback 方法用于添加回调方法。其实现使用的 Lambda 表达式，有关 Lambda 的相关内容读者可自行查阅相关资料，在此不做过多介绍。

前面已经对 Anchor.cs 脚本进行了详细介绍，接下来介绍 AnchorGroup.cs。此脚本的主要功能是对锚点进行管理，并对锚点与对象的关系做进一步的限制和约束。具体代码如下。

代码位置:官方案例 Leap_Motion_Interaction_Engine_1.2.0.unitypackage/Assets/LeapMotion/Modules/InteractionEngine/ Scripts/UI/Anchors/AnchorGroup.cs

```
1   ...//此处省略了一些导入相关类的代码,读者可自行查阅官方案例中的源代码
2   namespace Leap.Unity.Interaction {
3     public class AnchorSet : SerializableHashSet<Anchor> { }
4     public class AnchorGroup : MonoBehaviour {
5       private AnchorSet _anchors;                            //该锚点组所含有的锚点集合
6       public AnchorSet anchors { get { return _anchors; } }  //获取该锚点组所含有的锚点集合
7       private HashSet<AnchorableBehaviour> _anchorableObjects
8           = new HashSet<AnchorableBehaviour>();             //与本锚点组中锚点连接的对象集合
9       public HashSet<AnchorableBehaviour> anchorableObjects
10          { get { return _anchorableObjects; } }           //获取与本锚点组中锚点连接的对象结合
11      void Awake() {
12        foreach (var anchor in anchors) {                  //遍历锚点集合
13          Add(anchor);                                     //添加锚点
14      }}
15      void OnDestroy() {
16        foreach (var anchor in anchors) {                  //遍历锚点集合
17          anchor.groups.Remove(this);                      //将该锚点组从包含该锚点的锚点组集合中删除
18      }}
19      public bool Contains(Anchor anchor) {
20        return _anchors.Contains(anchor);
21      }
22      public bool Add(Anchor anchor) {                     //添加锚点
23        if (_anchors.Add(anchor)) {                        //向锚点集合中添加锚点
24          anchor.groups.Add(this);                         //将该锚点组添加进包含该锚点的锚点组集合中
25          return true;                                     //返回
26        }else {
27          return false;                                    //返回
28      }}
29      public bool Remove(Anchor anchor) {                  //移除锚点
30        if (_anchors.Remove(anchor)) {                     //从锚点集合中移除锚点
31          anchor.groups.Remove(this);                      //将该锚点组从包含该锚点的锚点组集合中删除
32          return true;                                     //返回
33        }else {
34          return false;                                    //返回
35      }}
36      public void NotifyAnchorableObjectAdded(AnchorableBehaviour anchObj) {
37        anchorableObjects.Add(anchObj);                    //向与本锚点组中锚点连接的对象集合中添加对象
38      }
39      public void NotifyAnchorableObjectRemoved(AnchorableBehaviour anchObj) {
40        anchorableObjects. Remove (anchObj);               //从与本锚点组中锚点连接的对象集合中删除对象
41  }}}
```

❑　第 3~10 行主要定义了一些变量,其中包括_anchors、anchorableObjects 等。

❑　第 11~14 行为本脚本的 Awake 方法,其中主要调用添加锚点的方法。

- ❑ 第 15～18 行为本脚本的 OnDestroy 方法，用于将该锚点组从包含该锚点的锚点组集合中删除。
- ❑ 第 19～21 行判断该锚点组所含有的锚点集合中是否包含某个锚点。
- ❑ 第 22～28 行为添加锚点的方法，该方法主要向锚点集合添加锚点，并将锚点组添加进包含该锚点的锚点组集合中。
- ❑ 第 29～35 行为移除锚点的方法，该方法主要从锚点集合移除锚点，并将该锚点组从包含该锚点的锚点组集合中删除。
- ❑ 第 36～41 行用于向与本锚点组中锚点连接的对象集合中添加或删除对象。

接下来介绍 SimpleAnchorFeedback.cs 脚本，其主要功能是在锚点对象试图连接锚点时做出反应——产生镂空正方体变大的现象。具体代码如下。

代码位置：官方案例 Leap_Motion_Interaction_Engine_1.2.0.unitypackage/Assets/LeapMotion/Modules/InteractionEngine/
Examples/5.Anchors/SimpleAnchorFeedback.cs

```
1    ......//此处省略了一些导入相关类的代码，读者可自行查阅官方案例中的源代码
2    namespace Leap.Unity.Examples {
3      public class SimpleAnchorFeedback : MonoBehaviour {
4        public Transform scaleTarget;                 //镂空正方体 Transform
5        private Anchor _anchor;                        //锚点的引用
6        private Vector3 _initScaleVector;              //镂空正方体初始缩放比
7        private float _curScale = 1F;                  //当前缩放比
8        void Start() {
9          _anchor = GetComponent<Anchor>();            //获取锚点的引用
10         _initScaleVector = scaleTarget.transform.localScale;   //镂空正方体初始缩放比
11       }
12       void Update() {
13         float _targetScale = 1F;                     //目标缩放比
14         if (_anchor.isPreferred) {                   //是否有对象想要连接锚点
15           _targetScale = 1.3F;                       //设置缩放比
16         }
17         if (_anchor.hasAnchoredObjects) {            //是否已有对象连接了锚点
18           _targetScale = 2.4F;                       //设置缩放比
19         }
20         _curScale = Mathf.Lerp(_curScale, _targetScale,
21           20F * Time.deltaTime);                     //获取当前缩放比
22         scaleTarget.transform.localScale = _curScale *  //设置对象的缩放比
23           _initScaleVector;
24   }}}
```

- ❑ 第 4～7 行定义了一些变量，主要包括 _anchor、 _initScaleVector、 _curScale 等。
- ❑ 第 8～11 行为本脚本的 Start 方法，该方法主要获取锚点的引用和镂空正方体初始缩放比。
- ❑ 第 12～24 行为本脚本的 Update 方法，该方法主要用来缩放和扩大镂空正方体，这主

要根据物体与锚点的关系进行判断。

8. Swap Grasp 案例详解

Swap Grasp 是一个可以将手中对象与其他对象进行交换的场景。用户将 Leap Motion 与计算机连接后，运行案例，用户用手实现对场景中虚拟对象的抓取后，按下交换按钮，手中将会出现另一个对象，原对象会从手中消失，运行结果如图 8-71、图 8-72 所示。

图 8-71　运行结果 1

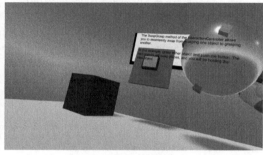

图 8-72　运行结果 2

场景的结构如图 8-73 所示，其中包括 Leap Rig、Stage Root 与 Runtime Gizmo Manager 这 3 个主对象。其中，Leap Rig 为官方 SDK 提供的预制件，其子对象 Interaction Manager 是交互案例包中提供的预制件。

Stage Root 下为场景中的对象，Stage 为场景四周墙壁碰撞器的总父对象，Swap Button Parent 为交换按钮的父对象，Interaction Objects 为用于交互的对象的总父对象（其中交互对象如图 8-74 所示），Explanation Text 为呈现在场景中的 2D 文本对象的总父类。

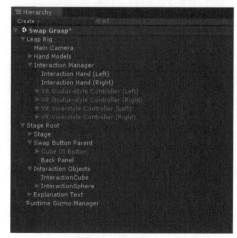

图 8-73　场景结构

图 8-74　交互对象

接下来介绍本案例所使用的 SwapGraspExample.cs 脚本。该脚本的主要功能是当手中抓有对象时，按下交换按钮，手中的对象将会变为其他对象；当手中没有对象时，按下交换按钮，则不会有任何反应。具体代码如下。

代码位置： 官方案例 Leap_Motion_Interaction_Engine_1.2.0.unitypackage/Assets/LeapMotion/Modules/InteractionEngine/Examples/8.Swap Grasp/Scripts/SwapGraspExample.cs

```
1    ...//此处省略了一些导入相关类的代码，读者可自行查阅官方案例中的源代码
2    namespace Leap.Unity.Examples {
3      using IntObj = InteractionBehaviour;              //用 IntObj 代替 InteractionBehaviour
4      [AddComponentMenu("")]
5      public class SwapGraspExample : MonoBehaviour {
6        public IntObj objA, objB;
7        public InteractionButton swapButton;
8        private bool _swapScheduled = false;
9        void Start() {
10         swapButton.OnUnpress += scheduleSwap;          //释放按钮时执行的事件
11         PhysicsCallbacks.OnPostPhysics += onPostPhysics;   //交换时执行的事件
12       }
13       private void scheduleSwap() {                    //释放按钮时调用的方法
14         _swapScheduled = true;                         //允许交换
15       }
16       private void onPostPhysics() {                   //交换方法
17         //Swapping when both objects are grasped is unsupported
18         if(objA.isGrasped && objB.isGrasped) { return; }
19         if ( _swapScheduled && (objA.isGrasped || objB.isGrasped))
20           IntObj a, b;                                 //定义两个被抓取的对象
21           if (objA.isGrasped) {                        //A 被抓取
22             a = objA;                                  //获取 A 对象
23             b = objB;                                  //获取 B 对象
24           }else {
25             a = objB;                                  //获取 B 对象
26             b = objA;                                  //获取 A 对象
27           }
28           var bPose = new Pose(b.rigidbody.position, b.rigidbody.rotation);//记录 b 的姿态
29           var bVel = b.rigidbody.velocity;             //记录 b 的线速度
30           var bAngVel = b.rigidbody.angularVelocity;   //记录 b 的角速度
31           if (a.latestScheduledGraspPose.HasValue) {   //查看 a 是否有新的姿态
32             b.rigidbody.position = a.latestScheduledGraspPose.Value.position;
33             b.rigidbody.rotation = a.latestScheduledGraspPose.Value.rotation;
34           }else {
35             b.rigidbody.position = a.rigidbody.position;   //将 a 的当前位置赋给 b
36             b.rigidbody.rotation = a.rigidbody.rotation;   //将 a 的当前旋转角度赋给 b
37           }
38           a.graspingController.SwapGrasp(b);           //交换 a、b 对象
39           a.rigidbody.position = bPose.position;       //将 b 的位置赋给 a
40           a.rigidbody.rotation = bPose.rotation;       //将 b 的旋转角度赋给 a
41           a.rigidbody.velocity = bVel;                 //将 b 的线速度赋给 a
```

```
42          a.rigidbody.angularVelocity = bAngVel;              //将 b 的角速度赋给 a
43      }
44      _swapScheduled = false;                                 //重新设置是否交换
45  }}}
```

❑ 第 3 行主要声明用 IntObj 代替 InteractionBehaviour，从而使书写更加简洁。更加详细的内容，读者可自行查阅有关 using 的详细信息。

❑ 第 6～8 行主要定义一些变量，包括 objA、objB、swapButton，以及表示是否进行交换的布尔变量 _swapScheduled 等。

❑ 第 9～12 行为本脚本的 Start 方法，主要为事件添加了执行的事件。

❑ 第 13～15 为释放按钮时调用的方法，将变量 _swapScheduled 设为 true 即可。

❑ 第 16～45 行为交换对象的方法。由于场景中只有两个交互对象，若两个对象都被抓取或都没被抓取，则不可以进行交换操作；若只有一个对象被抓取，则可以进行交换操作。

说明：由于篇幅有限，在此只介绍了一些比较重要的交互案例，还有一些交互案例并未介绍，如 Dynamic UI 案例、Moving Reference Frames 案例等，但这些案例所包含的内容与以上案例相似，读者可自行查看官方案例进行学习。

8.4 Leap Motion 图形渲染器的功能

在 Leap Motion 中，官方提供了一种高效率的图形渲染方法 Graphic Renderer，它将运用到的图形对象集合视为一组，而不是作为独立的对象，这样便可以在一次绘制调用中绘制它们。本节将对 Leap Motion 的图形渲染器部分进行详细介绍。

8.4.1 Leap Motion 图形渲染器的主要脚本

Leap Motion 的图形渲染功能由多个脚本共同实现，比如 LeapGraphicalRenderer.cs 脚本。运用这些脚本可以设置图形的弯曲、图形的混合等，提前了解这些脚本有利于对官方案例的掌握。具体如下。

❑ LeapGraphicRenderer.cs：挂载在所有渲染图形对象的总父类上，用于创建与删除烘焙渲染组、动态渲染组、动态文本渲染组以及设置其中的参数。

❑ LeapMeshGraphic.cs：挂载在需要渲染的网格对象上，用户可以直接指定网格、纹理颜色与允许重新映射的 uv 通道，不允许扭曲。

❑ LeapTextGraphic.cs：挂载在需要渲染的文本对象上，是 LeapMotion 上唯一可以绘制文本图形的渲染方法，可以设置在 2D 平面中显示文本所需要的所有基本属性。

- ❑ LeapPanelGraphic.cs：挂载在需要渲染的面板对象上，附加精灵功能后支持九切片技术，可以指定面板的分辨率。
- ❑ LeapPanelOutlineGraphic.cs：用于渲染面板轮廓图形，与 LeapPanelGraphic.cs 脚本类似，但该脚本只生成面板外边缘的四边形。
- ❑ LeapBoxGraphic.cs：用于生成具有许多有用功能的厚面板，使用精灵作为纹理数据的源时，支持九切片技术，允许自动镶嵌，允许基于附加的 RectTransform 自动调整大小。
- ❑ LeapCylindricalSpace.cs：用于重新映射直线空间中对象位置的 x、y 和 z 分量。如果沿直线空间中的 x 轴移动对象，它将在弯曲空间中以圆形旋转；如果沿直线空间中的 z 轴移动对象，它将沿径向轴相对于空间的中心移动。
- ❑ LeapSphericalSpace.cs：用于将直线空间映射到球体上。与圆柱体空间不同，球体空间可以被压缩成单个点或者被高度扭曲。

若要使用这些脚本，需要先将 Leap_Motion_Graphic_Renderer_0.1.3.unitypackage 资源包导入项目，然后再根据自身需要修改代码。

8.4.2　烘焙渲染器官方案例

烘焙渲染器（Baked Renderer）是支持渲染网格图形的两个预先打包的渲染器之一，它有许多特定的优势，比如附加到组的所有图形都在一次绘制调用中绘制，动态批处理或运行时网格生成没有运行时开销，支持基于用户是否期望图形移动的优化，但相对于动态渲染器也有一些不足。

1．案例运行结果

烘焙渲染器案例将多个图形合并为一组，将其一次绘制，每个图形都可以拥有不同的网格、不同的纹理与不同的颜色，所有网格对象都会自动烘焙成单个网格对象并在单次绘制调用中渲染。

烘焙渲染器官方案例的运行结果如图 8-75 所示。

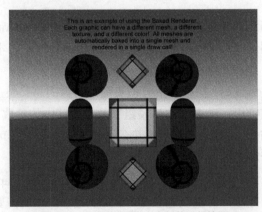

图 8-75　烘焙渲染器官方案例的运行结果

2. 案例详解

前面展示了烘焙渲染器案例的运行效果,下面将对脚本的挂载与设置、控件的设置等方面进行详细介绍。作为图形渲染器的第一个案例,烘焙渲染器案例十分简单、易于上手,了解这个案例有利于了解与掌握后面的案例。

Hierarchy 面板中的全部对象如图 8-76 所示,主要包括 CameraAnchor、Directional Light、Renderer。Leap Graphic Renderer 挂载在 Leap Graphic Renderer 对象上,其属性如图 8-77 所示。单击 New Group 按钮可以创建新的渲染组,在本案例中已经创建了一个 Baked 组与 Text 组。Text 组的设置如图 8-78 所示。

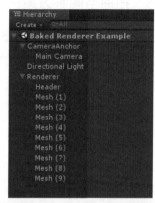

图 8-76 Hierarchy 面板中的全部对象

图 8-77 Leap Graphic Renderer 的属性

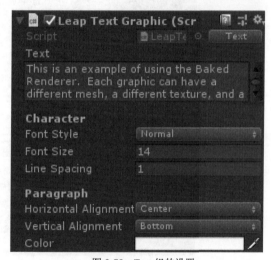

图 8-78 Text 组的设置

在 Renderer 下面,Header 为在运行结果中显示的文本对象,在其上挂载了 Leap Text Graphic (Script),如图 8-72 所示,用户可以在此设置需要显示的文本内容、字体、字体大小、字间距等。Mesh 等为运行结果中的网格对象,在其上挂载了 Leap Mesh Graphic (Script),如图 8-79 所示,单击 Script 属性最右侧的 Baked 按钮,可以改变其渲染组,用户可以在此设置顶点颜色、网格等。

图 8-79 挂载的 Leap Mesh Graphic (Script)

8.4.3　扭曲空间官方案例

Leap Motion 官方提供了通用的方法来定义层次结构中对象的非刚性扭曲。当用户想要为界面定义弯曲空间并且希望能够轻松地调整或修改整个界面的形状时，便需要用到官方所提供的脚本。

1. 案例运行结果

扭曲空间（Curved Space）案例可以将面板、盒子渲染至球体空间或者圆柱体空间，图 8-80 所示的运行结果中，左侧为球体空间，中间为直线空间，右侧为圆柱体空间，上下两侧为两个文本渲染。

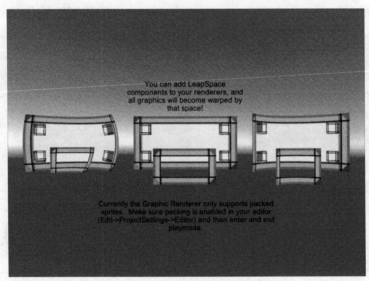

图 8-80　扭曲空间案例的运行结果

2. 案例详解

前面展示了扭曲空间案例的运行结果，下面将对如何实现这种结果进行详细介绍。首先需要按照图 8-80 下侧文字进行配置，否则看不到案例的运行运果，但是对于这个案例还需要做一些前期的配置。案例的具体开发流程如下。

（1）如图 8-81 和图 8-82 所示，在 Unity 中，选择菜单栏中的 Edit→Project Settings→Editor，在弹出的 Inspector 面板中，将 Sprite Packer 下的 Mode 设置为 Always Enabled，开启运行模式。

（2）Hierarchy 面板中的全部对象如图 8-83 所示，包括 CameraAnchor、Directional Light 与 3 个 Renderer，在 Renderer 下都包含一个 Panel 父类，Panel 里均包含一个 Outline SubPanel 和 4 个 SubPanel。

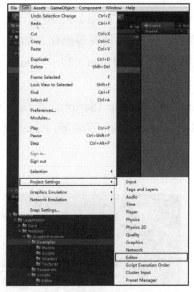

图 8-81　选择 Edit→Project Settings→Editor

图 8-82　设置 Sprite Packer 的 Mode

（3）其中 Outline SubPanel 即为图 8-80 中间透明的小面板，4 个 SubPanel 即为主面板 4 个角上的 4 个立方体，实现面板的曲面效果主要依靠挂载在 Renderer（2）上的脚本，如图 8-84 所示，在 LeapGraphicRenderer.cs 脚本上添加 Sprite，用于设置其精灵以及支持九切片技术，在 LeapCylindricalSpace.cs 脚本上改变其 Radius 变量，改变其曲折程度。Renderer（3）的设置与 Render（2）类似。

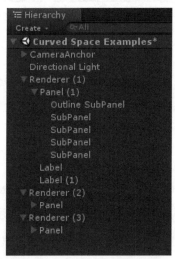

图 8-83　Hierarchy 面板中的全部对象

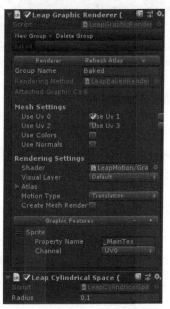

图 8-84　Renderer（2）上挂载的脚本

（4）在 Panel（1）对象上挂载了 Leap Panel Graphic (Script)，如图 8-85 所示，运用该脚本可以支持九切片技术，设置面板的分辨率与分辨率类型，设置其精灵等操作，如果用了 Rect Transform，则 Size 不能改变。以 Rect Transform 中的设置为准，Panel（2）与 Panel（3）下的 Rect Transform 与其一致。

（5）在 Panel（1）的子类 SubPanel 上挂载了 Leap Box Graphic (Script)，如图 8-86 所示，挂载该脚本的对象允许扭曲，同样可以设置其分辨率与分辨率类型、厚度等，Panel（2）与 Panel（3）下的 SubPanel 与其一致。

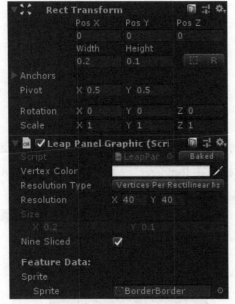
图 8-85　Panel（1）上挂载的 Leap Panel Graphic (Script)

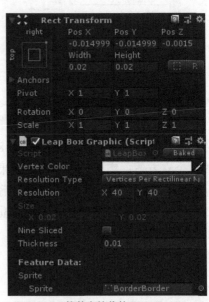
图 8-86　SubPanel 控件上挂载的 Leap Box Graphic (Script)

8.4.4　动态渲染器官方案例

烘焙渲染器虽然效率高，但是它还有一些缺点，比如不支持运行时的旋转或缩放、不支持图形运行时排序，这便会容易造成透明着色器在某些情况下显示控件等，动态渲染器解决了这些问题，但代价就是成本较高，所以只有在特定情况下才会使用动态渲染器。

1. 案例运行结果

在动态渲染器（Dynamic Renderer）案例中，用户通过按 1、2 和 3 数字键来控制网格对象的出现与消失，如图 8-87 所示。动态渲染器相对烘焙渲染器的一大优势是透明图形在渲染时可以正确排序，在该案例中未将该优势阐述得很明显，读者可以通过本节的学习，自行去测试。

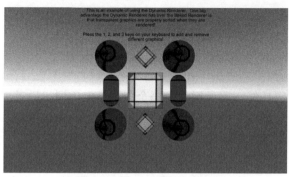

图 8-87　动态渲染器案例的运行结果

2. 案例详解

下面将对官方案例中如何实现动态渲染器进行详细介绍，这部分与前面介绍的烘焙渲染器案例类似。

（1）Hierarchy 面板中的全部对象如图 8-88 所示。场景主要由 3 部分——CameraAnchor、Directional Light 与 Renderer 对象组成。Renderer 对象下，Mesh 为案例中的中心立方体，BlueGroup、RedGroup 与 GreenGroup 分别为按 1、2、3 数字键显示出来的位于立方体四周的不同颜色的图形的总父类。

（2）该案例需要在 Renderer 上挂载的 Leap Graphic Renderer (Script)中设置渲染组，如图 8-89 所示。在 Renderer 中，Leap Graphic Renderer (Script)脚本中创建动态渲染组用于网格对象的渲染，Key Enable Game Objects (Script)用于实现对数字键的监听，之后把各个颜色组里 Mesh 对象的 Leap Mesh Graphic (Script)中的渲染模式修改为动态即可。

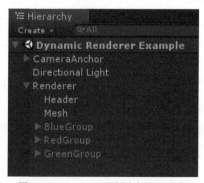

图 8-88　Hierarchy 面板中的全部对象

图 8-89　在 Renderer 对象上挂载的脚本中设置渲染组

8.4.5　大型对象官方案例

Leap Motion 的图形渲染器提供了在运行时动态更改对象颜色与在使用网格图形时在两种不同形状之间进行混合的功能，前者用于为每个图形指定色调，后者用于为图形提供小动画。本节将结合官方案例对这部分功能进行详细介绍。

1. 案例运行结果

运行大型对象（Massive Object）案例后，如图 8-90 所示，原本平静的一排长方体会有规律地上下律动。颜色也会随着高度的变化而变化，从最低处到最高处会由黑色逐渐变成绿色，运行结果如图 8-91 所示。

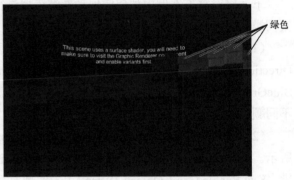

绿色

图 8-90　运行结果 1　　　　　　　　　　　　图 8-91　运行结果 2

2. 案例详解

用户可以在图 8-90 和图 8-91 中明显看出图形的上下变化以及颜色根据位置的变化而渐变的效果，这个案例需要对 Rendering Settings 进行配置才能正常运行。下面对这个案例的具体实现进行详细介绍。

（1）当用户打开大型对象案例的场景时，Hierarchy 面板中的全部对象应该如图 8-92 所示。此时，需要用户单击 Hierarchy 面板中的 Renderer 对象，在 Inspector 面板中找到 Leap Graphic Renderer (Script) 下的 Renderer Settings 属性，单击右侧的 Enable 按钮，如图 8-93 所示。这一步花费时间较长，需要耐心等待。

（2）出现的界面与图 8-90 相同。Hierarchy 面板中的全部对象如图 8-94 所示。官方案例在 Renderer 对象上挂载了 Leap Cylindrical Space (Script)，从而使得整体界面呈现出圆柱体扭曲；在 Controller 对象上挂载了 Example Array Controller (Script)，如图 8-95 所示，用来实现场景中长方体的动画与颜色变化效果，读者可以根据需要进行更改。

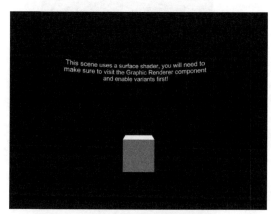

图 8-92 初始场景

图 8-93 单击 Enable 按钮

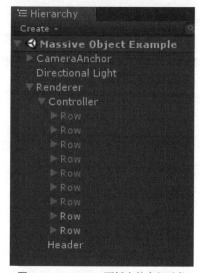

图 8-94 Hierarchy 面板中的全部对象

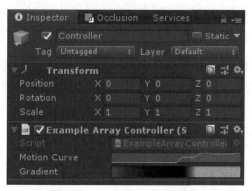

图 8-95 Controller 对象上挂载的脚本

（3）Controller 对象的子类 Row 为场景中长方体的父类。Row 下包含多个 Cube 对象，Cube 对象的 Inspector 面板如图 8-96 所示，用户可以在此设置混合图形的变化程度与类型以及设置变化的颜色等。Header 对象为场景中的文字，其 Inspector 面板如图 8-97 所示，在该对象上挂载了一个名为 LeapSpaceAnchor.cs 的脚本，用于保持在空间里的尺寸并确保可以控制失真。

图 8-96　Cube 对象的 Inspector 面板

图 8-97　Header 对象的 Inspector 面板

8.4.6　表面着色器官方案例

之前所有案例的图形渲染用的都是官方所提供的基础着色器。除基础着色器之外，官方还提供了表面着色器，用户利用这些着色器可以实现自己想要得到的效果，例如，控制图形的光泽度与镜面反射颜色等。接下来对这个案例进行介绍。

1. 案例效果

官方表面着色器（surface shader）案例的运行结果如图 8-98 所示，用户可以比较直观地看出左侧的图形具有了光泽度以及镜面反射效果，右侧的图形明显出现了半透明效果。用户可以自定义颜色遮罩功能。下面对表面着色器案例进行详细介绍。

2. 案例详解

运用表面着色器可以实现一些高端效果，其中烘焙组与动态组的操作大体一致，用户不仅可以使用官方提供的表面着色器，还可以根据自身的需要编写着色器。下面对当前案例的具体实现过程进行详细介绍。

（1）打开表面着色器案例中的 Hierarchy 面板，如图 8-99 所示，与其他案例的整体结构类似，Baked_surfaceExample1、Dynamic-SurfaceExample1 和 Header Text 对象都在 Renderer 对象

下，与其他案例不同的是 Renderer 对象下的 LeapGraphicRenderer.cs 脚本的设置有所改变，如图 8-100 所示。

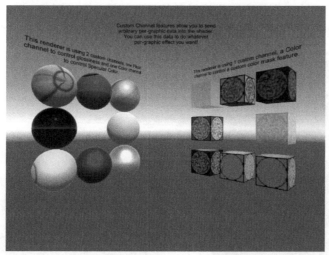

图 8-98　表面着色器案例的运行结果

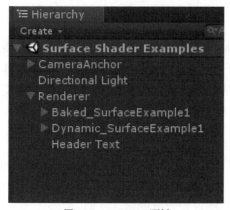

图 8-99　Hierarchy 面板

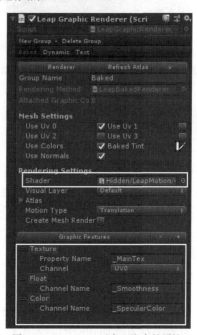

图 8-100　Renderer 对象下脚本的属性

（2）这里改变了其中的 Shader 属性，将其更改为表面着色器，在下面的 Graphic Features 选项组中添加了一个 Float 通道（用于控制光泽度）与一个 Color 通道（用于控制镜面反射颜色），此处只展示了 Baked 组的改变。同理在 Dynamic 组中也改变了表面着色器，添加了一个通道来控制自定义的遮罩颜色，如图 8-101 所示。

（3）当改变 Renderer 对象下 Leap Graphic Renderer (Script) 的设置之后，烘焙、动态对象下脚本的设置也发生了相应的变化。烘焙对象的设置如图 8-102 所示，用户可以通过改变其中的属性来改变对象的纹理、光泽度及反射颜色。动态对象的设置与烘焙对象类似。

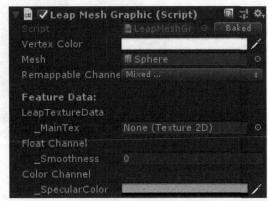

图 8-101　使用 _MaskColor 通道控制自定义遮置的颜色　　　　图 8-102　烘焙对象的设置

8.5 手模块

在创建 Leap Motion 项目时，若需要用到自定义的手模型，则需要使用者自己创建 Leap Motion 的 3D 手资源。若没有向导，这项工作将变得非常困难。本节的手模块（Hands Module）提供了将导入的手模型与核心模块联系起来的方法，同时提供了另外 3 种多边形手模型。

自动装配手模型

本节将分步骤对自动装配手模型的过程进行介绍。其中主要通过使用 LeadHandsAutorig.cs 脚本进行自动装配，装配时，在 Lead Hands Auto Rig (Script) 组件的 Inspector 面板中将自动为模型下的各子对象添加相应的脚本组件，而不用手动设置所有脚本。

（1）将 Leap_Motion_Hands_Module_2.1.4.unitypackage 资源包导入项目中，并打开自动装配的示例场景 Rigged_Hands_AutoRig_Example，该场景位于 Assets/LeapMotion/Modules/Hands/Examples/Scenes 目录下。Hierarchy 面板包含的对象如图 8-103 所示。

（2）在图 8-104 中，Hand Models 为一双已经配置好的物理手，即一组手的碰撞器，并无网格实体。同时 Hand Models 上还挂载了 HandModelManager.cs 脚本，作为本场景中的手模型管理器。LoPoly_Rigged_Hands_Skeleton 为一组绑定了骨骼动画系统的手模型，如图 8-105 所示。

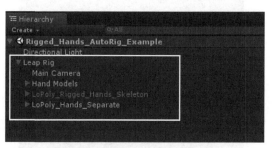

图 8-103　Hierarchy 面板包含的对象

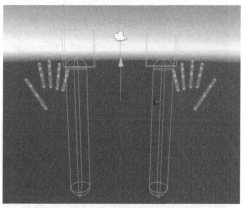

图 8-104　Hand Models

（3）LoPoly_Hands_Separate 为未绑定骨骼动画的手模型，如图 8-106 所示。下面将对 LoPoly_Hands_Separate 手模型进行操作，由于本组为单独的 fbx 手模型，并没有绑定骨骼动画，因此 Leap Hands Auto Rig (Script)将使用 Hierarchy 面板中的名称来对其进行设置。

（4）将 Assets/LeapMotion/Modules/Hands/Scripts 目录下的 LeapHandsAutoRig.cs 脚本拖到 LoPoly_Hands_Separate 对象上，装配后的界面如图 8-107 所示。

图 8-105　LoPoly_Rigged_Hands_Skeleton

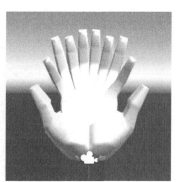

图 8-106　LoPoly_Hands_Separate

（5）挂载了 LeapHandsAutoRig.cs 脚本后即可对模型进行自动装配，因为本模型是以掌骨为父对象衍生的手指对象，所以需要勾选 Use Meta Carpals 复选框，然后单击 AutoRig 按钮进行自动装配，装配后的界面如图 8-108 所示。可以看到脚本中原来的空字段已经包含了引用。

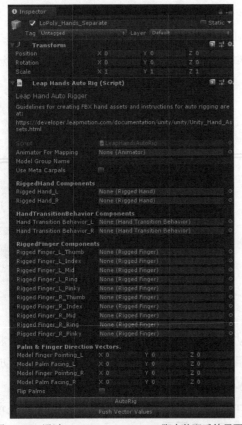

图 8-107　通过 LeapHandsAutoRig.cs 脚本装配后的界面　　图 8-108　通过 LeapHandsAutoRig.cs 脚本装配后的界面

（6）选中 Hand Models 对象，查看其 HandModelManager.cs 脚本中的 HandPool 列表，可以发现其中已经自动添加了刚刚装配的 LoPoly_Hands_Separate 手模型，如图 8-109 所示。

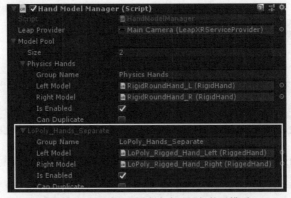

图 8-109　HandPool 列表中自动添加的手模型

（7）同时 LeapHandsAutoRig.cs 脚本已经找到手以及手指的 Transform，为它们添加了相应的脚本，单击 LoPoly_Hands_Separate 的 LoPoly_Rigged_Hand_Left 子对象会发现此对象已经自动挂载了 RiggedHand.cs 脚本以及 HandEnableDisable.cs 脚本，如图 8-110 所示，其中还自动包含了手指的引用。

（8）单击模型中的手指对象 L_index_meta，其 Inspector 面板中添加了 RiggedFinger.cs 脚本，并自动包含了手指对象中各关节的引用，如图 8-111 所示。每个 RiggedFinger.cs 脚本都包含其 3 个子骨骼的 Transform 和 5 种手指类型之一的引用。

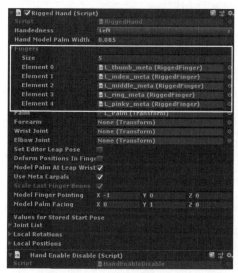

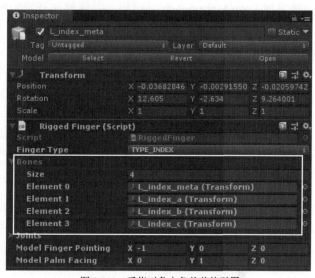

| 图 8-110 左手对象自动挂载的脚本 | 图 8-111 手指对象中各关节的引用 |

（9）以上步骤已经完成了对 LeapHandsAutorig 手模型的自动装配，该手已经可以在 Leap Motion 项目中正常使用。另外一个模型 LoPoly_Rigged_Hands_Skeleton 的装配过程类似，只是在单击 AutoRig 按钮之前不需要勾选 Use Meta Carpals 复选框，在此不过多介绍。

说明：通过介绍，相信读者已经明白了手模块的作用，若读者需要从外部导入手模型，通过上述步骤即可完成自动装配。需要注意的是，若模型未绑定骨骼动画系统，那么为了允许 AutoRig 脚本按名称查找各关节，需要根据表 8-4 所示的内容对各关节进行命名。关节的名称应该包含每种关节类型的可能字符串之一。这些是非常标准的命名约定，常见的 3D 软件中也具有快速重命名层次结构的工具。

表 8-4 手模型中关节的命名规则

手 关 节	名 称	手 关 节	名 称
左手	left 或 _l	食指	index 或 idx
右手	right 或 _r	中指	middle 或 mid
手掌	palm	无名指	ring
拇指	thumb 或 tmb	小拇指	pinky 或 pin

8.6 本章小结

本章对 Leap Motion 的开发进行了详细介绍，尤其着重介绍了如何使用 Leap Motion 提供的 SDK 实现对虚拟对象的抓取、抛掷等功能。通过对本章内容的学习，相信读者可以系统全面地掌握 Leap Motion 的开发过程，并能够在开发中解决实际问题。

8.7 习题

1. 简要叙述 Leap Motion 的开发环境配置过程。
2. 尝试将 Leap Motion 与 HTC VIVE 结合。
3. 列举交互案例中的主要脚本及其功能。
4. 开发一个基于交互功能的简单案例。

第9章　VR 与 AR 创新风口

随着 VR 与 AR 技术的发展，其硬件设备已经取得了很大的成就，如 Oculus Rift、Hololens、HTC VIVE 等，而且其技术也在多个领域有所应用。没有设备的 VR/AR 只会停留在概念阶段，没有内容的 VR/AR 同样也是不完整的，只有将技术、设备和行业挂钩才能产生价值。

VR 内容的缺少成为行业发展的障碍，但这同时也意味着机会的诞生，作为开发人员需要时刻关注行业动态，及时发现创新点。本章将浅析 VR 与 AR 的创新方向，抛砖引玉，读者可在此基础上进行创造性的尝试。

9.1　虚拟现实技术

虚拟现实简单来说就是指利用计算机模拟产生一个三维空间的虚拟世界，提供关于视觉、听觉、触觉等感官的模拟，让使用者如身临其境一般，可以及时、没有限制地观察三维空间内的事物，并与之交互。

借助 VR 头盔、游戏控制器等虚拟现实设备，人们可以"穿越"到硝烟弥漫的古战场，融入浩瀚无边的太空旅行，将科幻小说、电影里的场景移至眼前。VR 技术的面世将会为一些传统的行业带来创造性的突破。下面来看一下当前 VR 的主要创新点。

1. 看直播

球迷或者歌迷都有这样一种不开心的体验——千辛万苦抢到了票，看台座椅和偶像依然隔得很远。VR 技术的出现能使你坐在球员席上看球队赛前热身，在赛场入口和喜欢的球员击掌。即便你坐在赛场最后一排，甚至坐在家里的沙发上，你的观赛视角永远都处在最佳位置。VR 直播的画面如图 9-1、图 9-2 所示。

图 9-1　VR 直播的画面 1　　　　　　　　　　　　　　　图 9-2　VR 直播的画面 2

对于演唱会也一样，在中国澳门举办的某歌手组合的演唱会上，首次采用了 360°全视角直播，用户通过腾讯上线的"炫境"App 与 VR 眼镜就可以坐在家里看演唱会，仿佛就像坐在现场一样。

2. 玩游戏

除此之外，游戏应该是未来大规模应用 VR 设备的领域。VR 技术最大的特点就是能够给用户深度沉浸式体验。对于射击、冒险、恐怖类游戏来说，沉浸式体验是其天然要求，而 VR 刚好能为用户带来这种体验。VR 技术借助眼镜、头盔等可穿戴设备，辅以手柄、手枪和地毯等配件，让用户沉浸在游戏场景中，给予其更真实的交互体验。运用虚拟现实技术开发的游戏能够最大限度地还原真实体验，全封闭的视角使玩家完全沉浸其中。《奇境守卫》游戏中逼真的画面如图 9-3 所示。

图 9-3　《奇境守卫》游戏中的画面

3. 监控系统

VR 摄像头当前已如雨后春笋，从 Google 和 GoPro 合作推出的堆叠式 Google Jump，到 Sphericam 2、诺基亚 Ozo、360Fly 等袖珍产品，VR 摄像头在体积和重量上已能代替传统监控系统中的高速球。

VR 摄像头在监控上有着传统技术无法比拟的优势——每一帧都是 360°球形画面。该特性能给侦察人员提供完整的事件追踪画面。除了被障碍物遮挡的地方之外，几乎没有死角，侦查人员可以慢镜头播放，或者暂停画面之后转动头部四处观看。VR 监控系统与 VR 无人机分别如图 9-4 和图 9-5 所示。

图 9-4　VR 监控系统

图 9-5　VR 无人机

4. 虚拟空间展示

VR 技术在虚拟空间展示方面也有着极大的发展空间。例如，在地产项目中的招商、招租环节，提前展示真实场景，有助于客户提前了解项目规划，加速审批、设计过程。这与基于 PC 端的 3D 显示不同，VR 可以让你像真正地在一个空间里行走一样，一草一木皆清晰可见。示例虚拟空间分别如图 9-6 与图 9-7 所示。

图 9-6　示例虚拟空间 1

图 9-7　示例虚拟空间 2

5. 驾考

生活中很难找到一个宽敞并且可以随意练车的场地，要达到理想的学习效果，还要模拟和驾考现场一样规格的感应线。比如，对于倒桩项目，如果不在规定尺寸的库线上练习，根本无法摸清楚起步的位置和打方向盘的时机。因此，目前只有驾校的场地是首选场地，如图 9-8 所示。

VR 技术面世后，自学并通过驾考不再是空想。根据考场和车型 1∶1 建模，再还原到虚拟世界，学员可以购买设备和软件在自己家中长期练习，甚至可以练习到操作成功率为 100%

为止。VR 模拟驾考如图 9-9 所示。

图 9-8　驾校的场地

图 9-9　VR 模拟驾考

6. 医疗

戴上 VR 设备后，医学生可以不用接触真正的尸体，直接在虚拟环境中摸拟练习，降低了风险，同时学校也可以节省经费。通过 VR 模拟手术的画面如图 9-10 和图 9-11 所示。

图 9-10　通过 VR 模拟手术的画面 1

图 9-11　通过 VR 模拟手术的画面 2

据调查预测，到 2020 年，虚拟现实在医疗服务的市场将会达到 19 亿美元。路易斯维尔大学的调查人员正在尝试利用虚拟现实来治疗焦虑症和恐惧症，斯坦福大学的一些研究人员也把虚拟现实应用在外科手术中，随着医疗行业不断网络化，虚拟现实技术的应用将更加普遍。

7. 购物

网购已成为消费的主流，虚拟现实技术的应用将会使消费者的网购体验全面升级。相对于传统上通过查看网站目录购物，消费者可以得到实时的购物体验。通过 VR 购物的画面如图 9-12 和图 9-13 所示。

淘宝推出了全新的购物方式 Buy+。Buy+使用虚拟现实技术，利用计算机图形系统和辅助传感器，生成可交互的三维购物环境，突破时间和空间的限制，真正实现各地商场随便逛、各类商品随便试。

图 9-12　通过 VR 购物的画面 1　　　　　　图 9-13　通过 VR 购物的画面 2

8. 军事

VR 技术的进步使军事装备日益智能化。同样的技术或硬件设备可以是普通人的娱乐玩具，也可以是军队增强战斗力的先进武器。

目前，VR 技术在军事领域的应用主要有以下两个方面。

❑ 模拟真实战场环境。通过背景生成与图像合成创造一种险象环生、更加真实的立体战场环境，使受训士兵"真正"进入逼真的战场，增强受训者的临场反应，提高训练素质。

❑ 模拟诸军种联合演习。建立一个"虚拟战场"，使参战双方同处其中，根据虚拟环境中的各种情况及其变化，实施"真实的"对抗演习。这样的虚拟作战环境不受地域的限制，可以使众多军事单位参与到模拟演习中来，大大提高演习的效果。

9.2 增强现实技术

增强现实（Augmented Reality，AR）技术通过计算机技术将虚拟的信息应用到现实世界，真实的环境和虚拟的物体实时地叠加到了同一个画面或空间中。用户可通过 AR 技术扩展自己的现实世界，看见现实世界看不见的虚拟物体或信息。与 VR 技术不同，AR 技术强调与现实的互动，而非简单的立体显示。

由于具有能够对现实环境进行增强显示并输出的特性，在医疗研究与解剖训练、精密仪器制造和维修、飞机导航、工程设计和远程机器人控制等领域，AR 技术比 VR 技术具有更加明显的优势。

1. 导航

出行导航方便了人们的生活，但是某种程度上也让用户过于依赖导航屏幕，不停穿梭于现实和屏幕之间。AR 技术能够将导航信息呈现到用户眼前，如百度地图提供了一项 AR 步行导航技术，如图 9-14 所示。

近期，苹果公司申请了一项名为"基于视觉的惯性导航"的专利，这项专利技术可以让用户在某些建筑里走失的时候进行"室内导航"，而且无须借助太多工具。如果用户走过零售商店，该技术还能够显示商店里的商品。AR 室内导航如图 9-15 所示。

图 9-14　AR 步行导航技术

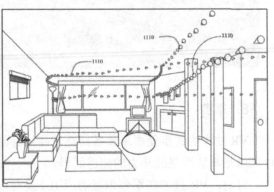

图 9-15　AR 室内导航

2. 游戏

之前的传统游戏是在二维世界中实现的，而 AR 以其三维立体的特点，为游戏开启了更多的可能。以前玩家完全依靠双手玩游戏，但在 AR 游戏世界里，他们可以利用身体位置的移动、转换等通过游戏关卡。

当前，《宝多梦 GO》游戏在全世界范围内掀起了风潮，这是一款利用基于位置的服务（Location Based Service，LBS）技术与手机相机，以真实的环境为背景捕捉精灵的 AR 游戏。在该游戏中现实生活中的名胜与商店成为游戏中的道馆，在道馆可以进行精灵训练或与其他队伍进行对战。部分游戏画面如图 9-16 与图 9-17 所示。

图 9-16　《宝多梦 GO》游戏的画面 1

图 9-17　《宝多梦 GO》游戏的画面 2

3. 教育

教育无疑是儿童应用市场的一块大蛋糕。幼儿好动好奇的特点要求儿童教育寓教于乐，满足趣味和教育的双重要求，将 AR 应用与实体教具结合，既培养了孩子的动手能力，又扩展了教具的互动性，让孩子在游戏中潜移默化地学习。AR 教育类应用如图 9-18 与图 9-19 所示。

图 9-18　AR 教育类应用 1　　　　　　　　　图 9-19　AR 教育类应用 2

4. 医疗

无论是牙科还是肝脏外科手术，医生都很难准确找到病灶部位，AR 能使外科医生变得更有效率，能帮助医生挽救生命，对患者进行更好的治疗。AR 手术在医学中的应用如图 9-20 所示，AR 医疗如图 9-21 所示。

未来的模式一定会越来越多样化，提供的产品会更丰富，比如医生可以借助 AR 医疗应用提供的精确图文一步步地完成手术全过程；急救人员通过 AR 应用指挥现场医护人员采取针对性的抢救措施，防止错失最佳抢救时间。

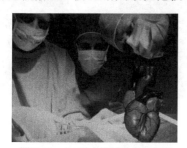

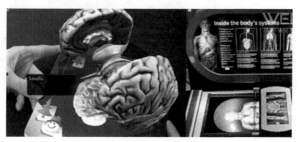

图 9-20　AR 手术在医学中的应用　　　　　　　图 9-21　AR 医疗

5. 购物

在 2012 年 3 月 29 日的天猫年度盛典上，众多 AR 网购应用惊艳亮相，天猫宣布将采用全新的 AR 互动技术重新定义网购方式，在网购中实现试穿试戴，让用户有真实的触摸感，体验商品的穿戴效果等。

AR 技术通过摄像头拍下体验者，并自动识别头、肩、腰等关键部位，然后体验者就可以自由"试穿"各款衣服，对着摄像头，摆出各种造型，全面体验衣服穿上身的效果。AR 技术在屏幕和用户之间建立起了隐形的纽带，使得那些原本呆板的商品展示变得可触可碰。AR 购物的画面如图 9-22 与图 9-23 所示。

图 9-22　AR 购物的画面 1　　　　　　　　　图 9-23　AR 购物的画面 2

6. 设计

在设计领域，再精确的图纸也会限制设计师设计理念的准确表达，影响和客户的沟通。AR 技术可以弥补这个缺陷，在工业设计、建筑设计中等都能将设计师的创意快速、逼真地融合入现实场景中，让用户在设计阶段就能对最终产品有直观的感受。AR 建筑设计如图 9-24 与图 9-25 所示。

图 9-24　AR 建筑设计 1　　　　　　　　　图 9-25　AR 建筑设计 2

7. 工业

如今的工业设备愈加复杂，无论是安装还是维修都出现了难题。AR 技术给工业领域带来了创新的突破。AR 技术显示设备故障维修教程，能准确地教会你如何拆卸零部件，即使没有任何经验的新手，也能借助 AR 技术完成维修。AR 工业设计如图 9-26 与图 9-27 所示。

8. 营销

AR 技术带来的触手可及的逼真展示效果，已经为广告设计、产品推广打开了全新的创作空间。众多国际知名品牌（包括宝马汽车、通用电气、乐高玩具，甚至好莱坞著名制片公司）

都在一次次将增强现实技术成功地用于产品宣传和商业活动。

图9-26　AR工业设计1

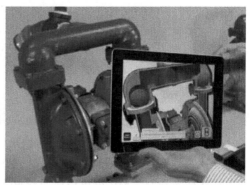

图9-27　AR工业设计2

相对于传统的实物加信息板的展示方式，AR技术带来了层层深入的丰富信息展示能力，贴近自然的人机交互体验，为产品发布会、展览会、产品展示厅等带来了全新的展示效果。同时，展馆内可控并便于调整的环境，为实现最佳的AR效果提供了条件，如图9-28与图9-29所示。

图9-28　AR展示板

图9-29　AR展览会

9.3　混合现实技术

混合现实（Mixed Reality，MR）是一种介于VR与AR之间的技术，它既继承了两者的优点，同时也消除了两者的大部分缺点。

VR强调沉浸性，它尽可能将用户的身体感官置于计算机系统创造的虚拟世界中，最大限度地切断他们与现实世界的联系，而MR则允许用户同时保持与现实世界及虚拟世界的联系，并根据自身的需要及所处环境调整上述联系。

AR源于现实世界，但更注重将动态的、背景专门化的信息加载在用户的视觉域上，强调让虚拟技术服务于现实世界，而MR则对现实世界和虚拟世界一视同仁。不论是将虚拟物体融入真实环境，还是将真实物体融入虚拟环境，都在允许的范围之内。

　　简单来说，MR 能通过一个摄像头让你看到裸眼看不到的现实，这是基于 VR 与 AR 发展起来的混合技术形式。由于 MR 可以让用户与眼前的虚拟信息进行互动，因此它会比 VR、AR 更彻底地颠覆我们的生活、工作。

1. 工作模式

　　MR 可以让远隔千里的工作团队合作，只要带上头盔和防噪耳机就能沉浸到互相合作的环境中。语言障碍也会被消除，因为 MR 应用可以实时准确地翻译各种语言。

　　除此之外，MR 还意味着更弹性化的工作模式，尽管目前大部分公司要求员工在固定的时间和固定的地点上班，但有数据显示，员工如果可以更自主地选择工作地点、时间和方式，他们的工作效率更高，MR 就可以满足这些需求，大幅地提高工作效率。MR 对工作模式的影响如图 9-30 与图 9-31 所示。

图 9-30　MR 对工作模式的影响 1　　　　　　　图 9-31　MR 对工作模式的影响 2

2. 生活方式

　　在使用方式上，佩戴 MR 头盔后可以随意走动，并在所有空间甚至户外无障碍地使用，同时也可以和周围的人正常交流沟通，这一点是 VR 技术所不能比拟的。

　　我们可以想象这样的场景：做菜的时候把浏览窗口放在洗菜池旁边，抬头就能看到菜谱，还可以在卧室的墙上放一个足够大的窗口当作电视……随着 MR 应用的推广，将会有更多呈现方式。虚拟生活和虚拟电视分别如图 9-32 与图 9-33 所示。

图 9-32　虚拟生活　　　　　　　　　　　图 9-33　虚拟电视

3. 娱乐

MR 游戏可以看作互动的 AR 游戏，所以在 MR 游戏领域能获得更好的体验，让玩家同时保持真实世界与虚拟世界的联系。

简单来说，MR 是现实世界、虚拟世界与数字化信息的集合，是 AR 技术与 VR 技术的完美融合以及升华，虚拟和现实的互动能带来前所未有的体验。MR 游戏的画面如图 9-34 与图 9-35 所示。

图 9-34　MR 游戏的画面 1　　　　　　图 9-35　MR 游戏的画面 2

9.4　本章小结

VR、AR 与 MR 虽然在全球很火，但是同样存在很多挑战。从技术角度来讲，现在这些头戴式设备还要克服例如眩晕、延迟、交互等技术上的缺陷，同时消费者对这些技术的认知度还是相对比较低的，还需要通过优惠的价格带动设备的普及，整个产业链也还缺乏统一的内容开发标准，好内容十分匮乏。

本章介绍了 VR、AR 与 MR 的创新方向，读者可在此基础上进行拓展延伸，结合当前不同的领域与新技术，开发出更加优秀的应用。

9.5　习题

1．列举当前 VR 的主要创新点。除了这些，你还能想到什么？
2．列举当前 AR 的主要创新点。除了这些，你还能想到什么？
3．请下载一款 Leap Motion 游戏并进行体验。
4．请下载《宝多梦 GO》游戏并进行体验。
5．请阐述什么是混合现实技术。

第 10 章　HTC VIVE 游戏——
VR 化的《俄罗斯方块》

本章所介绍的游戏——VR 化的《俄罗斯方块》是一款休闲益智类游戏，是基于 Unity 游戏引擎开发并能在 HTC VIVE 上运行的游戏，通过手柄模拟双手进行游戏交互，能够带来沉浸式的游戏体验。下面将对该游戏的背景、操作过程、策划、开发前的准备工作、架构、开发流程等进行详细的介绍。

10.1　背景与操作过程概述

本节将对游戏的开发背景和功能进行简要介绍。通过学习，读者将会对游戏的整体结构有一个简单的认识，明确游戏的开发思路，更加直观地了解游戏的设计思路和理念，为后面更好地学习游戏的开发打下良好的基础。

10.1.1　游戏背景概述

《俄罗斯方块》是一款有着悠久历史的游戏，其操作简单、规则明确，长时间以来深受广大玩家喜爱。在 VR 技术已经非常成熟的今天，如果将两者之间结合起来，效果肯定非常好。《VR 俄罗斯方块》是使用当前流行的 Unity 游戏开发引擎并结合 HTC VIVE 虚拟现实设备打造的休闲益智类 VR 游戏。玩家通过对两个游戏手柄的操作将从房顶掉落的方块摆放到底台上并消除一行的方式来得分。现在市面上类似于《俄罗斯方块》的 VR 游戏有《Kubz VR》，其游戏画面如图 10-1 所示。

图 10-1　《Kubz VR》游戏的画面

10.1.2 游戏的操作过程

游戏的操作过程如下。

（1）运行游戏，进入主界面，如图 10-2 所示。玩家可以通过转动 VR 头盔 360°地观察场景，并能够按下控制手柄上的"触摸板"按钮，发出射线，对屏幕上的按钮进行选取，比如，选中"开始"按钮，并按下"扳机"按钮开始游戏。

（2）在游戏开始后，将有方块从房顶掉落，本游戏中为方块和地板都添加了碰撞器，方块下落到地板后会产生真实的碰撞效果。在游戏中设置了合适的参数，保证方块在碰撞时的效果（见图 10-3）是符合真实情况的，也能带给玩家更好的游戏体验。

图 10-2　主界面

图 10-3　方块的碰撞效果

（3）方块掉落后，玩家需要快速将其摆放在底台上，如图 10-4 所示。随着游戏的进行，将不断有方块掉落，如图 10-5 所示，游戏的难度也随之不断增大，当地上的方块数量超过 10 或底台上方块的层数超过 7 时，游戏结束。

图 10-4　正确摆放方块

图 10-5　掉落的方块

（4）将方块调整好角度和位置，并将方块摆放在底台上合适的位置，如图 10-6 所示。当堆满一行后或者几行后，产生消除效果。消除的效果是通过制作粒子系统实现的并且调整了相关的参数，以保证效果更佳。

（5）碎片的效果如图 10-7 所示。因为本游戏中的方块形状不同，颜色也不同，所以彩色的碎片更符合游戏的基调和主题。

图 10-6　摆放方块

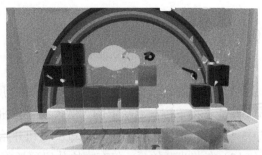
图 10-7　碎片的效果

（6）当底台上方块的层数超过 7 或者地上的方块数量超过 10 时，游戏结束，如图 10-8 所示，出现提示效果，表明当前的游戏已经结束了，玩家可以通过操纵手柄，发射射线来选择重玩或者重新开始游戏。

（7）当得分进入了前 6 名时，在玩家的侧面会弹出虚拟键盘，玩家可以将自己的名字输入进去，系统根据玩家的得分生成排行榜，排行榜中的前 6 名会显示出来，如图 10-9 所示，玩家可以看见自己的名次以及和上面几名的差距。

图 10-8　游戏结束界面

图 10-9　排行榜中的前 6 名

　　说明：本游戏是一款基于 HTC VIVE 的虚拟现实游戏，本节所展现的均为 2D 截图，并不能完全地体现出游戏的真实效果，强烈建议读者打开随书源代码中本游戏对应的项目，使用 HTC VIVE 设备进行更真实的游戏体验。

10.2　游戏的策划与开发前的准备工作

　　上一节介绍了游戏的开发背景和操作过程，本节主要对游戏的策划和开发前的准备工作进行介绍。在游戏开发之前做好细致的准备工作可以起到事半功倍的效果。准备工作主要包括游戏主体策划、相关图片准备等。

10.2.1　游戏的策划

本节将对游戏的具体策划工作进行简单的介绍。在项目的实际开发过程中，要使项目的开发更加具体、细致和全面，完成相对完善的游戏策划工作可以使开发事半功倍，读者在以后的实际开发工程中将有所体会。本游戏的策划工作包括如下方面。

❑　确定游戏类型。

本游戏是以 Unity 游戏引擎作为开发工具并且以 C#作为编程语言开发的一款虚拟现实运动休闲类游戏。本游戏中，配合 HTC VIVE 的头盔与手柄使玩家沉浸其中，极大地增强了游戏的可玩性。

❑　确定运行目标平台。

该游戏仅能运行在 HTC VIVE 所支持的计算机上，当前 HTC VIVE 推荐的计算机配置中 GPU 为 NVIDIA GeForce GTX 1060/AMD Radeon RX 480 同等或更高配置，CPU 为 Intel i5-4590/AMD 8350 同等或更高配置，RAM 为 4GB 或以上。

❑　确定受众目标。

本游戏以计算机为载体，通过 HTC VIVE 显示。操作难度适中，画面效果逼真，耗时适中。此外，本游戏操作简单，适合全年龄段人群，可在娱乐中锻炼玩家的反应能力等。

❑　确定操作方式。

玩家可通过转动 VR 头盔 360°地观察游戏场景，使用游戏手柄模拟双手对方块进行摆放，通过扣动扳机按钮发出射线以完成 UI 操作。

❑　确定呈现技术。

本游戏以 Unity 游戏引擎为开发工具，使用粒子系统实现各种游戏特效，使用着色器对模型和效果进行美化，使用数学计算模拟现实物体特性，游戏场景具有很强的立体感和逼真的光影效果以及真实的物理碰撞。同时，借助虚拟现实技术，玩家将在游戏中获得更真实的视觉体验。

10.2.2　使用 Unity 开发游戏前的准备工作

前一节对游戏的策划工作进行了简单介绍，本节将对游戏开发之前的准备工作，包括相关的图片、声音、模型等资源的选择与用途进行简单介绍。

本游戏场景所用到的图片资源全部放在项目的 Assets/Textures 文件夹下，游戏中部分的图片制作成了图集。图片的名称、大小（KB）、像素以及用途如表 10-1 所示。

表 10-1　菜单场景中的图片名称、大小、像素以及用途

图 片 名 称	大小（KB）	像　素	用　途
beijing.png	245	960×600	菜单背景图片
jieshu.png	145	600×161	结束提示文字图片
paihang.png	88	580×768	排行榜背景图片
touming.png	3	500×500	透明图片
caise.jpg	15.8	349×300	破碎效果图片

运行游戏后可以发现，整个场景运用了大量的模型，呈现出了非常漂亮的场景。游戏中所用到的主要模型的名称、大小以及用途如表 10-2 所示。

表 10-2　场景中的主要模型的名称、大小以及用途

模 型 名 称	大小（KB）	用　途
airplane.asset	116	飞机模型
Beds.asset	117	床模型
books1.asset	76	书模型
Box.asset	25	盒子模型
Carpet.asset	10	玩具车模型
Ceilinglamp.asset	98	天花板模型
chair1.asset	71	椅子模型
cloud.asset	36	云彩模型
number5.asset	54	数字模型

说明：本游戏中的模型和贴图是在产生过程中一起导出的，其中模型位于第 10 章的源代码中的 kubz/Assets/Kids Room/Mesh 下，贴图位于第 10 章的源代码中的 kubz/Assets/Kids Room/Texture2D 下。

10.3　游戏的架构

上一节介绍了游戏开发前的策划和准备工作。本节将介绍游戏的开发思路以及各个场景的结构，读者通过本节的学习可以对本游戏的整体开发思路有一定的了解，并对游戏的开发过程有更进一步的了解。

10.3.1　主场景

VR 游戏开发中，场景开发是游戏开发的主要工作。每个场景包含了多个游戏对象，其中某些对象上还附加了特定功能的脚本。本游戏仅有一个主场景，在该场景中既能实现消除方块

的功能，也能进行 UI 的选取。

　　游戏的主场景中，玩家可通过手柄发出的射线对 UI 中的按钮进行选取，开始游戏后，用手柄模拟手掌，进行方块的摆放。该游戏主场景的架构如图 10-10 所示。

图 10-10　游戏主场景的架构

10.3.2　游戏架构

　　本游戏中使用了很多脚本，接下来将按照程序运行的顺序介绍脚本的作用以及游戏的整体框架。

　　运行本游戏，首先会进入游戏场景 kubz.unity。进入此场景时摄像机前面呈现了整个场景，玩家通过转动头盔可以看到墙壁上的"开始"按钮，玩家通过控制手柄上的触摸板来发射射线、瞄准按钮，通过按下扳机按钮来开始游戏。

　　游戏开始后，首先执行脚本 control.cs 里面创建方块的方法。在本游戏中我们设置了 5 种不同形状的方块，每种方块都有不同的形状逻辑脚本。方块从房顶掉落到地板上并且有真实的物理碰撞效果，给玩家最好的游戏体验。

　　玩家可以通过扳机按钮来拾取方块，如果玩家来不及拾取方块，方块会越来越多，当地板上的方块的数量超过 10 时游戏结束。

　　当玩家摆放方块时，需要将方块的方向摆好并且触碰其他方块，或者摆放方块的底台来开启方块的摆放逻辑。大致的位置计算方法是按照一定的规则来将方块的位置取整，根据取到的整数计算出方块的摆放位置并且绘制摆放好的方块。

　　本游戏虽然是 VR 化的《俄罗斯方块》，但是摆放的规则和传统的 2D《俄罗斯方块》的规则一致。游戏一行有 10 个方块，当一行或者其中几行放满 10 个方块时，会自动产生消行的效果，并且出现破碎效果。

　　在消行发生后，方块下落的时间间隔会逐渐缩短，游戏的难度也会逐渐增大，当玩家摆放的方块高度超过某个位置时，游戏结束。玩家可以看到位于正前方的"游戏结束"字样并且在墙壁上会有最后的得分。

　　在游戏过程中，玩家可以操纵手柄暂停游戏，再次操纵手柄继续游戏。当玩家感觉本次游戏的得分不是很好时，可以操纵手柄选中"重新开始"按钮，重新开始游戏。

　　在游戏过程中，玩家通过消行来获取得分，并且玩家可以在墙壁的得分板上实时地获取得分。游戏结束后，如果得分进入游戏排行榜的前 6 名，则会在玩家的侧面出现一个虚拟键盘，提示玩家输入姓名。

　　输入姓名之后，墙壁上会出现排行榜，玩家可以查看自己的排名以及自己和前几名的差距。

10.4　HTC VIVE 开发环境的搭建

上一节对游戏的整体架构进行了介绍，从本节开始将介绍本游戏的具体开发流程。首先进行 HTC VIVE 开发环境的搭建，以保证游戏开发的正确性。具体步骤如下。

（1）打开 Unity，单击 New，把项目命名为 kubz，更改项目路径，本项目的创建路径为 F:\unity_workspace，在 Template 下拉列表中选择 3D，单击 Create project 按钮，即可创建项目，如图 10-11 所示。

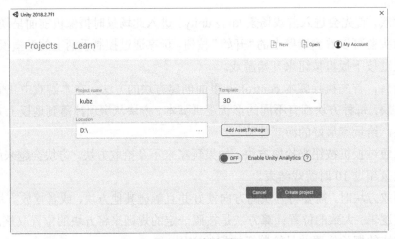

图 10-11　创建项目

（2）选择菜单栏中的 Assets→Import Package→Custom Package，依次导入 SteamVR Plugin 与 VRTK - SteamVR Unity Toolkit 插件，如图 10-12 与图 10-13 所示。

图 10-12　导入 SteamVR Plugin

图 10-13　导入 VRTK-SteamVR Unity Toolkit

提示：读者可在 Unity 的 Assets Store 中搜索 "SteamVR Plugin" 与 "VRTK" 下载 HTC VIVE 的 SDK 与 VRTK 插件。

10.5　游戏主场景的开发

上一节对 HTC VIVE 开发环境的搭建进行了介绍，本节将要对游戏主场景的开发进行介绍，包括场景中 3D 物体的构建与摆放、方块位置的计算、方块形状的判断以及场景中 2D 的标志板和一些游戏特效。本节重点介绍方块逻辑控制和特效的开发。

10.5.1　场景的搭建

首先要介绍的是场景搭建部分，在这里主要针对 VR 场景部分。具体步骤如下。

（1）在 Unity 中，如图 10-14 所示，选择菜单栏中的 File→New Scene，创建场景，并将场景命名为 kubz，作为游戏的菜单场景。

（2）在 Hierarchy 面板中选中 MainCamera 对象，右击，选择 Delete，删除默认摄像机，如图 10-15 所示。之后将 VRTK/Examples/ExampleResources/SharedResources/Prefabs/SDKManager 路径下的[VRTK_SDKManager]预制件拖入场景中，摆放到合适位置，如图 10-16 所示。

图 10-14　创建场景

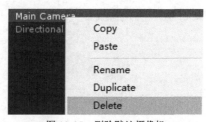

图 10-15　删除默认摄像机

（3）在预制件[VRTK_SDKSetups]下，修改[CameraRig]摄像机的一些参数，保证摄像机的功能符合游戏的需要并且该摄像机的参数和普通的摄像机完全不同，里面的参数也不都是需要修改的，具体的参数如图 10-17 所示。

（4）通过单击展开[CameraRig]摄像机，可以看到摄像机下面有 3 个子物体，其中一个子物体是摄像机的眼睛（即摄像机呈现物体的窗口），其他两个子物体是左右的手柄控制器。Controller (right)要挂载的脚本如图 10-18 所示。不同的脚本实现不同的功能，具体在后面介绍。

图 10-16　摆放[VRTK_SDKManager]预制件　　　　　图 10-17　摄像机的具体参数

（5）本游戏的整体基调为 Q 版卡通风格，找到合适的天空盒之后，依次选择 Window→Lighting，打开 Lighting 窗口，如图 10-19 所示。这是添加天空盒的途径之一，也可以直接将天空盒拖入场景中。

图 10-18　Controller (right)要挂载的脚本　　　　　图 10-19　打开 Lighting 窗口的方式

（6）将 Assets/Texture 目录下的 NewSkyBox 材质拖入 Lighting 窗口中的 Skybox 中，如图 10-20 所示，更改天空盒。在这个界面中有许多参数，可以根据项目的需求修改不同的参数。

（7）本游戏的主场景是一个儿童房，游戏都发生在儿童房内，要把 Assets 目录之下的模型预制件拖入场景中，添加模型并且调整相应模型的位置与大小，确保场景中的模型缩放比例一致，并烘焙场景，如图 10-21 所示。

图 10-20　更改天空盒

图 10-21　烘焙场景

（8）在实际开发中会遇到一个问题——场景中的光照问题，如果在场景中添加定向光，光会被房屋的墙壁遮挡，室内效果非常不好。如果在室内添加点光源，影子的效果也不好。在这里将房屋墙壁的层名称修改为特定的名称，如图 10-22 所示。

（9）用鼠标选中场景中的定向光，修改定向光的 Culling Mask 选项，如图 10-23 所示，设置照射层的名称。

图 10-22　修改层名称

图 10-23　设置照射层的名称

（10）游戏中放置方块的底台也是由 10 个方块组成的，这 10 个方块的共同父物体是一个空物体，该空物体的具体属性如图 10-24 所示，给该空物体添加碰撞器，保证完整覆盖 10 个方块，用于下面检测放置方块的条件。碰撞器的属性如图 10-25 所示。

307

图 10-24　空物体的具体属性

图 10-25　碰撞器的属性

10.5.2　UI 的搭建

与传统游戏的 2D 界面不同，VR 类游戏的 2D 界面和场景中的 3D 物体融为一体，用户甚至可以穿过 2D 标志板，更真实地体验游戏效果。HTC VIVE 游戏中利用手柄发出射线与 2D 界面进行交互。搭建 UI 的具体步骤如下。

（1）在 Hierarchy 面板中依次选择 Create→UI→Canvas，创建画布，如图 10-26 所示。Canvas 的渲染模式默认情况下为 Screen Space-Overlay，表示画布能够覆盖在所有物体之上，这里将 Render Mode 改为 World Space，如图 10-27 所示，使 UI 画布处于世界空间中。

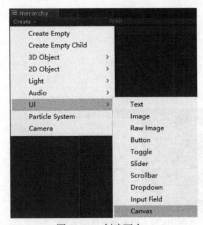

图 10-26　创建画布

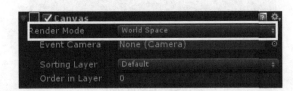

图 10-27　修改画布渲染模式

（2）修改画布的一些参数，调整画布的位置和伸缩比例，保证画布的效果最佳，给玩家最好的游戏体验。

（3）在本游戏中有许多文本框，里面的文字用于提示用户进行一些操作，比如游戏刚开始的得分和游戏排行榜的内容。但是单纯的文字又太单调，为了符合游戏的主题，需要给游戏中的文字加上描边效果，添加描边效果的过程如图 10-28 和图 10-29 所示。

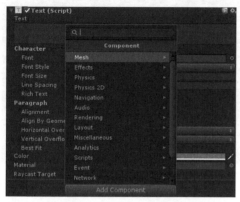

图 10-28　添加描边效果的过程 1

图 10-29　添加描边效果的过程 2

（4）得分板的主背景是一个 Image，首先将找好的图片用鼠标拖入项目的资源区，然后将拖入资源区的图片拖入 Image (Script)下的 Source Image 选项，这样就完成了得分板中图片的置换。Image (Script)组件的具体参数如图 10-30 所示。

（5）具体得分值的显示是由一个 Text (Script)实现的，该 Text (Script)里面有一个 Text 属性，该属性可以通过代码进行修改并且调整文本的位置、大小，保证最好的效果。Text (Script)的具体参数如图 10-31 所示。

图 10-30　Image (Script)的具体参数

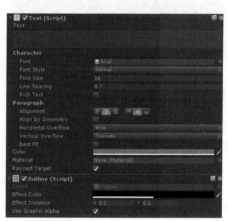

图 10-31　Text (Script)的具体参数

（6）创建游戏开始、暂停以及重新开始的按钮。进入游戏后，要用手柄与"开始"按钮交互。随后开始游戏，在游戏的过程中玩家可以用手柄控制游戏的暂停和继续，还可以通过"重新开始"按钮重玩游戏。按钮创建方式如图 10-32 所示，Button (Script)的具体参数如图 10-33 所示。

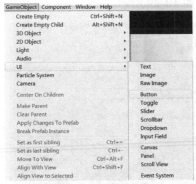

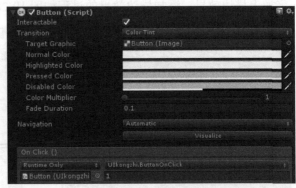

图 10-32　按钮创建方式　　　　　　　　　　图 10-33　Button (Script)的具体参数

（7）在满足游戏结束的条件后，在用户视角的正前方会有"游戏结束"的字样出现，该字样是由一个文本框展示的，Text 的参数如图 10-34 所示。在该文本框内是一个图片，显示"游戏结束"艺术字，Image 的参数如图 10-35 所示。

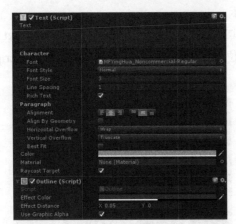

图 10-34　Text 的参数　　　　　　　　　　图 10-35　Image 的参数

（8）在游戏结束后，一旦玩家的成绩进入了游戏外部的排行榜的前 6 名，会出现游戏的排行榜。排行榜的主背景也由一个 Image 组成并且配以相应的背景图片，该 Image 组件的具体参数如图 10-36 所示，内含的 Text 的参数如图 10-37 所示。

（9）游戏的开始、暂停、继续、重新开始是由脚本控制的，当玩家通过手柄与不同的按钮交互时会给代码中的按钮监听方法传入不同的参数。根据监听参数，执行不同的逻辑代码，会产生不同的效果。具体代码如下所示。

图 10-36　Image 的具体参数

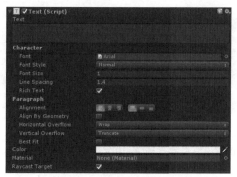

图 10-37　Text 的具体参数

代码位置：随书源代码/第 10 章/kubz/Assets/_Scripts/ UIkongzhi.cs

```
1    public void ButtonOnClick(int index){              //按钮监听方法
2      if (index == 1){                                 //当传入的参数为 1 时
3        Application.LoadLevel("kubz");}                 //重新加载当前场景
4      if (index == 2){                                 //当传入的参数为 2 时
5        if (pdkaishi == true){                         //如果 pdkaishi 标志位为 true
6          GameObject.Find("Canvas/zanting/Text").GetComponent<Text>().text = "暂停";//显示"暂停"
7          Time.timeScale = 1;                          //继续游戏
8          pdkaishi = !pdkaishi;}                        //标志位取反
9        else{                                          //如果传入的参数既不是 1 也不是 2
10         GameObject.Find("Canvas/zanting/Text").GetComponent<Text>().text = "开始";//显示 "开始"
11         Time.timeScale = 0;                          //暂停游戏
12         pdkaishi = !pdkaishi;}}}                      //标志位取反
```

- ❑ 第 1～2 行中，当传入的参数为 1 时，重新加载场景。这里需要注意的是，在重新加载场景之前，必须将场景中的物体进行光照烘焙，否则重新加载的场景的光照将非常暗，影响效果。
- ❑ 第 4～8 行中，当传入的参数为 2 时，游戏继续，修改标志板的文字并且标志位取反。
- ❑ 第 9～12 行中，当传入的参数是其他值时，游戏暂停，修改标志板的文字并且标志位取反。

（10）当玩家获得的分数进入排行榜的前 6 名时，游戏中出现虚拟键盘，玩家可以通过控制两个手柄上的触摸板发出射线，输入玩家的姓名，如图 10-38 所示。在按 Enter 键时会出现排行榜，显示前 6 名的玩家与得分，如图 10-39 所示。

（11）玩家的标志板由一个 Text 组成，其中排行榜中每一行的效果是由代码实现的，并且得分板的计分累加也是由代码实现的。这些功能都是由 control.cs 脚本中的部分代码实现的，具体如下。

图 10-38 输入玩家的姓名

图 10-39 排行榜

代码位置：随书源代码/第 10 章/kubz/Assets/_Scripts/control.cs

```
1    if (pdpaihang == false){                                    //判断 pdpaihang 标志位是否为 false
2    GameObject.Find("Canvas/shang/Text").GetComponent<Text>().text = "得分:" + score;}
3        if (pdkeyboards){
4            jianpan.active = true;
5            Over.active = true;}
6        if(pdpaihng&&pdupdate==false){
7            paihang.active = true;                              //显示排行榜
8            defen.active = false;                               //不显示得分
9            foreach (KeyValuePair<string, int> kv in transform.GetComponent<Rank>().dic){
10           GameObject.Find("Canvas/paihang/Text").GetComponent<Text>().text =
11           GameObject.Find("Canvas/paihang/Text").GetComponent<Text>().text
12           + "\n" + kv.Key + ":" + kv.Value+"分";}    //将每行数据显示到 Text 上
13           pdupdate = true;}                                   //数据更新标志位为 true
```

❑ 第 1～2 行中，当 pdpaihang 标志位为 false 时，寻找到显示得分的 Text 并且在其中绘制相应的得分数据。

❑ 第 3～5 行中，一旦游戏结束并且显示虚拟键盘的标志位为 true 时，显示虚拟键盘和游戏结束的文字。

❑ 第 6～13 行中，当 pdpaihang 标志位为 true 并且 pdupdate 标志位为 false 时，显示排行榜，不显示得分，并且从外部的文件中读取数据，将读取到的数据以行为单位显示到 Text 中，之后将 pdupdate 标志位设置为 true。

（12）当玩家按下虚拟键盘上的按钮后，会在键盘上方的文本框内显示选中按钮的字符串，按 Backspace 键实现对字符串的删除，按 Enter 键提交玩家姓名。这些功能是在 UI_Keyboard.cs 脚本中实现的，编写完该脚本后需将其挂载在虚拟键盘对象上。具体代码如下。

代码位置：随书源代码/第 10 章/kubz/Assets/VRTK/Examples/Resources/Scripts/UI_Keyboard.cs

```
1    public class UI_Keyboard : MonoBehaviour{
2        private InputField input;
3        public void ClickKey(string character){              //添加文本
4            input.text += character;                          //添加文本字符串
5        }
6        public void Backspace(){
```

```
7        if (input.text.Length > 0)                        //若文本长度大于 0
8          input.text = input.text.Substring(0, input.text.Length - 1);   //删除最后一个字母
9      }
10     public void Enter(){                                //按下 Enter 键
11       GameObject.Find("UI_Interactions").GetComponent<UIControl>()
12                 .showRankAfterInput(input.text,Constant.SCORE);//显示排名界面
13       input.text = "";                                  //清空文本栏
14     }
15     private void Start(){
16       input = GetComponentInChildren<InputField>();      //获取单行文本框
17   }}
```

- ❑ 第 2 行定义了本脚本中的变量 input，用于引用单行文本框，也就是游戏中看到的键盘界面最上面的输入框。
- ❑ 第 3～5 行定义了添加文本的方法，实质上就是将结果字符串 character 的内容赋值给文本框的 Text 组件，这样玩家就可以在文本框中看到自己输入的内容。
- ❑ 第 6～9 行定义了 Backspace 方法，用于删除光标前一个字符。首先判断文本框中的字符串长度是否大于 0，如果大于 0，则利用 Substring 函数对字符串进行操作，将字符串最后一个字符截去，实现 Backspace 键的功能。
- ❑ 第 10～17 行定义了 Enter 方法和 Start 方法。当玩家按下 Enter 键时，表示确定当前输入，之后显示排名界面，将输入文本框中的内容清空。

10.5.3 游戏摄像机和控制器

在本游戏中要用到与 HTC VIVE 适配的摄像机与控制器。首先要调整摄像机的参数，前面已经简要地提到了摄像机和控制器需要调整的参数，本节详细介绍里面的具体参数的设置及相关控制器中具体参数的设置。具体步骤如下。

（1）找到摄像机的预制件[CameraRig]，单击该预制件会出现[CameraRig]预制件的相关参数，如图 10-40 所示。

（2）修改脚本 SteamVR_PlayArea.cs 的 Size 参数，适配现实世界中活动区域的大小，如图 10-41 所示。

（3）进行控制器相关参数的设置。打开摄像机的 Inspector 面板，可以看到左右手控制器的预制件。本游戏中玩家可以通过左右手控制器拾取方块，控制器拾取的功能主要是由 VRTK_InteractGrab.cs 实现的。脚本的具体参数如图 10-42 和图 10-43 所示。

（4）在该脚本中有许多关于控制器的参数。当控制器抓取的按钮松开时，如果被抓取的对象有一定的初速度，被抓取的物体会按照一定的速度运动，这就模拟了物体的投掷现象，这也是由代码控制的。具体代码如下。

图 10-40 [CameraRig]的具体参数

图 10-41 修改所挂载脚本的 Size 参数

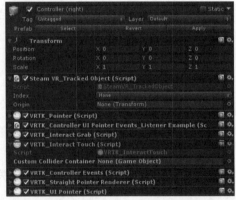

图 10-42 所挂载脚本 1 的具体参数

图 10-43 所挂载脚本 2 的具体参数

代码位置：随书源代码/第 10 章/kubz/Assets/VRTK/Scripts/VRTK_InteractGrab.cs

```
1   namespace VRTK{
2     using UnityEngine;
3     [RequireComponent(typeof(VRTK_InteractTouch)),
4     RequireComponent(typeof(VRTK_ControllerEvents))]
5     public class VRTK_InteractGrab : MonoBehaviour{
6     /*此处省略了一些方法处理的代码，有兴趣的读者可以自行翻看 VRTK 案例中的源代码*/
7     private void ThrowReleasedObject(Rigidbody rb, float objectThrowMultiplier){
8     //释放物体时，抛出物体
9       var origin = VRTK_DeviceFinder.TrackedObjectOrigin(gameObject);//获取追踪的对象
10      var velocity = controllerEvents.GetVelocity();          //获取当前手柄的线速度
11      var angularVelocity = controllerEvents.GetAngularVelocity(); //获取手柄的角速度
```

```
12      if (origin != null){              //若交互物体不为空，将其速度值乘以投掷倍数，则得到对象的线速度
13         rb.velocity = origin.TransformDirection(velocity) * (throwMultiplier *
14         objectThrowMultiplier);
15         rb.angularVelocity = origin.TransformDirection(angularVelocity); //获取其角速度
16      }else{
17         rb.velocity = velocity * (throwMultiplier * objectThrowMultiplier);
18         rb.angularVelocity = angularVelocity;                //若为空则直接将其速度和角速度赋值
19  }}}}
```

说明： 在上述代码中省略了大部分代码，这里主要讲解的是如何将物体抛出去，也就是将交互对象的线速度和角速度与控制器的线速度和角速度相关联。VRTK 工具包提供了一个获取相关速度的方法，以完成相应功能的开发。

（5）在主界面中，通过左手控制器按下触摸板能够发射光线，当光线拾取到按钮时，按下扳机按钮能够对按钮进行选择，在 Controller（left）对象的 Inspector 面板中，单击 Add Component 按钮，添加 VRTK_ControllerEvents.cs 脚本对控制器进行监听，如图 10-44 所示。

（6）由控制器发出的光线拾取到对象时，对象变为绿色；当丢失拾取的对象时，对象变为红色，此功能是在 VRTK_Pointer.cs 与 VRTK_StraightPointerRenderer.cs 脚本中实现的，而 UI 按钮的拾取是通过 VRTK_UIPointer.cs 脚本实现的，因此需要在 Controller（left）对象上添加这两个脚本并适当调节参数，如图 10-45、图 10-46 和图 10-47 所示。

图 10-44　添加 VRTK_ControllerEvents.cs 脚本

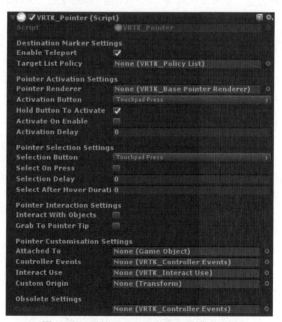

图 10-45　调整 VRTK_Pointer.cs 脚本的参数

图 10-46　调整 VRTK_StraightPointerRenderer.cs 脚本的参数　　图 10-47　调整 VRTK_UIPointer.cs 脚本的参数

（7）光线设置完成后，要实现与相关对象的交互。在本游戏中光线交互的对象是 2D 界面中的按钮，本游戏中按钮包括"开始""继续""暂停""重新开始游戏"。光线的交互逻辑是由 VRTK_ControllerPointerEvents_ListenerExample.cs 脚本实现的，该脚本也是由 VRTK 插件提供的。代码如下。

代码位置： 随书源代码/第 10 章/kubz/Assets/VRTK/Scripts/VRTK_ControllerPointerEvents_ListenerExample.cs

```
1   using UnityEngine;
2   public class VRTK_ControllerPointerEvents_ListenerExample : MonoBehaviour {
3     private void Start() {
4       if (GetComponent<VRTK_SimplePointer>() == null) {  //如果 VRTK_SimplePointer 组件为空
5         ...//此处省略了输出信息的代码，读者可以自行查阅案例中相关代码
6         return;                                          //直接返回
7       }
8       GetComponent<VRTK_SimplePointer>().DestinationMarkerEnter += new
9           DestinationMarkerEventHandler(DoPointerIn);        //添加碰撞触发时的事件
10      GetComponent<VRTK_SimplePointer>().DestinationMarkerExit += new
11          DestinationMarkerEventHandler(DoPointerOut);       //添加碰撞结束时的事件
12      GetComponent<VRTK_SimplePointer>().DestinationMarkerSet += new
13          DestinationMarkerEventHandler(DoPointerDestinationSet);   //添加确定目的地的事件
14    }
15    private void DebugLogger(uint index, string action, Transform target, float distance,
16      Vector3 tipPosition) {                              //输出提示信息的方法
17      ...//此处省略了输出提示信息的代码，读者可以自行查阅案例中相关代码
18    }
19    private void DoPointerIn(object sender, DestinationMarkerEventArgs e) {
20      ...//此处省略了输出提示信息的代码，读者可以自行查阅案例中相关代码
21    }
22    private void DoPointerOut(object sender, DestinationMarkerEventArgs e) {
```

```
23          .../此处省略了输出提示信息的代码，读者可以自行查阅案例中相关代码
24      }
25    private void DoPointerDestinationSet(object sender,
26          DestinationMarkerEventArgs e) {                              //确定目的地的事件
27          .../此处省略了输出提示信息的代码，读者可以自行查阅案例中相关代码
28    }}
```

❑ 第 3～14 行主要定义了 Start 方法。先对 VRTK_SimplePointer 组件是否为空进行判断，如果为空，则不进行事件监听。然后将脚本中的事件方法添加到 VRTK_SimplePointer 组件的父类中，这样开发者在开发时只要扩展本脚本即可对事件监听做出反应。

❑ 第 15～18 行自定义了一个输出提示信息的方法，当光线与物体碰撞、光线离开物体或者触发确定目的地事件时调用此方法，输出提示信息。

❑ 第 19～24 行定义了当光线进入某对象时所发生的事件以及光线离开某对象时发生的事件，在 VR 游戏里面，这两个事件的监听尤为重要。

❑ 第 25～28 行定义了光线确定目的地的事件。

10.5.4 不同形状方块的实现

本游戏是 VR 版《俄罗斯方块》，在游戏中设置了 5 种不同形状的方块，但是如果搭建 5 种不同形状的模型，虽然易于绘制，但是也带来一个问题，就是无法判断某一行是否已经充满了方块并且将该行消除，所以本游戏采用了另外一种方式。下面介绍不同形状方块的实现。

（1）要单独制作一个方块的预制件模型。本游戏的模型是在 3DSMAX 软件中实现的，软件的具体使用方法在这里不赘述。将做好的预制件模型导入游戏的项目中，其具体属性如图 10-48 所示，并在场景中生成 5 种不同的方块，其中一个方块的具体属性如图 10-49 所示。

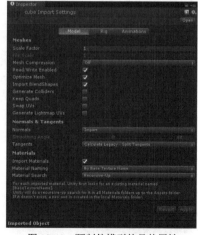

图 10-48　预制件模型的具体属性

图 10-49　其中一个方块的具体属性

（2）创建一个数组，数组里面存储方块的形状，"0"代表该位置没有方块，"1"代表该位

置有方块。

（3）创建 5 个不同的空物体，其中一个的创建过程如图 10-50 所示。给空物体挂上相关的脚本，在所挂脚本中传入对应方块的具体形状数组，并挂载创建的方块预制件，如图 10-51 所示。

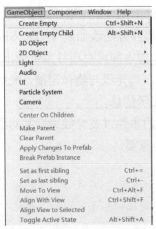

图 10-50　创建一个空物体的过程

图 10-51　所挂预制件

（4）开发控制不同形状方块的绘制的脚本。了解该脚本中的变量，有助于读者理解具体的逻辑代码的含义，其中不同变量具有不同的作用，有些变量起到了重要的作用，请读者仔细阅读。具体代码如下所示。

代码位置：随书源代码/第 10 章/kubz/Assets/_Scripts/cubechuangjian.cs

```
1    public string []str;                        //原形状数组
2    public string[] str2;                       //取反的形状数组
3    public string[] str3;                       //原形状数组（永远不变，用于参照）
4    public float halfsizefloat;                 //数组长度的一半
5    public int halfsize;
6    public int size;                            //数组的长度
7    public int width;                           //数组第一维的长度
8    public static bool[,]fangkuai;              //存储形状（str 数组）的 bool 数组
9    public bool[,] xuanzhuanfangkuai;           //存储形状（str2 数组）的 bool 数组
10   public bool[,] fangkuaichushi;              //存储形状（str3 数组）的 bool 数组
11   public Transform cube;                      //方块的预制件
12   public static cubechuangjian c;             //核心脚本的引用
13   public bool b=false;                        //判断放置方块的逻辑开关
14   private float pressInterval=0;              //按下按钮的时间间隔
15   int count=0;                                //计数器
16   bool pdjiaodu = false;                      //判断方块姿态的逻辑开关
```

❑　第 1～10 行声明了关于方块形状数组的一些变量。首先声明了原来的形状数组和取反的形状数组以及参照形状数组，之后声明了关于不同数组用到的不同变量，最后声明

了对应的 3 个 bool 类型的形状数组。

❑ 第 11～16 行的各个变量之间的联系没有上面的那么紧密。首先声明了形成组合方块的单个方块的预制件，以及逻辑中的一些开关和计数器等。

（5）由于 5 种方块的逻辑是一致的，只有传入的形状数组不同，才会绘制不同的形状，这里讲述其中一种方块的制作逻辑。制作逻辑是由脚本 cubechuangjian.cs 控制的。首先算出该方块中各个小块的位置，然后根据算出的位置绘制小方块，之后为形成的小方块共同创建一个父对象。具体代码如下。

代码位置： 随书源代码/第 10 章/kubz/Assets/_Scripts/cubechuangjian.cs

```
1   size = str.Length;                              //将数组长度赋值给 size
2   width = str[0].Length;                          //将数组第一维的长度赋值给 width
3   if (width != size){                             //当两者大小不一致时
4     Debug.Log("数组长度和宽度不相同！");}            //提示数组长度与宽度不相同
5     for (int i = 1; i < size; i++){               //遍历 size
6       if (str[i].Length != str[i - 1].Length){    //提示数组长度不相同
7         Debug.Log("数组长度不相同！");}}}
8       halfsize = size / 2;                        //将数组长度的 1/2 赋值给 halfsize
9       halfsizefloat = size * 0.5f;                //将数组长度的 1/2 赋值给 halfsizefloat
10      fangkuai = new bool[size, size];            //声明 bool 变量数组
11      xuanzhuanfangkuai = new bool[size, size];
12      fangkuaichushi=new bool[size, size];
13      for (int i = 0; i < size; i++){             //在外层遍历 size 数组
14        for (int j = 0; j < size; j++){           //在内层遍历 size 数组
15          if (str[i][j] == "1"[0]){               //如果该值为 1
16            fangkuai[j,i] = true;                 //将 fangkuai 数组的值设置为 true
17            Transform t = Instantiate(cube, new Vector3(j - halfsizefloat, (size - i)
18            + halfsizefloat - size, 0.0f), Quaternion.identity) as Transform;
19            t.parent = transform;}}}              //设置小方块的父对象
20        for (int i = 0; i < size; i++){           //在外层遍历 size 数组
21          for (int j = 0; j < size; j++){         //在内层遍历 size 数组
22            if (str2[i][j] == "1"[0]){            //如果该值为 1
23              xuanzhuanfangkuai[j,i] = true;}}}   //修改数组中的值
24        for (int i = 0; i < size; i++){           //在外层遍历 size 数组
25          for (int j = 0; j < size; j++){         //在内层遍历 size 数组
26            if (str3[i][j] == "1"[0]){            //如果该值为 1
27              fangkuaichushi[j,i] = true;}}}      //修改数组的值
28              transform.position = new Vector3(9, 8, -4);   //修改方块的位置
```

❑ 第 1～4 行初始化相关的值并且初始化数组，判断数组是否符合规定。

❑ 第 5～12 行初始化 bool 数组的相关变量，并且对相关数组进行初始化，方便下面使用数组进行计算。

❑ 第 13～19 行中，首先遍历整个数组，当遍历到 1 时，在算出的位置上创建一个小方块，并且在 bool 数组中修改特定的值。当整个数组遍历完成后，该数组存储的方块

就形成了特定的形状。

❏ 　第 20～28 行主要分为两个部分，分别由两个 for 循环构成。其中，前面的循环存储
了与原数组取反的新数组，用于以后判断方块的姿态；后面的 for 循环存储了原数组，
作为每次判断姿态时的初始化数组，其中的值是不变的。

（6）实现方块下落的逻辑。要为创建的空物体添加碰撞器和刚体，并且修改其中一些参数，
需要注意的是碰撞器要适配各种形状。控制下落的逻辑是由脚本 control.cs 的一个方法控制的，
具体代码如下。

代码位置： 随书源代码/第 10 章/kubz/Assets/_Scripts/control.cs

```
1   public GameObject[] blocks;                              //存储不同形状对象的数组
2   public void chuangjianblock(){                          //生成方块的方法
3     xiabiao = Random.Range(0,blocks.Length);             //随机产生数组下标
4     index++;                                              //生成计数器加 1
5     Instantiate(blocks[xiabiao]);}                        //根据数组下标生成方块
```

说明： 第 1～4 行是生成方块的具体逻辑，事先把对象的预制件拖入该脚本中，然后根据
数组的范围生成随机整数，这样就实现了随机生成方块的功能。

（7）在方块随机生成之后，玩家可以通过扣动扳机按钮拾取带有碰撞器的方块，控制器部
分在前面已经提及，这里不再讨论。但是玩家的手势是随意的，所以在将方块放到底台上时要
判断方块最接近的姿态。具体代码如下。

代码位置： 随书源代码/第 10 章/kubz/Assets/_Scripts/cubechuangjian.cs

```
1   void OnCollisionEnter(Collision coll){
2   if (coll.gameObject.name == "Bottom" || coll.gameObject.tag=="cube"){
3     GetComponent<Rigidbody> ().velocity = new Vector3 (0, 0, 0);
4       shezhiweizhi ();}                                   //调用设置位置的方法
5   else if (coll.gameObject.name == "xia"){               //如果碰到了地板
6     control.b1=true;                                      //将标志位设置为 true
7     StartCoroutine (StartCoutine ());}}                   //启动一个协程
8   void shezhiweizhi(){                                    //设置方块位置的方法
9   if (control.b1 == true){                               //如果标志位为 true
10    control.b1 = false;                                   //将标志位置反
11      int xpos = Mathf.RoundToInt(transform.position.x - halfsizefloat);//对 x 坐标取整
12      int ypos = Mathf.RoundToInt(transform.position.y + halfsizefloat);//对 y 坐标取整
13   if (Mathf.Abs(transform.rotation.eulerAngles.z - 90) < 45 ){
14     pdjiaodu = true;}                                    //角度的标志位为 true
15   if (size % 2 == 0 && ypos < 2){                        //如果数组长度是 2 的倍数并且 y 坐标小于 2
16     ypos = 2;}                                           //将 2 赋值给 y 坐标
17   else if (size % 2 != 0 && ypos < 3 && pdjiaodu == false){  //如果符合以上条件
18     ypos = 3;}                                           //将 3 赋值给 y 坐标
19   else if (pdjiaodu == true && ypos < 2){               //如果符合以上条件
20     ypos = 2;}                                           //将 2 赋值给 y 坐标
21   System.Array.Copy(fangkuaichushi, fangkuai, size * size);  //复制数组
```

```
22    huoqujiaodu();
23    if (control.cn.CheckBlock(fangkuai, xpos, ypos)){}              //该位置不能放方块
24    else if (!control.cn.CheckBlock(fangkuai, xpos, ypos)){        //该位置能放方块
25      Destroy(gameObject);                                        //销毁方块
26      control.cn.chuangjianblock(fangkuai, xpos, ypos,0);}}}      //调用绘制方块的方法
27  IEnumerator StartCoutine(){                                     //启动一个协程
28    for(float timer = 5; timer >= 0; timer -= Time.deltaTime)     //启动一个计数器
29      yield return 0;                                             //返回值0
30    GetComponent<Rigidbody> ().useGravity = false;}              //将所挂对象的重力取消
```

❑ 第 1～7 行是判断碰撞发生的方法。当玩家手持方块接触到目标位置的附近并且触碰到附近的对象时，会启动逻辑计算的方法。OnCouisionEnter 方法中有两个条件：当条件碰到 Bottom 或者 cube 时，会执行判断姿态的逻辑；当碰到其他对象时，会执行取消对象重力的逻辑。

❑ 第 8～21 是判断对象姿态的具体逻辑。首先判断对象沿 y 轴旋转的角度并且判断该角度是否在 180°附近，之后判断对象沿 z 轴旋转的角度，并且根据不同的标志位和 y 坐标不断修改对象的坐标为正确的。

❑ 第 22 行是获取角度的方法，具体逻辑在下面讲述。

❑ 第 23～26 行判断在该位置是否可以放置方块，如果可以放置，就执行放置方块的逻辑。

❑ 第 27～30 行启动一个协程，里面是一个计数器，5s 后会取消脚本所挂对象的重力，目的是方便抓取方块进行摆放。

（8）huoquojiaodu 方法判断方块的具体姿态并且根据姿态修改方块形状数组，方便方块的放置。

代码位置：随书源代码/第 10 章/kubz/Assets/_Scripts/cubechuangjian.cs

```
31  public void huoqujiaodu(){
32    int angleZ = (int)transform.rotation.eulerAngles.z;     //获取对象沿 z 轴旋转的角度
33    int cishu = angleZ / 90;                                //对象旋转 90°的次数
34    int angleX = (int)transform.rotation.eulerAngles.x;     //获取对象 x 轴旋转的角度
35    int angleY = (int)transform.rotation.eulerAngles.y;     //获取对象 y 轴旋转的角度
36    int jiao = angleZ % 90;                                 //获取对象沿 z 轴旋转的角度除以 90°的余数
37    if (jiao >= 45){
38      cishu++;}                                             //旋转次数加 1
39    if (Mathf.Abs (angleY - 180) < 90){
40      Yxuanzhuan ();
41      xuanzhuan (cishu);}                                   //根据次数沿 z 轴旋转
42    else if (Mathf.Abs (angleY - 0) <= 90){
43      if (cishu == 1){                                      //如果旋转次数为 1
44        cishu = 3;}                                         //将旋转次数修改为 3
45      else if (cishu == 3){                                 //如果旋转次数为 3
46        cishu = 1;}                                         //将旋转次数修改为 1
```

```
47        xuanzhuan (cishu);}}                        //根据旋转次数沿 z 轴旋转
```

- □ 第 31～36 行定义了几个必要参数。首先获取方块沿 x 轴、y 轴、z 轴旋转的角度，之后计算出方块沿 z 轴旋转 90°的次数除以 90°的余数。
- □ 第 37～38 行是判断 jiao 的范围。如果 jiao 大于或等于 45°，就让旋转次数加 1。
- □ 第 39～47 行判断方块沿 y 轴旋转的角度。首先判断角度是否在 180°附近。如果在 180°附近，则调用两个旋转方块的方法，这两个方法会在下面讲解。如果不在附近，则会判断旋转次数是多少，根据代码中的逻辑进行转换，这里只调用旋转方块的一个方法。

（9）前面提及的两个旋转方块的方法分别控制方块沿 y 轴和 z 轴旋转的角度，不必计算沿 x 轴旋转的角度，因为方块沿 x 轴旋转的角度可以由沿 y 轴和 z 轴的角度体现出来。具体代码如下。

代码位置：随书源代码/第 10 章/kubz/Assets/_Scripts/cubechuangjian.cs

```
48  void xuanzhuan(int ang){
49    bool[,] tempMatrix = new bool[size, size];              //声明一个中间数组
50    System.Array.Copy(fangkuai, tempMatrix, size * size);   //复制数组
51    for (int q = ang; q > 0; q--){                          //外层循环
52      for (int y = 0; y < size; y++){                       //中间层循环
53        for (int x = 0; x < size; x++){                     //内层循环
54          tempMatrix[y, x] = fangkuai[x, (size - 1) - y];}}  //调整形状数组
55          System.Array.Copy(tempMatrix, fangkuai, size * size);}}  //复制数组
56  void Yxuanzhuan(){
57    System.Array.Copy(xuanzhuanfangkuai, fangkuai, size * size);}  //复制数组
```

说明：以上的代码由两个方法组成。第一个方法接受方块的旋转次数，然后根据方块的初始形状数组，根据前面的逻辑修改形状数组，保证待放置方块的姿态判断正确。第二个方法用于沿 y 轴旋转方块的形状数组。

（10）方块在下落到地板后，根据物理材质，模拟真实的物理碰撞效果，但是这带来了一个小问题：由于玩家是戴着眼镜玩游戏的，碰撞以后的块可能落得比较远，导致玩家的活动范围增大，带来的隐患可能也就增大，因此需要加两个板碰撞器，以限制方块的范围，如图 10-52 和图 10-53 所示。

图 10-52　前板碰撞器

图 10-53　后板碰撞器

（11）在本游戏的源代码中还有一些以 Constants 开头的常量，这也是由 Constants.cs 脚本实现的，里面存储了游戏中需要的常量。具体代码如下。

代码位置： 随书源代码/第 10 章/kubz/Assets/_Scripts/Constants.cs

```
58  public static bool pdposui = false;                       //判断破碎的开关
59  public static bool dibankaiguan = false;                 //地板破碎的开关
60  public static int timeS = 600;
```

说明： 上面的 3 行代码是本游戏中的常量，包括控制方块和地板的破碎开关以及下落过程中的初始速度。

10.5.5 排行榜的实现

游戏结束以后，当玩家的得分进入了排行榜的前 6 名时，会出现虚拟键盘，玩家可以操控手柄，输入姓名，按 Enter 键可以弹出排行榜。排行榜上面列出了本次游戏中的前 6 名，排行榜的数据是通过读取外部的文件内容实现的，下面详细介绍。

（1）创建外部文件 Rank.cs。程序中提供了 3 个参数，分别是该文件所在的路径和文件的名称与格式。本游戏中文件路径使用了 Application.persistentDataPath 路径，这为 Unity 引擎支持的一个外部路径，可以避免繁杂的外部路径。具体代码如下。

代码位置： 随书源代码/第 10 章/kubz/Assets/_Scripts/Rank.cs

```
1   public int lastScore=1000;                                              //定义最大得分值
2   public Dictionary<string, int> dic = new Dictionary<string, int>();
3   void Start (){
4     createFile(Application.persistentDataPath, "Rank_List.txt");   //创建文件的方法
5     localText(Application.persistentDataPath+ "/Rank_List.txt");}  //从本地加载字典
6   public void createFile(string spath, string name){                     //创建外部文件的具体方法
7     if (Directory.Exists(spath) && !File.Exists(spath + "/" + name)){ //如果不存在该文件
8       FileStream stream = File.Create(spath + "/" + name);              //创建文件
9       stream.Close();}}                                                //关闭流
10  public void localText(string path) {                              //从本地加载字典的具体方法
11    dic.Clear();                                                    //清空列表
12    using (System.IO.StreamReader sr = new System.IO.StreamReader( //创建流
13    path, Encoding.Default)) {
14      string str;                                                  //声明一个字符串
15      while ((str = sr.ReadLine()) != null) {                      //如果此行不为空
16        string[] ss = str.Split(new char[] { ' ' });              //根据空格分隔字符串
17        dic.Add(ss[0], int.Parse(ss[1]));}}}                      //将文本中内容读取到数据字典中
```

❑ 第 1～5 行中，首先声明了 LastScore 变量和 dic 字典，该字典的两个参数分别是 string（代表姓名）和 int（代表得分）类型的，然后在该脚本开始执行时检查指定目录中是否存在该名称的文件。如果不存在，就创建一个，之后读取文件中的内容。

❑ 第 6～9 行是创建外部文件的具体方法。首先判断文件是否存在，如果不存在，就打

开流创建文件。需要注意的是，要及时把流关闭。

- 第 10～17 行是从本地加载字典的具体方法。首先要清空列表，之后声明一个字符串，逐行地读取文件中的内容并且将该字符串作为中间变量加入已声明的数据字典中。

（2）在成功读取外部的文件并且游戏结束之后，会自动判断该玩家的得分是否进入了前 6 名，这就涉及得分排序问题，具体代码如下。

代码位置：随书源代码/第 10 章/kubz/Assets/_Scripts/Rank.cs

```
1  public bool isInRank(int socre) {
2    if (dic.Count < 6) return true;                              //判断数据条数，并返回值
3    foreach (KeyValuePair<string, int> kv in dic) {             //循环每条数据
4      if(socre > kv.Value) return true;}                        //比较大小，并返回值
5    return false;}                                              //返回值
```

说明：这里判断得分是否进入了前 6 名。如果读取到的数据本来就不足 6 条，则不需要判断，直接返回 true 即可。如果已存在 6 条数据，则需要和每行数据比较，看是否大于其中某一条数据，然后再返回 true。如果上述条件都不满足，直接返回 false 即可。

（3）如果成功进入了排行榜，玩家通过输入自己的姓名来将自己的得分加入排行榜中。首先把玩家的数据加入外部的文件中，然后将该得分更新到排行榜中，这是由两个方法实现的。具体代码如下。

代码位置：随书源代码/第 10 章/kubz/Assets/_Scripts/Rank.cs

```
6   public void writeFile() {
7     using (System.IO.StreamWriter file = new System.IO.StreamWriter(  //打开流
8     Application.persistentDataPath + "/Rank_List.txt", false)) {
9       foreach (KeyValuePair<string, int> kv in dic) {
10        file.WriteLine(kv.Key+" "+kv.Value);}}}              //覆盖之前的内容，重新记录排名
11  public void updateRank(string playerName,int score) {     //更新数据的方法
12    if(dic.ContainsKey(playerName)) {                        //若包含玩家姓名
13      dic[playerName] = score;}                              //直接修改分数
14    else{
15      dic.Add(playerName, score);}                           //添加玩家的姓名和得分
16      dictionarySort();                                      //进行得分排序
17    if (dic.Count > 5){                                      //如果长度大于5
18      string lastName = null;                                //声明一个字符串
19      foreach (KeyValuePair<string, int> kv in dic){
20      lastName = kv.Key;}
21      dic.Remove(lastName);}                                 //删除最后一名玩家的信息
22      writeFile();}                                          //写入外部文件
```

- 第 6～10 行是将数据插入外部文件的具体方法。首先根据文件的存储路径和文件的名称打开流，之后覆盖之前的内容重新记录排名。
- 第 11～22 行是更新数据的具体方法。首先判断在排行榜中是否存在该玩家，如果存在，就直接修改该玩家的分数；否则，要重新建立一条玩家信息并插入。之后判断数

据长度，找到最后一名玩家，将其从排行榜的外部文件中删除。

（4）在上面的代码中可以看见一次虚拟游戏中的最高分，这是在游戏初始状态下的虚拟最高分，一旦游戏的排行榜中有数据插入，要及时更新游戏的最高分，这是需要在每帧都检测的，以保证游戏计分的准确性。具体代码如下。

代码位置： 随书源代码/第 10 章/kubz/Assets/_Scripts/Rank.cs

```
23  void Update () {
24    printScore();}                                    //调用方法
25  public void printScore(){
26    foreach (KeyValuePair<string, int> kv in dic){   //循环字典内容
27      if (kv.Value < lastScore)                       //判断最高得分
28        lastScore = kv.Value;}}                        //修改最高得分
```

说明： 上面代码中的第二个方法是在游戏每帧中执行 Update 方法时调用的，以保证每帧的最高分是真实存在的。

10.5.6 核心脚本的开发

上面介绍了排行榜等功能的开发，下面将对整个游戏的核心脚本进行介绍。其中包括方块的创建，对摆放方块的判断，已满方块的消除，粒子系统的控制方法。这些脚本对整个游戏的进程进行控制，与其他脚本进行信息传递，是整个游戏的核心部分。

在介绍具体逻辑之前，要介绍 Control.cs 脚本中的变量，其中一些变量在下面的逻辑里面起到了至关重要的作用，有一些变量起到了临时变量的作用，有一些起到了中间变量的作用，请读者仔细阅读，以便理解下面的逻辑。具体代码如下。

代码位置： 随书源代码/第 10 章/kubz/Assets/Scripts/Control.cs

```
1   public Transform cube;
2   public Transform cube2;
3   public Transform cube3;
4   public Transform cube4;
5   public Transform cube5;
6   public Transform cube6;
7   public Transform cube7;
8   public GameObject[] blocks;
9   public static control cn;                      //实例化类
10  public static bool b1 = true;                  //判断是否发生碰撞
11  public int maxBlockSize = 4;                   //最大方块的尺寸
12  public int FieldWidth = 10;
13  public int FieldHeight = 7;
14  private int fieldWidth;                        //数组第一维的长度
15  private int fieldHeight;                       //数组的长度
16  private bool[,] field;                         //场景区域的 bool 值
17  private Transform[] cubeReferences;            //消块预制件的数组
```

```
18  private  int[] cubePositions;                     //整型数组
19  private int rowsCleared =0;                        //消块的行数
20  public  int score = 0;                             //当前得分
21  public bool pdjieshu = false;                      //判断是否结束
22  public bool pdxiaokuai = false;                    //判断是否消块
23  public bool pdkeyboards = false;                   //判断是否显示虚拟键盘
24  public bool pdpaihang = false;                     //判断是否显示排行榜
25  public bool pdupdate=false;                        //判断是否更新排行榜数据
26  int count = 0;                                     //方块的数量
27  public int index = 0;                              //成功放置方块的数量
28  int lizibiaozhiwei = 0;                            //逻辑计数器
29  public GameObject lizi;                            //破碎效果的粒子系统 1
30  public GameObject lizi2;                           //破碎效果的粒子系统 2
31  public GameObject lizi3;                           //破碎效果的粒子系统 3
32  public GameObject Over;                            //游戏结束标志的引用
33  public GameObject paihang;                         //游戏排行榜的引用
34  public GameObject defen;                           //游戏得分板的引用
35  public GameObject start;                           //游戏开始按钮的引用
```

❑　第 1～7 行声明场景中各种颜色的方块预制件。

❑　第 8～20 行首先声明一个数组，然后实例化类，设置几个参数的值并声明相关的变量，最后声明关于消块的数组和相关变量。

❑　第 21～25 定义一些逻辑开关。

❑　第 26～35 行用于实现游戏 2D 界面中标志板的变化，比如游戏结束标志的引用、游戏得分榜和排行榜的引用等，还有物体消块时破碎效果的粒子系统的引用等变量。

　　当刚开始运行脚本时，会对方块数组进行赋值，因为整个游戏的逻辑判断都是根据数组来进行的，所以在开始时会对数组和场景中一些值进行初始化。具体代码如下。

代码位置：随书源代码/第 10 章/kubz/Assets/Scripts/Control.cs

```
36  Time.timeScale = 0;                                //停止运行场景
37  jianpan.active = false;                            //隐藏键盘
38  fieldWidth = FieldWidth + maxBlockSize*2;
39  fieldHeight = FieldHeight + maxBlockSize;
40  field = new bool[fieldWidth,fieldHeight];          //初始化方块数组
41  for(int i=0;i<fieldHeight;i++){
42    for(int j=0;j<maxBlockSize;j++){
43      field[j,i]=true;                               //将方块位置设置为 true
44      field[fieldWidth-1-j,i]=true;}}
45  for(int i=0;i<fieldWidth;i++){
46      field[i,0]=true;}
47   cubeReferences=new Transform [fieldWidth*fieldHeight];
48   cubePositions=new int [fieldWidth*fieldHeight];
49  chuangjianblock();}                                //创建方块的方法
```

❑　第 36～40 行停止运行整个场景，隐藏键盘，设置摆放方块的整个区间的高度和宽度，

并初始化方块数组。

❑ 第 41～49 是将整个场景中的方块位置等设置为 true，并初始化用于存放方块的数组和用于存放方块位置的数组。当一切设置完成后，开始执行创建方块的脚本。

下面介绍创建方块的方法。当执行创建方块的方法后，实例化一个方块，在其脚本中将参数传入创建方块的方法。具体代码如下。

代码位置： 随书源代码/第 10 章/kubz/Assets/Scripts/Control.cs

```
50  public void chuangjianblock(bool[,] blockMatrix,int xpos,int ypos,int xia){
51    int size=blockMatrix.GetLength(0);              //获取数组长度
52    index--;                                        //减少判断值
53    for (int i = 0; i < size; i++){
54      for (int j = 0; j < size; j++){
55        if (blockMatrix[j,i]){
56          if (xia == 0){                            //判断产生的是否是第 1 个方块
57            Instantiate(cube, new Vector3(xpos + j, ypos - i, 3), Quaternion.identity);
58            field[xpos + j, ypos - i] = true;}
59        else if (xia == 1) {                        //判断产生的是否是第 2 个方块
60            instantiate(cube2, new Vector3(xpos + j, ypos - i, 3), Quaternion.identity);
61            field[xpos + j, ypos - i] = true; }
62        else if (xia == 2) {                        //判断产生的是否是第 3 个方块
63            Instantiate(cube3, new Vector3(xpos + j, ypos - i, 3), Quaternion.identity);
64            field[xpos + j, ypos - i] = true; }
65        else if (xia == 3) {                        //判断产生的是否是第 4 个方块
66            Instantiate(cube4, new Vector3(xpos + j, ypos - i, 3), Quaternion.identity);
67            field[xpos + j, ypos - i] = true; }
68        else if (xia == 4) {                        //判断产生的是否是第 5 个方块
69            Instantiate(cube5, new Vector3(xpos + j, ypos - i, 3), Quaternion.identity);
70            field[xpos + j, ypos - i] = true; }
71        else if (xia == 5) {                        //判断产生的是否是第 6 个方块
72            Instantiate(cube6, new Vector3(xpos + j, ypos - i, 3), Quaternion.identity);
73            field[xpos + j, ypos - i] = true;}
74        else if (xia == 6) {                        //判断产生的是否是第 7 个方块
75            Instantiate(cube7, new Vector3(xpos + j, ypos - i, 3), Quaternion.identity);
76            field[xpos + j, ypos - i] = true; }}}}
77    StartCoroutine(CheckRows(ypos-size,size)); }    //检查方块的方法
```

说明： 上述代码首先获取方块数组长度，判断产生的是第几个方块，因为不同的方块会有不同的形状、颜色等要求，所以根据实例化方法中所传来的值，来确定产生方块的效果，获取其摆放位置，在其位置处产生方块。

下面将对摆放在底台上的方块进行判断，当一行摆满时，产生破碎效果，释放粒子系统。设置粒子系统的位置，增加分数，并执行消除方块的方法。具体代码如下。

代码位置： 随书源代码/第 10 章/kubz/Assets/Scripts/Control.cs

```
78  public IEnumerator CheckRows(int yStart,int size){
```

```
79     yield return 0;
80     if(yStart<1)
81         yStart=1;                                        //确保从第 1 层开始
82     for(int y=yStart;y<yStart+size;y++){
83         int x=0;
84         for(x=maxBlockSize;x<fieldWidth-maxBlockSize;x++){
85             if(!field[x,y])                              //如果没有方块
86                 break;}                                  //退出循环
87             if(x==fieldWidth-maxBlockSize){
88                 score++;                                 //得分加一
89                 StartCoroutine(CollapseRows(y));         //消除方块的方法
90                 lizibiaozhiwei++;
91                 if (lizibiaozhiwei == 1){
92                 lizi.transform.position = new Vector3(5f, y, 3f);   //设置第 1 个粒子系统的位置
93                 lizi2.transform.position = new Vector3(9f, y, 3f);  //设置第 2 个粒子系统的位置
94                 lizi3.transform.position = new Vector3(13f, y, 3f); //设置第 3 个粒子系统的位置
95                 lizi.GetComponent<ParticleSystem>().Play();        //释放第 1 个粒子系统
96                 lizi2.GetComponent<ParticleSystem>().Play();       //释放第 2 个粒子系统
97                 lizi3.GetComponent<ParticleSystem>().Play();       //释放第 3 个粒子系统
98                 StartCoroutine(StartCoutine());   }
99                 y--;
100                if (Constants.timeS >= 100){
101                Constants.timeS -=10;} }}}                //缩短时间间隔
```

- 第 78～90 行首先判断检测位置应该从底台第 1 层开始，然后进入循环，从第 1 层开始判断，如果没有方块，则退出循环；如果一行已经铺满，分数加一。

- 第 91～101 行主要对粒子系统进行设置，如果 Lizibiaoweizhiwei 为 1，首先设置 3 个粒子系统的位置并释放，然后开始播放粒子系统。当执行一段时间后，销毁粒子系统。

下面将介绍已满方块的消除方法。具体代码如下。

代码位置：随书源代码/第 10 章/kubz/Assets/Scripts/Control.cs

```
102 public IEnumerator CollapseRows(int yStart){
103  for(int y=yStart;y<fieldHeight-1;y++){
104   for(int x=maxBlockSize;x<fieldWidth-maxBlockSize;x++){
105     field[x,y]=field[x,y+1]; }}                         //将数组整体下移一位
106  for(int x=maxBlockSize;x<fieldWidth-maxBlockSize;x++){
107    field[x,fieldHeight-1]=false;}                       //消除已满数组值
108 GameObject[] cubes=GameObject.FindGameObjectsWithTag("cube");//获取 cube
109 int cubeToMove=0;                                        //设置移动值
110 foreach( GameObject c in cubes){
111  if ((((int)(c.transform.position.y) > yStart) && c.transform.parent == null){
112   cubePositions [cubeToMove] = (int)c.transform.position.y;
113   cubeReferences [cubeToMove++] = c.transform;
114   } else if ((((int)(c.transform.position.y) == yStart)&&(c.transform.position.z)
115   ==3f) {
116   Destroy(c);}}
```

```
117  float t=0.0f;
118  while(t<=1.0f){
119    t += Time.deltaTime*5.0f;                            //增加时间
120    for(int i=0;i<cubeToMove;i++){
121      if(cubeReferences[i])
122        cubeReferences[i].position = new Vector3(cubeReferences[i].position.x,
123        Mathf.Lerp(cubePositions[i], cubePositions[i] - 1, t), cubeReferences[i].position.z);}
124      yield return 0;}
125    if(++rowsCleared==rowsClearedToSpeedup){
126      blockNormalSpeed+=speedupAmount;                   //增加下降速度
127      rowsCleared=0;}}
```

❑ 第 102～116 行首先将需要消失一行以上的数组下移一位，将消失方块的数组值设置为 false，获取方块实体，获取消失方块的 y 坐标，将物体销毁。

❑ 第 118～127 行根据差值计算设置方块整体坐标，并在移动完成后增加下降速度，这样能保证随着玩家分数的增长，方块下降速度加快，丰富游戏的娱乐性。

这个脚本还有一个重要的判断功能，就是判断游戏结束的标志。在本游戏中设置了两个条件来判断游戏的结束，第一个是放置的块数高于一定值，第二个是散落在地板上的方块数大于一定值，任意一个条件满足，即执行游戏结束的相关逻辑。具体代码如下。

代码位置：随书源代码/第 10 章/kubz/Assets/Scripts/Control.cs

```
128  void FixedUpdate(){
129    count++;                                            //计数值自加 1
130    if (count == Constants.timeS){
131    GameObject[] cubes = GameObject.FindGameObjectsWithTag("cube");
132    foreach (GameObject c in cubes){                    //遍历找到的方块数组
133      if (((int)(c.transform.position.y) >= FieldHeight)&&
134      (int)(c.transform.position.z)==3f){//满足结束条件
135        Debug.Log("游戏结束");                            //显示"游戏结束"
136        pdjieshu = true;
137        break;}}
138      if ((pdjieshu == false)&&index<10){               //如果不满足游戏结束条件
139        chuangjianblock();
140        count = 0;}                                      //计数器清零
141      else if (pdjieshu||index>=10){                     //如果地板上的方块数大于或等于 10
142        Debug.Log("游戏结束");}}}
```

❑ 第 128～131 行中，FixedUpdate 方法 0.02s 执行一次，所以要在里面加一个计数值，当计数值等于方块下落的时间间隔时，找到所有标签为"cube"的方块，并把所有找到的方块加入一个数组里面，方便下面逻辑的计算。

❑ 第 132～142 行用于遍历找到的方块，如果底台上方块的高度超过一定值，则会输出"游戏结束"字样并将相关的标志位设置为 true，跳出循环。当地板上的方块数大于一定的值时也会执行游戏结束的相关逻辑。只有在上述条件都不满足的情况下，才会执行方块下落逻辑并清空计数器。

10.5.7　其他功能的实现

本游戏中还实现了其他的功能，比如方块碰撞器的添加，为不同形状的碰撞器添加的参数不一致且要保证添加的碰撞器与方块的形状严丝合缝，以及游戏过程中消行时方块破碎效果的实现。下面将做详细介绍。

游戏中多处用到了碰撞器，为了更好地模拟方块下落到地板上时真实的反弹效果，需要给碰撞器添加物理材质。创建物理材质的方式如图 10-54 所示。另外，还要调整物理材质中的弹力与动静摩擦力，以达到最好的碰撞效果，具体参数如图 10-55 所示。

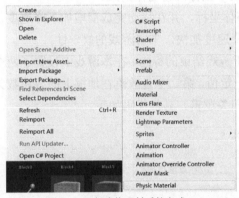

图 10-54　创建物理材质的方式

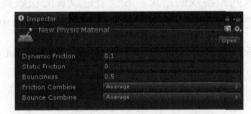

图 10-55　物理材质的具体参数

本游戏有 5 种不同的方块，所以不能给每一块添加一致的碰撞器，需要区别对待并且保证碰撞器与方块严丝合缝。其中两种方块的碰撞器的设置，如图 10-56 和图 10-57 所示。其他 3 种方块的碰撞器设置方式类似。

图 10-56　第 1 种方块的碰撞器的设置

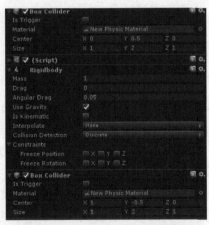

图 10-57　第 2 种方块的碰撞器设置

　　游戏过程中一旦有某一行或某几行符合条件，会将该行消除，消除过程中会有方块破碎效果，这是由粒子系统实现的，该系统的参数列表如图 10-58 和图 10-59 所示。里面有较精确的参数，这些参数只有调整到位了才能有更好的效果。

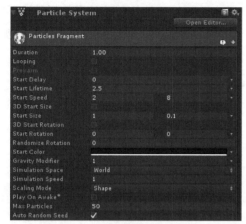

图 10-58 　粒子系统的参数列表 1

图 10-59 　粒子系统的参数列表 2

　　粒子系统的效果调整好了以后，要用代码控制粒子系统的开始与结束，保证破碎的时间处于最合适的区间。这里为了保证效果的实现要用 3 个粒子系统实现，分别放在底台的两边和中间，提高方块破碎的效果。具体代码如下。

代码位置：随书源代码/第 10 章/kubz/Assets/_Scripts/control.cs

```
143 lizibiaozhiwei++;                                          //控制粒子系统执行次数的计数值
144 if (lizibiaozhiwei == 1){                                  //当计数值等于1
145   lizi.transform.position = new Vector3(5f, y, 3f);        //调整粒子1的位置
146   lizi2.transform.position = new Vector3(9f, y, 3f);       //调整粒子2的位置
147   lizi3.transform.position = new Vector3(13f, y, 3f);      //调整粒子3的位置
148   lizi.GetComponent<ParticleSystem>().Play();              //粒子系统1开始播放
149   lizi2.GetComponent<ParticleSystem>().Play();             //粒子系统2开始播放
150   lizi3.GetComponent<ParticleSystem>().Play();             //粒子系统3开始播放
151   StartCoroutine(StartCoutine());}
152 IEnumerator StartCoutine() {                               //协程具体逻辑
153   for (float timer = 5; timer >= 0; timer -= Time.deltaTime)  //启动一个计数器
154     yield return 0;
155   lizi.GetComponent<ParticleSystem>().Stop();              //粒子系统1停止播放
156   lizi2.GetComponent<ParticleSystem>().Stop();             //粒子系统2停止播放
157   lizi3.GetComponent<ParticleSystem>().Stop();             //粒子系统3停止播放
158   lizibiaozhiwei = 0;}                                     //将计数值置0
```

❑ 第 143～151 行用于在每次执行时将控制粒子系统执行次数的计数值加 1，当粒子系统的计数值等于 1 时，调整 3 个粒子系统的位置并使这 3 个粒子系统开始播放，之后会调用一个协程。这样做的目的是保证每次播放粒子系统的次数为 1，减少系统性能

的消耗。

❑　第 152～158 行是上面代码中调用的 StartCoroutine 的具体逻辑。首先启动一个时间为 5s 的计数器，5s 后让 3 个粒子系统停止播放并将粒子系统的计数值置 0，重新开始计数。

上面介绍了本游戏中破碎效果的实现过程，但是本游戏一开始的破碎效果并不是这样实现的，而是利用了另外一种方法并且此方法的效果也非常不错。第二种方法主要利用脚本实现，并不利用粒子系统，具体代码如下。

代码位置：随书源代码/第 10 章/kubz/Assets/_Scripts/ClickOrTapToExplode.cs

```
1    void Update() {
2      if (Constants.pdposui == true){
3        StartExplosion();
4        Constants.pdposui = false;}}
5    void StartExplosion() {
6      BroadcastMessage("Explode");
7      GameObject[] cubes = GameObject.FindGameObjectsWithTag("lizi");//找到标签为 lizi 的方块
8      foreach (GameObject c in cubes){            //遍历整个方块数组
9        Destroy(c);}                              //销毁找到的方块
10     Debug.Log("zhixingle");}                    //显示相关的提示信息
```

说明：这个脚本是挂载在每个方块上的，当消行的代码执行后会将相应的标志位修改为 true，在帧方法里面已经写好了相关的逻辑，当相关的标志位设置为 true 时，执行实现破碎的代码。

上面的代码只调用 StartExplosion 方法，真正实现破碎效果的具体逻辑代码是由脚本 MeshExploder.cs 实现的，只需要将该脚本挂载到需要破碎的对象上即可，该脚本的参数如图 10-60 所示。由于该脚本的逻辑过于复杂并且代码量过多，在这里就不多介绍。

下面介绍 MeshExploder.cs 脚本的文件目录，如图 10-61 所示。文件目录里面包括材质和贴图等内容。虽然这个脚本的效果和通过粒子系统实现的破碎效果差不多，但是需要为每一个方块挂载该脚本，一旦消除的方块数很多会很耗性能。

图 10-60　MeshExploder.cs 脚本的参数

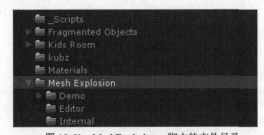

图 10-61　MeshExploder.cs 脚本的文件目录

为了提高游戏性能，避免多次计算光照并解决场景重新加载后整体变黑的问题，需要烘焙场景。烘焙场景的具体步骤在前面已经介绍，这里不再介绍。下面介绍场景烘焙完成后出现的光照文件，如图 10-62 所示。

本游戏中方块是根据重力下落的，但是方块的初始位置是在房子顶部，如果给房顶加了碰撞器，则方块掉落下来时会产生碰撞，方块不会穿透房顶掉落下来，但是房顶在初始状态下是有碰撞器的，所以要取消碰撞器，如图 10-63 所示。Ceiling 的参数如图 10-64 所示。

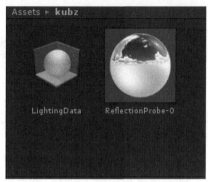

在实际开发过程中，为了防止下落的方块经过碰撞飞出房屋的现象，需要给房屋的四周添加碰撞器。开始构建房屋的模型时默认添加的是盒子碰撞器，但是方块的碰撞器会出现问题，所以没有给房屋墙壁添加碰撞器，而是添加了板——zuo，zuo 的参数如图 10-65 所示。

图 10-62 场景烘焙后出现的光照文件

为了防止方块掉落后经过碰撞碰到了场景中的物体，导致方块的运动不可控，要给场景中的对象（如场景中的椅子模型）去掉碰撞器。Chair 1 的参数如图 10-66 所示，构建模型时加入了盒子碰撞器，但在实际开发中应该去掉所加的碰撞器。

图 10-63 取消碰撞器的方法

图 10-64 Ceiling 的参数

图 10-65 zuo 的参数

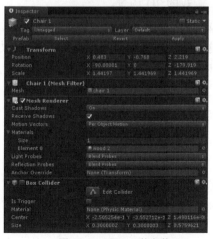

图 10-66 Chair 1 的参数

10.6　游戏的优化与改进

至此，关于游戏开发的流程以及代码已经介绍完毕，下面介绍一下游戏存在的不足以及需要优化和改进的地方，包括游戏中的场景、模型、图片、算法以及 2D 界面等。这样做能极大地提高游戏的性能，降低内存消耗。

❑　游戏中所用到的图片的优化。

游戏中多处用到了贴图，这里采用的是一个模型对应一张贴图的做法，这虽然降低了制作成本，但会带来一些问题，在渲染时性能会有所影响。如果将所有的图片整合到一张大图上，会节约性能，并方便对各种图片进行管理。

❑　游戏中模型的优化。

本游戏中的相关模型是由 3D 建模软件实现的，因为本游戏是运行在性能较高的 PC 平台上的，所以在制作时没有考虑到模型的优化，尽量减少模型的点数和面数。后期也没有采用减面工具进行优化。如果优化后，整个项目中所有的三角形数和面数都会减少。

❑　游戏中算法的优化。

与传统的 2D《俄罗斯方块》不同，本游戏是 VR 化的版本，算法与传统的《俄罗斯方块》也不一样，需要和 HTC VIVE 的 SDK 紧密结合起来进行开发。虽然算法已经经过多次优化，但还有提升的空间，经过优化后的算法能减少计算的时间，降低性能消耗。

❑　游戏中的特效。

本游戏中用到了特效，如方块的破碎效果。但是整体的特效效果还是偏少，在一些小的地方仍可以加入更多的持效来丰富游戏。

❑　游戏的 2D 场景。

游戏中也存在多处 2D 标志板，比如在游戏结束时的提示字样、游戏的得分和排行榜等，如果将这些图片更换为效果更好的套图，更加符合本游戏的风格，游戏的效果也能更好地展示出来，还能给玩家更好的提示，更吸引玩家。

第11章　科普类 AR&VR 应用——星空探索

本章将介绍的是科普类 AR&VR 应用——星空探索的开发。这款软件的开发目的着眼于帮助用户更加直观地认知和了解太阳系天体以及星座等，结合当下非常流行的 AR 和 VR 技术实现太阳系漫游。

11.1　开发背景以及应用的功能

本节将简要介绍星空探索的开发背景，并对星空探索的基本功能进行详细介绍。通过对本节的学习，读者可以对应用的背景和总体结构有一个简单的了解，熟悉应用各个部分的 UI 结构和作用，方便对后续知识的学习。

11.1.1　开发背景

随着智能手机的普及，各种各样的应用层出不穷，如有道词典、大众点评、百度地图等。这在很大程度上影响着人们的生活方式。星空探索就是一款帮助人们认识和了解太阳系天体以及星座的科普类应用。

目前应用市场中关于天文认知类型的应用并不是很多，但是也有两款口碑不错的应用，分别是 Google Sky Map（又称 "谷歌星空地图"，运行于移动平台）和 Stellarium（又称 "虚拟天文馆"，运行于 Windows 平台），如图 11-1 和图 11-2 所示。这两款应用的制作相当精良，数据非常精准，星空探索应用的相当一部分天体数据和设计灵感都源于此。

星空探索在这两款应用的基础上更进一步，结合时下非常流行的虚拟现实和增强现实技术，在将天体、星座数据等载入手机的前提下，又结合穿戴设备将其立体地呈现在三维场景中，视觉效果非常震撼。

图 11-1　Google Sky Map

图 11-2　Stellarium

11.1.2　应用的功能

本节将介绍星空探索的基本功能。总体上，UI 大致分为闪屏和主界面，主界面中包括"星空""太阳系""VR\AR 操作说明""设置"按钮。下面将按照应用 UI 的使用顺序对各部分的功能进行详细介绍。

打开后，首先进入星空探索应用的闪屏界面，如图 11-3 所示，闪屏结束后自动跳转到主界面。主界面的结构如图 11-4 所示。

图 11-3　闪屏界面

图 11-4　主界面的结构

在主界面中，单击"星空""太阳系""VR\AR 操作说明""设置"中的任意一个按钮。会跳转到相应的界面。

单击"星空"按钮，进入星空观察模式的场景（见图 11-5），在该场景中绘制了星空天体、星座连线、深空天体（主要是部分梅西耶天体）以及星座名称等。深空天体信息如图 11-6 所示。可以通过单击深空天体了解其详细参数信息，也可以进入深空天体列表界面浏览由哈勃望远镜拍摄的珍贵且唯美的梅西耶天体图片，如图 11-7、图 11-8 所示。

图 11-5　星空观察模式的场景

图 11-6　深空天体信息

图 11-7　梅西耶天体图片 1

图 11-8　梅西耶天体图片 2

单击"太阳系"按钮可以出现"模式选择"界面，其中包括"普通模式""增强现实（AR）""虚拟现实（VR）"模式。可以通过这 3 种模式选择以不同的方式观察太阳系，如图 11-9、图 11-10 所示。

图 11-9　选择"普通模式"

图 11-10　选择"虚拟现实（VR）"模式

选择"普通模式"并单击"开始"按钮即可进入太阳系普通模式的场景，如图 11-11 所示，在该场景中可以配合蓝牙摇杆切换到"漫游"等模式。单击场景中的某个天体（如地球）可以近距离观察并了解其相关信息，如图 11-12 所示。

图 11-11　太阳系普通模式的场景

图 11-12　观察地球

　　选择"增强现实（AR）"模式并单击"开始"按钮即可进入太阳系增强现实模式的场景，在该场景中可以通过任何角度扫描二维码图片，出现三维物体，再加上相关特效以及旋转脚本，物体特别真实，效果非常震撼。AR 模式的太阳和地球如图 11-13、图 11-14 所示。

图 11-13　AR 模式的太阳

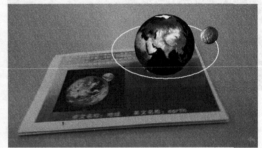
图 11-14　AR 模式的地球

　　选择"虚拟现实（VR）"模式并单击"开始"按钮即可进入太阳系虚拟现实模式的场景，该场景下需要配合 VR 穿戴设备（即将手机放入 VR 眼镜中），然后向不同方向转动就可以实现太阳系漫游，就如同在真实的宇宙中近距离地观察行星的运动一样。VR 模式的太阳系场景如图 11-15、图 11-16 所示。

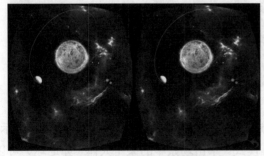
图 11-15　VR 模式的太阳系场景 1

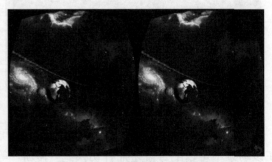
图 11-16　VR 模式的太阳系场景 2

　　单击"VR/AR 操作说明"按钮可以出现虚拟现实和增强现实的操作说明，帮助用户更好地使用 VR、AR，如图 11-17 所示。

单击"设置"按钮可以出现"设置"界面。其中包括是否开启 VR、摇杆灵敏度调整、音效是否开启、时间缩放比。这里，关闭 VR，通过调整蓝牙摇杆灵敏度，控制场景中摄像机运动速度，开启音效，通过调整时间缩放比，调整太阳系普通模式场景中的时间因子，如图 11-18 所示。

图 11-17　VR/AR 操作说明

图 11-18　具体设置

11.2 应用的策划与准备工作

上一节介绍了星空探索应用的开发背景和基本功能，本节主要对应用的策划和开发前的一些准备工作进行介绍。好的策划是一个好的应用的基石，所以在开发之前对应用进行详细的策划至关重要。而在应用开发之前做好细致的准备工作可以起到事半功倍的效果，所以准备工作也是必不可少的环节。

11.2.1　应用的策划

本节将对星空探索应用的具体策划工作进行简单的介绍。在实际开发过程中，要想使将要开发的项目更加具体、细致和全面，必须针对应用的各方面进行分析和总结，根据得出的结论完成相应的策划。读者在以后的实际开发过程中将有所体会。本应用的策划工作如下。

❑　确定应用类型。

本应用是使用 Unity 引擎和 C#开发的一款天文认知类的 Android 应用。应用中使用了各种传感器、增强现实、虚拟现实等技术，使应用功能多样化，使用户的使用过程更具趣味性。

❑　确定运行的目标平台。

运行的目标平台为 Android 2.3 或者更高的版本。

❑　确定要实现的功能。

结合时下比较流行的增强现实和虚拟现实技术，该应用不仅可用于三维场景的搭建和展示，还添加了通过 AR 技术扫描二维码实现图片成像，配戴 VR 眼镜漫游，观察整个太阳系以及天体的功能，再加上天体特效的使用，带来了视觉上的极大震撼。

□　确定目标人群。

这是一款天文认知类的应用，能否使这款应用帮助用户更好地了解太阳系以及星空是关键，该应用的使用方法比较简单、观察方式非常直接、认知效果好，目标人群没有太多限制因素，广大用户都可以轻松使用这款应用。

□　确定界面风格。

本应用的界面风格以暗色调为主，配合场景切换和按钮按下时的抖动特效，营造出一种低沉、静谧、深邃的感觉，和宇宙的神秘、浩瀚相契合。

11.2.2　资源的准备

开发一个应用之前，资源的准备工作很重要。星空探索应用的模型资源相对较少，星空观察模块中用于绘制天体、星座连线、行星以及梅西耶天体的数据文件是很庞大的，即使事先做过数据精简，在不影响计算精度的前提下数据文件也较大。

1. 行星及太阳模型

行星及太阳模型主要包括八大行星、相关卫星、太阳的模型及贴图。这些模型和贴图资源对提高场景渲染的真实性起到了很大作用，其中太阳模型的制作尤为关键，不但需要绚丽的贴图，还需要添加粒子系统来实现"火球"的特效。资源如表 11-1 所示。

表 11-1　资源

天体名称	预制件名称	贴图名称	卫星个数	卫星贴图名称
太阳	Sun_Particle_01.prefab	Sun_part_01	无	无
水星	shuixing1.prefab	shuixing	无	无
金星	jinxing2.prefab	jinxing	无	无
地球	diqiu3.prefab	diqiu	1	yueqiu
火星	huoxing4.prefab	huoxing	2	huowei
木星	muxing5.prefab	muxing	4	yueqiu
土星	tuxing6.prefab	tuxing	无	无
天王星	tianwangxing7.prefab	tianwangxing	无	无
海王星	haiwangxing8.prefab	haiwangxing	无	无

2. 星空数据

星空模块中天体模型相对较少，满天繁星的位置信息、大量的星座连线及行星、月球等运行位置的计算需要以海量数据作为基石。这些数据主要从国内外知名天文网站下载，在 Stellarium 软件中采集。

其中需要说明的是，由于计算行星位置信息的数据文件非常庞大，如果把数据全部导入应用，运行起来非常慢而且会出现卡顿、黑屏现象，于是作者在误差范围之内对这些数据进行了删减。星空数据文件如表 11-2 所示。

表 11-2 星空数据文件

数据文件名称	简 介	数据文件名称	简 介
shuixingN.txt	水星黄经数据	tuxingN.txt	土星黄经数据
shuixingW.txt	水星黄纬数据	tuxingW.txt	土星黄纬数据
jinxingN.txt	金星黄经数据	tianwangxingN.txt	天王星黄经数据
jinxingW.txt	金星黄纬数据	tianwangxingW.txt	天王星黄纬数据
diqiuN.txt	地球黄经数据	haiwangxingN.txt	海王星黄经数据
diqiuW.txt	地球黄纬数据	haiwangxingW.txt	海王星黄纬数据
huoxingN.txt	火星黄经数据	Shuju.txt	星座天体数据
huoxingW.txt	火星黄纬数据	Mstar.txt	深空天体数据
muxingN.txt	木星黄经数据	MContent.txt	深空天体简介数据
muxingW.txt	木星黄纬数据		

11.3 应用的架构

上一节主要介绍了应用的策划以及应用开发前的一些准备工作，本节将介绍星空探索应用的架构。首先将对应用中用到的类进行简单的介绍，让读者大概了解应用的组成。然后介绍应用的整体架构，并对其详细说明。下面将对这一部分内容一一进行介绍。

11.3.1 应用的结构

为了更快速、全面地了解星空探索应用，首先要介绍的是这款应用的结构。本应用分为星空、太阳系（其中包括普通模式、增强现实模式、虚拟现实模式）、VR/AR 操作说明、设置这 4 个模块，各个模块内又包括不同功能，具体架构如图 11-19 所示。

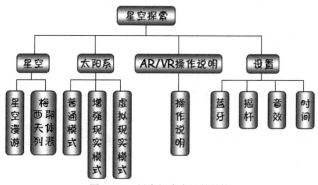

图 11-19 星空探索应用的结构

❑　"星空"模块。

本模块主要实现星空天体、星座连线、行星、月球、深空天体以及名称的绘制等。结合手机传感器（陀螺仪），用户可以通过转动手机来观察天体、星座等，通过用两手指滑动屏幕可以实现缩小和放大，单击"深空天体"界面左上角；可以出现天体的详细信息，单击右上角的"进入梅西耶列表"按钮，可以进入梅西耶天体列表界面。

❑　"太阳系"模块。

本模块中共有 3 个模式，分别是太阳系普通模式、增强现实模式、虚拟现实模式。在这 3 种模式中分别以不同的方式实现了对太阳系天体的观察认知。

- 普通模式。

  在该模式中可以通过"漫游"等方式观察太阳系八大行星、相关卫星以及小行星带的运动；结合蓝牙摇杆可以实现太阳系漫游，如同驾驶着宇宙飞船遨游在太空中；单击天体可以调节运动速度，拾取行星可以进入详细信息界面，近距离观察行星表面。

- 增强现实模式。

  增强现实是当下比较流行的一项技术，用户可以通过扫描制作出包含特定信息的二维码，这时会出现太阳系中的天体，如太阳、八大行星及其周围的卫星、小行星带等。同时通过编写代码完成摄像机的自动对焦功能，避免了通过手机扫描二维码时屏幕模糊造成的识别困难。

- 虚拟现实模式。

  在场景中 VR 摄像机可以实现自动漫游功能，通过转动虚拟现实头盔，摄像机可以自动朝着人眼观测方向移动，天体的特效十分真实，带来的视觉震撼不言而喻。

❑　"AR/VR 操作说明"模块。

本模块主要介绍增强现实模式和虚拟现实模式的使用方法。

❑　"设置"模块。

本模块主要实现对 VR 是否关闭、摇杆灵敏度、音效是否开启、时间缩放比的自定义设置。

11.3.2　各个脚本的简要介绍

上一节已经简要介绍了应用中的各个模块，本节将进一步介绍用于实现各个模块的相关脚本。根据各个脚本的功能，可以将本应用中的脚本分为星空绘制脚本、天体运行脚本两大类，具体情况如图 11-20 所示。

为了使读者更好地理解各个脚本的作用，下面将介绍该应用中包含的各个脚本，各个脚本的详细代码将会在后面相继给出。

图 11-20 应用中的脚本分类

1. 星空绘制脚本

星空绘制部分是该应用的核心部分,有些脚本中的计算公式和计算过程相对复杂而且晦涩难懂,请读者保持耐心。

❑ 天体位置实例化脚本——StarPOS_Vec_Array.cs 脚本是从数据文件中加载数据的总入口,将数据文件中的数据拆分并存储后,根据天体坐标实例化星空天体和 M 星系。天体的大小是不相同的,因此就需要在加载数据时拆分出"星等"属性,用于在天体实例化时控制天体大小。

❑ 数据转换拆分脚本——LoadDataFromTXT.cs 脚本用于从数据文件中加载并拆分数据;在文本文件中存放的星座、天体基本信息有星体黄经黄纬、星体等级、星体名称、星体连线、星座名称等,拆分、整理这些数据并存储在锯齿数组中是有难度的,此脚本是绘制星体的数据基石。

❑ 屏幕名称绘制脚本——StarSign_Star_Name.cs 脚本用于在摄像机坐标系中绘制星座名称、重要星体名称、M 星系名称;名称的绘制主要是将三维空间坐标系转换到摄像机坐标系中,然后根据摄像机坐标系中的坐标在手机屏幕上绘制相应名称。绘制星座名称相对复杂一些,还需要计算组成各个星座的每一个星体的三维坐标的平均值。

❑ 星座画线脚本——LineTool.cs 脚本使用线段(即圆柱体)把实例化的点(即球)连接起来,连接数据的信息存放在 LoadDataFromTXT.cs 脚本中的 Star_Path 锯齿数组中。特别需要注意的是,在每个星座画完之后,需要将该星座的所有点(即球)的引用从列表(即 StarPOS_Vec_Array.cs 脚本中的 ArrayList_Star 列表)中删除。该脚本的难点在于"画点与画线策略",在 Unity 中画点与画线相对有些困难,可以使用圆柱代替线,使用球体代替点,再根据点的坐标数据连接起来。

❑ 行星实例化脚本——PanetsUpdatePos.cs 脚本根据已经计算得出的行星经度和行星纬度来实例化行星。

❑ 月球经纬度计算脚本——YueQiu_NW.cs 脚本用于计算月球黄经、黄纬来实例化月球。月球的位置计算非常复杂,它需要根据 VSOP 理论为基础实时计算月球所处的位置,该脚本使用 C#代码来实现 VSOP 理论中月球位置的计算。

❑ 行星纬度计算脚本——Planets_W.cs 脚本用来计算各个行星的黄纬。

❑ 行星经度计算脚本——Planets_N.cs 脚本用来计算各个行星的黄经。

❑ M 星系拾取脚本——M_Ray.cs 脚本用于拾取场景中的 M 星系，单击"M 星系"界面左上角，出现天体的详细信息；单击右上角，出现"进入梅西耶列表"按钮；单击"进入梅西耶列表"按钮可以进入"梅西耶天体列表"界面。

❑ 触控脚本——TouchScale.cs 脚本可以通过两指滑动屏幕使场景缩小和放大，这实际上改变了场景中摄像机的 field of view 属性的值，使摄像机视野在一定范围内变大或者变小。

❑ 陀螺仪脚本——MobileGyro.cs 脚本用于开发手机传感器——陀螺仪。如果手机动态旋转一定角度，该传感器可以使场景中的摄像机跟着旋转一定角度，进而可以在任意方向观察场景中的物体。该脚本的开发需要开启手机陀螺仪传感器，设置旋转用的四元数来实现旋转。

2. 天体运行脚本

接下来简要介绍太阳系场景开发中所用到的天体运行脚本。太阳系模块的开发模式中，天体（主要指八大行星、小行星带等）运行脚本的开发对于场景渲染效果起着非常重要的作用。

❑ 蓝牙摇杆控制脚本——YaoGanControl.cs 脚本用于开发使用蓝牙摇杆控制实现场景漫游的功能；在 Unity 引擎中可以使用内置的输入接口获取外部设备（即"外设"）传入的数据，打开手机蓝牙与摇杆并配对成功后，打开场景并前后推动摇杆即可实现对场景中摄像机的操控。

❑ 天体公转脚本——XuanZhuan.cs 脚本用于实现行星公转。

❑ 天体自转脚本——ZiZhuan.cs 脚本用于实现行星自转。

❑ 卫星公转脚本——Statellite.cs 脚本用于实现卫星公转。

❑ 触控脚本——TouchRAndS.cs 脚本可以通过手指触控实现天体旋转，方便从不同角度观察。在行星信息介绍界面和太阳系增强现实场景中都用到了该脚本，通过滑动手机屏幕，天体就会向滑动方向旋转一定角度，方便在任意角度观察天体表面。

❑ 倾斜轨道脚本——InclinRail.cs 脚本用于实现在八大行星中特定行星轨道的倾斜（行星轨道有一定的倾斜角）。

❑ 行星信息脚本——SinglePlent.cs 脚本中存放了八大行星的信息，在太阳系场景中拾取到某个行星后会跳转到行星信息介绍界面。在该界面中可以通过此脚本完成信息匹配并展示到信息界面上。

11.4 天文学基础以及相关计算公式

上一节主要介绍了应用的架构以及各个模块的功能，本节介绍天文学的相关基础知识。没有天文学理论基础作为支撑是不可能开发出天文科普类应用的，其中，计算行星运动轨迹和月球黄经、黄纬以及采集大量天体绘制信息等的核心代码都离不开天文学基础知识。

11.4.1 重要天文坐标系

先介绍几个重要的天文坐标系。在天文观测和研究中，天文坐标系就像数学中的笛卡儿坐标系一样重要，重要的天文坐标系有地平坐标系、赤道坐标系、黄道坐标系、银道坐标系等。由于本应用主要涉及太阳系范围内的天体研究，因此只详细讲解前 3 种天文坐标系。

1. 地平坐标系

地平坐标系是天球坐标系统中的一种，以观测者所在地为中心，以观测者所在地的地平线作为基础平面，将天球适当地分成能看见的上半球和看不见的下半球，如图 11-21 所示。下面介绍一些基本概念。

地平圈就是观测者所在的地平面无限扩展与天球相交的大圆。从观测者所在的地点，画垂直于地平面的直线并无限延长，在地平面以上与天球相交的点，称为天顶；在地平面以下与天球相交的点，称为天底。在天球上，天顶和天底与地平圈的夹角均为 90°，一个在地平圈以上，一个在地平圈以下。

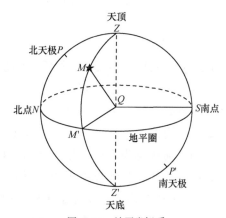

图 11-21　地平坐标系

通过天顶和天底可以画无数个与地平圈相垂直的大圆，这些大圆称为**地平经圈**；也可以画无数个与地平圈平行的小圆，这些小圆称为**地平纬圈**。地平经圈与地平纬圈是构成地平坐标系的基本要素。

地轴的无限延长线即为天轴，天轴与天球有两个交点，与地球北极相对应的那个点叫作**北天极**，与地球南极相对应的那个点叫作**南天极**。通过天顶和北天极的地平经圈（当然也通过天底和南天极）与地平圈有两个交点——靠近天北极的那个点为北点，靠近天南极的那个点为南点。

北点和南点分别把地平圈和地平经圈等分。根据面北背南、左西右东的原则，可以确定当地的东点和西点，面向北点，地平圈上左 90°方向的点为西点，地平圈上右 90°方向的点为东点，这样，就确定了地平圈上的东点、西点、南点、北点。

在地平坐标系中，通过南点、北点的地平经圈称子午圈。子午圈被天顶、天底等分为两个 180°的半圆。以北点为中点的半个圆弧称为子圈，以南点为中点的半个圆弧称为午圈。在地平坐标系中，午圈所起的作用相当于本初子午线在地理坐标系中的作用，是度量地平经度（方位）的起始面。

方位即地平经度，是一种两面角，即午圈所在的平面与天体所在的地平经圈平面的夹角，以午圈所在的平面为起始面，按顺时针方向度量。方位的度量亦可在地平圈上进行，以南点为起始点，由南点开始按顺时针方向计量。方位的变化范围为 0°～360°，南点的方位为 0°，西点的方位为 90°，北点的方位为 180°，东点的方位为 270°。

高度即地平纬度，它是一种线面角，即天体方向和观测者的连线与地平圈的夹角。在观测地，天体的高度就是该天体的仰视角。此时，没有向下计量的高度，但是在计算时则会出现负的高度值，这意味着天体位于地平圈以下，即位于不可见半球。天体的高度可以在地平经圈上度量，从地平圈开始，到天顶的高度界于 0°～90°，到天底的高度界于 0°～（-90°）。

2. 赤道坐标系

赤道坐标系是一种天球坐标系，如图 11-22 所示。过天球中心与地球赤道面平行的平面称为**天球赤道面**，它与天球相交而成的大圆称为**天赤道**。赤道面是赤道坐标系中的基本平面。天赤道的几何极称为**天极**，与地球北极相对应的天极即**北天极**，与地球南极相对应的天极即**南天极**，北天极和南天极是赤道坐标系中的极。经过天极的任何大圆称为**赤经圈**或**时圈**；与天赤道平行的小圆称为**赤纬圈**。

绘制经过天球上一点的赤经圈，从天赤道起，沿此赤经圈至该点的角度称为**赤纬**。赤纬

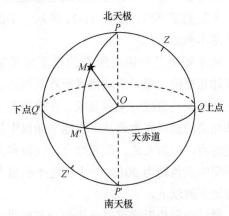

图 11-22　赤道坐标系

的范围是 0°到±90°，赤道以北为正，以南为负。赤纬的余角称为极距，从北天极起，范围是 0°到 180°。

3. 黄道坐标系

黄道坐标系是天球坐标系之一，如图 11-23 所示。由地球上观察太阳一年中在天球上的视运动所通过的路径，若以地球作为参照物，黄道就是太阳绕地球公转的轨道平面（黄道面）

在天球上的投影。黄道与天赤道相交于两点——春分点
与秋分点（这两点称为二分点）；而黄道对应的两个几
何极是北黄极与南黄极。

黄纬指天球黄道坐标系中的纬度，由黄道面向北黄
极方向为正值，向南黄极方向则为负值。黄经指天球黄
道坐标系中的经度，从春分点起由西向东量度。像赤道
坐标系中的赤经一样，以春分点作为黄经的起点。

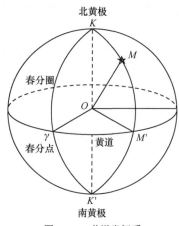

图 11-23　黄道坐标系

11.4.2　行星、月球、深空天体简介

接下来简要介绍八大行星、月球、深空天体的运行
轨迹、周期等相关信息。这些信息都是本章中软件开发
的基石，在太阳系模块中确定八大行星的顺序、天体的
大小等，在星空模块中计算行星的位置、月球的位置等都需要用到这些知识。

1. 八大行星简介

八大行星特指太阳系的 8 个行星，按照离太阳的距离从近到远，依次为水星、金星、地球、
火星、木星、土星、天王星、海王星，如图 11-24 所示。

图 11-24　八大行星

2. 月球简介

月球是地球的唯一天然卫星，它的直径约是为 3476km，地球的 1/4。月球的表面积仅为
$3.8 \times 10^7 km^2$，还不及亚洲的面积大。月球的质量是地球的 1/81。月球的重力约为地球的 1/6。
月球上也有高山、深谷和平地。

3. 深空天体简介

深空天体又称"梅西耶天体"，是业余天文学圈内的一个常见名词。一般来说，深空天体
指的是天上除太阳系天体（行星、彗星、小行星）和恒星之外的天体。这些天体大多是肉眼看

不见的，只有当中较明亮的（如 M31 仙女座大星系和 M42 猎户座大星云）能为肉眼所见，但为数不多。

深空天体共有 110 个，要在一个晚上观察它们可不容易，除了凭观测者对天区的了解外，天气、地理环境、太阳及月亮的位置也很重要。观测者的地理位置也对一部分梅西耶天体的观察有少许影响，因为有几个梅西耶天体必须在低纬度才能观测到。

11.4.3　行星位置的计算

前面简述了行星、月球、深空天体的基本信息，接下来详细介绍行星运行轨迹的计算公式以及相关代码实现。计算行星运行位置的过程中，为了优化程序，需要用到的数据文件在误差范围之内做了删减。

1. VSOP 行星理论

行星运动理论有很多种，遗憾的是，国内并没有公开发表的系统的行星理论。因此，要计算行星位置，只能使用国外的或历史上天文学家的天体运动理论。本节介绍法国天文台的 VSOP 行星理论，经过计算可得到高精度的行星位置。

1982 年，巴黎的 P. Bretagnon 发表了他的行星理论 VSOP82。VSOP 是"Variations Seculaires des Orbites Planetaires"的缩写。VSOP82 由大行星（水星到海王星）的长周期项序列组成。给定一个行星及一个时间，对它的序列取和，即可获得轨道参数。

不过 VSOP82 理论的不足之处是，当不需要高精度时，无法应在何处截断序列。非常幸运的是，1987 年 Bretagnon 和 Francou 提出了 VSOP87 行星理论。该理论提供了直接计算行星日心坐标的周期序列项。也就是说，可直接算得任意时刻的日心黄经 L、日心黄纬 B、行星到太阳的距离 R。

接下来，介绍计算步骤。

表 11-3 提供了地球的各个子序列的部分表（由于数据量非常大，为了便于理解只提取了一部分）。各个子序列的表名分别为 $L_0 \sim L_5$，$B_0 \sim B_5$，$R_0 \sim R_5$。

计算地球黄经 L 使用表 $L_0 \sim L_5$；计算地球黄纬 B 使用表 $B_0 \sim B_5$；计算距离 R 使用表 $R_0 \sim R_5$。值得注意的是，计算地球黄纬的相关子表 $B_0 \sim B_5$ 都是 0，所以未列出。

表 11-3　地球的各个子序列的部分数据表

表名	索引值	A/rad	B/rad	C/rad
L_0	1	1.753 470 456 73	0.000 000 000 00	0.000 000 000 00
	2	0.033 416 564 56	4.669 256 804 17	6 283.075 849 991 40
	3	0.000 348 942 75	4.626 102 417 59	12 566.151 699 982 80
	4	0.000 034 970 56	2.744 118 009 71	5 753.384 884 896 80
	5	0.000 034 175 71	2.828 865 796 06	3.523 118 349 00

表名	索引值	A/rad	B/rad	C/rad
L_1	1	6 283.319 667 474 91	0.000 000 000 00	0.000 000 000 00
	2	0.002 060 588 63	2.678 234 555 84	6 283.075 849 991 40
	3	0.000 043 034 30	2.635 126 504 14	12 566.151 699 982 80
	4	0.000 004 252 64	1.590 469 807 29	3.523 118 349 00
	5	0.000 001 192 61	5.795 574 877 99	26.298 319 799 80
L_2	1	0.000 529 188 70	0.000 000 000 00	0.000 000 000 00
	2	0.000 087 198 37	1.072 096 652 42	6 283.075 849 991 40
	3	0.000 003 091 25	0.867 288 188 32	12 566.151 699 982 80
	4	0.000 000 273 39	0.052 978 716 91	3.523 118 349 00
	5	0.000 000 163 34	5.188 266 910 36	26.298 319 799 80
L_3	1	0.000 002 892 26	5.843 841 987 23	6 283.075 849 991 40
	2	0.000 000 349 55	0.000 000 000 00	0.000 000 000 00
	3	0.000 000 168 19	5.487 669 123 48	12 566.151 699 982 80
	4	0.000 000 029 62	5.195 772 652 02	155.420 399 434 20
L_4	1	0.000 001 140 84	3.141 592 653 59	0.000 000 000 00
	2	0.000 000 077 17	4.134 465 893 58	6 283.075 849 991 40
	3	0.000 000 007 65	3.838 037 762 14	12 566.151 699 982 80
L_5	1	0.000 000 008 78	3.141 592 653 59	0.000 000 000 00
R_0	1	1.000 139 887 99	0.000 000 000 00	0.000 000 000 00
	2	0.016 706 996 26	3.098 463 507 71	6 283.075 849 991 40
	3	0.000 139 560 23	3.055 246 096 20	12 566.151 699 982 80
	4	0.000 030 837 20	5.198 466 743 81	77 713.771 468 120 50
	5	0.000 016 284 61	1.173 877 490 12	5 753.384 884 896 80
R_1	1	0.001 030 186 08	1.107 489 695 88	6 283.075 849 991 40
	2	0.000 017 212 38	1.064 423 014 18	12 566.151 699 982 80
	3	0.000 007 022 15	3.141 592 653 59	0.000 000 000 00
R_2	1	0.000 043 593 85	5.784 551 337 38	6 283.075 849 991 40
	2	0.000 001 236 33	5.579 347 221 57	12 566.151 699 982 80
	3	0.000 000 123 41	3.141 592 653 59	0.000 000 000 00
	4	0.000 000 087 92	3.627 777 333 95	77 713.771 468 120 50
R_3	1	0.000 001 445 95	4.273 194 351 48	6 283.075 849 991 40
	2	0.000 000 067 29	3.916 976 086 62	12 566.151 699 982 80
R_4	1	0.000 000 038 58	2.563 843 873 39	6 283.075 849 991 40
	2	0.000 000 003 06	2.267 695 012 30	12 566.151 699 982 80
R_5	1	0.000 000 000 86	1.215 797 416 87	6 283.075 849 991 40
	2	0.000 000 000 12	0.656 172 640 33	12 566.151 699 982 80

注意，每个表是一组周期项，包含 4 列数字。索引值不是计算所必需的，仅提供一个参考；另外 3 列分别命名为 A、B、C，单位是弧度（rad）。

设给定的时间 JDE 是标准的儒略日数，τ 是千年数，则 τ 的表达式如下。

$$\tau = (JDE-2\,451\,545.0) / 365\,250$$

计算表中各个值的表达式是 $A\cos(B+C\tau)$。

例如，计算 L_0 表的第 5 行的公式为 $0.000\,034\,175\,71\cos(2.828\,865\,796\,06 + 3.523\,118\,349\,00\tau)$。

由下式，可得到行星的 Date 黄道坐标中的黄经。对 L_0 表中各项取和，对 L_1 表中各项取和，对于其他表依此类推。

$$L = (L_0 + L_1\tau + L_2\tau^2 + L_3\tau^3 + L_4\tau^4 + L_5\tau^5)$$

用同样的方法可计算 B 和 R。

可能有些读者对儒略日数不太了解，在后面会详细介绍。

注意，时间采用力学时，而不是手表时。手表时与地球自转同步，因为地球自转速度是不均匀的，并有变慢的趋势，所以手表时也有变慢的趋势。力学时则是非常均匀的（相当于原子时），计算天体位置时均使用力学时。力学时与手表时的转换可用一组经验公式完成，但这已超出本书的内容。

至此，得到行星在动力学 Date 平黄道坐标（Bretagnon 的 VSOP 定义的）中的日心黄经 L、黄纬 B。这个坐标系与标准的 FK5 坐标系还有细微差别。按如下方法可将 L 和 B 转换到 FK5 坐标系中，其中 T 是世纪数而不是千年数，$T=10\tau$。

先计算 L'。

$$L'=L-1.397T-0.00031T^2$$

然后计算 L 和 B 的修正值。

$$\Delta L = -0''.090\,33 + 0''.039\,16\times(\cos L' + \sin L')\tan B$$

$$\Delta B = +0''.039\,16(\cos L' - \sin L')$$

仅在十分精确计算时才需进行修正，如果按表 11-5 提供的数据进行计算，无须修正。

2. 代码

本节将详细介绍使用行星运行理论计算行星位置的代码，其中一些公式用代码实现起来有一些复杂，对于数据的精度修正也有些复杂。这里着重给出了计算公式的代码实现，其他一些功能性的代码将在后面详细介绍。

在数据文件中的数据经过加载、拆分、存储过后，结合前面给出的计算公式来实时计算行星运行的位置（即黄经、黄纬）。此处给出的是计算行星黄经的过程，黄纬的计算过程与之相同，这里就不再介绍。

11.4 天文学基础以及相关计算公式

代码位置：随书源代码/第 11 章/Universe/Assets/Script/Lines/Planets_N.cs

```
1    void Process_SUM(){
2      int Index_L = 0;
3      for(int i=0;i<Data_Row_N.Length;i++){
4        if(Data_Row_Split[i,0]=="Ver=4"){            //根据数据文件格式统计数据项
5          Index_L+=1;}}
6      Data_List_SUM=new float[Index_L];
7      int[] Index_Item=new int[Index_L+1];
8      int temp = 0;                                  //临时变量
9      for(int i=0;i<Data_Row_N.Length;i++){
10       if(Data_Row_Split[i,0]=="Ver=4"){            //根据数据文件格式统计数据项
11         Index_Item[temp]=i;                        //存储每一个数据表开始的行数
12         temp++;}}                                   //临时变量加 1，跳到下一行
13     Index_Item [temp] = Data_Row_N.Length;
14     float SUM_Item = 0;
15     for(int j=0;j<Index_L;j++){
16       SUM_Item=0;
17       for(int k=Index_Item[j]+1;k<Index_Item[j+1];k++){
18       SUM_Item+=Method_Math(Data_Row_Split[k,0],Data_Row_Split[k,1],Data_Row_Split[k, 2],dt);}
19         Data_List_SUM[j]=SUM_Item;}}
20   float Method_Math(string A,string B,string C,float dt){
21     float[] ABC=new float[3];                      //实例化参数数组
22     ABC [0] = float.Parse (A);
23     ABC [1] = float.Parse (B);
24     ABC [1] = float.Parse (C);
25     float Result = ABC [0] * Mathf.Cos (ABC [1] + ABC [2] * dt);//A*cos(B+C*τ)
26     return Result;}
27   void Method_SUM(float[] Data_List_SUM,float dt){    //计算经纬度（弧度制）
28     float SUM = 0;                                  //计算所得经纬度
29     for(int i=0;i<Data_List_SUM.Length;i++){
30       SUM+=Data_List_SUM[i] *Mathf.Pow(dt,i);}      //加完之后就是经纬度（弧度制）
31       int Index =int.Parse(transform.name.Split ('_') [1]); //获取行星索引
32       Constraints.N[Index] = SUM;}                  //将经纬度存储在常量类中
```

❑ 第 1～19 行用于遍历数据文件，分割数据文件中的若干个数据表，统计并存储数据文件中每一个数据表起始项的行数，根据起始行数遍历每一个数据表并求和，再将数据表的和再次求和即可得到行星的黄经、黄纬。

❑ 第 20～26 行对数据文件中每一个数据表的每一行根据 $A\cos(B+C\tau)$ 计算出结果并返回值。这 4 个参数中，A、B、C 的单位是弧度（具体代表什么意思，可以查询其他资料，此处不再介绍），τ 是计算所得的儒略日时间，后面将会详细介绍。

❑ 第 27～32 行计算行星的黄经、黄纬。数据表求和之后的每一项循环累加，即可得到行星的黄经、黄纬（单位是弧度），将其存储在常量类中便于其他脚本使用该值，转换成三维坐标后在场景中实例化该行星。

11.4.4　月球位置的计算

本节详细介绍月球运行理论以及计算月球位置的相关代码。

1. ELP-2000/82 月球理论

根据牛顿力学原理或开普勒三大行星定律,计算出地球、太阳和月亮 3 个天体的运行轨迹和时间参数,以此得出这些天体位于某个位置的时间,这样的天文计算需要计算者有扎实的微积分学、几何学和球面三角学知识,令广大天文爱好者望而却步。

但是幸运的是,ELP-2000/82 月球理论的出现使得月球位置计算变得简单,本节以 ELP-2000/82 月球理论为依据,计算月球位置。

ELP-2000/82 月球理论是 M. Chapront-Touze 和 J. Chapront 在 1983 年提出的关于月球位置的半解析理论,和其他半解析理论一样,ELP-2000/82 理论也包含一套计算方法和相应的迭代周期项。这套理论共包含 37 862 个周期项,其中 20560 个用于计算月球的经度,7684 个用于计算月球的纬度。

但是这些周期项中有很多非常小的值,例如,一些计算经纬度的项对结果的增益只有 0.000 01″[①],还有一些地月距离周期项对距离结果的增益只有 0.02m,对于精度不高的历法计算,完全可以忽略。有很多基于 ELP-2000/82 月球理论的改进或简化理论,《天文算法》第 45 章介绍了一种改进算法。

使用该方法计算的月球黄经精度只有 10′[②],月亮黄纬精度只有 4′,但是只用计算 60 个周期项,速度很快。本节就采用这种修改过的 ELP-2000/82 理论计算月亮的地心视黄经。这种计算方法的周期项分为 3 部分,分别用来计算月球黄经、月球黄纬和地月距离。

下面介绍计算步骤。

本节的周期项基于 ELP-2000/82 月球理论。T 表示从 J2000 算起的世纪数,并取足够的小数位数(至少 9 位,每 0.000 000 001 世纪月球移动 1.7″)。使用以下表达式计算角度 L'、D、M、M'、F',角度的单位是度。为了避免出现大角度,最后结果还应转换到 0°～360°。

计算月球平黄经。

$$L'=218.316\ 459\ 1+481\ 267.881\ 342\ 36T-0.001\ 326\ 8T^2+T^3/538\ 841-T^4/65\ 194\ 000$$

计算月日距角。

$$D=297.850\ 204\ 2+445\ 267.111\ 516\ 8T-0.001\ 630\ 0T^2+T^3/545\ 868-T^4/113\ 065\ 000$$

计算太阳平近点角。

$$M=357.529\ 109\ 2+35\ 999.050\ 290\ 9T-0.000\ 153\ 6T^2+T^3/24\ 490\ 000$$

---

① 1″=(π/648000)rad。——编者注

② 1′=60″=(π/10800)rad。——编者注

计算月亮平近点角。

$$M'=134.963\,411\,4+477\,198.867\,631\,3T+0.008\,997\,0T^2+T^3/69\,699-T^4/14\,712\,000$$

计算月球经度参数（到升交点的平角距离）。

$$F=93.272\,099\,3+483\,202.017\,527\,3T-0.003\,402\,9T^2-T^3/3\,526\,000+T^4/863\,310\,000$$

计算 3 个必要的参数。

$$A_1=119.75+131.849T, \quad A_2=53.09+479\,264.290T, \quad A_3=313.45+481\,266.484T$$

计算 Σl、Σr 和 Σb。Σl 与 Σb 是正弦项之和，Σr 是余弦项之和。正余弦项分别表示为 $A\sin\theta$ 或 $A\cos\theta$，式中，θ 是表 11-4 和表 11-5 中 D、M、M'、F 的线性组合，A 是振幅。以表 11-4 中索引值为 8 的行为例。

$$I_8=A\sin\theta=+57\,066\sin(2D-M-M'+0)$$

$$r_8=A\cos\theta=-152\,138\cos(2D-M-M'+0)$$

同理可计算其他行，得到 I_1，I_2，I_3，$\cdots$ 以及 r_1，r_2，r_3，$\cdots$，最后 $\Sigma I=I_1+I_2+I_3+\cdots$，$\Sigma r=r_1+r_2+r_3+\cdots$

然而，表 11-4 和表 11-5 中的这些项包含了 M（太阳平近点角），它与地球公转轨道的离心率有关，就目前而言离心率随时间不断减小。出于这个原因，振幅 A 实际上是一个变量（并不是常数），当角度中含 M 或 $-M$ 时，还要乘上 E；当角度中含 $2M$ 或 $-2M$ 时，要乘以 E^2 进行修正。E 的表达式如下。

$$E=1-0.002\,516T-0.000\,007\,4T^2$$

此外，还要处理主要的行星摄动问题（A_1 与金星摄动相关，A_2 与木星摄动相关，L' 与地球扁率摄动相关）。

$$\Sigma l \text{ 每次递增的值} =3\,958\sin A_1+1\,962\sin(L'-F)+318\sin A_2$$

$$\Sigma b \text{ 每次递增的值} =-2\,235\sin L'+382\sin A_3+175\sin(A_1-F)+175\sin(A_1+F)+$$

$$127\sin(L'-M')-115\sin(L'+M')$$

最后得到月球的黄经 λ、黄纬 β 与地月距离 δ。

$$\lambda=L'+\Sigma l/1\,000\,000 \text{（单位为不度）}$$

$$\beta=\Sigma b/1\,000\,000 \text{（单位为度）}$$

$$\delta=385\,000.56+\Sigma r/1\,000 \text{（距离的单位为千米）}$$

因为表 11-4 及表 11-5 中的振幅的单位分别是 $0.000\,001°$ 及 0.001km，所以上式计算时除以 1 000 000 和 1 000。

表 11-4　计算月球黄经涉及的数据

索引值	D/0.000 001°	M/0.000 001°	M'/0.000 001°	F/0.000 001°	Σl 中各项的振幅/0.000 001°	Σr 中各项的振幅/0.000 001°
1	0	0	1	0	6 288 744	−20 905 355
2	2	0	−1	0	1 274 027	−3 699 111
3	2	0	0	0	658 314	−2 955 968

续表

索引值	D/0.000 001°	M/0.000 001°	M'/0.000 001°	F/0.000 001°	Σl 中各项的振幅/0.000 001°	Σr 中各项的振幅/0.000 001°
4	0	0	2	0	213 618	−569925
5	0	1	0	0	−185 116	58 888
6	0	0	0	2	−114 332	−3 149
7	2	0	−2	0	58 793	246 158
8	2	−1	−1	0	57 066	−152 138
9	2	0	1	0	53 322	−170 733
10	2	−1	0	0	45 758	−204 586

表 11-5　计算月球黄纬涉及的数据

索引值	D/0.000 001°	M/0.000 001°	M'/0.000 001°	F/0.000 001°	Σl 中各项的振幅/0.001km
1	0	0	0	1	5 128 122
2	0	0	1	1	280 602
3	0	0	1	−1	277 693
4	2	0	0	−1	173 237
5	2	0	−1	1	55 413
6	2	0	−1	−1	46 271
7	2	0	0	1	32 573
8	2	0	2	1	17 198
9	2	0	1	−1	9 266
10	0	0	2	−1	8 822

2. 代码

本节将详细介绍使用月球运行理论计算月球位置的代码,其中一些公式用代码实现起来比较复杂,对于数据的精度修正处理有些复杂,这里着重给出了计算公式的代码实现,其他一些功能性的代码将在后面详细介绍。

结合月球运行理论中给出的计算公式来实时计算月球的位置(即黄经、黄纬)。此处给出的是月球地心的黄经、黄纬计算过程,关于世纪数的计算后面将会详细介绍,此处不再介绍。

代码位置:随书源代码/第 11 章/Universe/Assets/Script/Lines/YueQiu_NW.cs

```
1   L1=218.3164477f+481267.88123421f*T-0.0015786f*T*T
2     +T*T*T/538841-T*T*T*T/65194000;                    //月球的平黄经
3   D=297.8501921f+445267.1114034f*T-0.0018819f*T*T
4     +T*T*T/545868-T*T*T*T/113065000;                   //月球的平均太阳距角
5   M=357.5291092f+35999.0502909f*T-0.0001536f*T*T+T*T*T/24490000;   //太阳的平近点角
6   M1=134.9633964f+477198.8675055f*T+0.0087414f*T*T
7     +T*T*T/69699-T*T*T*T/14712000;                     //月球的平近点角
8   F=93.2720950f+483202.0175233f*T-0.0036539f*T*T
```

```
9      -T*T*T/3526000+T*T*T*T/863310000;                //月球的黄纬参量
10   A1=119.75f+131.849f*T;                              //金星的摄动
11   A2=53.09f+479264.290f*T;                            //木星的摄动
12   A3=313.45f+481266.484f*T;
13   E=1-0.002516f*T-0.0000074f*T*T;                     //地球轨道偏心率的变化
14   SUML=0;
15   for(i=0;i<=59;i++){                                 //计算月球地心黄经的周期项
16     SIN1=La[i]*D+Lb[i]*M+Lc[i]*M1+Ld[i]*F;
17     SUML=SUML+Sl[i]*0.000001f*Mathf.Sin(SIN1*DE)*Mathf.Pow(E,Mathf.Abs(Lb[i]));}
18   lamda=L1+SUML+(3958*Mathf.Sin(A1*DE)+1962*Mathf.Sin((L1-F)*DE)
19   +318*Mathf.Sin(A2*DE))/1000000;                     //计算月球地心黄经
20   lamda = lamda % 360;                                //转换到0°～360°
21   SUMB=0;
22   for(i=0;i<=59;i++){                                 //计算月球地心黄纬的周期项
23     SIN2=Ba[i]*D+Bb[i]*M+Bc[i]*M1+Bd[i]*F;
24     SUMB=SUMB+Sb[i]*0.000001f*Mathf.Sin(SIN2*DE)*Mathf.Pow(E,Mathf.Abs(Lb[i]));};
25   beta=SUMB+(-2235*Mathf.Sin(L1*DE)                   //计算月球地心黄纬
26   +382*Mathf.Sin(A3*DE)+175*Mathf.Sin((A1-F)*DE)
27   +175*Mathf.Sin((A1+F)*DE)+127*Mathf.Sin((L1-M1)*DE)
28   -115*Mathf.Sin((L1+M1)*DE))/1000000;
```

❑ 第 1～13 行准备月球黄经、黄纬计算公式中所需要的常量参数，其中包括月球的平黄经 L1、平均太阳距角 D、太阳的平近点角 M、月球的平近点角 M1、月球的黄纬参量 F、摄动角修正量 A1～A3、地球轨道偏心率的变化 E。

❑ 第 14～20 行计算月球地心黄经的周期项、计算月球地心黄经并将地心黄经转换到 0°～360°。这里需要注意的是，因为表 11-4 中 D、M、M'、F 的单位为 0.000 001°，所以在计算公式结尾处应当除以 1000000。

❑ 第 21～28 行计算月球地心黄纬的周期项、计算月球地心黄纬。这里需要注意的是，因表 11-5 中 D、M、M'、F 的单位为 0.000 001°，所以在计算公式结尾处应当除以 1 000 000。

11.4.5 儒略日等的计算

本节介绍如何计算儒略日和世纪数以及相关代码实现。

1. 儒略日简介

儒略日（Julian day，JD）是指由公元前 4713 年 1 月 1 日协调世界时中午 12 点开始所经过的天数，多为天文学家采用，用于作为天文学的单一历法，把不同历法的年表统一起来。如果计算相隔若干年的两个日期之间的天数，利用儒略日就比较方便。

2. 代码

本节将使用代码获得系统时间（即软件运行时的时间），计算儒略日以获得世纪数，从而实时更新时间来不断计算行星、月球的位置。

代码位置：随书源代码/第 11 章/Universe/Assets/Script/Lines/YueQiu_NW.cs

```
1   void GetNowTime(){                                              //获取系统时间
2     string NowTime=System.DateTime.Now.ToString("yyyy-MM-dd-HH-mm-ss"); //按格式获取时间
3     string[] NowTime_Split = NowTime.Split ('-');                //拆分、存储时间
4     year = int.Parse (NowTime_Split[0]);                         //把年转换成整数
5     month = int.Parse (NowTime_Split[1]);                        //把月转换成整数
6     day = int.Parse (NowTime_Split[2]);                          //把天转换成整数
7     hour = int.Parse (NowTime_Split[3]);                         //把时转换成整数
8     min = int.Parse (NowTime_Split[4]);                          //把分转换成整数
9     sec = int.Parse (NowTime_Split[5]);}                         //把秒转换成整数
10  float jde(int Y,int M,int D,int hour,int min,int sec){         //计算儒略日
11    int f=0;                                                     //定义变量
12    int g=0;                                                     //定义变量
13    float mid1,mid2,J,JDE,A;                                     //定义中间变量
14    if(M>=3){                                                    //如果大于或等于 3 月，则直接赋值
15      f=Y;
16      g=M;}
17    if(M==1||M==2){                         //如果月份是 1 月或 2 月，则年数减 1，月数加 12
18      f=Y-1;
19      g=M+12;}
20    mid1=Mathf.Floor(365.25f*f);                                 //由年计算出的部分儒略日
21    mid2=Mathf.Floor(30.6001f*(g+1));                            //由月计算出的部分儒略日
22    A=2-Mathf.Floor(f/100)+Mathf.Floor(f/400);
23    J=mid1+mid2+D+A+1720994.5f;                                  //计算出儒略日
24    JDE=J+hour/24+min/1440+sec/86400;
25    return JDE;}                                                 //返回儒略日
```

- 第 1～9 行获取系统时间（年月日时分秒），从而实时计算儒略日，更新行星或者月球的位置，这样就可以实时更新天体的位置。在根据规定格式获得系统时间之后需要对其进行拆分、存储，然后将其转换成整数类型以方便计算。

- 第 10～25 行为计算儒略日的方法。这段代码的算法实现非常复杂，读者如果理解不了，可以当作工具直接使用，不必深究；有兴趣的读者可以参考 Jean Meeus 的《天文算法》（第 2 版）（*Astronomical Algorithms*，2nd Edition）第 7 章第 60 页。

11.5 星空观察模块的开发

上一节主要介绍了本应用中所涉及的天文学基础以及开发中用到的基本计算公式，后面几

节将分模块讲解本应用中相关功能的开发。首先介绍星空观察模块的开发，此模块主要用于实现天体数据的存储与读取，天体以及天体连线的绘制，深空天体的绘制以及展示，太阳系八大行星的绘制等。

11.5.1 天体数据的存储与读取

在读取天体数据时，使用 Unity 引擎的 TextAsset 类，数据文件如图 11-25 所示。需要特别说明的是，TextAsset 类可跨平台使用。下面将介绍星空观察模块中的部分数据文件，以及读取功能的实现。

星座数据文件包含很多的信息，包括星座名称，星座中主要星体的位置、星等以及名称，星座连线的绘制顺序。从 begin 开始，星座数据文件中分别为某星座中星体的数量、名称、主要星体的信息以及连线信息。主要星体信息分别为星座的黄道坐标系中的黄经、黄纬，以及星等和星体名称，如图 11-26 所示。

```
diqiuN.txt
diqiuW.txt
haiwangxingN.txt
haiwangxingW.txt
huoxingN.txt
huoxingW.txt
jinxingN.txt
jinxingW.txt
MContent.txt
mStar.txt
muxingN.txt
muxingW.txt
shuixingN.txt
shuixingW.txt
shuju.txt
tianwangxingN.txt
tianwangxingW.txt
tuxingN.txt
tuxingW.txt
yueqiuN.txt
yueqiuW.txt
```

图 11-25 数据文件

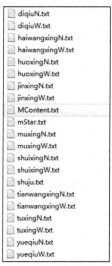

```
#长蛇座==================begin===========
18
长蛇座
207.01 -13.44 2.95 γHya
204.50 -14.34 4.90 ψHya
193.26 -31.28 4.6 βHya
......
130.18 -12.23 4.1 δHya
131.12 -14.36 4.45 Minchir
132.18 -14.15 4.30 ηHya
18
0 1
1 2
2 3
......
15 16
16 17
17 13
#长蛇座==================end=============
```

图 11-26 星座数据文件的内容

接下来介绍深空天体的数据文件。本应用中的深空天体为部分梅西耶天体，其位置信息存放在 Assets/DataTXT/mStart.txt 中，文件内容如图 11-27 所示。其位置信息包含其黄经、黄纬等。在同一目录下的 MContent.txt 中包含了深空天体的名称和简介，如图 11-28 所示。

```
mStar.txt
M1 8.40 11.90 5.34.31.94 22.00.18.9 84.05.26.3 -1.17.33.6
M2 6.30 12.06 21.33.27.02 -0.49.23.7 325.24.56.2 12.37.22.5
M3 6.20 12.21 13.42.11.62 28.22.38.2 191.19.56.7 35.56.38.2
M4 5.90 12.71 16.23.35.23 -26.31.32.7 248.29.12.3 -4.52.07.6
......
```

图 11-27 mStar.txt 文件的内容

```
MContent.txt
M1(蟹状星云)*蟹状星云(M1[1], NGC1952[1]或金牛座A)是位于金牛座
M2(球状星团)*M2（NGC7089）是一个很耀眼的球状星团。它呈现为一个
M3(球状星团)*梅西尔3（也称为M3或NGC5272）是位在猎犬座的一个球
M4(球状星团)*M4星团（又称球状星团M4或NGC6121）是位于天蝎座的一
......
```

图 11-28 深空天体的名称和简介

除了包含星座数据以及深空天体数据，Assets/DataTXT 还包含了八大行星以及月球的数据。

下面将介绍数据的读取与处理。在 LoadDataFromTXT.cs 脚本中通过 LoadData_NW 方法实现了对星座数据的读取，并将拆分出的数据存入动态建立的锯齿数组中。具体代码如下。

代码位置：随书源代码/第 11 章/Assets/Script/Lines/LoadDataFromTXT.cs

```
1    static void LoadData_NW(String[] DataFromTXT){        //加载经纬度到锯齿数组中
2      int XingZuoIndex = 0;
3      int NW=0;
4      int Level_Name = 0;
5      for(int i=0;i<DataFromTXT.Length;){                  //循环存储数据文件中每一行数据
6        string[] strs=DataFromTXT[i].Split('#');          //拆分注释行
7        if(strs[0]==""){
8          StarSign_Name[XingZuoIndex]=DataFromTXT[i+2];   //获得星座名称
9          int StarNUM=int.Parse(DataFromTXT [i+1]);       //星座的星数
10         string[] str_EachRow;                           //用于存放每颗星的经纬度
11         string[] str_dot;                               //处理带小数的数组
12         Star_NW[XingZuoIndex]=new float[StarNUM*2];      //构建存放每个星座经纬度的锯齿数组
13         Star_Level_Name[XingZuoIndex]=new string[StarNUM*2] ;
14         for(int j=0;j<StarNUM;j++){                      //将经纬度存放入锯齿数组中
15           str_EachRow=DataFromTXT[i+3+j].Split(' ');     //把每行按空格分隔成数组
16           for(int m=2;m<4;m++){                          //获得每个星座中每颗星的等级和名称
17             Star_Level_Name[XingZuoIndex][Level_Name]=str_EachRow[m];//存放星等与星名称
18             Level_Name++;
19           }
20           for(int n=0;n<2;n++){                          //把拆分的数组依次放入锯齿数组中
21             str_dot=str_EachRow[n].Split('.');           //转换 TXT 文件中的经纬度格式
22             if(str_dot.Length==2){                       //如果要处理的值为小数
23               str_EachRow[n]=(float.Parse(str_dot[1])/60+float.Parse(str_dot[0])).ToString();
24             }
25             Star_NW[XingZuoIndex][NW]=float.Parse(str_EachRow[n]);    //存入锯齿数组
26             NW++;
27           }}
28           XingZuoIndex++;
29           NW=0;
30           Level_Name=0;
31         }
32         if(strs[0]==""){
33         i+=int.Parse(DataFromTXT[i+1])+5+int.Parse(DataFromTXT[i+3+int.
34         Parse(DataFromTXT[i+1])]);
35         }else{
36           i++;                                           //读取结束判定
37   }}}
```

❑　第 2～4 行是对一些主要变量的声明，分别为星座的索引、每个星座经纬度的索引、星等-名称索引，通过这些索引可以对星座文件的数据进行操作。

- ❑ 第 5～19 行主要遍历星座数据的每一行，通过判断"#"符号，判定某一星座数据的开始，然后对星座名称和星数进行记录，创建存放星座数据的锯齿数组，存储经纬度，同时存储星等和名称信息。

- ❑ 第 20～27 行主要对星座的经纬度数据进行处理，转换经纬度的格式，同时将处理好的经纬度存储到锯齿数组中。

- ❑ 第 28～37 行主要对处理星座数据用到的索引进行重置，同时设置外层循环，以确保对每个星座都进行处理。

接下来介绍 LoadDataFromTXT.cs 脚本文件中的 LoadData_Path 方法。此方法是在场景中绘制恒星以后，绘制星座连线的方法。通过调用此方法，可以加载数据文件中的星座连线信息，从而完成星座连线的绘制。具体代码如下。

代码位置： 随书源代码/第 11 章/Assets/Script/Lines/LoadDataFromTXT.cs

```
38   static void LoadData_Path(String[] DataFromTXT){        //加载星连线到锯齿数组中
39     int XingZuo_Index = 0;
40     int Path_Index = 0;                                  //每一个星座中连线信息的索引
41     for (int i = 0;i < DataFromTXT.Length;) {
42       string[] strs = DataFromTXT[i].Split('#');
43       if (strs[0] == "") {
44         int StarPathNUM = int.Parse                      //获得星座线段数
45           (DataFromTXT[int.Parse(DataFromTXT[i + 1]) + 3 + i]);
46         string[] strPath_EachRow;                        //临时存放数组，存放连线
47         Star_Path[XingZuo_Index] = new int[StarPathNUM * 2];//构建存放星座连线的锯齿数组
48         for (int j = 0;j < StarPathNUM;j++) {            //将连线信息存入数组
49           //按空格拆分成数组
50           strPath_EachRow = DataFromTXT[int.Parse(DataFromTXT[i + 1]) + 4 + i + j].
51           Split(' ');
52           for (int n = 0;n < 2;n++) {                    //把拆分的数组依次存放入锯齿数组
53             Star_Path[XingZuo_Index][Path_Index] = int.Parse(strPath_EachRow[n]);
54             //存放连线数据
55             Path_Index++;
56         }}
57         XingZuo_Index++;
58         Path_Index = 0;                                  //重置星座路径索引
59       }
60       if (strs[0] == "") {                               //判断外层总循环的起点
61         i += int.Parse(DataFromTXT[i + 1]) + 5           //跳过当前星座，读取下一个星座的索引
62         + int.Parse(DataFromTXT[i + 3 + int.Parse(DataFromTXT[i + 1])]);
63       }
64       else {
65         i++;
66   }}}
```

- ❑ 第 38～47 行主要声明星座索引以及连线信息索引，进行数据拆分，并从第一行则开

始读取。同时获取星座中存在的连线数，构建锯齿数组，用来存放连线信息。

- ❑ 第 48～59 行主要将拆分后的星座连线的数据存放在锯齿数组中，完成当前星座信息的完整读取，之后开始遍历下一个星座，并对路径信息索引进行重置。
- ❑ 第 60～66 行主要获取当前数据文件有多少行，并通过对 i 的累加完成外层循环，完成这些计算后，开始下一个星座连线信息的读取。

M 星系的 TXT 文件中存储的数据列依次是名称、星等、亮度、赤经、赤纬、黄经、黄纬。通过 LoadDataFromTXT.cs 脚本文件中的 M_Trans 方法对深空天体数据进行拆分，并将计算出的三维坐标存放在星座信息数组中。具体代码如下。

代码位置：随书源代码/第 11 章/Assets/Script/Lines/LoadDataFromTXT.cs

```
67   static void M_Trans(){
68     string[] M_N;                                    //存放拆分之后的经度
69     string[] M_W;                                    //存放拆分之后的纬度
70     int M_Index = 0;                                 //M星云的索引
71     for (int i = 0;i < M_Num;i++) {
72       M_Data[i] = new string[7];                     //实例化锯齿数组，存放每一个M星系拆分后的数据
73     }
74     for (int i = 0;i < M_Row.Length;i++) {
75       M_Data[i] = M_Row[i].Split(' ');               //按空格拆分每一行
76     }
77     for (int i = 0;i < M_Row.Length;i++) {
78       M_N = M_Data[i][5].Split('.');                 //按"."拆分经纬度
79       M_W = M_Data[i][6].Split('.');                 //按"."拆分经纬度
80       float N = float.Parse(M_N[0]) + float.Parse(M_N[1]) / 100;   //归一化黄经
81       float W = float.Parse(M_W[0]) + float.Parse(M_W[1]) / 100;   //归一化黄纬
82       double n = (double)N / 180 * PI;               //转换经纬度
83       double w = (double)W / 180 * PI;
84       float x = (float)(M_R * Math.Cos(w) * Math.Cos(n));
85       float y = (float)(M_R * Math.Cos(w) * Math.Sin(n));
86       float z = (float)(M_R * Math.Sin(w));
87       M_Pos[M_Index] = x;                            //将三维坐标存放入float数组中
88       M_Pos[M_Index + 1] = y;
89       M_Pos[M_Index + 2] = z;
90       M_Index += 3;                                  //存放下一个坐标
91   }}
```

说明：此方法的主要功能是通过对 M 星系的数据进行拆分，并存放在数组中，归一化经纬度以后，计算出三维空间中 M 星系的坐标，并存放在数组中。

LoadDataFromTXT.cs 脚本文件中通过 TransNWToVec 方法将读取到的星座文件数据转换成三维空间中的坐标，并在此方法中计算了星座名称文本的位置。具体代码如下。

代码位置：随书源代码/第 11 章/Assets/Script/Lines/LoadDataFromTXT.cs

```
92   static void TransNWToVec(){                        //将经纬度转换成空间坐标
```

```
93      int Star_Index = 0;
94      int StarSign_POS_Index = 0;
95      float Average_X = 0;
96      float Average_Y = 0;
97      float Average_Z = 0;
98      float SUM_X = 0;
99      float SUM_Y = 0;
100     float SUM_Z = 0;
101     for (int i = 0;i < Star_NW.Length;i++) {
102       Star_Pos[i] = new float[Star_NW[i].Length / 2 * 3];      //实例化锯齿数组
103       for (int j = 0;j < Star_NW[i].Length;) {
104         double n = (double)Star_NW[i][j] / 180 * PI;           //转换经度
105         double w = (double)Star_NW[i][j + 1] / 180 * PI;       //转换纬度
106         float x = (float)(R * Math.Cos(w) * Math.Cos(n));
107         float y = (float)(R * Math.Cos(w) * Math.Sin(n));
108         float z = (float)(R * Math.Sin(w));
109         Star_Pos[i][Star_Index] = -x;
110         Star_Pos[i][Star_Index + 1] = y;
111         Star_Pos[i][Star_Index + 2] = z;
112         j += 2;
113         Star_Index += 3;
114       }
115       Star_Index = 0;
116     }
117     for (int i = 0;i < Star_Pos.Length;i++) {
118       SUM_X = 0;
119       SUM_Y = 0;
120       SUM_Z = 0;
121       for (int j = 0;j < Star_Pos[i].Length;) {
122         SUM_X += Star_Pos[i][j];
123         SUM_Y += Star_Pos[i][j + 1];
124         SUM_Z += Star_Pos[i][j + 2];
125         j += 3;
126       }
127       Average_X = SUM_X / (Star_Pos[i].Length / 3);
128       Average_Y = SUM_Y / (Star_Pos[i].Length / 3);
129       Average_Z = SUM_Z / (Star_Pos[i].Length / 3);
130       StarSignName_Pos[StarSign_POS_Index] = Average_X;
131       StarSignName_Pos[StarSign_POS_Index + 1] = Average_Y;
132       StarSignName_Pos[StarSign_POS_Index + 2] = Average_Z;
133       StarSign_POS_Index += 3;
134 }}
```

说明：此方法的主要功能是遍历已经存入数据的经纬度数组，将数组中经纬度通过三角函数转换成三维空间中的坐标，并将坐标存入星座列表中。同时将星座中星的 x、y、z 坐标分别进行累加求和，并求平均值，作为星的位置存放在数组中。

11.5.2 星座以及深空天体相关内容的绘制

前面介绍了数据的存储与读取，接下来创建静态的数组，用于存放星座、星座名称以及深空天体等数据，并将利用上一节读取到的数据完成对星座、星座连线、星座名称以及深空天体的绘制。

首先将介绍星座中星的绘制以及深空天体的绘制方法。如果认为天球无穷远，那么天球可以用缩放的球体代替，星座连线可以用缩放的圆柱代替，在绘制星的时候只需将读取到的位置信息实例化为一个球体即可，M 星系实例化之后需要为其添加图片。具体代码如下。

代码位置： 随书源代码/第 11 章/Assets/Script/Lines/StarPOS_Vec_Array.cs

```
1    using UnityEngine;                                         //导入包
2    using UnityEngine.UI;
3    using System.Collections;
4    using System.Collections.Generic;
5    public class StarPOS_Vec_Array : MonoBehaviour {            //画星的方法
6      public static Vector3[] starPos_Vector3;
7      public TextAsset txt_S;
8      .../*此处省略了对一些声明变量的代码，有兴趣的读者可以自行查看随书源代码中的内容进行学习*/
9      void Awake() {
10       LoadDataFromTXT.DataFromTXT = txt_S.text.Split('\n');//加载星座文件中的每一行并存入数组
11       LoadDataFromTXT.M_Row = txt_M.text.Split('\n');     //加载M星系文件中的每一行并存入数组
12       LoadDataFromTXT.Read();                             //加载数据
13       int VextexNum = 0;
14       for (int i = 0;i < LoadDataFromTXT.Star_Pos.Length;i++) {
15         VextexNum += LoadDataFromTXT.Star_Pos[i].Length;
16       }
17       for (int i = 0;i < LoadDataFromTXT.starsigns;i++) {         //遍历星座名称数组
18         StarObj[i] = new GameObject[LoadDataFromTXT.Star_Pos[i].Length / 3];
19       }
20       starPos_Vector3 = new Vector3[VextexNum / 3];        //实例化数组
21       int m = 0;
22       int n = 0;                                           //每个星座的星索引
23       int d = 0;                                           //星等索引
24       float Star_Scale = 0;
25       ArrayList_Star = new ArrayList();
26       for (int i = 0;i < LoadDataFromTXT.Star_Pos.Length;i++) {
27         n = 0;d = 0;                                       //变量初始化
28         for (int j = 0;j < LoadDataFromTXT.Star_Pos[i].Length;) {
29           starPos_Vector3[m] = new Vector3(LoadDataFromTXT.Star_Pos[i][j],
30           LoadDataFromTXT.Star_Pos[i][j + 1],
31           LoadDataFromTXT.Star_Pos[i][j + 2]);
32           GameObject go = (GameObject)Instantiate
33           (sphere, starPos_Vector3[m], Quaternion.identity);
```

```
34        Star_Scale = (6.0f - float.Parse              //控制星等
35        (LoadDataFromTXT.Star_Level_Name[i][d])) / 10 - 0.09f;
36        /*此处省略了控制星大小的代码，有兴趣的读者可以自行翻看随书源代码中的内容进行学习*/
37        go.transform.localScale = new Vector3(Star_Scale,
38        Star_Scale, Star_Scale);                      //改变星大小
39        StarObj[i][n] = go;                           //记录实例化后的星
40        StarObj[i][n].transform.parent = fart.transform;  //为实例化的星添加父对象
41        ArrayList_Star.Add(starPos_Vector3[m]);       //将星座中的星添加到列表中
42        j += 3;d += 2;m++;n++;                        //对遍历中用到的索引进行累加
43      }}
44      int M_Image_Index = 0;                          //M星系图片索引
45      int M_Obj_Index = 0;                            //M星系对象索引
46      for (int i = 0;i < LoadDataFromTXT.M_Pos.Length;) {  //实例化存放M星系的数组
47        Vector3 M_Pos = new Vector3(LoadDataFromTXT.M_Pos[i],
48        LoadDataFromTXT.M_Pos[i + 1],
49        LoadDataFromTXT.M_Pos[i + 2]);                //获取M星系位置
50        GameObject M = (GameObject)Instantiate(M_Sprite, M_Pos,
51        Quaternion.identity);                         //实例化M星系
52        M.transform.forward = M_Pos;                  //设置M星系正方向
53        M.name = LoadDataFromTXT.M_Data[M_Obj_Index][0];   //获取M星系名称
54        M.transform.GetComponent<SpriteRenderer>().sprite
55        = M_Image[M_Image_Index];                     //添加图片
56        i += 3;
57        M_Obj[M_Obj_Index] = M;                       //将创建的M星系存入数组中
58        M_Obj_Index++;
59  }}}
```

- ❑ 第1～8行导入包并声明一些变量。
- ❑ 第9～19行通过对星座文件数据的拆分，将星座数据文件的每一行存入创建的数组中。首先通过对 M 星系数据文件的拆分将 M 星系数据存入数组，然后调用 LoadDataFromTXT.cs 脚本文件下的 Read 方法，开始数据的处理与存储，并计算坐标的数量，实例化存放星的数组。
- ❑ 第20～43行实例化 Vector3 数组来存放星的位置，并实例化用于存放每个星座中每颗星的列表，遍历星座列表中的数据，整合坐标，实例化 Vector3 向量，并存入该类型数组中，之后实例化球以代替星，并控制星等，将创建的星添加到列表中。
- ❑ 第44～59行是对 M 星系的处理，包括将星系坐标进行整合，获取 Vector3 类型的 M_Pos 数据，实例化该星系，添加星系的名称，并为其添加图片。

接下来将介绍星座连线的绘制方法，该脚本使用圆柱体把实例化的点（即球）连接起来，连接数据信息存放在 LoadDataFromTXT.cs 脚本中的 Star_Path 锯齿数组中。特别需要注意的是，在每个星座画完之后，需要将在列表中该星座的所有连线信息删除。具体代码如下。

代码位置：随书源代码/第 11 章/Assets/Script/Lines/LineTool.cs

```
1   using UnityEngine;                                  //导入包
```

```
2    using UnityEngine.UI;
3    using System.Collections;
4    using System.Collections.Generic;
5    public class LineTool : MonoBehaviour {                          //画线
6      public GameObject line;
7      public Transform fart;                                        //父对象的位置引用
8      void Start() {
9        for (int i = 0;i < LoadDataFromTXT.Star_Path.Length;i++) {   //遍历星与星连线的数组
10         for (int j = 0;j < LoadDataFromTXT.Star_Path[i].Length;) {
11           showLine(LoadDataFromTXT.Star_Path[i][j], LoadDataFromTXT.Star_Path[i][j + 1]);
12           j += 2;
13         }
14         //当一个星座的连线画完之后，将该星座的所有点从列表中删除
15         StarPOS_Vec_Array.ArrayList_Star.RemoveRange(0, LoadDataFromTXT.Star_Pos[i].Length / 3);
16    }}
17      void showLine(int i, int j)
18      {
19        Vector3 star_a = (Vector3)StarPOS_Vec_Array.ArrayList_Star[i];   //获取 a 坐标
20        Vector3 star_b = (Vector3)StarPOS_Vec_Array.ArrayList_Star[j];   //获取 b 坐标
21        Vector3 tempPos = (star_a + star_b) / 2;                         //计算两个点的中点
22        //在两个点的中点处实例化线条，因为对物体的缩放是从中心向两边延伸的
23        GameObject go = (GameObject)Instantiate(line, tempPos, Quaternion.identity);
24        go.transform.right = (go.transform.position - star_a).normalized;   //改变线条的朝向
25        float distance = Vector3.Distance(star_a, star_b);               //计算两点的距离
26        go.transform.localScale = new Vector3(distance, 0.01f, 0.01f);//延长线条,连接两个点
27        go.transform.parent = fart.transform;                            //设置连线的父对象
28    }}
```

- ❑ 第 1~7 行导入包并声明一些变量。
- ❑ 第 8~16 行的主要功能是遍历星与星连线的数组，每次将前两个星索引传入 showLine 方法中，画线，每次画完一个星座就将列表中该星座的连线信息删除。
- ❑ 第 17~28 行为画线的方法。通过传入星的索引，获取两颗星的坐标，计算中心点位置，实例化一个圆柱，改变圆柱的朝向与长度，使其能够连接两个点，并设置该圆柱为父对象。

接下来将介绍拾取深空天体并显示深空天体信息的方法，单击深空天体图片会显示深空天体的介绍，通过射线的碰撞检测对深空天体进行拾取。具体代码如下。

代码位置：随书源代码/第 11 章/Assets/Script/Lines/M_Ray.cs

```
1    using UnityEngine;                                              //导入包
2    using System.Collections;
3    using UnityEngine.UI;
4    public class M_Ray : MonoBehaviour {
5      public Text M_Text;                                          //显示 M 星系详细信息
6      /*此处省略了声明一些变量的代码，有兴趣的读者可以自行查看随书源代码*/
```

```
7     void Update() {
8       if (Input.touchCount == 1){                                        //拾取 M 星系群
9       {
10        Touch t = Input.GetTouch(0);                                     //获取触控点
11        if (t.phase == TouchPhase.Began) {                               //如果开始触摸
12          Ray ray = Camera.main.ScreenPointToRay(Input.GetTouch(0).position);//获取射线
13          RaycastHit hitInfo;                                            //射线信息
14          if (Physics.Raycast(ray, out hitInfo)) {                       //如果已经开始触控
15            GameObject gameObj = hitInfo.collider.gameObject;            //获取碰撞器引用
16            for (int i = 0;i < LoadDataFromTXT.M_Num;i++) {              //遍历 M 星系数组
17              //判断拾取的是哪一个 M 星系
18              if (gameObj.transform.name == LoadDataFromTXT.M_Data[i][0]) {
19                //拆分、组装文本，显示字符串
20                M_Name = LoadDataFromTXT.M_Data[i][0];                   //名称
21                M_Level = LoadDataFromTXT.M_Data[i][1];                  //星等
22                M_Light = LoadDataFromTXT.M_Data[i][2];                  //亮度
23                M_Temp = LoadDataFromTXT.M_Data[i][3].Split('.');        //用"."拆分后的数组
24                M_ChiJing = M_Temp[0] + "h" + M_Temp[1]
25                  + "m" + M_Temp[2] + "." + M_Temp[3] + "s";             //显示赤经的字符串
26                M_Temp = LoadDataFromTXT.M_Data[i][4].Split('.');
27                M_ChiWei = M_Temp[0] + "°" + M_Temp[1] + "′"
28                  + M_Temp[2] + "." + M_Temp[3] + "″";                   //显示赤纬的字符串
29                M_Temp = LoadDataFromTXT.M_Data[i][5].Split('.');
30                M_HuangJing = M_Temp[0] + "°" + M_Temp[1] + "′"
31                  + M_Temp[2] + "." + M_Temp[3] + "″";                   //显示黄经的字符串
32                M_Temp = LoadDataFromTXT.M_Data[i][6].Split('.');
33                M_HuangWei = M_Temp[0] + "°" + M_Temp[1] + "′"
34                  + M_Temp[2] + "." + M_Temp[3] + "″";                   //显示黄纬的字符串
35                M_Text.text = "名称: " + M_Name + "\n星等: " + M_Level
36                  + "\n表面亮度:" + M_Light + "\n赤经:" + M_ChiJing + "\n赤纬:" + M_ChiWei
37                  + "\n黄经: " + M_HuangJing + "\n黄纬: " + M_HuangWei;//显示字符串
38                BToMStar.gameObject.SetActive(true);
39                StartCoroutine(M_Text_XSTime());
40    }}}}}}
41    IEnumerator M_Text_XSTime()
42    {
43      yield return new WaitForSeconds(5.0f);                             //等待 5s
44      M_Text.text = "";                                                  //显示的内容消失
45      BToMStar.gameObject.SetActive(false);                              //按钮消失
46    }}
```

❏　第 1～6 行的主要功能是导入包，并声明一些变量。

❏　第 7～17 行的主要功能是获取触控点，如果当前触控点为一个，从屏幕开始发一条射线，并获取射线信息，遍历 M 星系数组，如果拾取到了某 M 星系，进行接下来的操作。

❏　第 18～40 行的主要功能是对获取到的 M 星系信息进行拆分，获取该星系的名称、星

等等信息，同时通过 "." 拆分赤经、赤纬、黄经、黄纬，存储到相应的缓存字符串中，最后显示所有字符串，并显示进入 M 星系列表的按钮，启动协程。

❑　第 41～46 行用于在 5s 后让显示的内容与按钮消失。

11.5.3　八大行星以及月球的绘制

上一节介绍了星座以及深空天体相关内容的绘制过程，本节将介绍八大行星以及月球的绘制。这个过程比较复杂，需要用到前面提到的数据文件，在进入场景时，要计算出八大行星及月球在天球中的位置，同时绘制八大行星和月球的名称。下面将详细介绍。

首先介绍八大行星运行轨迹的计算以及如何通过黄经、黄纬确定天体位置。为了便于理解，以地球为例进行说明，其中包括如何从数据文件中拆分并存储数据、统计数据文件中的子表个数以及如何遍历计算子表每一项等。具体代码如下。

代码位置： 随书源代码/第 11 章/Assets/Script/Lines/Planets_N.cs

```
1   using UnityEngine;                                          //导入包
2   using System.Collections;
3   public class Planets_N : MonoBehaviour {
4     public TextAsset DataTXT_N;
5     public static string[] Data_Row_N;                        //数据文件按行存储在数组中
6     public static string[,] Data_Row_Split;                   //每一行按空格拆分
7     public static float[] Data_List_SUM;                      //存储数据表子表的计算结果
8     public static float dt;
9     void Awake(){
10      Data_Split_Save ();                                     //动态存储和拆分数据
11      Method_Time ();                                         //计算儒略日时间
12      Process_SUM ();
13      Method_SUM(Data_List_SUM,dt);}                          //计算经纬度
14    void Process_SUM(){
15      .../*此处省略了该方法的代码实现，有兴趣的读者可以自行查看随书源代码*/
16    }}
17    void Data_Split_Save(){                                   //动态存储和拆分数据
18      Data_Row_N = new string[DataTXT_N.text.Split('\n').Length]; //分配存储空间
19      Data_Row_N = DataTXT_N.text.Split ('\n');               //将 TXT 文件按行存储在数组中
20      Data_Row_Split=new string[DataTXT_N.text.Split('\n').Length,3];//每一行按空格拆分
21      for(int i=0;i<DataTXT_N.text.Split('\n').Length;i++){   //循环
22        Data_Row_Split[i,0]=Data_Row_N[i].Split(' ')[0];            //拆分、存储每一行每一列
23        Data_Row_Split[i,1]=Data_Row_N[i].Split(' ')[1];
24        Data_Row_Split[i,2]=Data_Row_N[i].Split(' ')[Data_Row_N[i].Split(' ').Length-1];}}
25    float Method_Math(string A,string B,string C,float dt){   //A*cos(B+C*τ)计算公式
26      .../*此处省略了该方法的代码实现，有兴趣的读者可以自行查看随书源代码*/
27    }
28    void Method_SUM(float[] Data_List_SUM,float dt){          //得到经纬度（弧度制）
29      .../*此处省略了该方法的代码实现，有兴趣的读者可以自行查看随书源代码*/
30    }}
```

- ❑ 第1～8行导入包、声明所需变量。其中3个数组非常重要，它们分别是Data_Row_N、Data_Row_Split、Data_List_SUM，数据拆分之后主要存储在这3个数组中。
- ❑ 第9～13行指定方法调用顺序，其中包括Data_Split_Save、Method_Time、Process_SUM、Method_SUM，按照从数据文件拆分并存储数据、整理计算公式、求数据和的过程，调用相应的方法计算运行。
- ❑ 第17～24行为动态存储和拆分数据的方法。这个方法对于后面的计算十分重要，是计算行星黄经、黄纬的基础方法。

说明：在该脚本中，一些方法在前面已经详细介绍了，此处不再讨论，读者可以参考前面介绍的内容，也可以自行翻看随书源代码。

下面将介绍月球位置的计算以及获得黄经、黄纬之后实例化月球的代码。在以下脚本中省略儒略日的计算和计算月球位置所需的数据。具体代码如下。

代码位置：随书源代码/第11章/Assets/Script/Lines/YueQiu_NW.cs

```
1    using UnityEngine;                                        //导入包
2    using System.Collections;
3    public class YueQiu_NW : MonoBehaviour {
4      public GameObject preb;                                 //月球预制件
5      public Transform yueqiu;                                //月球的父对象
6      public static GameObject YQ_Index;                      //月球索引值
7      public static float R=20.0f;                            //控制球体半径
8      private float DE=3.141592654f/180;
9      private static int year,month,day,hour,min,sec;         //定义变量
10     private float[] Angle={130,140,150,160,170,180,190,200,  //月相变换角度
11        210,220,230,240,250,260,270,280,290,
12        300,310,320,330,340,350,360,10,15,20,
13        30,35,40,50,60,65,70,80,90};
14     void Start(){
15       int i;                                                //定义变量
16       float JDE, T, L1, D, M, M1, F, A1, A2, A3, E, SUML, lamda,
17        SUMB, beta, SUMR, SIN1, SIN2, COS1, Dist;            //定义变量
18       float[] La = {0,2,2,0,0,0,2,2,2,2,0,1,0,2,0,0,4,0,4,2,1,1,2,2,4,2,0,2,2,1
19        ,2,0,0,2,2,2,4,0,3,2,4,0,2,2,2,4,0,4,1,2,0,1,3,4,2,0,1,2,2};    //计算所需数据
20       .../*此处省略了部分数据，有兴趣的读者可以自行查看随书源代码*/
21       GetNowTime();                                         //计算日期和时间
22       JDE=jde(year,month,day,hour,min,sec);                 //计算儒略日
23       T=(JDE-2451545)/36525;                                //计算世纪数
24       L1=218.3164477f+481267.88123421f*T-0.0015786f*T*T+
25        T*T*T/538841-T*T*T*T/65194000;                       //月球的平黄经
26       D=297.8501921f+445267.1114034f*T-0.0018819f*T*T+
27        T*T*T/545868-T*T*T*T/113065000;                      //月球的平均太阳距角
28       M=357.5291092f+35999.0502909f*T-0.0001536f*T*T+
```

```
29      T*T*T/24490000;                                    //太阳的平近点角
30      M1=134.9633964f+477198.8675055f*T+0.0087414f*T*T+
31      T*T*T/69699-T*T*T*T/14712000;                      //月球的平近点角
32      F=93.2720950f+483202.0175233f*T-0.0036539f*T*T-
33      T*T*T/3526000+T*T*T*T/863310000;                   //月球的黄纬参量
34      A1=119.75f+131.849f*T;                             //金星的摄动
35      A2=53.09f+479264.290f*T;                           //木星的摄动
36      A3=313.45f+481266.484f*T;
37      E=1-0.002516f*T-0.0000074f*T*T;                    //计算地球轨道偏心率的变化
38      SUML=0;
39      for(i=0;i<=59;i++){                                //计算月球地心黄经的周期项
40        SIN1=La[i]*D+Lb[i]*M+Lc[i]*M1+Ld[i]*F;
41        SUML=SUML+S1[i]*0.000001f*Mathf.Sin(SIN1*DE)*Mathf.Pow(E,Mathf.Abs(Lb[i]));}
42        lamda=L1+SUML+(3958*Mathf.Sin(A1*DE)+1962*Mathf.Sin((L1-F)*DE)
43        +318*Mathf.Sin(A2*DE))/1000000;                  //计算月球地心黄经
44        lamda = lamda % 360;                             //转换到0°～360°
45        SUMB=0;
46        for(i=0;i<=59;i++){                              //计算月球地心黄纬的周期项
47          SIN2=Ba[i]*D+Bb[i]*M+Bc[i]*M1+Bd[i]*F;
48          SUMB=SUMB+Sb[i]*0.000001f*Mathf.Sin(SIN2*DE)*Mathf.Pow(E,Mathf.Abs(Lb[i]));};
49          beta=SUMB+(-2235*Mathf.Sin(L1*DE)              //计算月球地心黄纬
50      +382*Mathf.Sin(A3*DE)+175*Mathf.Sin((A1-F)*DE)
51      +175*Mathf.Sin((A1+F)*DE)+127*Mathf.Sin((L1-M1)*DE)
52      -115*Mathf.Sin((L1+M1)*DE))/1000000
53        float x=-(float)(R*Mathf.Cos(beta/180*Mathf.PI)*
54      Mathf.Cos(lamda/180*Mathf.PI));
55        float y=(float)(R*Mathf.Cos(beta/180*Mathf.PI)*
56      Mathf.Sin(lamda/180*Mathf.PI));
57        float z=(float)(R*Mathf.Sin(beta/180*Mathf.PI));
58        Vector3 pos = new Vector3 (x,y,z);               //组成三维坐标
59        Constraints.YQ_POS = pos;                        //存储该坐标
60        GameObject go = (GameObject)Instantiate(preb,pos,Quaternion.identity);//实例化月球
61        go.transform.parent = yueqiu.transform;          //添加在父对象之下
62        go.transform.eulerAngles = new Vector3 (0,0,Angle[day]);  //月相
63        YQ_Index = go;}                                  //给月球索引赋值
64    void GetNowTime(){                                   //获取系统时间
65    .../*此处省略了该方法的代码实现，有兴趣的读者可以自行查看随书源代码*/
66  }
67    float jde(int Y,int M,int D,int hour,int min,int sec)
68    {
69    .../*此处省略了该方法的代码实现，有兴趣的读者可以自行查看随书源代码*/
70  }}
```

❏ 第 1～13 行导入包，定义全局变量，其中包括实例化月球所需变量、计算儒略日所需变量等。

- □ 第14～37行准备计算月球黄经、黄纬所需的常量参数，这些都是在计算公式中所必需的。由于计算所需的数据非常多，这里省去了一部分。JDE、T、L1、D、M、M1、F、A1、A2、A3、E是按照前面给出的公式计算的，读者可以自行查阅。
- □ 第38～52行计算月球黄经、黄纬，前面已经给出计算公式，读者可以自行翻阅，通过遍历计算数据可以得到子数据项和，然后再求和即可得出。在求出黄经后还需要将其转换到0°～360°。
- □ 第53～63行根据月球的黄经、黄纬继续计算月球在三维空间中的坐标，然后根据月球坐标在场景中实例化月球，并将其挂载在月球父对象之下。需要注意的是，根据一个月之内月相的变化，旋转已经实例化的月球对象，使其表面的受光面积不同，来模拟月相的变化。

说明：在该脚本中，一些方法在前面已经详细介绍了，此处不再讨论，有需要的读者可以参考前面介绍的内容，也可以自行查看随书源代码。

下面介绍行星的绘制方法，通过场景加载时对行星数据进行处理，然后更新行星的位置，同时通过检测屏幕的缩放，判断摄像机的视野远近，对行星以及月球进行缩放。具体代码如下。

代码位置：随书源代码/第11章/Assets/Script/Lines/PanetsUpdatePos.cs

```
1   using UnityEngine;                            //导入包
2   using System.Collections;
3   public class PanetsUpdatePos : MonoBehaviour {
4     public Transform[] Planets_Trans;          //每一个行星的父对象
5     .../*此处省略了一些声明变量的代码，有兴趣的读者可以自行翻看随书源代码*/
6     void Start() {
7       Start_shuixing();                         //实例化水星并计算其位置
8       Start_jinxing();                          //实例化金星并计算其位置
9       Start_diqiu();                            //实例化地球并计算其位置
10      Start_huoxing();                          //实例化火星并计算其位置
11      Start_muxing();                           //实例化木星并计算其位置
12      Start_tuxing();                           //实例化土星并计算其位置
13      Start_tianwangxing();                     //实例化天王星并计算其位置
14      Start_haiwangxing();                      //实例化海王星并计算其位置
15    }
16    void Update() {                             //控制八大行星的缩放
17      if (Camera.main.GetComponent<Camera>().fieldOfView <= 30.0f) {
        //如果摄像机的视野小于或等于30°
18        for (int i = 0;i < 8;i++) {             //遍历行星数组
19          Planets[i].transform.localScale = new Vector3(1, 1, 1);   //改变行星大小
20        }
21        Planets[0].transform.localScale = new Vector3(0.7f, 0.7f, 0.7f);//改变水星大小
22        Planets[6].transform.localScale = new Vector3(1.3f, 1.3f, 1.3f);//改变天王星大小
23        Planets[7].transform.localScale = new Vector3(1.5f, 1.5f, 1.5f);//改变海王星大小
```

```
24        YueQiu_NW.YQ_Index.transform.localScale = new Vector3(1.3f, 1.3f, 1.3f);//改变月球大小
25    }
26    else if (Camera.main.GetComponent<Camera>().fieldOfView > 30.0f) {
27      for (int i = 0;i < 8;i++) {                        //遍历行星数组
28        Planets[i].transform.localScale = new Vector3(0.5f, 0.5f, 0.5f);//改变行星大小
29      }
30      YueQiu_NW.YQ_Index.transform.localScale = new Vector3(1.0f, 1.0f, 1.0f);//改变月球大小
31    }
32    .../*此处省略了部分代码，有兴趣的读者可以自行查看随书源代码*/
33  }
```

说明：以上代码在导入系统包后声明了一些变量，在 Start 函数中调用了实例化八大行星并计算八大行星位置的方法，在每帧调用的 Update 方法中，通过检测摄像机的视野，让行星以及月球的大小有所变化。因为八大行星大小不尽相同，所以对行星按比例地放大。

摄像机位置变动后，行星或者月球的大小发生了变化，PanetsUpdatePos.cs 脚本中通过 OnGUI 方法实现了行星以及月球名称的绘制，通过对摄像机视锥体检测的方法，将摄像机所视范围内的星体名称绘制出来。具体代码如下。

代码位置：随书源代码/第 11 章/ Assets/Script/Lines/PanetsUpdatePos.cs

```
1  void OnGUI(){
2    planes = GeometryUtility.CalculateFrustumPlanes(Camera.main);//获得摄像机视锥体的6个面
3    GUIStyle StarSign_Label = new GUIStyle();                //实例化界面样式
4    StarSign_Label.normal.background = null;
5    StarSign_Label.normal.textColor = new Color(0.5f, 0.7f, 0.7f);    //设置字体颜色
6    StarSign_Label.fontSize = 25;                        //设置字体大小
7    for (int i = 0;i < 8;i++) {
8          //检测行星是否在视锥体内
9      if (GeometryUtility.TestPlanesAABB(planes, Planets[i].GetComponent<SphereCollider>
10     ().bounds)) { //从空间坐标转换到屏幕坐标
11       Vector3 Star_ScreenPos = Camera.main.WorldToScreenPoint(PlanetsPOS[i]);
12       //屏幕左下角为（0,0）
13       Star_ScreenPos = new Vector2(Star_ScreenPos.x, Screen.height - Star_ScreenPos.y);
14       GUI.Label(new Rect(Star_ScreenPos.x + 10.0f, Star_ScreenPos.y - 10.0f, 100, 30),
15       PlanetsName[i], StarSign_Label);            //如果星座在摄像机视锥体内，则绘制星座名称
16     }}
17   Vector2 YQ_ScreenPos = new Vector2(Camera.main.WorldToScreenPoint(Constraints.
18   YQ_POS).x,Screen.height - Camera.main.WorldToScreenPoint(Constraints.YQ_POS).y);
19   GUI.Label(new Rect(YQ_ScreenPos.x + 10.0f, YQ_ScreenPos.y
20   - 10.0f, 100, 30), "月球", StarSign_Label);            //显示名称
21 }
```

❑ 第 1～6 行的主要功能获取摄像机视锥体的 6 个面，实例化一个界面样式，同时设置背景为空，设置字体颜色，并设置字体大小。

❑ 第 7～16 行的主要功能是通过遍历八大行星数组，对八大行星的碰撞器与摄像机视锥体进行碰撞检测。如果行星在视锥体范围内，则将其空间坐标转换成屏幕坐标，并计

算出行星名称所在的屏幕坐标，进行绘制。

❑　第17～21行的主要功能是获取月球的屏幕坐标，并绘制月球名称。

行星以及月球名称绘制完成后，需要绘制行星。这里要说明的是行星的绘制大同小异，均要计算各个行星以及卫星所在的三维空间中的坐标，然后实例化该行星或者卫星，并为其设置父对象。接下来将只介绍水星的绘制，具体代码如下。

代码位置：随书源代码/第11章/Assets/Script/Lines/PanetsUpdatePos.cs

```
22  void Start_shuixing() {                                              //绘制水星的方法
23    float x = -(float)(R * Mathf.Cos(Constraints.W[0]) * Mathf.Cos(Constraints.N[0]));
24    //获得x坐标
25    float y = (float)(R * Mathf.Cos(Constraints.W[0]) * Mathf.Sin(Constraints.N[0]));
26    //获得y坐标
27    float z = (float)(R * Mathf.Sin(Constraints.W[0]));               //获得z坐标
28    Vector3 pos = new Vector3(x, y, z);                               //获取向量
29    PlanetsPOS[0] = pos;                                              //记录计算出来的水星位置
30    GameObject go = (GameObject)Instantiate(Pre_Planets[0], pos, Quaternion.identity);
31    //实例化水星
32    go.transform.parent = Planets_Trans[0].transform;                //设置父对象
33     Planets[0] = go;                                                //记录实例化的水星
34  }
```

说明：以上代码通过读取 Constraints 类中水星的经纬度，计算得出三维空间中水星的 x、y、z 坐标，并实例化水星，同时对水星的父对象进行设置，并记录。其他行星的绘制方式与水星的绘制方式基本相同，有兴趣的读者可以自行查看随书源代码进行学习。

11.5.4　深空天体介绍场景的开发

前面提到了单击深空天体后，会出现进入梅西耶列表的按钮，用户单击该按钮，会进入梅西耶天体介绍场景。下面将介绍该场景的开发。

（1）新建一个场景，并将其重命名为 MStar，选中 Directional light，右击，并从上下文菜单中选择 Delete，如图 11-29 所示，删除光照。在 Hierarchy 面板中右击空白区域，并从上下文菜单中选择 UI→Canvas，创建一个画布，用于图像的显示，如图 11-30 所示。

（2）选中 Canvas，为其添加一个 Label，并将其重命名为 M_Label，用于标题显示。另外，添加一个 Text，将其重命名为 M_Content，用于显示星系信息。之后，添加一个 Image，将其重命名为 M_Image，用于显示星系图片，如图 11-31 所示。

（3）创建一个按钮，将其重命名为 Back，用于返回星空观察场景。创建一个 Scroll Rect，用于显示 M 星系列表，具体的设置如图 11-32 所示。为其添加一个 Toggle，用于显示选中的 M 星系，具体设置如图 11-33 所示。

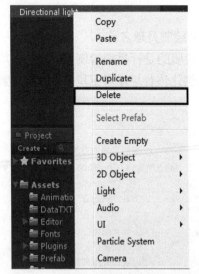

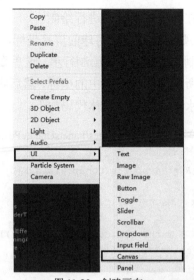

图 11-29　删除光照　　　　　　图 11-30　创建画布　　　　　　图 11-31　星系图片

图 11-32　Scroll Rect 的设置　　　　　　　　图 11-33　Toggle 的设置

（4）要在选中 M 星系名称后动态显示内容，同时改变 M 星系的图片，并伴随有声音出现，具体代码如下。

代码位置：随书源代码/第 11 章/Assets/Script/Lines/M_Select.cs

```
1    using UnityEngine;                                          //导入包
2    using System.Collections;
3    using UnityEngine.UI;
4    public class M_Select : MonoBehaviour {
5      public Toggle[] M_All;
6      .../*此处省略声明一些变量的代码，有兴趣的读者可以自行查看随书源代码*/
7      void Awake() {
```

```
8        M_Cont = txt_MContent.text.Split('\n');                    //拆分字符串
9        for (int i = 0;i < M_Cont.Length;i++) {                    //遍历拆分出的字符串数组
10         M_Label[i].transform.GetComponent<Text>().text = M_Cont[i].Split('*')[0];//显示内容
11       }}
12     void Update() {
13       CheakSelect_M();
14       }
15     public void BackToXingZuo() {                                //返回星空观察场景
16       if (Constraints.YinXiao == "open"){                        //添加音效
17         AudioSource.PlayClipAtPoint(Sound, new Vector3(0, 0, 0));//设置播放片段的位置，控制声音
18         }
19       Application.LoadLevelAsync("XingZuo");                     //返回"XingZuo"场景
20       }
21     void CheakSelect_M(){
22       string[] M_Temp;                                          //声明字符串数组
23       for (int i = 0;i < M_All.Length;i++) {
24         if (M_All[i].isOn == true) {                            //如果当前为选定状态
25           M_Temp = M_Cont[i].Split('*');                        //拆分字符串
26           M_Text.text = "名称：" + M_Temp[0] + "\n" + "简介：" + M_Temp[1];//显示内容
27           M_Image.sprite = M_Sprite[i];                         //改变星系图片
28     }}}}
```

- 第 1～6 行导入包并声明一些变量。
- 第 7～20 行的主要功能为进入场景、开始处理字符串并显示默认选定的 M 星系的内容。在每帧调用的 Update 方法中调用 CheckSect_M 方法实时检测 M 星系是否选中。BackToXingZuo 方法的主要功能为单击按钮后回到星空观察场景，并根据摄像机距离远近播放相应声音。
- 第 21～28 行的主要功能是判断 M 星系的选定状态，当状态改变时，显示当前选中状态的 M 星系的名称、介绍以及星系图片。

11.5.5 天体与连线着色器的开发

在选择星体以及连线着色器时需要慎重，由于该模块中星体和连线非常多，如果光照系统采用模拟太阳点光源，星体及连线就会出现强烈的锯齿抖动（即使已经启用了抗锯齿功能），因此就需要自己开发着色器使星体及连线自发光。具体代码如下。

首先介绍星体自发光脚本的开发。在该脚本中采用顶点着色器和片元着色器来实现星体的自发光（白光）。具体代码如下。

代码位置： 随书源代码/第 11 章/Assets/Script/ShaderText/shaderTest.shader

```
1    Shader "Custom/shaderTest" {
2      SubShader {
3        Pass{                                                     //通道声明
4          CGPROGRAM
```

```
5          #pragma vertex vert
6          #pragma fragment frag
7          #include "UnityCG.cginc"                          //导入 UnityCG
8          struct v2f{                                        //定义结构体
9            float4 pos:POSITION;};                           //声明顶点向量
10           v2f vert(appdata_base v){
11             v2f o;                                         //声明结构体
12             o.pos=mul(UNITY_MATRIX_MVP,v.vertex);          //MVP 投影变换
13             return o;}
14           fixed4 frag(v2f IN):COLOR{
15             return fixed4(1,1,1,0.8);}                     //返回颜色值
16           ENDCG}}
17       FallBack "Diffuse"}
```

　　说明：该着色器实现了星体自发光（白色）。在实现过程中使用了顶点、片元着色器，定义了结构体变量 v2f，在顶点着色器方法 vert 中将顶点进行投影变换，在片元着色器方法 frag 中对片元进行着色（白色）。

　　然后介绍连线自发光脚本的开发。在该脚本中采用顶点着色器和片元着色器来实现星体的自发光。具体代码如下。

代码位置：随书源代码/第 11 章/Assets/Script/ShaderText/light.shader

```
Shader "line/light" {
  Properties {                                                //定义属性
    _IlluminCol ("Self-Illumination color (RGB)", Color) = (0.64,0.64,0.64,1)//声明颜色值
    _MainTex ("Base (RGB) Self-Illumination (A)", 2D) = "white" {}}   //2D 纹理
  SubShader {
    Tags { "QUEUE"="Geometry" "IGNOREPROJECTOR"="true" }      //指定渲染顺序,忽略投影
    Pass {
      Tags { "QUEUE"="Geometry" "IGNOREPROJECTOR"="true" }    //指定渲染顺序,忽略投影
      Material {                                              //材质
       Ambient (1,1,1,1)                                      //环境光
       Diffuse (1,1,1,1)}                                     //漫反射
      SetTexture [_MainTex] { ConstantColor [_IlluminCol] combine constant * texture }
      //纹理颜色混合
      SetTexture [_MainTex] { combine previous + texture }    //纹理颜色相加
      SetTexture [_MainTex] { ConstantColor [_IlluminCol] combine previous * constant }
      //纹理颜色混合
}}}
```

　　说明：该着色器实现了连线自发光。在实现过程中首先声明属性变量_IlluminCol、_MainTex，在 Unity 的编辑面板中调节颜色值和 2D 纹理贴图；在子着色器中定义标签来确定渲染顺序和忽略投影，设置材质中的环境光和漫反射来确定连线颜色。

11.6 太阳系普通模式的开发

上一节介绍了星空观察模块的开发过程，接下来将要介绍太阳系普通模式的开发流程。这一模块的开发过程包括太阳系场景的搭建、天体运行脚本的开发、太阳特效的实现以及行星信息界面的开发。其中，太阳粒子特效的实现对于场景的渲染效果非常重要。

11.6.1 太阳系场景的搭建

本节介绍太阳系场景的搭建过程。太阳系模块包括普通模式、增强现实模式以及虚拟现实模式，其中普通模式和虚拟现实模式开发过程中使用的场景是相同的，增强现实模式中的模型和太阳场景中的天体模型是相同的，因此太阳系场景的搭建特别重要。具体步骤如下。

（1）新建一个场景，并将其重命名为 SolarSystem，选中 Directional light，右击并从上下文菜单中选择 Delete，如图 11-34 所示，删除光照。在 Hierarchy 面板中右击空白区域，并从上下文菜单中选择 UI→Canvas，创建画布，用于图像的显示，如图 11-35 所示。

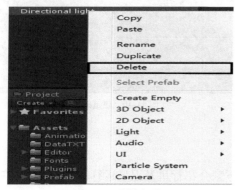

图 11-34　删除光照

图 11-35　创建画布

（2）选中 Canvas，添加一个 Text，用于普通模式的两种子模式（漫游等）显示。再添加一个 Image，将其重命名为 BackToMenu，作为返回主菜单按钮的图片。之后，Hierarchy 面板如图 11-36 所示。

（3）场景中所用到的行星、卫星的模型都是已经准备好的模型资源，太阳特效的实现以及小行星带的开发比较复杂，将在后面中详细介绍。把水星、金星、地球、火星、木星、土星、天王星、海王星及卫星按照顺序实例化到场景中，场景的结构如图 11-37、图 11-38 所示。

（4）Hierarchy 面板中的轨道结构如图 11-39 所示。行星运行轨道的标识可以使用精灵图片（圆线），如图 11-40 所示。运行轨道对于场景的立体空间感特别重要，它标识了行星及相关卫星的运行轨迹，也使得天体在场景中显得不那么混乱。

图 11-36　Hierarchy 面板

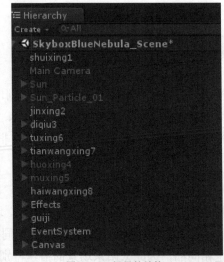

图 11-37　场景的结构 1

图 11-38　场景的结构 2

图 11-39　轨道结构

图 11-40　轨道的标识

11.6.2　行星与卫星运行脚本的开发

前面详细介绍了太阳系场景的搭建，接下来介绍行星及卫星运行脚本的开发。在模拟太阳系中，八大行星以及卫星的运行速度快慢不一，因此在场景中设置天体运行速度的标准以适合用户更好地观察天体的运动。具体代码如下。

下面介绍脚本 XuanZhua.cs 的开发。此脚本用以实现行星公转（除水星外），声明公有变量 AngularVelocity（角速度），在场景的编辑面板中可以调节参数，以控制行星公转角速度。具体代码如下。

代码位置：随书源代码/第 11 章/Universe/Assets/Script/XuanZhuan.cs

```
1    using UnityEngine;                              //导入包
2    using System.Collections;
3    public class XuanZhuan : MonoBehaviour {
4      public float AngularVelocity;                //声明变量
5      void Start () {}                             //Update 第一次调用前运行
```

```
6       void Update () {
7         transform.RotateAround(Vector3.zero, new Vector3(0,1,0),      //绕y轴以一定角速度旋转
8         AngularVelocity * Time.deltaTime);}}
```

说明：可以方便地在编辑面板中调节公有变量 AngularVelocity，以控制旋转函数 RotateAround 中行星旋转速度的快慢。天体自转脚本与此类似，这里不再介绍。

下面介绍脚本 InclinRail.cs 的开发。此脚本用以实现水星公转，声明公有变量 AngularVelocity（角速度）和 Rail_Angle（轨道倾角），在场景的编辑面板中可以调节水星公转角速度以及运行轨道的倾角。具体代码如下。

代码位置： 随书源代码/第 11 章/Universe/Assets/Script/InclinRail.cs

```
1    using UnityEngine;                                              //导入包
2    using System.Collections;
3    public class InclinRail : MonoBehaviour {
4      public float AngularVelocity;                                //公转角速度
5      public float Rail_Angle;                                     //轨道倾角
6      private float Angle_x;
7      private float Angle_y;
8      void Start () {
9        Angle_x = Mathf.Sin(90.0f+Rail_Angle);
10       Angle_y = Mathf.Cos(90.0f+Rail_Angle);}
11     void Update () {
12       transform.RotateAround(Vector3.zero,                       //绕所得公转轴旋转
13       new Vector3(Angle_x, Angle_y, 0),
14       AngularVelocity * Time.deltaTime);}}
```

说明：可以在编辑面板中调节公有变量 AngularVelocity 和 Rail_Angle，在脚本中计算公转轴（只需计算 x 和 y，因为 $z=0$），然后绕所得公转轴以一定的角速度旋转。

下面介绍脚本 Statellite.cs 的开发。此脚本用于实现卫星公转，声明公有变量 MainStatellite（宿主星）和 AngularVelocity（公转角速度），在场景的编辑面板中可以调节卫星公转角速度以及挂载卫星的宿主星。具体代码如下。

代码位置： 随书源代码/第 11 章/Universe/Assets/Script/InclinRail.cs

```
15   using UnityEngine;                                             //导入包
16   using System.Collections;
17   public class Statellite : MonoBehaviour {
18     public GameObject MainStatellite;                           //引用宿主星
19     public float AngularVelocity;                               //绕宿主星公转的角速度
20     void Start () {}
21     void Update () {                                            //绕宿主星的y轴公转
22     transform.RotateAround(MainStatellite.transform.position,
23     MainStatellite.transform.up, AngularVelocity * Time.deltaTime);}}
```

说明：可以在编辑面板中调节公有变量 MainStatellite 和 AngularVelocity，然后绕宿主星的 y 轴以一定的角速度旋转。

11.6.3　太阳特效的实现与小行星带的开发

太阳粒子特效的实现以及小行星带的开发对于虚拟现实模式下的太阳系非常重要。在戴好虚拟现实眼镜进行场景漫游时，如果朝向太阳前进或者处于小行星带的运行轨道上观测，会带来视觉上强烈的震撼。

1. 太阳粒子特效的实现

太阳粒子特效的实现需要用到 3 个粒子系统——Sun_Particle_01、Sun_glow_particle_01、Sun_Proto_01，分别如图 11-41、图 11-42、图 11-43 所示。在设置方面，这 3 个粒子系统的不同在于参数和纹理图片不同。这里只详细介绍 Sun_Particle_01，其他的请读者自己研究。

在基本参数中，Duration 设置为 10.00，勾选 Looping 复选框，Start Lifetime 设置为 4～5，Start Speed 设置为 1，Start Rotation 设置为−72～720，勾选 Play On Awake 复选框。

在 Emission 选项组中主要控制产生粒子的数量，这里根据需要选择每秒产生的粒子数量，如图 11-44 所示。

在 Shape 选项组中主要控制粒子产生的形状，其中 Shape 可以设置为 Sphere、HemiSphere、Cone、Box、Mesh、Circle、Edge。这里根据需要选择 Sphere，Radius 设置为 0.01，如图 11-45 所示。

图 11-41　粒子系统 1

图 11-42　粒子系统 2

图 11-43　粒子系统 3

在 Renderer 选项组中，设置 Renderer Mode 为 Billboard，设置 Cast Shadows 为 On，勾选 Receive Shadows 复选框，这样粒子就可以接受和反射光线。同时，将材质挂载到 Material 上，

基本设置就完成了，如图 11-46 所示。

图 11-44 Emission 选项组的设置

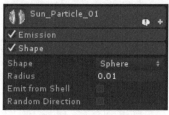

图 11-45 Shape 选项组的设置

图 11-46 Renderer 选项组的设置

2. 小行星带的开发

小行星带的开发也利用 Unity 引擎内置的粒子系统，通过设置粒子产生的形状来控制小行星带的形状。相对于其他天体的开发，小行星带在太阳系虚拟现实模式中能够带来强烈的视觉震撼，场景的效果如图 11-47、图 11-48 所示。

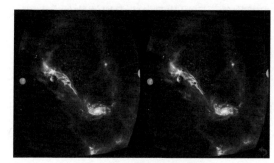

图 11-47 场景的效果 1

图 11-48 场景的效果 2

在基本参数中，Duration 设置为 5.00，勾选 Looping 复选框，Start Lifetime 设置为 96，Start Speed 设置为 0.42，Start Rotation 设置为 0，勾选 Play On Awake 复选框，如图 11-49 所示。

在 Emission 选项组中主要控制粒子产生的数量，这里根据需要选择每秒产生的粒子数量。在 Shape 选项组中主要控制粒子产生的形状，其中 Shape 可以设置为 Sphere、HemiSphere、Cone、Box、Mesh、Circle、Edge。这里根据需要选择 Circle，Radius 设置为 340。Emission、Shape 选项组的设置如图 11-50 所示。

在 Renderer 选项组中设置 Renderer Mode 为 Billboard，设置 Cast Shadows 为 On，取消勾选 Receive Shadows 复选框，这样粒子不接受和反射光线。将材质挂载到 Material 中，基本设置就已经完成了，如图 11-51 所示。

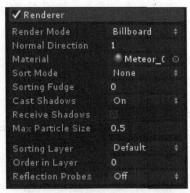

图 11-49　基本参数的设置　　图 11-50　Emission、Shape 选项组的设置　　图 11-51　Renderer 选项组的设置

11.7　太阳系增强现实模块的开发

上一节主要介绍了太阳系普通模块的开发。除以上功能外，本应用还加入了太阳系增强现实模块，通过移动设备的摄像头扫描特定的图片或者物体，可以出现 3D 虚拟的物体，与现实进行交互。在本应用中，通过扫描二维码，可以出现太阳系的相关天体。

11.7.1　AR 开发前期准备

前面对增强现实（AR）技术已经有了比较详细的介绍，接下来对太阳系增强现实模块开发的前期准备工作进行介绍。其中的重点是获取有特定信息的图片，并提取出可以导入 Unity 引擎中的包。下面将以地球为例进行介绍，其他行星的制作过程不再介绍。

（1）打开生成二维码的网站，以地球为例，输入地球后，生成二维码，选择嵌入文字，并调整文字的样式以及大小，之后导出即可。

说明：这里使用的生成二维码的网站是 liantu 网站，读者也可以根据自己的喜好选择其他生成二维码的网站，基本操作类似。

（2）创建 Vuforia 数据库。Vuforia 用户的注册过程在前面已经详细介绍过，这里不再介绍。进入 Vuforia 官网，选择 Develop，单击 Target Manager 选项卡，单击 Add DataBase 按钮，如图 11-52 所示，添加数据库，并将其命名为"solarsystem"。

（3）打开 solarsystem，单击 Add Target 按钮，如图 11-53 所示，添加对象。在弹出的 Add Target 界面（见图 11-54）中，选中 Single Image，单击 Browse 按钮，选择要处理的图片，然后设置 Width，并设置 Name 为 earth。完成以上设置后，单击 Add 按钮，添加完成。

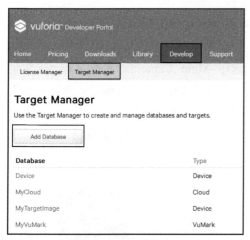

图 11-52　添加数据库

图 11-53　添加对象

（4）选中已经创建的名为 earth 的图片对象，单击 Download Database，会出现 Download Database 界面（见图 11-55），选择 Unity Editor，并单击 Download 按钮即可下载 Unity 中的 unitypackage。

图 11-54　Add Target 界面

图 11-55　Download Database 界面

（5）打开 Unity 项目，用户可以通过创建 Vuforia 控件来导入在第 2 章已经下载的 Vuforia SDK，并导入创建的数据库，这样就完成了前期的准备工作。读者需要注意的是，以上只介绍了地球二维码增强现实图片的制作过程，其他几个行星的图片制作过程基本相同，有兴趣的读者可以自行尝试。

11.7.2　场景搭建过程

前面介绍了太阳系增强现实模块的开发准备过程，在该模块中，用户扫描特定的二维码之后会出现 3D 物体。在该二维码上方，可以在 AR 摄像机可视范围内摆放 3D 物体。下面将对开发中各个部分进行详细介绍。

（1）新建一个场景，并将其命名为"AR"，选中 Main Camera，右击并从上下文菜单中选择 Delete，如图 11-56 所示，删除初始创建场景的主摄像机。在 Hierarchy 面板中右击，选择 Vuforia→AR Camera，如图 11-57 所示，AR 摄像机就添加完成了。

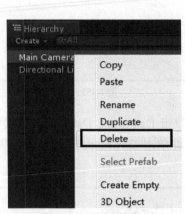

图 11-56　删除主摄像

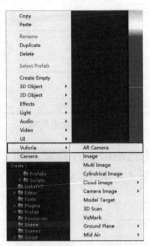

图 11-57　添加 AR Camera

（2）进入 Vuforia 官网，选择 Develop，单击 License Manager 选项卡，然后单击 Get Development Key，创建一个 License Key，设置 App Name 为 solorsystem（见图 11-58），勾选下面的复选框，单击 Confirm 按钮。

（3）添加 License Key 后，可以获得一串字符串，如图 11-59 所示。打开 Unity 项目，选中 AR Camera，将上面获取到的长字符串复制到 AR Camera 的 VuforiaConfiguration 中的 App License Key 中，如图 11-60 所示，就完成了 License Key 的添加过程。

图 11-58　设置 App Name

（4）对其他的参数进行设置，包括将 Camera Device Mode 参数设置为 MODE_DEFAULT，设置 Camera Direction 为 CAMERA_DEFULT，即默认摄像机，其他参数保持初始值即可。

（5）以制作地月系为例，用创建 AR Camera 的类似步骤创建 Image 对象，调整其位置，并重命名为 ImageTargetDiQiu。

图 11-59　License Key 的内容

图 11-60　添加 License Key

（6）选中 ImageTargetDiQiu 对象，设置 Image Target Behaviour (Script)的参数，设置 Database 参数为数据库的名称，设置 Image Target 参数为 diqiu，设置 Width 和 Height 均为 300，相关设置如图 11-61 所示。

（7）将之前的地月系的预制件拖曳到 ImagetargetDiQiu 对象下，调整其缩放比，这样就基本完成了地月系的制作。

其他行星的制作与以上步骤基本相同，有兴趣的读者可以按照以上步骤自行搭建场景。AR 场景的结构如图 11-62 所示。

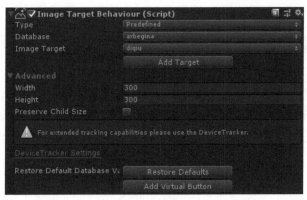

图 11-61　Image Target Behaviour (Script)的设置

图 11-62　AR 场景的结构

11.7.3　摄像机自动对焦脚本的开发

在打开软件之后，使用移动设备的摄像头扫描图片时，会出现摄像头不能准确识别二维码（比较模糊）的情况。因为没有对移动设备的摄像头进行自动对焦，所以需要开发自动对焦摄像头的脚本，来使移动设备的摄像头能够更好地识别二维码。核心代码如下。

代码位置：随书源代码/第 11 章/Universe/Assets/Script/SetFocus.cs

```
1   using UnityEngine;                                    //导入包
2   using System.Collections;
3   namespace Vuforia {
4     public class SetFocus : MonoBehaviour {
5       void Start() {
6         VuforiaBehaviour.Instance.StartEvent+=OnVuforiaStarted;
7         VuforiaBehaviour.Instance.OnApplicationPauseEvent+=OnPaused;
8       }
9       private void OnVuforiaStarted() {                  //开始时自动对焦
10        CameraDevice.Instance.SetFocusMode{                //开始对焦
11            CameraDevice.FocusMode.FOCUS_MODE_CONTINUOUSAUTO);
12      }
13      private void OnPaused(bool paused) {               //暂停时自动对焦
14        if (!paused) {
15          CameraDevice.Instance.SetFocusMode(             //开始对焦
16              CameraDevice.FocusMode.FOCUS_MODE_CONTINUOUSAUTO);
17  }}}}
```

说明：上述代码实现了两个监听方法。该代码可以实现移动设备摄像头的自动对焦功能，实现清晰扫描图片的效果。

至此，太阳系增强现实模块的开发过程就基本介绍完毕。以上只介绍了地月系的开发过程，其他几大行星的开发过程与地月系的开发过程基本相同，有兴趣的读者可以参考以上步骤，结合本书的项目文件，进行学习。

11.8　太阳系虚拟现实模块的开发

上一节主要介绍了太阳系增强现实模块的开发，接下来介绍太阳系 VR 模块的开发。太阳系虚拟现实模块主要由软件和外部设备（即 VR 眼镜）两部分组成，这里详细介绍场景中 GoogleVRForUnity_1.170.0.unitypackage 在开发中的使用方法。太阳系场景的搭建流程前面已经详细介绍，此处不再介绍。

11.8.1　使用 CardBoard SDK

要在 Unity 中导入 SDK 软件包，选择菜单栏的 Assets→Import Package→Custom Package，并选择下载的 GoogleVRForUnity_1.170.0.unitypackage。确保已勾选 Importing Unity Package 对话框中的所有复选框，并单击 Import 按钮，导入包，如图 11-63 所示。导入后，GoogleVR 文件夹的结构如图 11-64 所示。

图 11-63 导入包

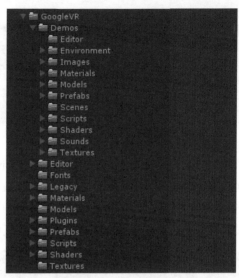

图 11-64 GoogleVR 文件夹的结构

在 Project 面板中，选择 Assets/GoogleVR/Demos/Scenes 文件夹，然后打开 HelloVR。此时能够看到这样的一个场景——在一个密封的房间上方漂浮着一个不规则物体。运行案例后，将鼠标指针放在不规则物体上物体会变色，单击物体，它会消失，运行结果如图 11-65、图 11-66所示。

图 11-65 HelloVR 案例的运行结果 1

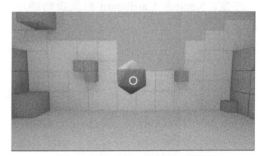

图 11-66 HelloVR 案例的运行结果 2

注意，如果使用的是 Unity 2018，系统会警告 API 将自动升级。如果出现上述警告，请接受它并继续操作。

11.8.2 构建应用并部署到 Android 设备

首先，在 Unity 中，选择 File→Build Settings，在弹出的界面中，选择 Android 作为平台，单击 Player Settings 按钮。在弹出的界面中，在 Other Settings 下面，设置 Package Name 字段的值（例如，com.example.CardboardUnityDemo），如图 11-67 所示。在 Resolution and Presentation 下面，设置 Default Orientation 为 Landscape Left，如图 11-68 所示。

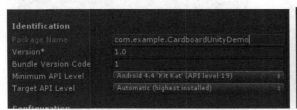

图 11-67　设置 Package Name 字段的值　　　　　　图 11-68　设置 Default Orientation

然后，在 XR Settings 选项组下，勾选 Virtual Reality Supported 复选框，并在 Virtual Reality SDKs 列表中添加 None 和 Cardboard 列表项，如图 11-69 所示。添加完成后，选择 Edit→Preferences→External Tools，在弹出的界面中设置 JDK 和 SDK 的路径，如图 11-70 所示。全部设置完成后，即可将应用程序安装到手机中。

图 11-69　设置 VR Settings 选项组　　　　　　图 11-70　设置 JDK 和 SDK 的路径

注意：None 和 Cardboard 列表项的顺序非常重要。若 None 排在第一位，则打开应用后进入的是 2D 界面；若 Cardboard 排在第一位，则打开应用后进入的是 VR 界面。这里必须将 None 排在第一位。

11.8.3　将太阳系场景开发成 VR 模式

GoogleVRForUnity_1.170.0.unitypackage 中包括一些开发过程中需要的预制件，利用这些预制件可以轻松地创建 VR 场景。新版本中官方预制件的位置如图 11-71 所示。下面将介绍其中几个主要的几个预制件及其功能。

- ❑ GvrControllerMain：VR 场景的关键对象。该预制件包含了 GvrControllerInput.cs 脚本的实例，主要用来管理控制器的各种状态。在创建场景后，将该预制件添加到场景中即可。该预制件的位置如图 11-72 所示。
- ❑ GvrControllerPointer：该预制件提供一个带内置激光指针的 Daydream 控制器，如图 11-73 所示。需要注意的是，该预制件需要与 Main Camera 对象处于同一层级，也就是要让二者拥有共同的父类，如图 11-74 所示。

图 11-71 官方预制件的位置

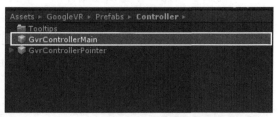

图 11-72 GvrControllerMain 预制件的位置

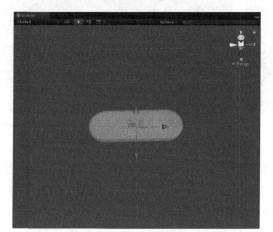

图 11-73 GvrControllerPointer 预制件

图 11-74 Main Camera 与 GvrControllerPointer
拥有共同的父类

❑ GvrEditorEmulator：该预制件实现了在 Unity 编辑器中模仿头部移动的功能。将该预制件添加到场景中后，按住 Alt 或 Ctrl 键的同时移动鼠标指针就可以模仿头部移动。在移动设备上运行应用时，此预制件不会起到任何作用。该预制件的位置如图 11-75 所示。

❑ GvrEventSystem：其中包含了 GvrPointerInputModule.cs 脚本，若需要与 VR 场景中的 UI 控件交互，则需要将该预制件拖曳到场景中。该预制件的位置如图 11-76 所示。

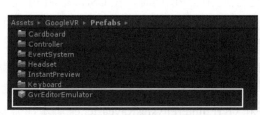

图 11-75 GvrEditorEmulator 预制件的位置

图 11-76 GvrEventSystem 预制件的位置

387

❑ GvrHeadset：调用 Daydream Standalone 耳机的位置跟踪功能所必需的预制件，每个场景中只允许存在该预制件的一个实例，其他实例将被自动销毁。该预制件的位置如图 11-77 所示。

❑ GvrKeyboardManager：在 VR 场景中可以启用基于 Daydream 控制器的键盘输入。需要注意的是，该预制件需要与 Main Camera 对象处于同一层级，也就是要让二者拥有共同的父类，如图 11-78 所示。

图 11-77　GvrHeadset 预制件的位置

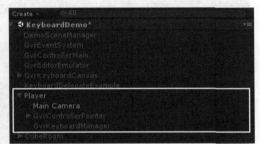

图 11-78　Main Camera 与 GvrkeyboardManager
拥有共同的父类

❑ GvrKeyboardCanvas：可自定义的文本画布，支持 VR 场景中 Daydream 控制器的键盘输入，其位置如图 11-79 所示。场景建好后，将其拖曳到场景中调整好位置即可。需要注意的是，此预制件需要 GvrKeyboardManager 预制件的实例，如图 11-80 所示。

图 11-79　GvrKeyboardCanvas 预制件的位置

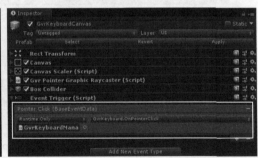

图 11-80　获取 GvrKeyboardManager 预制件的实例

❑ GvrInstantPreviewMain：在 Unity 编辑器中可以启用即时预览所必需的预制件。在 Full VR Preview 模式下，在 Unity 编辑器中运行应用程序的同时，在 USB 或 Wi-Fi 连接的 Daydream ready 手机上可以实时预览 VR 图像。在 Controller-only 模式下，允许用户在 Unity 编辑器中运行应用程序时使用与手机配对的 Daydream 控制器。

❑ GvrReticlePointer：在用户视线前端添加的一个交互式的指针（见图 11-81），即当摄像机投影到有效的对象时，系统会在世界空间中的用户视线焦点处投影一个圆，如图 11-82 所示。GvrReticlePointer 预制件和 GvrPointerPhysicsRaycaster.cs 脚本都需要添加到场景的 Main Camera 中才可生效，如图 11-83、图 11-84 所示。开发者可以在需要检测的物体上添加 EventTrigger 组件，以处理不同情况，并增强程序的灵活性。

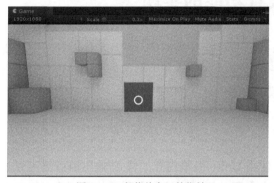

图 11-81　与物体交互的指针

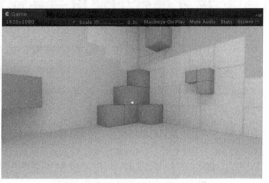

图 11-82　用户视线焦点处的圆

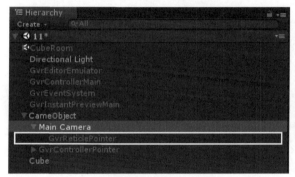

图 11-83　添加 GvrReticlePointer

图 11-84　添加 GvrPointerPhysicsRaycaster.cs 脚本

说明：除了以上预制件外，Cardboard SDK 中还有一些其他预制件，如 GvrControllerTooltipsSimple、GvrControllerTooltipsTemplate 等，它们的功能都比较简单，在此不过多介绍，读者可自行在官方网站上查看其功能。

要创建 VR 场景，只需要将 GvrEditorEmulator、GvrControllerMain、GvrControllerPointer、GvrReticlePointer、GvrHeadset 这 5 个预制件添加到场景中即可。添加完成后，场景的结构如图 11-85 所示。

图 11-85　场景的结构

11.9　蓝牙摇杆的使用与其他设置功能的实现

上一节介绍了太阳系 VR 模式的开发，本节介绍蓝牙摇杆的使用，以及其他设置功能的实现，包括设置 VR 的开启和关闭，设置蓝牙摇杆灵敏度以调整场景中摄像机运动速度，设置音效开关，设置时间缩放因子以调整太阳系普通模式场景中的时间因子。

11.9.1　YaoGanControl.cs 脚本的开发

蓝牙摇杆可以实现对手机系统桌面的控制。使用 Unity 引擎内置的输入/输出监听器可以方便地在软件中实现对蓝牙摇杆的控制，在该软件中主要使用摇杆控制太阳系普通模式下场景中的摄像机以实现场景漫游。具体代码如下。

代码位置： 随书源代码/第 11 章/Universe/Assets/Script/YaoGanControl.cs

```
1   using UnityEngine;                                          //导入包
2   using UnityEngine.UI;
3   using System.Collections;
4   public class YaoGanControl : MonoBehaviour{
5     private float[] axisInput = new float[2];
6     public GameObject PT_Camera;
7     public GameObject Left;
8     void Start(){
9       for (int i = 0; i < axisInput.Length; i++)               //初始化摇杆参数
10      axisInput[i] = 0.0f;}
11    void Awake(){
12      gameObject.AddComponent <XuanZhuan>();}                  //场景加载后给摄像机 XuanZhan 脚本
13    void Update(){
14      axisInput[0] = Input.GetAxisRaw("Horizontal") * Time.deltaTime;//获取摇杆横向参数值
15      axisInput[1] = Input.GetAxisRaw ("Vertical") * Time.deltaTime; //获取摇杆竖向参数值
16      if(Constraints.GOD_MANYOU=="GOD"&&Constraints.MS_Selected=="PuTong"){
17        YG_God();}
18      if(Constraints.GOD_MANYOU=="GOD"&&Constraints.MS_Selected=="VR"){
19        VR_ God ();}
20      if(Constraints.GOD_MANYOU=="MANYOU"&&Constraints.MS_Selected=="VR"){
21        VR_ManYou();}
22      if(Constraints.GOD_MANYOU=="MANYOU"&&Constraints.MS_Selected=="PuTong"){
23        YG_ManYou();}}
24    void VR_ManYou(){                                          //朝摄像机正方向前进
25      transform.Translate (Left.transform.forward*35*Time.deltaTime);}
26    void YG_ManYou(){                                          //默认是漫游模式
27      transform.Rotate(Vector3.up*axisInput[1]*Constraints.YG_CanShu);
28      transform.Rotate (Vector3.right*(-axisInput[0])*Constraints.YG_CanShu);
```

```
29      transform.Translate (Vector3.forward*35*Time.deltaTime);}    //以一定速度前进
30    void YG_God(){
31      transform.Rotate(Vector3.up*axisInput[1]*30.0f);
32      transform.Rotate (Vector3.right*axisInput[0]*30.0f);
33      if (Input.GetKey(KeyCode.Joystick1Button10)){              //摇杆上 Start 按钮的监听
34        if(PT_Camera.GetComponent<XuanZhuan>().AngularVelocity==0){
35          PT_Camera.GetComponent<XuanZhuan>().AngularVelocity=20;
36        }else{
37          PT_Camera.GetComponent<XuanZhuan>().AngularVelocity=0;}}}}
```

❑ 第 1～7 行导入包，定义 axisInput、PT_Camera 变量。

❑ 第 8～10 行用于在场景加载时挂载旋转脚本，以及在运行第一帧之前初始化摇杆参数值。

❑ 第 11～37 行为在太阳系普通模式和虚拟现实模式下对摇杆的调用方式，在摇杆的使用过程中，还需要使用 XuanZhuan 脚本。在 VR 模式下始终调用 VR_ManYou()方法，在太阳系普通模式下则调用 YG_God()方法或者 YG_ManYou()方法。

11.9.2 VR 开关、蓝牙摇杆灵敏度、音效与时间缩放因子的设置

上一节介绍了 YaoGanControl.cs 脚本的部分内容，接下来介绍 VR 开关、蓝牙摇杆灵敏度、音效以及时间缩放因子的设置。具体代码如下。

代码位置：随书源代码/第 11 章/Universe/Assets/Script/YaoGanControl.cs

```
38    public void toggle_LY_YES(){                              //监听 VR 开启事件
39      Constraints.VR_Alignment = "开启";}
40    public void toggle_LY_NO(){                               //监听 VR 关闭事件
41      Constraints.VR_Alignment = "关闭";}
42    public void toggle_YX_YES(){                              //监听音效开启事件
43      Constraints.YinXiao = "open";}
44    public void toggle_YX_NO(){                               //监听音效关闭事件
45      Constraints.YinXiao = "close";}
46    public void Slider_Time(){                                //监听时间缩放比事件
47      Constraints.timeScale = slider_YG_Time [1].value;}
48    public void Slider_YG(){                                  //设置蓝牙摇杆灵敏度
49      Constraints.timeScale = slider_YG_Time [0].value * 10;}
```

说明：该脚本中有 toggle_LY_YES、toggle_LY_NO、toggle_YX_YES、toggle_YX_NO、Slider_Time、Slider_YG 这 6 个方法，用于监听 Toggle、Slider 的数据变化，然后通过设置常量类 Constraints 里的值改变场景中 VR 开关、音效、时间缩放因子、蓝牙摇杆的灵敏度。

11.9.3 实现主界面的脚本

单击星空漫游应用的图标，闪屏之后就进入主界面，在该界面中控制场景切换、模式转换

等功能，如图 11-86 所示。这里需要开发一个脚本来控制这些功能之间的转换。

主界面左侧有 4 个按钮，分别是"星空""太阳系""VR/AR 操作说明""设置"（见图 11-87），在单击按钮时会有抖动效果。在每个界面或者场景的切换过程中，需要根据常量类中相关默认值初始化界面或者场景设置。

图 11-86　左侧的 4 个按钮

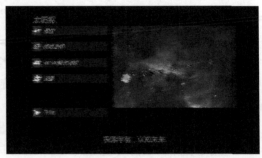

图 11-87　抖动图片

具体代码如下。

代码位置：随书源代码/第 11 章/Universe/Assets/Script/XieCheng.cs

```
1    public void Click_a(){
2      Index = 0;
3      StartCoroutine(Click());
4      if(Constraints.YinXiao=="open"){                      //添加音效
5        AudioSource.PlayClipAtPoint(Sound,new Vector3(0,0,0));}    //播放音效
6        Application.LoadLevelAsync ("XingZuo");}              //转换星座场景
7    public void Click_b(){                                   //选择太阳系观测模式
8      Index = 1;
9      StartCoroutine(Click());
10     scroll.SetActive(false);                               //"操作说明"界面消失
11     moshishezhi.gameObject.SetActive (true);
12     if(Constraints.YinXiao=="open"){                       //添加音效
13       AudioSource.PlayClipAtPoint(Sound,new Vector3(0,0,0));}    //播放音效
14     if(Constraints.MS_Selected=="PuTong"){
15       Toggle_GM.gameObject.SetActive(true);
16       .../*此处省略了选择太阳系模式的代码，有兴趣的读者可以自行查看本书的源代码*/
17     }}
18   public void Click_c(){
19     Index = 2;
20     StartCoroutine(Click());
21     scroll.SetActive(true);                                //显示"操作说明"界面
22     if(Constraints.YinXiao=="open"){                       //添加音效
23       AudioSource.PlayClipAtPoint(Sound,new Vector3(0,0,0));}}   //播放音效
24   public void Click_d(){
25     Index = 3;
26     StartCoroutine(Click());
```

```
27    moshishezhi.gameObject.SetActive (false);
28    scroll.SetActive(false);                              //"操作说明"界面消失
29    shezhi.gameObject.SetActive (true);                  //显示"设置"界面
30    if(Constraints.YinXiao=="open"){                     //开启音效
31      toggle[2].isOn=true;
32    }else if(Constraints.YinXiao=="close"){              //关闭音效
33      toggle[3].isOn=true;}
34    if(Constraints.YinXiao=="open"){                     //添加音效
35      AudioSource.PlayClipAtPoint(Sound,new Vector3(0,0,0));}}    //播放音效
36  public void Click_e(){
37    Index = 4;
38    if (Constraints.MS_Selected == "PuTong") {           //进入太阳系普通模式场景
39      Application.LoadLevelAsync ("SkyboxBlueNebula_Scene");
40    } else if (Constraints.MS_Selected == "AR") {        //进入太阳系 AR 场景场景
41      Application.LoadLevelAsync ("AR");
42    } else if (Constraints.MS_Selected == "VR") {        //进入太阳系 VR 模式场景
43      Application.LoadLevelAsync("SkyboxBlueNebula_Scene");}
44    if(Toggle_MS[0].isOn==true){
45      Constraints.GOD_MANYOU="GOD";
46    }else if(Toggle_MS[1].isOn==true){                   //漫游
47      Constraints.GOD_MANYOU="MANYOU";}
48    if(Constraints.YinXiao=="open"){                     //添加音效
49      AudioSource.PlayClipAtPoint(Sound,new Vector3(0,0,0));}}    //播放音效
```

- ❑ 第 1～6 行为"星座"按钮的切换场景事件监听方法，单击该按钮之后即可进入"星空"场景。

- ❑ 第 7～17 行为"太阳系"按钮的单击事件监听方法，单击"太阳系"按钮之后，"VR/AR操作说明"和"设置"界面消失，启用抖动特效协程会有按钮图片抖动效果，同时播放音效；由于太阳系模式包括普通模式、增强现实模式、虚拟现实模式，在涉及常量类、常量赋值时有逻辑关系且简单重复，这里就不再介绍。

- ❑ 第 18～23 行为"VR/AR 操作说明"按钮的单击事件监听方法，单击该按钮之后，启用抖动特效协程，然后"太阳系模式选择"界面和"设置"界面消失。

- ❑ 第 24～35 行为"设置"按钮的单击事件监听方法。与"太阳系"按钮和"VR/AR 操作说明"按钮的单击事件监听方法类似，先启用抖动特效协程，再将"太阳系模式选择"和"VR/AR 操作说明"界面设置为不可见。接下来就要对"设置"界面进行设置，包括实现对 VR 开关、蓝牙摇杆、音效、时间缩放因子的自定义设置。

- ❑ 第 36～49 行为太阳系中"开始"按钮的单击事件监听方法，根据已经选择的模式进入相应的太阳系场景。

主界面场景加载时有些设置需要初始化，接下来将要介绍场景加载时运行的方法——Awake 方法。在该方法中主要设置了从其他场景切换回来之后与恢复切换之前的选择模式。SpeedDown 和 Click 两个方法分别实现了加载场景时的抖动特效与单击按钮时的抖动特效。具

体代码如下。

代码位置： 随书源代码/第 11 章/Universe/Assets/Script/XieCheng.cs

```
50   void Awake(){
51     StartCoroutine(SelectCamera.SwitchTo2D());
52     if(Constraints.BackTemp==""){
53       StartCoroutine (SpeedDown ());                      //启用抖动协程
54     }else if(Constraints.BackTemp=="back"){
55       moshishezhi.gameObject.SetActive (true);
56     if(Constraints.MS_Selected=="PuTong"){                //选择普通模式
57       Toggle_GM.gameObject.SetActive(true);
58     if(Constraints.GOD_MANYOU=="MANYOU"){                 //常量为漫游模式
59       ok [0].gameObject.SetActive (true);                 //选择普通模式
60       ok [1].gameObject.SetActive (false);                //取消 AR 模式
61       ok [2].gameObject.SetActive (false);                //取消 VR 模式
62       Toggle_MS[1].isOn=true;                             //选择漫游模式
63     }else if(Constraints.GOD_MANYOU=="GOD"){
64   .../*此处省略了在 Awake 中重复选择模式的代码，有兴趣的读者可以自行查看本书的源代码*/
65     }
66     PT_LY_IsOn.gameObject.SetActive(false);}}}
67   IEnumerator SpeedDown(){                                //加载场景抖动特效
68     ImageBG.sprite = Index_MainMenu [0];                  //替换精灵图片
69     yield return new WaitForSeconds(0.1f);                //等待 0.1s
70     ImageBG.sprite = Index_MainMenu [1];                  //再次替换精灵图片
71     yield return new WaitForSeconds(0.1f);                //等待 0.1s
72     ImageBG.sprite = Index_MainMenu [2];}                 //换回无抖动图片
73   IEnumerator Click(){
74     Index_Click [Index].gameObject.SetActive(true);       //使特效图片可见
75     yield return new WaitForSeconds(0.1f);                //等待 0.1s
76     Index_Click [Index].gameObject.SetActive (false);}    //使特效图片不可见
```

❏ 第 51 行为启动从 VR 模式切换到 2D 模式的协程。

❏ 第 52～66 行为场景加载时运行的 Awake 方法。该方法主要设置了从其他场景切换回来之后与恢复切换之前的选择模式并且在第一次进入该场景时初始化场景。

❏ 第 67～76 行的两个方法实现了加载场景时的抖动特效和单击按钮时的抖动特效。实现特效抖动的策略就是配合协程替换经过处理的具有抖动效果的精灵图片，在 0.1s 的等待之后替换回原来无抖动效果的精灵图片。

常量类是该软件的中枢，它定义了许多静态公共字符串，可以在主菜单设置、选择等操作之后改变 Constraints 常量类中的字符串常量，在不同场景或者在不同界面中可以根据这些常量进行不同的调整。具体代码如下。

代码位置： 随书源代码/第 11 章/Universe/Assets/Script/Constraints.cs

```
1    using UnityEngine;
2    using System.Collections;
```

```
3    public class Constraints : MonoBehaviour {
4      public static string NameStar = "";                      //普通太阳系场景中 3D 拾取到的物体名称
5      public static string MS_Selected="PuTong";
6      public static string GOD_MANYOU = "MANYOU";
7      public static string BackTemp = "";                      //记忆从某个场景返回后主菜单显示什么
8      public static string YinXiao = "open";                   //是否开启音效
9      public static float timeScale = 0.2f;                    //时间缩放因子默认是 0.2s
10     public static float YG_CanShu = 5.0f;                    //蓝牙摇杆的灵敏度默认是 5.0
11     public static float[] N=new float[8];                    //八大行星的黄经
12     public static float[] W=new float[8];                    //八大行星的黄纬
13     public static Vector3 YQ_POS;                            //月球位置
14     public static string VR_Alignment= "开启";               //控制 VR 是否开启
15   }
```

说明：Constraints 类中设置的常量对于星空模块、太阳系模块（普通模式、AR、VR）以及主菜单设置界面都非常重要，它可以协调各个场景、界面中的不同功能。

11.9.4　MobileGyro.cs 脚本的开发

星空观察模块最重要的一部分就是手机传感器——陀螺仪的使用。在开发 MobileGyro.cs 脚本的过程中，需要用到 3D 数学中四元数的相关知识，由于篇幅有限，关于四元数的使用请读者参考其他 3D 数学方面的图书。

代码位置：随书源代码/第 11 章/Universe/Assets/Script/Line/MobileGyro.cs

```
1    using UnityEngine;                                        //导入包
2    using UnityEngine.UI;
3    using System.Collections;
4    public class MobileGyro : MonoBehaviour{
5      Gyroscope gyro;                                         //声明陀螺仪
6      Quaternion quatMult;
7      Quaternion quatMap;
8      GameObject player;                                      //声明层
9      GameObject camParent;                                   //声明父对象
10     public AudioClip Sound;                                 //声音资源
11     public void BackToMenu(){                               //返回主菜单
12       Application.LoadLevelAsync ("Start");
13       Constraints.BackTemp = "";
14       if(Constraints.YinXiao=="open"){                      //添加音效
15         AudioSource.PlayClipAtPoint(Sound,new Vector3(0,0,0));}}   //播放音效
16     public void ToMStar(){                                  //返回主菜单
17       if(Constraints.YinXiao=="open"){                      //添加音效
18         AudioSource.PlayClipAtPoint(Sound,new Vector3(0,0,0));}   //设置播放片段的位置
19         Application.LoadLevelAsync ("MStar");}
20     void Awake(){
21       Transform currentParent = transform.parent;
```

```
22      camParent = new GameObject ("camParent");              //实例化一个空对象
23      camParent.transform.position = transform.position;     //给定位置
24      transform.parent = camParent.transform;                //移到实例化的对象之下
25      GameObject camGrandparent = new GameObject ("camGrandParent");   //实例化空对象
26      camGrandparent.transform.position = transform.position;//给定位置
27      camParent.transform.parent = camGrandparent.transform;
28      camGrandparent.transform.parent = currentParent;       //将摄像机挂载到子对象上
29      gyro = Input.gyro;                                     //返回默认的陀螺仪
30      gyro.enabled = true;                                   //打开手机陀螺仪
31      camParent.transform.eulerAngles = new Vector3(90,0, 0);//绕 x 轴旋转 90°
32      quatMult = new Quaternion(0, 0, 1, 0);}
33    void Update(){
34      quatMap = new Quaternion(gyro.attitude.x, gyro.attitude.y, gyro.attitude.z,
35      gyro.attitude.w);
36      Quaternion qt = quatMap * quatMult;                    //旋转
37      transform.localRotation = qt;}}
```

- ❑ 第 1～10 行导入包，声明下面方法中所需要的各种变量。
- ❑ 第 11～19 行为两个事件监听方法——BackToMenu、ToMStar。前者监听从星空场景返回主菜单的事件，后者监听从星空场景进入梅西耶天体列表场景时的按钮单击事件。
- ❑ 第 20～37 行实现通过手机传感器——陀螺仪控制场景摄像机进行场景漫游的功能。在开启传感器之前，首先对摄像机进行重新挂载、组装，即将摄像机挂载在子对象的位置，然后通过开启传感器之后获取的参数控制各个方向的旋转。

说明：该脚本可以作为一个脚本工具使用，将它挂载在场景中的主摄像机上，即可通过陀螺仪控制场景中摄像机的旋转。由于四元数过于复杂，请读者参考其他 3D 数学图书。

11.10　本章小结

本章对星空漫游这款应用做了简要的介绍，它实现了星空观察、太阳系天体认知（普通模式、增强现实模式、虚拟现实模式）等功能，读者在平时的项目开发过程中可以以本应用作为参照。星空观察模块还可以进一步开发成星座定位功能，希望广大读者可以在此基础上进行再次开发。